钢 丝 技 术

WIRE TECHNOLOGY

段建华 编著

苏州大学出版社

图书在版编目(CIP)数据

钢丝技术/段建华编著. —苏州:苏州大学出版社,2020.3
ISBN 978-7-5672-2089-8

Ⅰ. ①钢… Ⅱ. ①段… Ⅲ. ①钢丝—生产工艺 Ⅳ. ①TG356.4

中国版本图书馆CIP数据核字(2020)第032941号

钢丝技术
段建华 编著
责任编辑 徐 来

苏州大学出版社出版发行
(地址:苏州市十梓街1号 邮编:215006)
镇江文苑制版印刷有限责任公司印装
(地址:镇江市黄山南路18号润州花园6-1号 邮编:212000)

开本 787 mm×1 092 mm 1/16 印张 16.5 字数 392千
2020年3月第1版 2020年3月第1次印刷
ISBN 978-7-5672-2089-8 定价:168.00元

若有印装错误,本社负责调换
苏州大学出版社营销部 电话:0512-67481020
苏州大学出版社网址 http://www.sudapress.com
苏州大学出版社邮箱 sdcbs@suda.edu.cn

序

“钢铁”，是国家奋进的口号，民族崛起的脊梁！钢铁大家族中的佼佼者——钢丝及其制品，广泛应用于各类场景中，从国家重点工程，到百姓生活起居，无处不在且不可或缺。

随着国家产业结构的不断升级，钢丝制品也必将被不断细分，并对其性能表现提出了更多、更高的要求。在这一过程中，对行业经验、专业知识、前沿资讯等的全面掌握和深刻把握已成为“钢丝制品企业”核心竞争力的关键之关键。

我们有幸生在了一个信息高度发达的新时代，可以从多种途径快速地获取行业信息及技术资讯。然而，我们又处于一个“信息泛滥”的环境，海量信息指数级传播的同时，真实信息的获取、有效知识的甄别，似乎变得更加困难与迷茫。我们徜徉在越来越漫无边际的知识海洋中，却比以往任何一个时代都更加需要一盏明灯的指引。

作为资深的行业专家、教授级高级工程师，段建华先生整合了他 35 年在钢丝行业的从业经验，结合目前行业内的前沿技术和工艺、装备发展情况，潜心编著了这本《钢丝技术》。

本书从钢丝生产所需的基础理论出发，对钢丝生产装备、工艺及技术进行了阐述，并针对钢丝拉拔生产过程中所涉及的模具、表面处理、热处理、润滑、收放线等技术进行了详细的论述，同时对钢丝生产过程中常见的问题及对策进行了总结，希望可以对有志于从事钢丝行业技术、管理等工作的人员有所裨益。也衷心希望此书能为钢丝生产产业链上的众多参与者、奋斗者提供一些技术的“底层逻辑”和重要参照。

南京派诺金属表面处理技术有限公司

2020 年 3 月

前　言

本书介绍了钢丝生产所需的基础理论和主要技术，包括原材料、表面准备、拉拔、模具、润滑、设备、热处理、过程控制和质量控制、几种涂镀层技术、常见钢丝产品的制造工艺、异型钢丝、常见拉丝问题及对策等内容，还包括部分安全环保技术知识。本书汇集了作者在三十多年工作中学习的专业知识、积累的经验及个人的研究成果，希望能作为有一定金属材料知识基础的技术、管理人员的入门学习教材，也可以给对钢丝行业有兴趣者提供了解行业技术的材料。

专业的产品或工艺工程师除学习本书外，建议还要针对本企业的产品及工艺特点通过其他书籍及实践去学习。附录一提供了一些推荐的书籍；附录二为指导性知识导图，可作为指导读者了解本书知识及指导拓展学习的工具；附录三为中英文术语对照。

本书借鉴了郑州金属制品研究院、湘潭钢铁公司职工大学及贵州钢绳股份有限公司编写的相关教材，还有尊敬的已故大连专家徐效谦等编写的《特殊钢钢丝》、美国专家 Roger N. Wright 编写的 *Wire Technology Process Engineering and Metallurgy*，以及发表在 *Wire Journal International* 和《金属制品》等期刊上的一些专业论文等，并得到了国内外一些行业技术专家和企业的支持：

（1）提供部分模具文稿及图片的株洲硬质合金集团有限公司，提供辊模技术资料的意大利企业 EUROROLLS。

（2）提供酸洗磷化方面知识的江西新华金属制品有限责任公司高级工程师何玉明及南京派诺金属表面处理技术有限公司专家季华。

（3）提供有关拉拔润滑剂部分知识的法国康达特公司专家王小宁。

（4）提供较多拉丝设备图片的意大利费杰乐(Mario Frigerio)公司。

（5）提供较多热处理文稿内容的贵州钢绳股份有限公司高级工程师晏贞强和陆萍。

（6）提供热处理设备图片的奥地利企业 EBNER Industrieofenbau GmbH、台湾山翁工业炉有限公司及无锡新科冶金设备有限公司。

（7）提供指导意见的专家，如江阴的徐海燕、南通的杨清及厦门的吴雄生。

（8）提供异型钢丝轧机图片的德国福尔公司。

在此对上述专家和企业的支持表示感谢，感谢业内朋友及同事提出的宝贵意见，还必须感谢提议出版此书的全国钢标准化技术委员会盘条与钢丝分技术委员会秘书长王玲君先生，并特别感谢我的家人给予的支持。

对书中的疏漏和不足之处，欢迎读者批评指正。作者邮箱：duan.jianhua@aliyun.com。

编著者

Contents

目　录

第一章 了解钢丝

1.1 概念及其分类

1.1.1 什么是钢丝?

钢丝(steel wire)是用冷加工方法将热轧钢材转化出来的细长材,横截面通常呈圆形,也有方形、矩形、水滴形、三角形、梯形、Z形及其他复杂形状的。钢丝可以呈盘卷状,也可以呈分切出的直条状。钢丝还有许多其他属性,如化学成分、截面尺寸、表面镀层或涂层特性、力学性能、显微组织及表面状态等。本书所述的钢丝概念还覆盖了部分钢丝制品,如钢丝绳、钢绞线、缆索等由钢丝制成的产品。

日常生活中比较容易见到的钢丝有镀锌铁丝和钢丝绳,还有许多钢丝制品,如钉子、钢丝衣架、厨具、围网、筛网、宠物笼,以及隐藏在床垫、家具铰链、自行车及摩托车中的弹簧等。建筑工程中用到的冷轧钢筋焊网也属于一种钢丝制品。汽车中的钢丝产品就更多了,从发动机、悬架、轮胎、刹车系统、离合器到座椅等许多部件都用到了钢丝,还有一些零件是用钢丝加工而成的,如紧固件、撑杆、垫圈等。钢丝为结构或机器提供了弹力、支撑和连接,甚至可以作为切割工具。人类的生活离不开钢丝。

钢丝的制造方法以冷拔为主,圆形钢丝基本上都采用这个方法。冷轧也可以加工钢丝,尤其是除圆形截面以外的钢丝加工时常采用冷轧技术。冷轧可以塑造出许多种截面的钢丝。目前最细的圆形钢丝直径仅0.002 mm;最粗的冷镦钢丝直径达25 mm,犹如钢棒一样。棒和丝在定义上并无严格的区分,钢丝通常是冷拔、冷轧或温拉制作的;棒材以热加工为主,也有冷拔的,如联合拉拔机生产的直条棒材,直径细的(如4～12 mm)和常见的钢丝相同,粗的一般直径在20 mm以上。

1.1.2 钢丝的分类

科学的分类便于准确沟通、学习和管理,分类要利用产品的特性差异。中国国家标准GB/T 341—2008《钢丝分类及术语》给出了钢丝的一些系统性的推荐分类方法:

(1) 按截面形状分类:

圆形钢丝(round steel wire)。

异型钢丝(shaped steel wire)。

方形钢丝(square steel wire)。

矩形钢丝(rectangular steel wire)。

菱形钢丝(diamond steel wire)。

扁形钢丝(flat steel wire)。

梯形钢丝(trapezoidal steel wire)。

三角形钢丝(triangular steel wire)。

六角形钢丝(hexagonal steel wire)。
八角形钢丝(octagon steel wire)。
椭圆形钢丝(oval steel wire)。
弓形钢丝(segmental steel wire)。
扇形钢丝(scallop steel wire)。
半圆形钢丝(semicircle steel wire)。
Z 形钢丝(Z-shape steel wire)。
卵形钢丝(egg-shape steel wire)。
其他特殊断面钢丝(other special section steel wire)。
周期性变截面钢丝(periodical section steel wire)。
螺旋肋钢丝(helical rib steel wire)。
刻痕钢丝(indented steel wire)。
(2) 按截面尺寸分类:
微细钢丝(extra fine steel wire):直径或截面尺寸不大于 0.10 mm 的钢丝。
细钢丝(finer steel wire):直径或截面尺寸在 0.10～0.50 mm 的钢丝。
较细钢丝(fine steel wire):直径或截面尺寸在 0.50～1.50 mm 的钢丝。
中等尺寸钢丝(medium size steel wire):直径或截面尺寸在 1.50～3.0 mm 的钢丝。
较粗钢丝(thick steel wire):直径或截面尺寸在 3.0～6.0 mm 的钢丝。
粗钢丝(thicker steel wire):直径或截面尺寸在 6.0～16.0 mm 的钢丝。
特粗钢丝(extra thick steel wire):直径或截面尺寸大于 16.0 mm 的钢丝
(3) 按化学成分分类:
低碳钢丝(low carbon steel wire):含碳量不大于 0.25%的碳素钢丝。
中碳钢丝(medium carbon steel wire):含碳量在 0.25%～0.60%的碳素钢丝。
高碳钢丝(high carbon steel wire):含碳量大于 0.60%的碳素钢丝。
低合金钢丝(low alloy steel wire):含合金元素成分总量不大于 5.0%的钢丝。
中合金钢丝(medium alloy steel wire):含合金元素成分总量在 5.0%～10.0%的钢丝。
高合金钢丝(high alloy steel wire):含合金元素成分总量大于 10.0%的钢丝。
特殊性能合金丝(special property alloy wire)。
(4) 按最终热处理方法分类:
退火钢丝(annealed wire)。
正火钢丝(normalized wire)。
油淬火-回火钢丝(oil tempering steel wire)。
索氏体化(派登脱)钢丝(patented steel wire)。
固溶处理钢丝(solution treatment steel wire)。
稳定化处理钢丝(stabilized treatment steel wire)。
(5) 按加工方法分类:
冷拉钢丝(cold drawn steel wire)。
冷轧钢丝(cold rolling steel wire)。
温拉钢丝(hot drawn steel wire)。

直条钢丝(straightened steel wire)。
银亮钢丝(silver bright steel wire)。
磨光钢丝(ground steel wire)。
抛光钢丝(polished steel wire)。
(6) 按抗拉强度分类:
低强度钢丝(lower strength steel wire):抗拉强度不大于 500 MPa 的钢丝。
较低强度钢丝(low strength steel wire):抗拉强度在 500~800 MPa 的钢丝。
中等强度钢丝(general strength steel wire):抗拉强度在 800~1 000 MPa 的钢丝。
较高强度钢丝(high strength steel wire):抗拉强度在 1 000~2 000 MPa 的钢丝。
高强度钢丝(higher strength steel wire):抗拉强度在 2 000~3 000 MPa 的钢丝。
超高强度钢丝(extra high strength steel wire):抗拉强度大于 3 000 MPa 的钢丝。
(7) 按用途分类:
一般用途钢丝(general purpose steel wire)。
结构钢丝(structure steel wire)。
弹簧钢丝(springs steel wire)。
工具钢丝(tool steel wire)。
冷顶锻(冷镦)钢丝(cold heading and cold forging steel wire)。
不锈钢丝(stainless steel wire)。
轴承钢丝(bearing steel wire)。
高速工具钢丝(high speed tool steel wire)。
易切削钢丝(free-machining steel wire)。
焊接钢丝(welding steel wire)。
高温合金丝(heat-resisting super-alloy wire)。
精密合金丝(precision alloy wire)。
耐蚀合金丝(corrosion-resisting alloy wire)。
膨胀合金丝(expansion alloy wire)。
电阻合金丝(electric resistance alloy wire)。
软磁合金丝(soft magnetic alloy wire)。
电热合金丝(electric heating alloy wire)。
捆扎包装钢丝(binding and packaging steel wire)。
制钉钢丝(nail steel wire)。
织网钢丝(screen cloth steel wire)。
制绳钢丝(wire for steel wire ropes use)。
制针钢丝(needle steel wire)。
铆钉钢丝(rivet steel wire)。
抽芯铆钉芯轴钢丝(mandrel steel wire for blind rivets)。
针布钢丝(card steel wire)。
琴钢丝(piano steel wire)。
乐器用钢丝(music steel wire)。

编织和针织钢丝(weaving and knitting steel wire)。
胸罩钢丝(corset stay steel wire)。
医疗器械钢丝(medical devices steel wire)。
链条钢丝(chain steel wire)。
辐条钢丝(spoke steel wire)。
钢筋混凝土用钢丝(steel wire for the reinforcement of concrete)。
预应力混凝土用钢丝(PC 钢丝)(steel wire for the prestressing concrete)。
钢芯铝绞线钢丝(steel core wire for aluminum conductor steel reinforced)。
铠装电缆钢丝(armored steel wire)。
架空通信钢丝(aerial communication steel wire)。
胎圈钢丝(bead wire)。
橡胶软管增强用钢丝(steel wire for rubber hose reinforcement)。
录井钢丝(well-measuring steel wire)。
边框和支架钢丝(border and brace steel wire)。
喷涂用钢丝(metal spray steel wire)。
铝包钢丝(aluminum clad steel wire)。
铜包钢丝(copper clad steel wire)。
光缆用钢丝(steel wire for optical fibre cable)。
食品包装用光亮钢丝(bright annealed steel wire for food packaging)。
引爆用钢丝(steel wire for blasting)。

太阳能工业用的“切割钢丝”(sawing wire)这个重要品种没有出现在以上标准中。

按用途分类中的“铝包钢丝”主要用于生产电工产品,按照电工产品标准 GB/T 17937—2009 称为“铝包钢线”,用“线”而不用“丝”是电工产品行业的惯例。

钢丝制品一般指钢丝下游产品,即用钢丝加工成的相关产品,如钢丝绳、钢帘线、钢绞线、桥梁及结构用缆索、钉子、紧固件。

1.2 钢丝工业简史

1.2.1 公元前的金属线

文献资料表明,公元前 2750 年的古埃及金匠用天然金做出了金线,推测是用捶打的方法完成的,先将天然金捶打成金片,然后切成窄带,还可拧细成线状,再用铜质或石头模具拉拔。《出埃及记》第 39 章出现过类似的描述:“把金子锤成薄片,剪出线来……”

后来人类在战争中也找到了金属线的需求,中国秦代兵马俑中的石铠甲采用金属线串接而成(图 1.1),汉代用金线串玉片制成金缕玉衣。

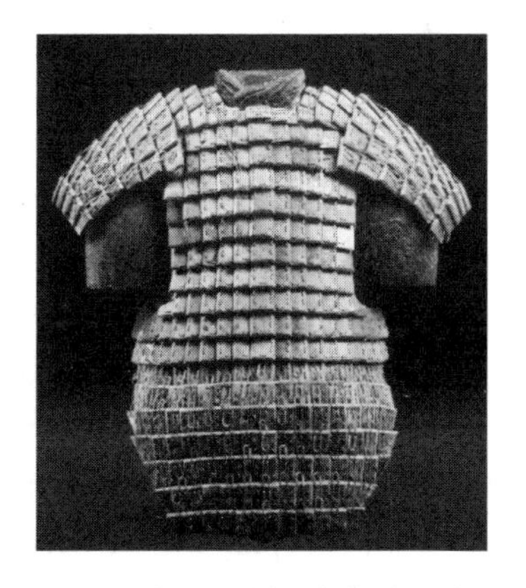

图 1.1 秦代金属线串起的石铠甲

1.2.2 公元元年到 18 世纪

欧洲文献中提到用模具拉铁丝至少已有 1 200 年的历

史，现有考古发现的最早接近现代技术的拉丝板（也称眼模）是公元 800 到 900 年之间的维京人的模具，是在一块青铜板上镶嵌铁模，当时属于非常先进的技术。

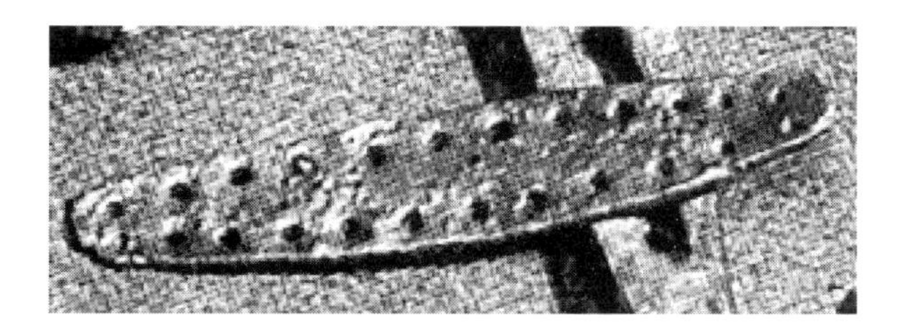
图 1.2　挪威发现的公元 10 世纪约 15cm 长的拉丝板

勇敢善战的北欧维京人需要用铁丝制作护身的锁子甲，铁匠用拉丝板（图 1.2）将铁丝逐渐抽细，为做锁子甲的工匠提供铁丝。锁子甲工匠将铁丝缠绕在一根木棒上，形成弹簧一样的螺旋状，然后切断成一个个的开口铁丝环，用 4 万个铁丝环串接起来就可以做成防护用的锁子甲，铁丝环闭口处采用焊接或铆钉技术连接。维京人不仅利用拉丝技术做防身装备，也用这一技术做出了首饰用金银线。中国人在东汉时期在中亚地区了解到用铁丝做的锁子甲，吐蕃军队使用锁子甲持续到了近代，明朝引进了 4 眼模板拉拔铁丝，以满足军队所需。

图 1.3　北宋针铺广告

图 1.3 是保存于中国历史博物馆的北宋时期济南刘家针铺的广告铜版。可见，当时应该已有钢丝拉拔技术的应用。铜版上面雕刻着“济南刘家功夫针铺”的标题，中间是白兔捣药的图案，图案左右标注有“认门前白兔儿为记”，下方则刻有“收买上等钢条，造功夫细针，不偷工，民便用，若被兴贩，别有加饶，请记白”。一个简明的广告中有公司名字、商标、质量承诺、原料钢条的采购需求、对经销商的折价承诺等。

宋代的针铺广告中没有找到拉拔技术的准确信息，而明代大百科全书《天工开物》中第一次出现了对拉丝的描述，插图中有人工抽线拉拔，桌子上还有两卷铁丝，采用的模具是钻有眼的铁板，拉拔用的铁条是捶打而成的。图 1.4 为原书稿的影印件，原著中还能看到手工伸线的图片。

針
凡針先錘鐵爲細條用鐵尺一根錐成線眼抽過條鐵
成線逐寸剪斷爲針先鎈其末成穎用小槌敲扁其本
剛錐穿鼻復鎈其外然後入釜慢火炒熬炒後以土末
入松木火矢豆豉三物罨蓋下用火蒸留針二三口插

天工開物　卷中　四八

图 1.4　《天工开物》中的制针技术介绍

1351 年，水利拉丝在德国奥格斯堡被发明；约 1390 年，纽伦堡的水力磨坊开始转行拉丝，水力锻打为拉丝工业提供了钢条。16 世纪的意大利人毕林古桥在其著作 *Pirotechnia* 中描述了拉拔技术和设备，包括水力拉拔粗线和人力拉拔细线的设备，从方坯拉拔到圆线，书中还提到了退火的需要，以及用石蜡润滑减少摩擦。

18 世纪的欧洲出现了水力及蒸汽机驱动的盘条轧机。1783 年，英国人 H. Cort 发明了采用带槽轧辊的轧机，为大规模生产钢丝提供了材料条件。

1.2.3　19 世纪

公元前 2000 年的古埃及壁画就有了制绳技术的描述。1824—1838 年间，德国采矿工程师阿尔伯特发明了用铁丝制成的钢丝绳，那个年代许多拉丝还是人力的，工人用荡秋千的方式进行拉拔，后来蒸汽机逐渐成为提供动力的先进机器，而电动拉拔技术直至 20 世纪才启用。1897 年，在德国首先出现了电机驱动的轧机；1886 年，美国的 W. Edenborn 和 C. Morgan 首次采用高速盘条卷丝机，提高了钢丝工业原料的生产效率。

图 1.5 是建于 1891 年的美国制钉公司，生产盘条、铁丝及铁钉，年产 45 000 t 盘条，机器购自德国。

图 1.5　建于 1891 年的美国制钉公司

1854 年，英国人 James Horsfall 的一个发明对高强韧性钢丝发展起到了关键作用，那就是热处理技术"patenting"，或称派登脱处理。钢丝或盘条被加热到奥氏体化状态，然后在液体铅或盐中淬火，获得细珠光体组织或细珠光体-贝氏体混合组织，使得钢丝拉拔后能获得较高的强度和较好的韧性。直到今天，大多数钢丝绳及动载弹簧用碳素钢丝都依赖于这一技术。

由于钢铁技术的进步，1827 年，英国公司在伯明翰生产出第一批钢琴用钢丝，更早的金属琴弦要采用黄铜和较软的铁线。1856 年，德国人贝斯麦发明了底吹酸性转炉炼钢法，实现了低成本的大规模钢铁生产，为后续钢丝工业的迅速发展奠定了基础。我国的汉阳铁厂于 1893 年投产，为当时亚洲最大的钢铁联合企业，仅次于德国弗尔克林根钢铁厂，居世界第二位。

1.2.4　20 世纪

1919 年，德国克虏伯公司发明了硬质合金。硬质合金拉丝模从 1927 年开始应用于拉丝行业，为钢丝行业提供了制作拉拔模具所需的耐磨材料，为提高生产效率和不断提高钢丝强度奠定了关键的技术基础。

二次大战之前的中国钢丝工业起步于鞍山、大连、天津和上海，天津生产了中国最早的铁丝、钉子及钢丝绳等产品，大连是中国最早生产弹簧钢丝的地方。

部分中国钢丝企业建厂历史资料如下：

1908 年，民族资本投资建立了天津铁丝铁钉厂，这可能是中国最早的现代钢丝企业。

1929 年，进和商会开始在大连拉丝制铁钉，1939 年开始制弹簧钢丝和焊条丝，1947 年开始制电炉丝，现在是东北特殊钢集团股份有限公司。

1937—1938 年，日本人在天津投资建立了兴国株式会社，后来更名为天津钢丝绳厂。

1939 年，鞍山建成年产 4 000 t 的满洲制铁株式会社，是鞍钢集团钢绳厂的前身。

1942 年，亚细亚钢铁厂建成，生产镀锌铁丝和钉子，是上海二钢的前身。目前，上海二钢已成为宝钢南通工厂的一部分。

19 世纪 40 年代，一个香港商人投资建立了天津大成五金厂，生产镀锌铁丝。

1958 年，湘钢钢丝绳厂建成，从苏联采购了部分东德设备。

1965 年，五四厂在宁夏建成，是中国最早的密封钢丝绳生产企业，1976 年更名为石嘴山钢铁厂，后来又更名为宁夏恒力钢丝绳股份有限公司。

1965 年，长城特钢在四川江油建成，产品包括特钢钢丝等。

1966 年，在湘钢、鞍钢和上钢二厂三方支援下建立了贵州遵义八七厂，现在为全球最大的钢丝绳生产企业贵州钢绳(集团)有限责任公司。

1968—1969 年，新余钢厂的钢丝车间及江西钢厂六分厂建成，生产琴钢丝、子弹用钢丝、焊条、弹簧钢丝及弹簧钢带等产品，目前为新余钢铁股份有限公司的合资企业所继承。

以下数据能大致反映中国大陆钢丝工业的规模:2016 年工业线材产量共计 4 673.08 万吨，2017 年为 4 311.64 万吨，而 2018 年达到了 4 963 万吨左右，出口比例估计在 10%左右。

1.3 钢丝制品

1.2 节中列出的钢丝都是单根钢丝，用钢丝再加工的许多制品都被列入了“钢丝制品”类，表 1.1 列出了常见的钢丝制品。

表 1.1 常见钢丝制品

中文名称	英文名称	用途	所用钢丝类型
钢丝绳	wire rope	牵引、起重、结构承力等	高碳钢丝，磷化、镀锌或不锈钢丝
钢绞线	strand	预应力、承力、加强等	高碳钢丝，镀锌或磷化钢丝
钢帘线	tyre cord	汽车轮胎加强	高碳钢丝
钢丝网	mesh or screen	过滤、筛料、围栏	低碳钢丝为主，可涂塑、镀锌等
钉子	nail	木工、常用五金	低碳钢丝为主，黑铁丝、镀锌钢丝等
刺铁丝	barbed wire	隔离围栏、安全防护	低碳镀锌钢丝

第二章 生产钢丝用原材料

2.1 盘条技术的发展

热轧钢材“盘条”为制作钢丝的主要原材料，俗称线材或盘圆(盘卷圆钢)，如图 2.1 所示。

图 2.1 热轧盘条

最早的钢丝原材料为锻打的长铁条。18 世纪，欧洲开始采用铁条轧机生产拉丝用钢条。19 世纪末，盘条轧制技术才有了较大进步。1897 年，在德国第一次出现了电动轧机，能生产盘卷状钢条。直到 20 世纪 80 年代，中国仍在大量使用横列式轧机、复二重轧机等老式轧机，盘条单件质量大约在 60～300 kg，这些产品尺寸精度低，组织和性能波动大，导致钢丝生产存在效率低、金属损耗高等问题。20 世纪 80 年代末，马鞍山钢铁公司安装了中国第一套全新的斯特尔摩空冷高速盘条轧机。20 世纪 90 年代，中国全部更新了盘条轧机，盘重一般在 2～2.5 t 之间，而国外个别企业可以提供 3 t 的盘条。

盘条技术的提升有利推动了钢丝行业的产业升级，品质大幅度改善，大盘重生产成为普遍现象，使得钢丝行业能实现更高的效率、更加均匀的性能、更大的产品单重和更低的损耗。轧机更新的背后是钢铁产业全流程的升级，中国大量引进和更新装备，采矿、烧结、炼铁和炼钢技术都有了大幅度的提升，各种新的技术提高了炼钢品质，连铸成为普遍采用的低成本优质钢技术，并采用了低过热度浇铸、电磁末端搅拌、轻压下等改善品质的技术，钢铁产能突破 10 亿吨。2014 年，中国大陆盘条产量超过了 1 亿吨，其中 3 750 万吨为生产钢丝用材；2018 年，工业用盘条的产量超过了 4 900 万吨。

表 2.1 列出了几个钢厂盘条工艺流程，其中“神户”是国际公认的一流盘条供应商，“宝钢”是国内一流盘条供应商。一些国内企业采用连铸大矩形坯大幅提高品质。

表 2.1 几个钢厂的盘条工艺流程

钢厂	盘条工艺流程
宝钢	① 电炉—LF 精炼—VD 精炼—小方坯连铸—轧成盘条 ② 电炉—LF 精炼—VD 或 VOD 精炼—320 mm×425 mm 大方坯连铸—初轧并火焰清理—轧成小方坯—抛丸、探伤并修磨—轧成盘条 ③ 高炉—转炉—LF 或 RH 精炼—模铸—初轧到 142 方—火焰清理—抛丸、探伤并修磨—轧成盘条(盘条直径范围 5～26 mm)
沙钢	高炉—电炉/转炉—LF 精炼—小方坯连铸 150 方—方坯检查—轧成盘条
武钢	高炉—转炉—LF 精炼—真空精炼—软吹—连铸 200 方—方坯检查—轧成盘条(盘条直径范围 5.5～17 mm)

续表

钢厂	盘条工艺流程
青钢	高炉—转炉—LF或RH精炼—180 mm×240 mm矩形坯连铸—探伤、修磨—轧成盘条(盘条直径范围4.5～26 mm)
神户	高炉—转炉—LF或RH精炼—大方坯连铸—轧成方坯—轧成盘条(盘条直径范围5.5～14 mm,棒卷最粗到40 mm)
JFE	① Kurashiki工厂:高炉—转炉—(钢包精炼)—真空除气—大方坯连铸—初轧成方坯—轧成盘条(盘条直径范围4.2～19 mm); ② Sendai工厂:电炉—钢包精炼—真空除气—大方坯连铸—初轧成方坯—轧成盘条(盘条直径范围5.5～16.3 mm)
新日铁	高炉—转炉—(钢包精炼)—真空除气—大方坯连铸—火焰清理—轧成小方坯—探伤、修磨—轧成盘条(盘条直径范围3.6～22 mm,可提供在线盐浴淬火的DLP盘条)
浦项	高炉—转炉—LF或RH精炼—大方坯连铸—火焰清理—轧成160方坯—轧成盘条(盘条直径范围5.5～14 mm,棒卷最粗到40 mm)

2.2 盘条的分类

(1) 盘条一般按成分可分为以下几类:

① 低碳钢盘条。

② 中碳钢盘条。

③ 合金钢盘条。

④ 不锈钢盘条。

可以按牌号再进行细分。

(2) 盘条按照用途的分类反映钢厂对市场的认知,没有统一标准,如可以分为以下几类:

① 低碳钢盘条(铁丝、钉子、编网、焊接丝网结构、钢纤维等用途)。

② 预应力钢盘条(预应力钢棒、钢丝及钢绞线等用途)。

③ 钢丝绳及钢绞线用盘条(钢丝绳、镀锌钢绞线等用途)。

④ 橡胶骨架材料用盘条(钢帘线、胎圈钢丝等用途)。

⑤ 易切削钢盘条(自动机床加工钢轴用直条钢丝等用途)。

⑥ 冷镦钢盘条(紧固件、汽车部件等用途)。

⑦ 焊接材料用盘条(焊丝、焊条等用途)。

⑧ 弹簧钢盘条(合金或碳钢的弹簧钢丝等用途)。

⑨ 轴承钢盘条(轴承滚珠、滚柱用钢丝等用途)。

⑩ 不锈钢盘条(焊丝、五金、易切削及冷镦钢等用途)。

2.3 盘条的质量特性和常见质量缺陷

热轧盘条的质量特性包括尺寸、外观、表面、物理、化学及冶金特性等,对质量特性的要求取决于后续工艺路线、工艺技术及产品要求。

2.3.1 尺寸、外观和表面特性

尺寸特性包括盘条的直径、不圆度及盘卷的尺寸。盘卷的尺寸会影响整个工艺路线上工装的适应性，直径允许偏差及不圆度的标准要求见表2.2。直径或不圆度超差会导致第一道拉拔的变形量异常，造成模具磨损加快及润滑的变化，甚至导致钢丝表面局部开裂。

表2.2 直径允许偏差及不圆度的标准要求(引自GB/T 14981—2009)

公称直径/mm	允许偏差/mm			不圆度/mm		
	A级精度	B级精度	C级精度	A级精度	B级精度	C级精度
5～10	±0.30	±0.25	±0.15	≤0.48	≤0.40	≤0.24
10.5～15	±0.40	±0.30	±0.20	≤0.64	≤0.48	≤0.32

外观质量特性包括盘卷的绑扎与防护情况、规整性、盘条螺旋方向及目视到的表面特点，这方面的质量缺陷如散卷、断丝、腐蚀、擦伤、污染等。外观缺陷可以通过目视检查发现，流入生产工序会使过程不稳定，并降低产品的品质。对这类缺陷控制到什么程度取决于工艺的适应能力及对成品品质的影响。

表面特性有两类：一类需要通过显微镜检查才能发现，如表面脱碳深度(全脱碳和总脱碳)、裂纹深度、氧化皮轧入深度；另一类是通过目视检查能发现的耳子、折叠、裂纹、划伤等。常见的一些表面缺陷及外观缺陷见2.3.4节。

2.3.2 物理及化学特性

2.3.2.1 物理特性

盘条的物理特性主要用抗拉强度和面缩率描述，冷镦钢盘条还有最高硬度指标。

(1) 抗拉强度：如果在拉拔前没有热处理过程，盘条的牌号、直径及抗拉强度决定了拉拔到一定尺寸的成品钢丝强度大约能达到多少，一件盘条内的强度波动能反映成分偏析控制及轧后冷却的均匀性。如果有热处理工艺过程，盘条的强度只能用于粗略地判断牌号或组织是否有异常，因为热处理会通过改变组织去改变抗拉强度。

(2) 面缩率：反映材料的塑性，即变形能力，通过拉伸试验获得这项数据。具有正常塑性的盘条拉伸断裂处会有明显的颈缩现象(图2.2)。如果发生脆性断裂，目视断口几乎是平的，平断口通常对应的是组织缺陷或表面出现了摩擦马氏体。

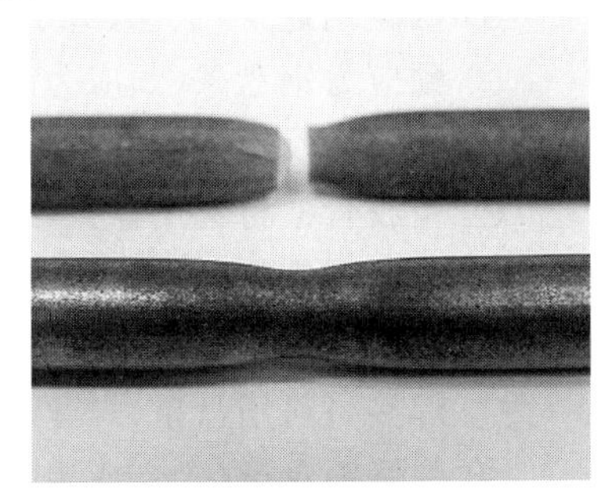

图2.2 盘条拉伸试验的塑性断口

面缩率的定义为拉伸断裂后直径缩小到最小处的横截面积相对拉伸前的横截面积的减小率。记录这个数据的时候，如果有异常断裂特征，建议记录下来。

面缩率取决于盘条的化学成分、含氮量、显微组织及残余应力水平，低于25%通常是异常的。应注意高碳钢盘条面缩率存在一种时效现象，即热轧后值较低，然后逐步回升，需要大约2～4周时间。这种时效现象对于含碳0.80%以上、直径较粗的盘条在冬季最明显，对于时效明显的材料要以时效后的面缩率作为最终结果。沙钢的研究表明，盘条储存期间含氮量会逐渐下降到一定水平，面缩率会上升大约50%。

2019年，新钢股份对各牌号规格钢时效规定时间如下：

① 45# ~70# (5.5 mm)15 天。

② 45# ~70# (6.5~10.0 mm)20 天。

③ 65Mn(5.5 mm)15 天。

④ 65Mn(6.5~13.0 mm)20 天。

⑤ SWRH82B(5.5 mm)15 天。

⑥ SWRH82B(6.5~12.5 mm)20 天。

2.3.2.2　化学特性

盘条的化学特性指化学成分指标，包括有害元素指标。这些特性在盘条标准中都有规定。盘条的常用标准化学成分有以下几类：

第一类采用 GB/T 699—2015《优质碳素结构钢》标准牌号，如 GB/T 4354—2008，常用牌号的标准成分见表 2.3。其中优质钢丝对应的磷硫限值对磷的要求比硫低，与国外及国际标准体系正好相反，这类盘条适用于一般钢丝、钢丝绳、非桥梁缆索用镀锌钢丝及钢绞线。

第二类采用 ISO 16120 标准牌号，如表 2.4 和表 2.5 分别列出的一般钢丝及特殊钢丝用盘条，后者用于性能要求较高的拉丝。欧盟标准普遍采用等同或类似 ISO 的标准成分体系，表 2.6 和表 2.7 是德国企业的牌号标准，成分控制更严。

第三类是针对应用制定的专门标准，如预应力钢用盘条、橡胶骨架材料用盘条、冷镦钢用盘条、油淬火钢丝用盘条、焊丝用盘条、不锈钢盘条等，有较多这类钢企的企业标准。

第四类采用日美标准牌号，比较常用的如 JIS G3502 和 JIS G3506 标准，见表 2.8 和表 2.9；表 2.10 列出了拉丝常用低碳钢盘条的标准成分，其中 ASTM A510 中的牌号在汽车工程师协会标准 SAE J403 中也有，不同的是磷要求不高于 0.030%。

实践中盘条成分偏离标准要求的情况很少见，因为现代钢企在这方面已经控制得很好。所有引用的标准都会更新，应注意是否有更新的版本。

表 2.3　盘条标准 GB/T 4354—2008 适用的化学成分标准(数据引自 GB/T 699—2015 标准)

牌号	化学成分(质量分数)/%							
	C	Si	Mn	P≤	S≤	Cr≤	Ni≤	Cu[①]≤
08[②]	0.05~0.11	0.17~0.37	0.35~0.65	0.035	0.035	0.10	0.30	0.25
10	0.07~0.13	0.17~0.37	0.35~0.65	0.035	0.035	0.15	0.30	0.25
15	0.12~0.18	0.17~0.37	0.35~0.65	0.035	0.035	0.25	0.30	0.25
20	0.17~0.23	0.17~0.37	0.35~0.65	0.035	0.035	0.25	0.30	0.25
25	0.22~0.29	0.17~0.37	0.50~0.80	0.035	0.035	0.25	0.30	0.25
30	0.27~0.34	0.17~0.37	0.50~0.80	0.035	0.035	0.25	0.30	0.25
35	0.32~0.39	0.17~0.37	0.50~0.80	0.035	0.035	0.25	0.30	0.25
40	0.37~0.44	0.17~0.37	0.50~0.80	0.035	0.035	0.25	0.30	0.25
45	0.42~0.50	0.17~0.37	0.50~0.80	0.035	0.035	0.25	0.30	0.25
50	0.47~0.55	0.17~0.37	0.50~0.80	0.035	0.035	0.25	0.30	0.25
55	0.52~0.60	0.17~0.37	0.50~0.80	0.035	0.035	0.25	0.30	0.25
60	0.57~0.65	0.17~0.37	0.50~0.80	0.035	0.035	0.25	0.30	0.25

续表

牌号	化学成分(质量分数)/%							
	C	Si	Mn	P≤	S≤	Cr≤	Ni≤	Cu①≤
65	0.62～0.70	0.17～0.37	0.50～0.80	0.035	0.035	0.25	0.3	0.25
70	0.67～0.75	0.17～0.37	0.50～0.80	0.035	0.035	0.25	0.30	0.25
75	0.72～0.80	0.17～0.37	0.50～0.80	0.035	0.035	0.25	0.30	0.25
80	0.77～0.85	0.17～0.37	0.50～0.80	0.035	0.035	0.25	0.30	0.25
85	0.82～0.90	0.17～0.37	0.50～0.80	0.035	0.035	0.25	0.30	0.25
15Mn	0.12～0.18	0.17～0.37	0.70～1.00	0.035	0.035	0.25	0.30	0.25
20Mn	0.17～0.23	0.17～0.37	0.70～1.00	0.035	0.035	0.25	0.30	0.25
25Mn	0.22～0.29	0.17～0.37	0.70～1.00	0.035	0.035	0.25	0.30	0.25
30Mn	0.27～0.34	0.17～0.37	0.70～1.00	0.035	0.035	0.25	0.30	0.25
35Mn	0.32～0.39	0.17～0.37	0.70～1.00	0.035	0.035	0.25	0.30	0.25
40Mn	0.37～0.44	0.17～0.37	0.70～1.00	0.035	0.035	0.25	0.30	0.25
45Mn	0.42～0.50	0.17～0.37	0.70～1.00	0.035	0.035	0.25	0.30	0.25
50Mn	0.48～0.56	0.17～0.37	0.70～1.00	0.035	0.035	0.25	0.30	0.25
60Mn	0.57～0.65	0.17～0.37	0.70～1.00	0.035	0.035	0.25	0.30	0.25
65Mn	0.62～0.70	0.17～0.37	0.90～1.20	0.035	0.035	0.25	0.30	0.25
70Mn	0.67～0.75	0.17～0.37	0.90～1.20	0.035	0.035	0.25	0.30	0.25

注：① 热压力加工用钢铜含量应不大于0.20%。

② 用铝脱氧的镇静钢，碳、锰含量下限不限，锰含量上限为0.45%，硅含量不大于0.03%，全铝含量为0.020%～0.070%，此时牌号为08A1。

表2.4 一般钢丝用盘条(数据引自GB/T 24242.2—2009，预计2020年会更新)

牌号	化学成分(质量分数)/%									
	C	Si	Mn	P≤	S≤	Cr≤	Ni≤	Mo≤	Cu≤	Al_t≤
C4D	≤0.06	≤0.30	0.30～0.60	0.030	0.030	0.20	0.25	0.05	0.30	0.01
C7D	0.05～0.09	≤0.30	0.30～0.60	0.030	0.030	0.20	0.25	0.05	0.30	0.01
C9D	≤0.10	≤0.30	≤0.60	0.030	0.030	0.20	0.25	0.05	0.30	—
C10D	0.08～0.13	≤0.30	0.30～0.60	0.030	0.030	0.20	0.25	0.05	0.30	0.01
C12D	0.10～0.15	≤0.30	0.30～0.60	0.030	0.030	0.20	0.25	0.05	0.30	0.01
C15D	0.12～0.17	≤0.30	0.30～0.60	0.030	0.030	0.20	0.25	0.05	0.30	0.01
C18D	0.15～0.20	≤0.30	0.30～0.60	0.030	0.030	0.20	0.25	0.05	0.30	0.01
C20D	0.18～0.23	≤0.30	0.30～0.60	0.030	0.030	0.20	0.25	0.05	0.30	0.01
C26D	0.24～0.29	0.10～0.30	0.50～0.80	0.030	0.025	0.20	0.25	0.05	0.30	0.01
C32D	0.30～0.35	0.10～0.30	0.50～0.80	0.030	0.025	0.20	0.25	0.05	0.30	0.01
C38D	0.35～0.40	0.10～0.30	0.50～0.80	0.030	0.025	0.20	0.25	0.05	0.30	0.01
C42D	0.40～0.45	0.10～0.30	0.50～0.80	0.030	0.025	0.20	0.25	0.05	0.30	0.01
C48D	0.45～0.50	0.10～0.30	0.50～0.80	0.030	0.025	0.15	0.20	0.05	0.25	0.01
C50D	0.48～0.53	0.10～0.30	0.50～0.80	0.030	0.025	0.15	0.20	0.05	0.25	0.01
C52D	0.50～0.55	0.10～0.30	0.50～0.80	0.030	0.025	0.15	0.20	0.05	0.25	0.01

续表

牌号	化学成分(质量分数)/%									
	C	Si	Mn	P≤	S≤	Cr≤	Ni≤	Mo≤	Cu≤	Al_t≤
C56D	0.53～0.58	0.10～0.30	0.50～0.80	0.030	0.025	0.15	0.20	0.05	0.25	0.01
C58D	0.55～0.60	0.10～0.30	0.50～0.80	0.030	0.025	0.15	0.20	0.05	0.25	0.01
C60D	0.58～0.63	0.10～0.30	0.50～0.80	0.025	0.025	0.15	0.20	0.05	0.25	0.01
C62D	0.60～0.65	0.10～0.30	0.50～0.80	0.025	0.025	0.15	0.20	0.05	0.25	0.01
C66D	0.63～0.68	0.10～0.30	0.50～0.80	0.025	0.025	0.15	0.20	0.05	0.25	0.01
C68D	0.65～0.70	0.10～0.30	0.50～0.80	0.025	0.025	0.15	0.20	0.05	0.25	0.01
C70D	0.68～0.73	0.10～0.30	0.50～0.80	0.025	0.025	0.15	0.20	0.05	0.25	0.01
C72D	0.70～0.75	0.10～0.30	0.50～0.80	0.025	0.025	0.15	0.20	0.05	0.25	0.01
C76D	0.73～0.78	0.10～0.30	0.50～0.80	0.025	0.025	0.15	0.20	0.05	0.25	0.01
C78D	0.75～0.80	0.10～0.30	0.50～0.80	0.025	0.025	0.15	0.20	0.05	0.25	0.01
C80D	0.78～0.83	0.10～0.30	0.50～0.80	0.025	0.025	0.15	0.20	0.05	0.25	0.01
C82D	0.80～0.85	0.10～0.30	0.50～0.80	0.025	0.025	0.15	0.20	0.05	0.25	0.01
C86D	0.83～0.88	0.10～0.30	0.50～0.80	0.025	0.025	0.15	0.20	0.05	0.25	0.01
C88D	0.85～0.90	0.10～0.30	0.50～0.80	0.025	0.025	0.15	0.20	0.05	0.25	0.01
C92D	0.90～0.95	0.10～0.30	0.50～0.80	0.025	0.025	0.15	0.20	0.05	0.25	0.01

表 2.5　特殊钢丝用盘条(数据引自 GB/T 24242.4—2014,预计 2020 年会更新)

牌号	化学成分(质量分数)/%										
	C	Si	Mn	P≤	S≤	Cr≤	Ni≤	Mo≤	Cu≤	Al≤	N≤
C3D2	≤0.05	≤0.30	0.30～0.50	0.020	0.025	0.10	0.10	0.05	0.15	0.01	0.007
C5D2	≤0.07	≤0.30	0.30～0.50	0.020	0.025	0.10	0.10	0.05	0.15	0.01	0.007
C8D2	0.06～0.10	≤0.30	0.30～0.50	0.020	0.025	0.10	0.10	0.05	0.15	0.01	0.007
C10D2	0.08～0.12	≤0.30	0.30～0.50	0.020	0.025	0.10	0.10	0.05	0.15	0.01	0.007
C12D2	0.10～0.14	≤0.30	0.30～0.50	0.020	0.025	0.10	0.10	0.05	0.15	0.01	0.007
C15D2	0.13～0.17	≤0.30	0.30～0.50	0.020	0.025	0.10	0.10	0.05	0.15	0.01	0.007
C18D2	0.16～0.20	≤0.30	0.30～0.50	0.020	0.025	0.10	0.10	0.05	0.15	0.01	0.007
C20D2	0.18～0.23	≤0.30	0.30～0.50	0.020	0.025	0.10	0.10	0.05	0.15	0.01	0.007
C26D2	0.24～0.29	0.10～0.30	0.50～0.70	0.020	0.025	0.10	0.10	0.03	0.15	0.01	0.007
C32D2	0.30～0.34	0.10～0.30	0.50～0.70	0.020	0.025	0.10	0.10	0.03	0.15	0.01	0.007
C36D2	0.34～0.38	0.10～0.30	0.50～0.70	0.020	0.025	0.10	0.10	0.03	0.15	0.01	0.007
C38D2	0.36～0.40	0.10～0.30	0.50～0.70	0.020	0.025	0.10	0.10	0.03	0.15	0.01	0.007
C40D2	0.38～0.42	0.10～0.30	0.50～0.70	0.020	0.025	0.10	0.10	0.03	0.15	0.01	0.007
C42D2	0.40～0.44	0.10～0.30	0.50～0.70	0.020	0.025	0.10	0.10	0.03	0.15	0.01	0.007
C46D2	0.44～0.48	0.10～0.30	0.50～0.70	0.020	0.025	0.10	0.10	0.03	0.15	0.01	0.007
C48D2	0.46～0.50	0.10～0.30	0.50～0.70	0.020	0.025	0.10	0.10	0.03	0.15	0.01	0.007
C50D2	0.48～0.52	0.10～0.30	0.50～0.70	0.020	0.025	0.10	0.10	0.03	0.15	0.01	0.007
C52D2	0.50～0.54	0.10～0.30	0.50～0.70	0.020	0.025	0.10	0.10	0.03	0.15	0.01	0.007
C56D2	0.54～0.58	0.10～0.30	0.50～0.70	0.020	0.025	0.10	0.10	0.03	0.15	0.01	0.007

续表

牌号	化学成分(质量分数)/%										
	C	Si	Mn	P≤	S≤	Cr≤	Ni≤	Mo≤	Cu≤	Al≤	N≤
C58D2	0.56～0.60	0.10～0.30	0.50～0.70	0.020	0.025	0.10	0.10	0.03	0.15	0.01	0.007
C60D2	0.58～0.62	0.10～0.30	0.50～0.70	0.020	0.025	0.10	0.10	0.03	0.15	0.01	0.007
C62D2	0.60～0.64	0.10～0.30	0.50～0.70	0.020	0.025	0.10	0.10	0.03	0.15	0.01	0.007
C66D2	0.64～0.68	0.10～0.30	0.50～0.70	0.020	0.025	0.10	0.10	0.03	0.15	0.01	0.007
C68D2	0.66～0.70	0.10～0.30	0.50～0.70	0.020	0.025	0.10	0.10	0.03	0.15	0.01	0.007
C70D2	0.68～0.72	0.10～0.30	0.50～0.70	0.020	0.025	0.10	0.10	0.03	0.15	0.01	0.007
C72D2	0.70～0.74	0.10～0.30	0.50～0.70	0.020	0.025	0.10	0.10	0.03	0.15	0.01	0.007
C76D2	0.74～0.78	0.10～0.30	0.50～0.70	0.020	0.025	0.10	0.10	0.03	0.15	0.01	0.007
C78D2	0.76～0.80	0.10～0.30	0.50～0.70	0.020	0.025	0.10	0.10	0.03	0.15	0.01	0.007
C80D2	0.78～0.82	0.10～0.30	0.50～0.70	0.020	0.025	0.10	0.10	0.03	0.15	0.01	0.007
C82D2	0.80～0.84	0.10～0.30	0.50～0.70	0.020	0.025	0.10	0.10	0.03	0.15	0.01	0.007
C86D2	0.84～0.88	0.10～0.30	0.50～0.70	0.020	0.025	0.10	0.10	0.03	0.15	0.01	0.007
C88D2	0.86～0.90	0.10～0.30	0.50～0.70	0.020	0.025	0.10	0.10	0.03	0.15	0.01	0.007
C92D2	0.90～0.95	0.10～0.30	0.50～0.70	0.020	0.025	0.10	0.10	0.03	0.15	0.01	0.007
C98D2	0.96～1.00	0.10～0.30	0.50～0.70	0.020	0.025	0.10	0.10	0.03	0.15	0.01	0.007

表 2.6 低碳钢盘条(数据引自德国 SAARSTAHL 公司公开资料)

盘条类别	牌号	上下限	化学成分(质量分数)/%												
			C	Si	Mn	P	S	Cr	Mo	Ni	Al	Cu	B	Ti	N
一般拉丝材 ISO 16120-2	C4D	Min.	0.03	—	0.30	—	—	—	—	—	—	—	—	—	—
		Max.	0.06	0.20	0.60	0.030	0.030	0.15	0.05	0.15	0.010	0.15	—	—	0.010
	C4D Si	Min.	—	0.15	0.40	—	—	—	—	—	—	—	—	—	—
		Max.	0.05	0.25	0.60	0.030	0.030	0.15	0.05	0.15	0.010	0.15	—	—	0.010
	C7D	Min.	0.05	0.15	0.40	—	—	—	—	—	—	—	—	—	—
		Max.	0.09	0.25	0.60	0.030	0.030	0.15	0.05	0.15	0.010	0.15	—	—	0.010
	C9D	Min.	0.04		0.30	—	—	—	—	—	—	—	—	—	—
		Max.	0.08	0.20	0.60	0.030	0.030	0.15	0.05	0.15	0.010	0.15	—	—	0.010
	C10D	Min.	0.09	0.15	0.40	—	—	—	—	—	—	—	—	—	—
		Max.	0.13	0.25	0.60	0.030	0.030	0.15	0.05	0.15	0.010	0.15	—	—	0.010
	C12D	Min.	0.10	0.15	0.40	—	—	—	—	—	—	—	—	—	—
		Max.	0.14	0.25	0.60	0.030	0.030	0.15	0.05	0.15	0.010	0.15	—	—	0.010
	C15D	Min.	0.13	0.15	0.40	—	—	—	—	—	—	—	—	—	—
		Max.	0.17	0.25	0.60	0.030	0.030	0.15	0.05	0.15	0.010	0.15	—	—	0.010
	C18D	Min.	0.15	0.15	0.40	—	—	—	—	—	—	—	—	—	—
		Max.	0.19	0.25	0.60	0.030	0.030	0.15	0.05	0.15	0.010	0.15	—	—	0.010
	C20D	Min.	0.19	0.15	0.40	—	—	—	—	—	—	—	—	—	—
		Max.	0.23	0.25	0.60	0.030	0.030	0.15	0.05	0.15	0.010	0.15	—	—	0.010

续表

盘条类别	牌号	上下限	化学成分(质量分数)/%												
			C	Si	Mn	P	S	Cr	Mo	Ni	Al	Cu	B	Ti	N
优质拉丝材 ISO 16120-3	C4D	Min.	0.03	—	0.30	—	—	—	—	—	—	—	—	—	—
		Max.	0.06	0.15	0.50	0.025	0.025	0.10	0.05	0.10	0.005	0.10	0.000 8	—	0.010
	C4D Si	Min.		0.15	0.45	—	—	—	—	—	—	—	—	—	—
		Max.	0.04	0.25	0.60	0.020	0.020	0.10	0.05	0.10	0.005	0.10	0.000 8		0.010
	C4D B	Min.	—	—	0.30	—	—	—	—	—	—	—	0.002 5	—	—
		Max.	0.04	0.15	0.50	0.020	0.020	0.10	0.05	0.10	0.005	0.10	0.007 0	—	0.010
	C4D1	Min.	0.02	—	0.20	—	—	—	—	—	—	—	—	—	—
		Max.	0.05	0.10	0.40	0.020	0.020	0.10	0.03	0.10	0.005	0.10	0.000 8	—	0.010
	C4D1 B	Min.	0.02	—	0.20	—	—	—	—	—	—	—	0.002 5	—	—
		Max.	0.05	0.10	0.40	0.020	0.020	0.10	0.03	0.10	0.005	0.10	0.007 0	—	0.010
特级拉丝材 ISO 16120-3	C3D1	Min.	—	—	0.20	—	—	—	—	—	—	—	—	—	—
		Max.	0.04	0.03	0.40	0.020	0.020	0.08	0.03	0.08	0.005	0.08	0.000 8	0.010	0.007
	C3D1 B	Min.	—	—	0.20	—	—	—	—	—	—	—	0.002 5	—	—
		Max.	0.04	0.03	0.40	0.020	0.020	0.08	0.03	0.08	0.005	0.08	0.007 0	0.010	0.007
	C3D1 Al	Min.	—	—	0.20	—	—	—	—	—	—	—	—	—	—
		Max.	0.04	0.03	0.40	0.020	0.020	0.08	0.03	0.08	0.005	0.08	0.000 8	0.010	0.007
	C2D1	Min.	—	—	0.20	—	—	—	—	—	—	—	—	—	
		Max.	0.01	0.03	0.35	0.015	0.015	0.07	0.02	0.05	0.005	0.05	0.000 8	0.010	0.007
	C2D1 B	Min.	—	—	0.20	—	—	—	—	—	—	—	0.010 0	—	—
		Max.	0.01	0.03	0.35	0.015	0.015	0.07	0.02	0.05	0.005	0.05	0.015 0	0.010	0.007
	C2D1 AlTi	Min.	—	—	0.15	—	—	—	—	—	—	—	—	0.120	—
		Max.	0.02	0.05	0.25	0.015	0.015	0.07	0.02	0.05	0.005	0.05	0.000 8	0.200	0.007

表 2.7　高碳钢盘条(数据引自德国 SAARSTAHL 公司公开资料)

牌号	上下限	化学成分(质量分数)/%											
		C	Si	Mn	P	S	Cr	Mo	Ni	Al	Cu	V	N
C38D C38D2	Min.	0.36	0.15	0.60	—	—	—	—	—	—	—	—	—
	Max.	0.39	0.25	0.70	0.015	0.020	0.08	0.03	0.10	0.005	0.10	0.01	0.000 8
C48D C48D2	Min.	0.45	0.15	0.60	—	—	—	—	—	—	—	—	—
	Max.	0.48	0.25	0.70	0.015	0.020	0.08	0.03	0.10	0.005	0.10	0.01	0.000 8
C50D C50D2	Min.	0.50	0.15	0.60	—	—	—	—	—	—	—	—	—
	Max.	0.53	0.25	0.70	0.015	0.020	0.08	0.03	0.10	0.005	0.10	0.01	0.000 8
C56D C56D2	Min.	0.54	0.15	0.60	—	—	—	—	—	—	—	—	—
	Max.	0.58	0.25	0.70	0.015	0.020	0.08	0.03	0.10	0.005	0.10	0.01	0.000 8
C60D C62D2	Min.	0.60	0.15	0.60	—	—	—	—	—	—	—	—	—
	Max.	0.63	0.25	0.70	0.015	0.020	0.08	0.03	0.10	0.005	0.10	0.01	0.000 8

续表

牌号	上下限	化学成分(质量分数)/%											
		C	Si	Mn	P	S	Cr	Mo	Ni	Al	Cu	V	N
C66D C66D2	Min.	0.65	0.15	0.60	—	—	—	—	—	—	—	—	—
	Max.	0.68	0.25	0.70	0.015	0.020	0.08	0.03	0.10	0.005	0.10	0.01	0.000 8
C70D C72D2	Min.	0.70	0.15	0.60	—	—	—	—	—	—	—	—	—
	Max.	0.73	0.25	0.70	0.015	0.020	0.08	0.03	0.10	0.005	0.10	0.01	0.000 8
C76D C76D2	Min.	0.75	0.15	0.60	—	—	—	—	—	—	—	—	—
	Max.	0.78	0.25	0.70	0.015	0.020	0.08	0.03	0.10	0.005	0.10	0.01	0.000 8
C82D C82D2	Min.	0.80	0.15	0.60	—	—	—	—	—	—	—	—	—
	Max.	0.83	0.25	0.70	0.015	0.020	0.08	0.03	0.10	0.005	0.10	0.01	0.000 8
C86D C86D2	Min.	0.84	0.15	0.60	—	—	—	—	—	—	—	—	—
	Max.	0.87	0.25	0.70	0.015	0.020	0.08	0.03	0.10	0.005	0.10	0.01	0.000 8
C88D C88D2	Min.	0.86	0.15	0.60	—	—	—	—	—	—	—	—	—
	Max.	0.89	0.25	0.70	0.015	0.020	0.08	0.03	0.10	0.005	0.10	0.01	0.000 8

注：最后为 D 的牌号是 ISO 16120-2 标准牌号，为 D2 的牌号是 ISO 16120-4 标准牌号。

表 2.8　琴钢丝盘条(数据引自 JIS G3502-2013)

牌号	化学成分(质量分数)/%					
	C	Si	Mn	S	P	Cu
SWRS62A	0.60～0.65	0.12～0.32	0.30～0.60	≤0.025	≤0.025	≤0.20
SWRS62B	0.60～0.65	0.12～0.32	0.60～0.90	≤0.025	≤0.025	≤0.20
SWRS67A	0.65～0.70	0.12～0.32	0.30～0.60	≤0.025	≤0.025	≤0.20
SWRS67B	0.65～0.70	0.12～0.32	0.60～0.90	≤0.025	≤0.025	≤0.20
SWRS72A	0.70～0.75	0.12～0.32	0.30～0.60	≤0.025	≤0.025	≤0.20
SWRS72B	0.70～0.75	0.12～0.32	0.60～0.90	≤0.025	≤0.025	≤0.20
SWRS75A	0.73～0.78	0.12～0.32	0.30～0.60	≤0.025	≤0.025	≤0.20
SWRS75B	0.73～0.78	0.12～0.32	0.60～0.90	≤0.025	≤0.025	≤0.20
SWRS77A	0.75～0.80	0.12～0.32	0.30～0.60	≤0.025	≤0.025	≤0.20
SWRS77B	0.75～0.80	0.12～0.32	0.60～0.90	≤0.025	≤0.025	≤0.20
SWRS80A	0.78～0.83	0.12～0.32	0.30～0.60	≤0.025	≤0.025	≤0.20
SWRS80B	0.78～0.83	0.12～0.32	0.60～0.90	≤0.025	≤0.025	≤0.20
SWRS82A	0.80～0.85	0.12～0.32	0.30～0.60	≤0.025	≤0.025	≤0.20
SWRS82B	0.80～0.85	0.12～0.32	0.60～0.90	≤0.025	≤0.025	≤0.20
SWRS87A	0.85～0.90	0.12～0.32	0.30～0.60	≤0.025	≤0.025	≤0.20
SWRS87B	0.85～0.90	0.12～0.32	0.60～0.90	≤0.025	≤0.025	≤0.20
SWRS92A	0.90～0.95	0.12～0.32	0.30～0.60	≤0.025	≤0.025	≤0.20
SWRS92B	0.90～0.95	0.12～0.32	0.60～0.90	≤0.025	≤0.025	≤0.20

表 2.9 高碳钢盘条（数据引自 JIS G3506-2004）

牌号	化学成分(质量分数)/%				
	C	Si	Mn	S	P
SWRH27	0.24～0.31	0.15～0.35	0.30～0.60	≤0.030	≤0.030
SWRH32	0.29～0.36	0.15～0.35	0.30～0.60	≤0.030	≤0.030
SWRH37	0.34～0.41	0.15～0.35	0.30～0.60	≤0.030	≤0.030
SWRH42A	0.39～0.46	0.15～0.35	0.30～0.60	≤0.030	≤0.030
SWRH42B	0.39～0.46	0.15～0.35	0.60～0.90	≤0.030	≤0.030
SWRH47A	0.44～0.51	0.15～0.35	0.30～0.60	≤0.030	≤0.030
SWRH47B	0.44～0.51	0.15～0.35	0.60～0.90	≤0.030	≤0.030
SWRH52A	0.49～0.56	0.15～0.35	0.30～0.60	≤0.030	≤0.030
SWRH52B	0.49～0.56	0.15～0.35	0.60～0.90	≤0.030	≤0.030
SWRH57A	0.54～0.61	0.15～0.35	0.30～0.60	≤0.030	≤0.030
SWRH57B	0.54～0.61	0.15～0.35	0.60～0.90	≤0.030	≤0.030
SWRH62A	0.59～0.66	0.15～0.35	0.30～0.60	≤0.030	≤0.030
SWRH62B	0.59～0.66	0.15～0.35	0.60～0.90	≤0.030	≤0.030
SWRH67A	0.64～0.71	0.15～0.35	0.30～0.60	≤0.030	≤0.030
SWRH67B	0.64～0.71	0.15～0.35	0.60～0.90	≤0.030	≤0.030
SWRH72A	0.69～0.76	0.15～0.35	0.30～0.60	≤0.030	≤0.030
SWRH72B	0.69～0.76	0.15～0.35	0.60～0.90	≤0.030	≤0.030
SWRH77A	0.74～0.81	0.15～0.35	0.30～0.60	≤0.030	≤0.030
SWRH77B	0.74～0.81	0.15～0.35	0.60～0.90	≤0.030	≤0.030
SWRH82A	0.79～0.86	0.15～0.35	0.30～0.60	≤0.030	≤0.030
SWRH82B	0.79～0.86	0.15～0.35	0.60～0.90	≤0.030	≤0.030

表 2.10 拉丝常用低碳钢盘条的标准

标准	牌号	化学成分(质量分数)/%				
		C	Si	Mn	P	S
JIS G3505 低碳钢盘条	SWRM6	≤0.08	—	≤0.60	≤0.040	≤0.040
	SWRM8	≤0.10	—	≤0.60	≤0.040	≤0.040
	SWRM10	0.08～0.13	—	0.30～0.60	≤0.040	≤0.040
	SWRM12	0.10～0.15	—	0.30～0.60	≤0.040	≤0.040
	SWRM15	0.13～0.18	—	0.30～0.60	≤0.040	≤0.040
	SWRM17	0.15～0.20	—	0.30～0.60	≤0.040	≤0.040
	SWRM20	0.18～0.23	—	0.30～0.60	≤0.040	≤0.040
	SWRM22	0.20～0.25	—	0.30～0.60	≤0.040	≤0.040

续表

标准	牌号	化学成分(质量分数)/%				
		C	Si	Mn	P	S
ASTM A510 碳钢盘条及粗圆钢丝的一般要求	1005	≤0.06	—	≤0.35	≤0.040	≤0.050
	1006	≤0.08	—	0.25～0.40	≤0.040	≤0.050
	1008	≤0.10	—	0.30～0.50	≤0.040	≤0.050
	1010	0.08～0.13	—	0.30～0.60	≤0.040	≤0.050
	1011	0.08～0.13	—	0.60～0.90	≤0.040	≤0.050
	1012	0.10～0.15	—	0.30～0.60	≤0.040	≤0.050
	1013	0.11～0.16	—	0.50～0.80	≤0.040	≤0.050
	1015	0.13～0.18	—	0.30～0.60	≤0.040	≤0.050
	1016	0.13～0.18	—	0.60～0.90	≤0.040	≤0.050
	1017	0.15～0.20	—	0.30～0.60	≤0.040	≤0.050
	1018	0.15～0.20	—	0.60～0.90	≤0.040	≤0.050
	1019	0.15～0.20	—	0.70～1.00	≤0.040	≤0.050
	1020	0.18～0.23	—	0.30～0.60	≤0.040	≤0.050
	1021	0.18～0.23	—	0.60～0.90	≤0.040	≤0.050
	1022	0.18～0.23	—	0.70～1.00	≤0.040	≤0.050
	1023	0.20～0.25	—	0.30～0.60	≤0.040	≤0.050
GB/T 701—2008 低碳钢热轧圆盘条	Q195	≤0.12	≤0.30	0.25～0.50	≤0.035	≤0.040
	Q215	0.09～0.15	≤0.30	0.25～0.60	≤0.045	≤0.045
	Q235	0.12～0.20	≤0.30	0.30～0.70	≤0.045	≤0.045
	Q275	0.14～0.22	≤0.30	0.40～1.00	≤0.045	≤0.045
GB/T 700—2006 碳素结构钢	Q195	≤0.12	≤0.30	≤0.50	≤0.035	≤0.040
	Q215A	≤0.15	≤0.35	≤1.20	≤0.045	≤0.050
	Q215B	≤0.15	≤0.35	≤1.20	≤0.045	≤0.045
	Q235A	≤0.22	≤0.35	≤1.40	≤0.045	≤0.050
	Q235B	≤0.20	≤0.35	≤1.40	≤0.045	≤0.045
	Q235C	≤0.17	≤0.35	≤1.40	≤0.040	≤0.040
	Q275A	≤0.24	≤0.35	≤1.50	≤0.045	≤0.045
	Q275B	≤0.21	≤0.35	≤1.50	≤0.045	≤0.045

表 2.11 列出了常用不锈钢牌号及参考标准成分，应注意不同标准之间成分标准是有差异的。表 2.12 为碳钢弹簧钢丝的成分标准。

表 2.11　常用不锈钢牌号及参考标准成分

牌号	化学成分(质量分数)/%							
	C	Si	Mn	P	S	Ni	Cr	Mo	其他
SUS201	≤0.15	≤1.00	5.50～7.50	≤0.060	≤0.030	3.50～5.50	16.00～18.00	—	N≤0.25
SUS301	≤0.15	≤1.00	≤2.00	≤0.200	≤0.030	6.00～8.00	16.00～18.00	—	—
SUS302	≤0.15	≤1.00	≤2.00	≤0.045	≤0.030	8.00～10.00	17.00～19.00	—	—
SUS304	≤0.08	≤1.00	≤2.00	≤0.045	≤0.030	8.00～10.50	18.00～20.00	—	—
SUS304L	≤0.03	≤1.00	≤2.00	≤0.045	≤0.030	9.00～13.00	18.00～20.00	—	—
SUS304H	0.04～0.10	≤1.00	≤2.00	≤0.045	≤0.030	8.00～10.50	18.00～20.00	—	—
SUS304N1	≤0.08	≤1.00	≤2.50	≤0.045	≤0.030	7.00～10.50	18.00～20.00	—	N 0.1～0.25
SUS316	≤0.08	≤1.00	≤2.00	≤0.045	≤0.030	10.00～14.00	16.00～18.00	2.00～3.00	—
SUS316L	≤0.03	≤1.00	≤2.00	≤0.045	≤0.030	12.00～15.00	16.00～18.00	2.00～3.00	—
SUS316H	0.04～0.10	≤1.00	≤2.00	≤0.045	≤0.030	10.00～14.00	16.00～18.00	2.00～3.00	—
SUS631J1	≤0.09	≤1.00	≤1.00	≤0.040	≤0.030	7.00～8.50	16.00～18.00	—	Al 0.75～1.50

注：304 和 304L 的耐腐蚀性一样，304H 更好；316 和 316L 的耐腐蚀性一样，5 mm 及以上厚度的焊接结构用 316L 比 316 更好；在氯离子环境中 316 比 304 更耐点蚀及缝隙腐蚀。

表 2.12　碳钢弹簧钢丝的成分标准

标准号	分类	化学成分(质量分数)/%								
		C	Mn	Si	P≤	S≤	Cu≤	Cr≤	Ni≤	V≤
GB/T 4357—2009	静载簧	0.35～1.00	0.30～1.20	0.10～0.30	0.030	0.030	0.20	—	—	—
	动载簧	0.45～1.00	0.50～1.20	0.10～0.30	0.020	0.025	0.12	—	—	—
ISO 8458-2	静载簧	0.35～1.00	0.30～1.20	0.10～0.30	0.030	0.030	0.20	—	—	—
	动载簧	0.45～1.00	0.30～1.20	0.10～0.30	0.020	0.025	0.12	—	—	—
EN 10270-1	静载簧	0.35～1.00	0.40～1.20	0.10～0.30	0.035	0.035	0.20	—	—	—
	动载簧	0.45～1.00	0.40～1.20	0.10～0.30	0.020	0.025	0.12	—	—	—
ASTM A227	冷拉弹簧线	0.45～0.85	0.30～1.30	0.15～0.35	0.040	0.050	—	—	—	—
ASTM A228	琴钢丝	0.70～1.00	0.20～0.70	0.10～0.30	0.025	0.030	—	—	—	—
ASTM A229	油回火	0.55～0.85	0.30～1.20	0.15～0.35	0.040	0.050	—	—	—	—
ASTM A230	气门簧	0.60～0.75	0.60～0.90	0.15～0.35	0.025	0.030	—	—	—	—
ASTM A407	家具卷簧	0.45～0.70	0.60～1.20	—	—	—	—	—	—	—
ASTM A417	蛇簧等家具弹簧用钢丝	0.50～0.75	0.60～1.20	0.10～0.30 0.15～0.30 0.20～0.40 0.30～0.60	0.040	0.050	—	—	—	—
ASTM A713	热处理件用高碳弹簧	0.50～1.03	见牌号要求	见牌号要求	0.040	0.050	—	—	—	—
YB/T 5311—2010	65Mn	0.62～0.69	0.70～1.00 0.90～1.20	0.17～0.37	0.025	0.020	0.20	0.10	0.15	—
	70	0.67～0.74	0.30～0.60 0.50～0.80	0.17～0.37	0.025	0.020	0.20	0.10	0.15	—
	T9A	0.85～0.93	≤0.40	≤0.35	0.025	0.020	0.20	0.10	0.12	—
	T8MnA	0.80～0.89	0.40～0.60	≤0.35	0.025	0.020	0.20	0.10	0.12	—
	不规定牌号	0.60～0.95	0.30～1.00	≤0.37	0.025	0.020	0.20	0.15	0.15	—

续表

标准号	分类	化学成分(质量分数)/%								
		C	Mn	Si	P≤	S≤	Cu≤	Cr≤	Ni≤	V≤
JIS G3521 高碳钢丝	SWRH	0.39～0.86	0.30～0.60 0.60～0.90	0.15～0.35	0.040	0.040	—	—	—	—
JIS G3522 琴钢丝	SWRS	0.60～0.95	0.30～0.60 0.60～0.90	0.12～0.32	0.025	0.025	0.20	—	—	—
沙钢	65Mn	0.62～0.70	0.90～1.20	0.17～0.37	0.025	0.020	0.25	0.25	0.25	—
宝钢	65Mn	0.62～0.70	0.90～1.20	0.17～0.37	0.025	0.025	0.20	0.25	0.25	—

2.3.3 冶金特性

盘条的冶金特性包含反映成分均匀性的偏析等级指标、反映纯净度的夹杂物指标、显微组织特征和氧化皮结构及质量。

常见的碳钢盘条组织是索氏体(细珠光体),碳含量较低时会出现部分铁素体组织,碳含量较高时可能出现有害的碳化物块、分布在晶界的网状渗碳体等,会显著降低材料的塑性。冷镦钢盘条的组织为适应大变形加工的铁素体加粒状珠光体。

不锈钢盘条的显微组织取决于不锈钢的类型。不锈钢按组织特点可分为马氏体不锈钢、奥氏体不锈钢及铁素体不锈钢三大类,三类不锈钢都可以用来做紧固件,应用于弹簧钢丝时以奥氏体不锈钢为主,还有沉淀硬化型的不锈弹簧钢丝,可以通过热处理提高钢丝强度。

盘条的氧化皮结构应适应拉拔前的表面处理技术,低温氧化皮更适应酸洗,高温氧化皮更适应反复弯曲法机械剥离。相关知识请参考5.2节。

2.3.4 常见盘条质量缺陷

盘条质量缺陷可分为两类:

(1) 目视可见的外观缺陷,如沾染油脂、油漆或沥青,以及擦伤、乱卷、断丝等。油脂、油漆和沥青都会阻止酸洗反应过程,不可接受;钢丝企业应就擦伤到什么程度不可接受制定自己的内控标准,确保产品符合规定要求且适合客户的使用需求;乱卷及断丝都可能让拉丝生产突然中断。

(2) 需要显微镜检查才能发现的缺陷。这种缺陷会影响加工性能和(或)应用表现,如变形能力较差的粗大珠光体、如图2.3所示的拉拔易断丝网状渗碳体(高碳钢才有,有评级标准)。马氏体等级超标也会造成断丝。脱碳深度超标、裂纹、氧化皮压入和缩孔等有害缺陷一定会影响材料的疲劳性能,不一定会导致拉拔断裂。

脱碳是指碳钢的表层局部在钢铁加工的加热过程中损失了一部分碳,局部出现无碳或有碳损失的组织特征。对于要求疲劳性能的钢丝,应控制脱碳参数在规范允许的范围。

成分偏析无法完全杜绝,但应控制其程度至不产生有害的组织。图2.3左边为极严重的共析钢晶界网状渗碳体组织,右边为3.5级的65Mn中心偏析导致出现的马氏体组织。这两类缺陷都会导致严重的拉拔断裂。

如图2.4所示为轧钢缺陷耳子及折叠,耳子缺陷有突出的轧制溢出边。

如图2.5所示为搬运、运输和储存期间造成的缺陷。其中,腐蚀是因为长期露天存放造成的,需要在整个供应链及内部储存搬运期间采取控制措施。

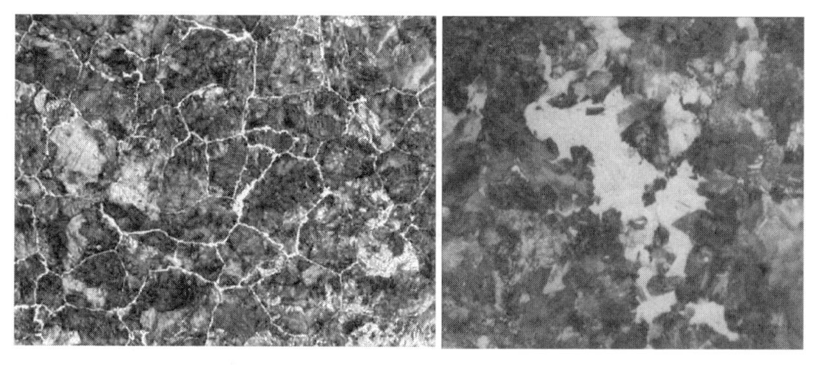

图 2.3　盘条中的网状渗碳体组织(左)和 3.5 级马氏体组织(右)(500×)

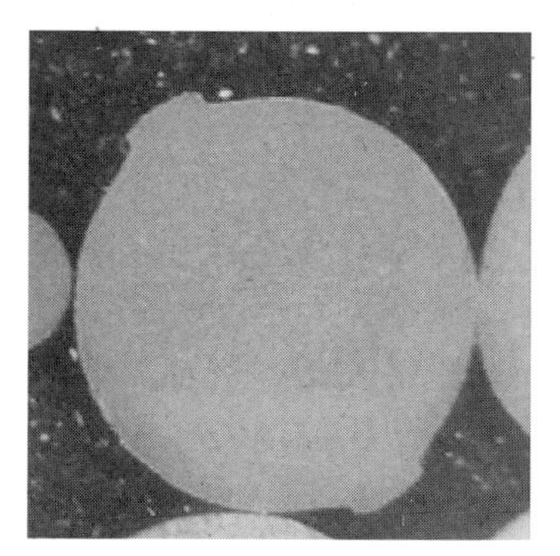

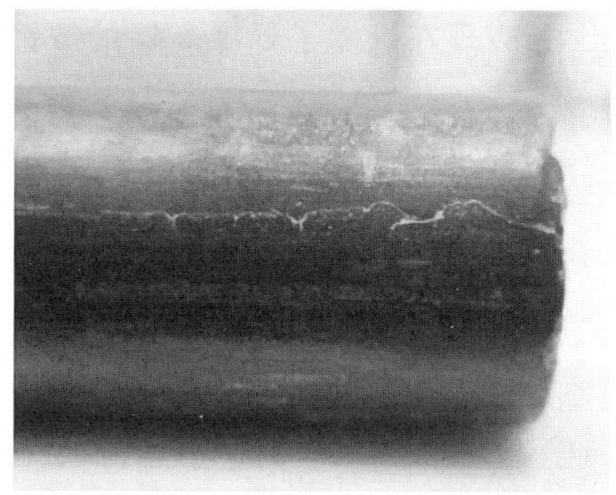

图 2.4　轧钢缺陷——耳子(左)及折叠(右)

油脂污染

严重擦伤

腐蚀坑

图 2.5　盘条的油脂污染、严重擦伤及腐蚀坑

2.4　其他材料

2.4.1　常用不锈钢丝材料

2.4.1.1　不锈钢中合金元素的作用

铬:铬是决定不锈钢耐腐蚀性能的主要元素。铬能提高不锈钢的耐腐蚀性能,主要体现在两个方面:第一,铬使铁铬合金钢的电极电位提高,当铁铬合金中铬的质量百分比达到 11.65%时(原子含量达 12.5%),铁铬合金钢的电极电位呈跳跃式提升,从而抑制电化学腐蚀的发生;第二,在氧化性的介质中易形成一层致密的钝化膜,将基体与介质完全隔开,从而有效防止进一步的氧化及腐蚀。铬的质量百分比低于 11.65%的钢一般不叫不锈钢,而且随

铬含量的增加,不锈钢的耐蚀性及抗氧化性增强。

碳:碳是稳定奥氏体元素,而且对奥氏体的稳定作用很强烈,不锈钢的组织和性能在很大程度上取决于碳含量及其分布状态。此外,碳能显著提升不锈钢的强度,如 2Cr13、3Cr13、4Cr13、9Cr13,钢的强度随碳含量的增加逐级提高。但是碳与铬的亲和力很大,易与铬形成复杂的碳化物,因而会降低不锈钢的耐蚀性。

镍:镍在钢中起到扩大奥氏体区,稳定奥氏体组织的作用。镍不能单独构成不锈钢,但是镍与铬同时存在于不锈钢中时,镍可以使高铬钢的组织发生变化,从而使不锈钢的耐腐蚀性能及工艺性能获得某些改善。高镍含量还具有线膨胀系数低的优点。

锰:锰对于奥氏体的作用与镍相似,锰在钢中稳定奥氏体的作用约为镍的二分之一,2%的锰可以代替 1%的镍。由于镍属于稀缺材料,其矿藏较少而又集中在少数地区,镍的供需矛盾比较突出,所以现在研发了低镍高锰的节镍不锈钢,如市场上比较典型的 200 系列不锈钢。

钼:钼可以提高不锈钢的耐腐蚀性能。钼能促使不锈钢表面钝化,增强不锈钢的抗点蚀和缝隙腐蚀能力。所以在不锈钢中加入钼是提高其在非氧化性介质中抗蚀能力的有效途径。钼在不锈钢中还能形成沉淀析出相,增加不锈钢的强度。

铜:铜可以提高不锈钢的耐腐蚀性能及抗菌性能,改善冷加工性能(如奥氏体冷顶锻用不锈钢)和钢水的流动性。铜可以在提高强度的同时提高塑性。

硫和硒:硫和硒在不锈钢中的作用相似,会降低不锈钢的韧性和耐蚀性,但是可以提高不锈钢的切削性能。常见的易切削不锈钢中一般都含有较多的硫。

稀土元素:稀土元素的主要作用在于改善工艺性能方面,如消除钢锭中因氢气引起的气泡,减少钢坯中的裂纹,改善锻造性能等。

2.4.1.2 不锈钢标准体系

世界上不锈钢标准主要以以下两大体系为主:

(1) 俄-德-法体系:其特点是看到牌号就知道主要成分。中国(台湾省除外)沿用苏联的方法,也属于这个体系,属于这个体系的还有欧盟及印度等。

(2) 美-英-日体系:其特点是简明易记,看到牌号就知道不锈钢的组织类型。属于这个体系的还有加拿大、巴西、澳大利亚、南亚、韩国及中国台湾等。

不锈钢盘条的国标为 GB/T 4356—2016《不锈钢盘条》,进口标准可采用日本不锈钢盘条标准 JIS G4308-2013 等,焊接用不锈钢盘条有单独的标准 GB/T 4241—2017。

表 2.13 为部分不锈钢牌号对照表。

表 2.13 不锈钢牌号对照表

分类	中国		日本	美国		欧盟
	GB 旧牌号	GB 新牌号	JIS	ASTM	UNS	BS EN
奥氏体不锈钢	1Cr17Mn6Ni5N	12Cr17Mn6Ni5N	SUS201	201	S20100	1.4372
	1Cr18Mn8Ni5N	12Cr18Mn9Ni5N	SUS202	202	S20200	1.4373
	1Cr17Ni7	12Cr17Ni7	SUS301	301	S30100	1.4319
	0Cr18Ni9	06Cr19Ni10	SUS304	304	S30400	1.4301
	00Cr19Ni10	022Cr19Ni10	SUS304L	304L	S30403	1.4306

续表

分类	中国		日本	美国		欧盟
	GB旧牌号	GB新牌号	JIS	ASTM	UNS	BS EN
奥氏体不锈钢	0Cr19Ni9N	06Cr19Ni10N	SUS304N1	304N	S30451	1.4315
	0Cr19Ni10NbN	06Cr19Ni9NbN	SUS304N2	XM21	S30452	—
	00Cr18Ni10N	022Cr19Ni10N	SUS304LN	304LN	S30453	—
	1Cr18Ni12	10Cr18Ni12	SUS305	305	S30500	1.4303
	0Cr23Ni13	06Cr23Ni13	SUS309S	309S	S30908	1.4833
	0Cr25Ni20	06Cr25Ni20	SUS310S	310S	S31008	1.4845
	0Cr17Ni12Mo2	06Cr17Ni12Mo2	SUS316	316	S31600	1.4401
	0Cr18Ni12Mo3Ti	06Cr17Ni12Mo2Ti	SUS316Ti	316Ti	S31635	1.4571
	00Cr17Ni14Mo2	022Cr17Ni12Mo2	SUS316L	316L	S31603	1.4404
	0Cr17Ni12Mo2N	06Cr17Ni12Mo2N	SUS316N	316N	S31651	—
	00Cr17Ni13Mo2N	022Cr17Ni13Mo2N	SUS316LN	316LN	S31653	1.4429
	0Cr18Ni12Mo2Cu2	06Cr18Ni12Mo2Cu2	SUS316J1	—	—	—
	00Cr18Ni14Mo2Cu2	022Cr18Ni14Mo2Cu2	SUS316J1L	—	—	—
	0Cr19Ni13Mo3	06Cr19Ni13Mo3	SUS317	317	S31700	—
	00Cr19Ni13Mo3	022Cr19Ni13Mo3	SUS317L	317L	S31703	1.4438
	0Cr18Ni10Ti	06Cr18Ni11Ti	SUS321	321	S32100	1.4541
	0Cr18Ni11Nb	06Cr18Ni11Nb	SUS347	347	S34700	1.455
奥氏体-铁素体不锈钢（双相不锈钢）	0Cr26Ni5Mo2	—	SUS329J1	329	S32900	1.4477
	00Cr18Ni5Mo3Si2	022Cr19Ni5Mo3Si2N	SUS329J3L	—	S31803	1.4462
铁素体不锈钢	0Cr13Al	06Cr13Al	SUS405	405	S40500	1.4002
	—	022Cr11Ti	SUH409	409	S40900	1.4512
	00Cr12	022Cr12	SUS410L	—	—	—
	1Cr17	10Cr17	SUS430	430	S43000	1.4016
	1Cr17Mo	10Cr17Mo	SUS434	434	S43400	1.4113
	—	022Cr18NbTi	—	—	S43940	1.4509
	00Cr18Mo2	019Cr19Mo2NbTi	SUS444	444	S44400	1.4521

续表

分类	中国		日本	美国		欧盟 BS EN
	GB 旧牌号	GB 新牌号	JIS	ASTM	UNS	
马氏体不锈钢	1Cr12	12Cr12	SUS403	403	S40300	—
	1Cr13	12Cr13	SUS410	410	S41000	1.4006
	2Cr13	20Cr13	SUS420J1	420	S42000	1.4021
	3Cr13	30Cr13	SUS420J2	—	—	1.4028
	7Cr17	68Cr17	SUS440A	440A	S44002	—
沉淀硬化不锈钢（PH型）	0Cr17Ni4Cu4Nb	—	SUS630	630	S17400	1.4542
	0Cr17Ni7Al	—	SUS631J1	631	S17700	1.4568
	oCr15Ni7Mo2Al	—	SUS632	632	S15700	1.4532

2.4.2 锌及锌铝合金

锌是一种银白色略带淡蓝色金属，锌的名称“zinc”来源于拉丁文 zincum，意思是“白色薄层”或“白色沉积物”。主要特性参数如下：

(1) 化学符号：Zn。

(2) 原子量：65.39。

(3) 密度：7.14 g/cm^3。

(4) 莫氏硬度：约为 2.5。

(5) 熔点：419.5 ℃。

(6) 电阻率：5.90×10^{-8} Ω·m。

(7) 比热容：0.38×10^3 J/(kg·℃)。

锌在室温下性较脆，100 ℃～150 ℃时变软，超过 200 ℃后又变脆。锌的化学性质活泼，在常温下的空气中，其表面生成一层薄而致密的碱式碳酸锌膜，可阻止进一步氧化。当温度达到 225 ℃时锌会剧烈氧化。

在中性环境中，锌比钢铁及铜都更耐腐蚀；在酸碱环境中，锌比钢铁材料更耐腐蚀，但弱于铜，而接触氨水时铜、锌的耐腐性都不如没有涂镀层的钢铁材料。在室内中性环境中，锌的腐蚀速度低于每年 0.1 μm。当镀锌层被破坏后，镀层中的锌与铁在潮湿的环境中组成了原电池，锌的标准电极电位只有−1.05 V，低于铁的−0.036 V，因而锌作为阳极被氧化，而铁作为阴极得到保护。锌腐蚀以后的生成物很致密，反应速度很慢，也就是说，总体的耐腐蚀性能大幅度提高。

由于具有上述特性，锌常用于生产镀锌钢丝（俗称镀锌铁丝，是低碳钢丝的镀锌产品），以在环境中获得较好的耐久性。镀锌用的锌锭执行标准为 GB/T 470—2008，其标准牌号及成分规定见表 2.14。热镀锌主要使用 Zn99.95 或 Zn99.99 电解锌锭，电镀锌则采用纯度最高的牌号。

表 2.14　国标锌锭的牌号及成分

牌号	化学成分(质量分数)/%							
	Zn≥	杂质						
		Pb≤	Cd≤	Fe≤	Cu≤	Sn≤	Al≤	总和≤
Zn99.995	99.995	0.003	0.002	0.001	0.01	0.01	0.001	0.005
Zn99.99	99.99	0.005	0.003	0.003	0.02	0.01	0.002	0.01
Zn99.95	99.95	0.030	0.01	0.02	0.02	0.01	0.01	0.05
Zn99.5	99.5	0.45	0.01	0.05	—	—	—	0.5
Zn98.5	98.5	1.4	0.01	0.05	—	—	—	1.5

锌铝合金锭的成分规定见表 2.15,其中 Zn5Al 为 ASTM B750 标准的 Galfan 合金。

表 2.15　锌铝合金锭的标准成分

元素	Zn5Al 成分/%	Zn10Al 成分/%
铝	4.2～6.2	8.3～15
铯＋镧之和	0.03～0.10	0.11～0.30
铁,不大于	0.075	0.075
硅,不大于	0.015	0.015
铅,不大于	0.005	0.005
镉,不大于	0.005	0.005
锡,不大于	0.002	0.002
其他元素,分别不大于	0.02	0.02
其他元素,合计不大于	0.04	0.04
锌	剩余量	剩余量

2.4.3　铝

铝为银白色轻金属,主要特性参数如下:

(1) 化学符号:Al。

(2) 原子量:27。

(3) 密度:2.70 g/cm^3。

(4) 莫氏硬度:约为 3。

(5) 熔点:660 ℃。

(6) 电阻率:2.82×10^{-8} Ω·m。

(7) 比热容:0.88×10^3 J/(kg·℃)。

铝的延展性较好,可以采用拉拔、挤压、锻压等成型技术。铝是活泼金属,在干燥空气中铝的表面立即形成厚约 50 Å(1 Å＝0.1 nm)的致密氧化膜,使铝不会进一步氧化并耐水,但易溶于稀硫酸、硝酸、盐酸、氢氧化钠和氢氧化钾溶液。

在电工用铝包钢线的 IEC 61232-1993 及 GB/T 17937—2009 标准中,铝材纯度要求不低于99.5%。表2.16为GB/T 1196—2002标准中适用于铝包钢线用铝材的标准牌号及成分，虽然标准规定的最低值为99.5%，但普遍采用的实际为Al99.70这个牌号，对应电工铝杆为GB/T 3954—2008中1A60牌号的A2型铝杆。铝还可以用来制热镀铝钢丝，在美国较多用于制耐候的编织网。

表2.16　重熔用铝锭标准成分

牌号	化学成分(质量分数)/%								
	Al≥	杂质							
		Fe≤	Si≤	Cu≤	Ga≤	Mg≤	Zn≤	其他每种≤	总和≤
Al99.70A	99.70	0.20	0.10	0.01	0.03	0.02	0.03	0.03	0.30
Al99.70	99.70	0.20	0.12	0.01	0.03	0.03	0.03	0.03	0.30
Al99.60	99.60	0.25	0.16	0.01	0.03	0.03	0.03	0.03	0.40
Al99.50	99.50	0.30	0.22	0.02	0.03	0.05	0.05	0.03	0.50

2.4.4　铜

铜为呈紫红色光泽的金属，主要特性参数如下：

(1) 化学符号：Cu。

(2) 原子量：63.55。

(3) 密度：8.92 g/cm^3。

(4) 莫氏硬度：约为3。

(5) 熔点：1 083.4 ℃±0.2 ℃。

(6) 电阻率：1.68×10^{-8} Ω·m。

(7) 比热容：0.39×10^3 J/(kg·℃)。

铜有很好的延展性，易拉拔，导热和导电性能较好。在潮湿的空气中放久后，铜表面会慢慢生成一层铜绿(碱式碳酸铜)，铜绿可防止金属进一步腐蚀，其组成是可变的。

钢丝行业极少用到纯铜，常用五水硫酸铜或焦磷酸铜，还会用铜锌比为65∶35的黄铜。

钢丝镀铜主要是为了防腐，常用于焊丝、打包钉用扁线、胎圈钢丝及钢帘线产品。其中，后两种用于轮胎生产的产品镀层是铜锌合金，加锌是为了提高与橡胶的黏合力，工艺为先电镀铜后电镀锌，然后通过热扩散处理获得合金镀层。

2.4.5　树脂

可在钢丝涂层上使用的树脂材料有高密度及低密度聚乙烯、聚氯乙烯、聚酰胺、聚酯、环氧树脂等，其特性分别介绍如下，详细的指标数据可参考相关厂家提供的资料或塑料、树脂方面的手册。

(1) 聚乙烯(PE)是乙烯经聚合制得的一种热塑性树脂。聚乙烯无臭、无毒，手感似蜡，具有优良的耐低温性能(最低使用温度可达－100 ℃～－70 ℃)，化学稳定性好，常温下不溶于一般溶剂，吸水性小，电绝缘性优良。聚乙烯在室温下耐盐酸、氢氟酸、磷酸、甲酸、胺类、氢氧化钠、氢氧化钾等各种化学物质腐蚀，但硝酸和硫酸对聚乙烯有较强的破坏作用。聚乙烯容易发生光氧化、热氧化、臭氧分解，在紫外线作用下容易发生降解，炭黑对聚乙烯有优异的光屏蔽作用。聚乙烯受辐射后可发生交联、断链，形成不饱和基团。高密度聚乙烯

(HDPE)俗称低压聚乙烯，与低密度聚乙烯(LDPE)及线性低密度聚乙烯(LLDPE)相比较，有较高的耐热性、耐油性、耐蒸汽渗透性及抗环境应力开裂性，且其电绝缘性、抗冲击性及耐寒性能很好，主要应用于吹塑、注塑等领域。低密度聚乙烯俗称高压聚乙烯，因密度较低，材质最软，主要用于生产塑胶袋、农业用膜、电线电缆绝缘护套等。一般采用连续挤压方法将聚乙烯材料黏合到钢丝上。

(2) 聚氯乙烯(PVC)具有色泽鲜艳、耐腐蚀、绝缘和牢固耐用的特点。在制造过程中增加一些增塑剂、抗老化剂等辅助材料可增强其耐热性、韧性、延展性等，获得良好的加工性能，并降低制造成本，还可以改善阻燃性、强度、耐候性以及几何稳定性。PVC 对氧化剂、还原剂和强酸都有很强的抵抗力，然而它能够被浓氧化酸(如浓硫酸、浓硝酸)所腐蚀，并且也不适用于与芳香烃、氯化烃接触的场合。一般采用连续挤压方法将聚氯乙烯材料黏合到钢丝上，也可以用流化床或喷涂的方法进行黏合。

(3) 聚酰胺(PA，尼龙)具有良好的综合性能，包括力学性能、耐热性、耐磨损性、耐化学药品性和自润滑性，且摩擦系数低，有一定的阻燃性，易于加工，适宜用玻璃纤维和其他填料填充增强改性，提高性能和扩大应用范围。其中，以聚酰胺-6、聚酰胺-66 和聚酰胺-610 的应用最为广泛。一般采用连续挤压方法将聚酰胺材料黏合到清洁钢丝上。

(4) 聚酯(PET)是乳白色或淡黄色高度结晶性的聚合物，表面平滑而有光泽；耐蠕变性、抗疲劳性、耐摩擦性和尺寸稳定性好，磨耗小而硬度高，在热塑性塑料中韧性最大；电绝缘性能好，受温度影响小，但耐电晕性较差；无毒，耐候性、抗化学药品稳定性好，吸水率低，耐弱酸和有机溶剂，但不耐热水浸泡，不耐碱。一般采用连续挤压方法将聚酯材料黏合到清洁钢丝上，如果是钢丝制品则需要采用静电粉末涂覆方法。

(5) 环氧树脂(EP)泛指分子中含有两个或两个以上环氧基团的有机化合物。固化后的环氧树脂具有良好的物理、化学性能，它对金属和非金属材料的表面具有优异的黏接强度，介电性能良好，变定收缩率小，制品尺寸稳定性好，硬度高，柔韧性较好，对碱及大部分溶剂稳定。环氧树脂在钢丝及其制品上应用时，主要是利用其耐腐蚀的特点。一般采用静电粉末涂覆方法将环氧树脂材料覆盖到钢丝表面。

第三章 拉丝的理论基础

3.1 金 属 学

金属学知识是金属拉拔变形及热处理的理论基础，非材料专业的人员要学习拉丝技术，就应掌握一定的金属学理论知识，以便更透彻地理解金属在拉拔、热处理过程中的性能变化规律，理解材料缺陷对加工及性能的危害，从而更好地掌握相关知识。

非材料专业的人员如有兴趣深入学习，建议寻找相关专业书籍。

3.1.1 金属的晶体结构和缺陷

所有金属都由原子构成，如果原子在三维空间有规则地周期性重复排列，就是一种称为“晶体”的结构，具有一定熔点的绝大多数固体金属都属于晶体。纯铁在 912 ℃以下为体心立方晶格，在 912 ℃～1 394 ℃范围内就变为面心立方晶格(图 3.1)。

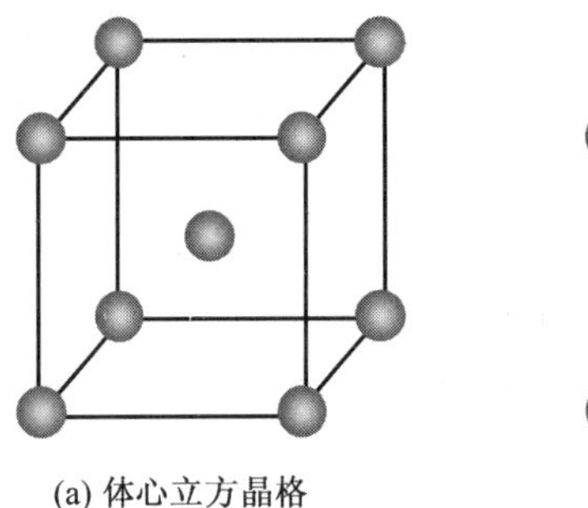

(a) 体心立方晶格　　(b) 面心立方晶格

图 3.1 纯铁的晶体结构

除了极个别特意加工的材料(如单晶硅)外，金属材料都是由许多晶体颗粒构成的，这种非单晶体称为多晶体，每个晶体称为晶粒。

金属的晶体结构会出现一些缺陷，包括点状缺陷(如点状空穴或间隙原子)、线状缺陷(位错)及面缺陷(如晶界、亚晶界)三类。点状缺陷还包括不同原子溶入一个单一原子构成的完美晶体中的现象，外来原子在受热后还可以移动，产生扩散现象。线状缺陷一般表现为“位错”，是一种晶格线状错位的现象，金属变形的微观本质就是位错的移动和产生。晶界、亚晶界这类面缺陷对金属起到强化作用，因为金属变形过程中位错通过晶界的难度要远高于通过一个完美的晶体。

绝大多数金属并不是以纯度极高的形式存在的，总含有一些有意添加及比例上可接受的杂质元素，外来原子以固溶或金属间化合物的形式存在。所谓固溶，是指一种基体金属溶解有其他元素的原子的现象。固溶会造成完美的晶体结构被扭曲，引起强度及硬度的升高。金属间化合物通常呈由两种或多种元素组成的新晶体结构形式，一般更硬、更脆且熔点更高。例如，碳在钢中常以 FeC_3 化合物的形式存在，这种化合物虽然硬脆，但如果以薄片状结构均匀分散在铁中，就会起到增加强度和韧性的作用；如果以均匀分布的微粒状存在，对强度和硬度的影响就降到最低；如果集中存在于一个区域(如主要分布在晶界或心部)，就会严重损害钢材的变形能力(塑性)。

3.1.2 金属的扩散

当外界提供能量时，固体金属中原子或分子偏离平衡位置的周期性振动，做长距离或短距离跃迁的现象称为金属的扩散。扩散动力包含浓度梯度、弹性应力、晶体缺陷等。高浓度朝低浓度方向的扩散称为顺扩散，反之称为逆扩散。决定扩散流向的是化学位。当浓度梯度和化学位梯度一致时，会产生导致成分更加均匀的顺扩散，如长时间退火导致的成分均匀化；当浓度梯度和化学位梯度不一致时，会产生逆扩散，导致区域性不均匀，如共析分解过程。

扩散的原子必须是固溶在金属中的，有足够的温度和时间，且要有化学位梯度作为扩散动力。扩散理论在钢丝产品上的应用主要体现在钢帘线的黄铜镀层的热扩散处理上，钢丝在镀铜之后再镀锌，然后用热扩散处理获得黄铜镀层。

3.1.3 铁碳相图

3.1.3.1 基本概念

在学习铁碳相图之前要了解如下相关术语，都是关于钢铁显微组织特征的术语。

(1) 铁素体(ferrite)。铁素体是碳溶解在 α-Fe 中的间隙固溶体，常用符号 F 表示。其具有体心立方晶格，溶碳能力很低，常温下仅能溶解 0.000 8%的碳，在 727 ℃时最大溶碳能力为 0.02%。铁素体为低碳钢的主要组织，也是中高碳钢、低合金钢的常见组织，是构成珠光体的组织之一。由于铁素体含碳量很低，其性能与纯铁相似，塑性、韧性很好，伸长率 $\delta=45\%\sim50\%$；强度、硬度较低，强度 $\sigma_b\approx250$ MPa，硬度 HBS=80；冷加工硬化缓慢，可以承受较大减面率拉拔，但成品钢丝抗拉强度很难超过 1 200 MPa。

(2) 奥氏体(austenite)。奥氏体是钢铁的一种层片状的显微组织，通常是 γ-Fe 中固溶少量碳的无磁性固溶体，用符号 A 表示。奥氏体的名称来自英国的冶金学家罗伯茨·奥斯汀(William Chandler Roberts-Austen)。奥氏体塑性很好，强度较低，具有一定的韧性，不具有铁磁性。奥氏体是面心立方晶格，四面体间隙较大，可以容纳更多的碳。

(3) 渗碳体(cementite)。渗碳体是铁与碳形成的金属化合物，其化学式为 Fe_3C。渗碳体的含碳量为 6.69%，熔点为 1 227 ℃。其晶格为复杂的正交晶格，硬度很高(HBW=800)，塑性、韧性几乎为零，脆性很大。渗碳体分为一次渗碳体(从液体相中析出)、二次渗碳体(从奥氏体中析出)和三次渗碳体(从铁素体中析出)。渗碳体的显微组织形态很多，在钢和铸铁中与其他相共存时呈片状、粒状、网状或板状。渗碳体不易受硝酸酒精溶液的腐蚀，在显微镜下呈亮白色；但易受碱性苦味酸钠的腐蚀，在显微镜下呈黑色。渗碳体是碳钢中主要的强化相，它的形状与分布对钢的性能有很大的影响。同时，Fe_3C 又是一种介(亚)稳定相，在一定条件下会发生分解：$Fe_3C \longrightarrow 3Fe+C$，所分解出的单质碳为石墨。

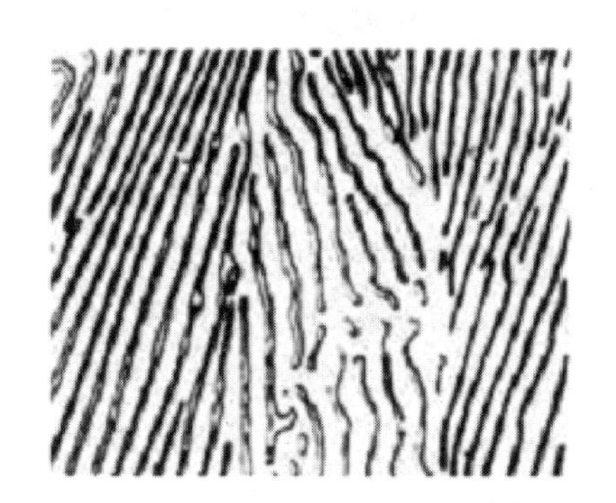

图 3.2 珠光体的光学显微照片

(4) 珠光体(pearlite)。珠光体(图 3.2)是在奥氏体发生共析转变时析出的，是一种铁素体与渗碳体构成的

"复合材料"。高硬度渗碳体与高塑性的铁素体复合在一起,为材料提供了优异的强韧性。珠光体的代号为P。片状渗碳体与铁素体构成的珠光体称为片状珠光体,颗粒状渗碳体与铁素体构成的珠光体称为粒状珠光体,后者一般由退火处理获得。

在显微镜下观察珠光体的特征之前,一般采用4%的硝酸酒精溶液腐蚀处理。

在珠光体这个大类中,通常将渗碳体片间距为80~150 nm的称为索氏体(sorbite),间距为30~80 nm的称为屈氏体(troostite)。

(5) 马氏体(martensite)。马氏体是黑色金属材料的一种组织名称,用符号M表示。马氏体的三维组织形态通常有片状(plate)或板条状(lath),但是在金相观察中(二维)通常表现为针状(needle-shaped)。马氏体的晶体结构为体心四方结构(BCT)。将中高碳钢加速冷却通常能够获得这种组织。高强度和高硬度是钢中马氏体的主要特征之一。

(6) 共析钢(eutectoid steel)。含碳0.77%的碳钢称为共析钢,因为只有为这一含碳量时才发生共析转变。含碳量超过0.77%的碳钢称为过共析钢。过共析钢的渗碳体如果在晶界析出成网状,会严重损害材料的塑性,深度拉拔时很容易出现尖锥状断丝。

(7) 共析转变(eutectoid transformation)。两种或两种以上的固相(新相)从同一固相(母相)中一起析出而发生的相变称为共析转变,有时也称为共析反应。对于碳钢来说,共析转变就是含碳0.77%的奥氏体降温过程中,温度低于727 ℃后同时出现铁素体和渗碳体组织,形成珠光体组织的过程。

3.1.3.2 铁碳相图简介

铁碳相图又称铁碳合金相图,实际上是Fe-Fe_3C相图,是描述碳钢材料组织变化规律的一种图形。掌握这类规律便于我们理解盘条轧制冷却过程、热处理加热及冷却过程中的组织变化规律,了解缺陷组织产生的原因及控制办法。

图3.3为铁碳相图,图中L代表液相,钢呈熔融状态,左上角的A代表铁素体的熔点,E代表碳在奥氏体中的最大溶解度,C为共晶点,S为共析点,D代表渗碳体的熔点,P点对应碳在铁素体中的最大溶解度。

3.1.3.3 铁碳相图在钢丝工业上的应用

根据材料及工艺特点,图3.3中适用于钢丝工业的是含碳量低于1.2%、高于0.021 8%且温度低于1 100 ℃的部分。

温度最高的区域为奥氏体区,这是工业加热时钢丝经常所需达到的状态,以充分溶解碳,通过后续冷却过程实现期望的组织转变,获得所需的性能。温度较低的区域有三段:第一段对应含碳量低于0.77%的亚共析钢,组织为奥氏体加铁素体。高温时期的部分奥氏体转化为铁素体,再降温到727 ℃以下,根据冷却速度的不同,奥氏体就转化为珠光体、贝氏体或马氏体。亚共析钢冷速过慢会出现分布在晶界的铁素体组织,降低材料性能。第二段是共析点,含碳0.77%的钢可以从奥氏体化状态直接进入铁素体加渗碳体的两相状态,如果冷却速度够快,就转化为贝氏体或马氏体。第三段对应含碳量超过0.77%的过共析钢,从奥氏体区冷却进入A+FeC_3区域,即在奥氏体区首先出现渗碳体与奥氏体的混合组织,冷速过慢会出现有害的分布在晶界的网状渗碳体组织。如果碳分布较均匀且冷却速度够快,可以跳过这个阶段,实现过冷奥氏体的共析转变。

钢丝上常被利用的组织转变是获得索氏体组织,或者在获得马氏体组织后回火热处理,从而获得回火索氏体组织。索氏体组织具有较好的塑韧性,靠控制冷却过程获得的片状结构的索氏体组织适合深度拉拔加工。

铁碳相图(图 3.3)可以帮助理解材料性能以及钢丝的热处理技术。

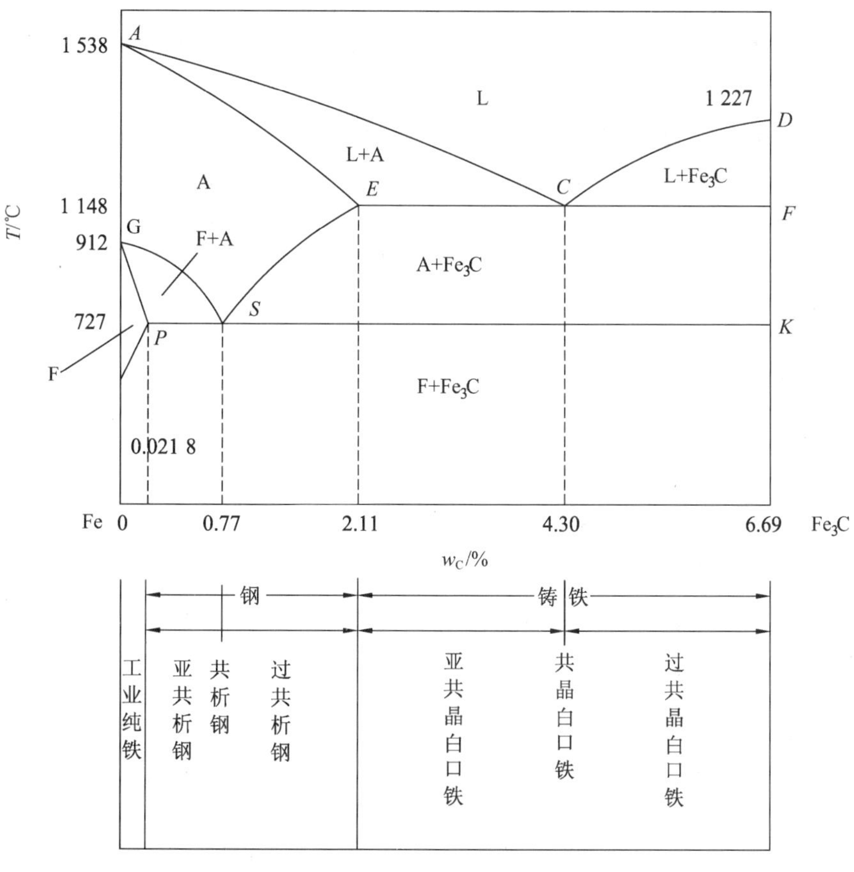

图 3.3 铁碳相图

3.1.4 钢丝的显微组织

对于常见的碳钢钢丝,索氏体组织是最常见的显微组织形式。这种由硬的片状渗碳体与高塑性铁素体间隔构成的结构类似于华夫饼。许多现代复合材料也是用高强度材料与高塑性材料复合制成的,如高强度碳纤维与树脂结合可制成许多出色的线材、带材等产品。

不锈钢丝的组织有三类:奥氏体、铁素体及马氏体。

调质钢丝的组织为回火马氏体,冷镦钢丝及轴承钢丝的组织为铁素体加粒状珠光体。

3.1.5 钢的强化

学习钢丝技术者需要了解钢的强化方法与途径,并将其作为选择工艺技术的理论指导。常见的钢的强化方法有如下五类:

(1) 固溶强化:指合金元素固溶于基体金属中,造成一定程度的晶格畸变,从而使合金强度提高的现象。溶入固溶体中的溶质原子造成晶格畸变,晶格畸变增大了位错运动的阻力,使滑移难以进行,从而使合金固溶体的强度与硬度增加。锰、硅元素在碳钢中通过固溶状态起到强化作用,不同的是,冷加工后的奥氏体不锈钢丝经过固溶处理后起到软化作用。

(2) 细晶强化:细晶粒受到外力发生塑性变形,可分散在更多的晶粒内进行。塑性变形较均匀,应力集中较小。此外,晶粒越细,晶界面积越大,晶界越曲折,越不利于裂纹的扩展。

工业上将通过细化晶粒以提高材料强度的方法称为细晶强化，采用高频淬火及中频回火加工的钢丝就能受益于细晶强化。

（3）沉淀强化/第二相强化：又称弥散强化，是细小的金属间化合物从过饱和的固溶体中析出而沉淀在固溶体基体上所产生的强化。马氏体不锈钢丝就是通过淬火、回火过程实现沉淀硬化的。

（4）相变强化：不同组织有不同的强度，钢铁材料通过热处理改变组织结构，实现强度提高。盘条在铅淬火热处理后，珠光体的片间距变小，实现抗拉强度的升高。油回火钢丝通过淬火获得高强度，然后通过回火过程改善塑韧性，并损失部分强度增量。

（5）形变强化：钢铁材料在冷加工过程中位错密度增加，位错运动阻力增大，从而引起塑性变形的阻力增大，表现为强度上升的现象。钢丝拉拔后强度上升的原因就是形变强化，这是钢丝强化的主要手段。

3.2 金属成型技术

3.2.1 金属成型技术的分类

人类利用金属就要将金属加工成所需形状和尺寸，金属成型技术包含许多不同类型的技术，拉丝技术属于金属成型技术中的塑性成型技术。图 3.4 和图 3.5 显示了拉拔在整个金属成型技术中所处的位置。

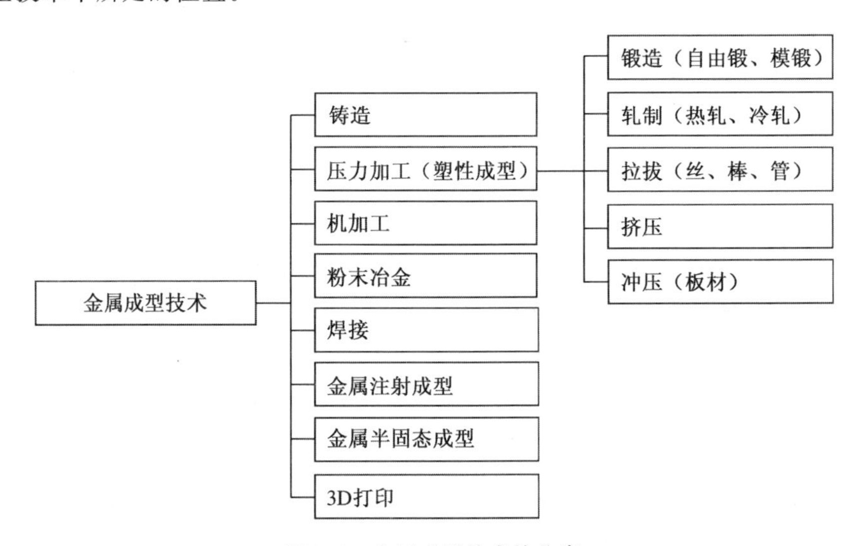

图 3.4 金属成型技术的分类

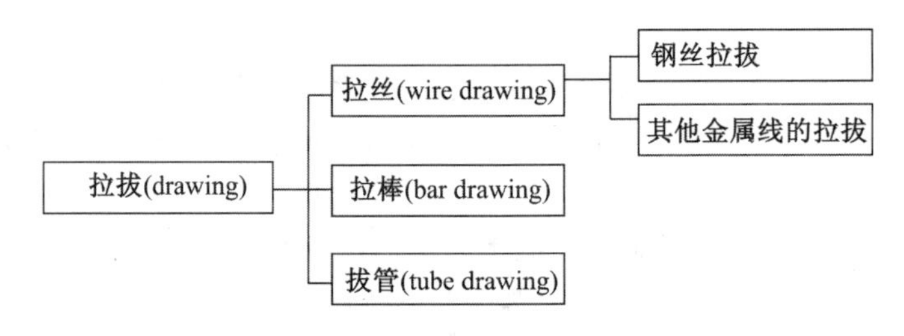

图 3.5 金属拉拔技术的分类

3.2.2 拉拔带来的组织变化

大多数钢丝拉拔前的组织以细珠光体即索氏体为主，还有以奥氏体或铁素体组织为主的不锈钢丝。下面介绍的是碳钢拉拔时发生的组织变化。

当珠光体片层与钢丝轴方向有一定的角度时，拉丝变形过程中，在平行于钢丝轴方向的拉应力和垂直于钢丝轴方向的压应力共同作用下，其珠光体组织变化包括片层间距减小和片层排列方向逐渐转到钢丝轴方向两个方面。拉丝变形应变量足够大后，其珠光体片层排列方向调整至基本平行于钢丝轴向。当珠光体片层平行于丝轴方向时，拉应力和压应力都将减小其珠光体的片层间距，变形过程中片层间距减小速度为三种类型中最快，且珠光体片层方向一直与丝轴方向保持平行，从而能够满足很大的应变状态下珠光体片层也不断裂。当珠光体片层垂直于丝轴方向时，变形过程中沿着丝轴方向的拉应力将导致珠光体片层间距增大，而垂直于丝轴方向的压应力作用于珠光体片层两端，由于珠光体片层宽度较大，整体转动较为困难，所以珠光体片层逐渐弯曲，直至断裂。真应变变形量达到 5.1 以上时，渗碳体片会完全溶解。

珠光体类组织在变形过程中，应变量越大，其片层间距越小，强度随之升高。索氏体其综合性能更适合于深度的冷加工。值得注意的是，组织中渗碳体片层排列方向与拉丝轴方向越接近，越有利于拉丝形变的进行，从而能够得到更大的变形量，在塑性变形过程中能表现出极高的加工硬化率，获得更高强度的钢丝。

3.3 热处理简明基础

热处理是一种在受控状态下对金属进行加热、保温和受控冷却的过程，目的是调整材料性能和(或)组织，以适应内部或客户的加工工艺，获得期望的产品性能。

钢丝在加热过程中会产生组织变化、应力释放及成分的扩散。组织变化过程包括珠光体转变为奥氏体的奥氏体化过程、珠光体中的渗碳体由片状转化为球状的球化过程、冷加工组织在再结晶过程中消除恢复的过程等。应力释放应用于需要降低残余应力的产品，如预应力钢材的稳定化处理、胎圈钢丝的消除应力回火处理。

根据需要，保温过程可以实现如下几种目的：

(1) 新的金属晶体成长，拉拔变形组织逐渐消失，形变强化消除，这个过程也同时释放冷加工带来的残余应力。

(2) 充分完成奥氏体化过程，让碳等元素充分溶解在铁中，以在后续的冷却过程实现所需组织转变。

(3) 让片状的渗碳体转化为球状渗碳体。

(4) 释放钢丝冷加工带来的残余应力。

热处理的最后一个过程是保温之后的冷却。冷却可以靠空气、水、水溶液、油、熔融的金属(如铅)、流化床中的石英砂、熔盐等。碳钢的奥氏体化组织在不同冷却速度下会形成不同的组织，冷却速度最快时会形成硬脆的马氏体组织，其次是贝氏体和珠光体。冷却速度越慢，钢材越软。奥氏体在 700 ℃左右时转变产物是粗珠光体，在 600 ℃～700 ℃时转变产物是细珠光体(索氏体)，在 500 ℃～600 ℃时转变产物是极细珠光体(托氏体或曲氏体)。对于奥氏体不锈钢来说，急速冷却到室温可以保留奥氏体化组织；如果冷速不够快，就会析出合金化合物颗粒，使钢材继续冷加工的能力下降。

热处理理论中，索氏体化可通过等温转变实现；在实际生产中，热处理的冷却多采用连续冷却，不可能实现理想的等温转变。用于描述热处理冷却规律的连续冷却组织转变曲线称为 CCT 曲线，它反映了在连续冷却条件下过冷奥氏体的转变规律，是分析转变产物组织与性能的依据，也是制定热处理工艺的重要参考资料。

在碳钢中，共析钢的 CCT 曲线最简单，它没有贝氏体转变区，在珠光体转变区之下多了一条转变中止线 K，如图 3.6 所示。CCT 曲线位于 C 曲线（TTT 曲线）下方。

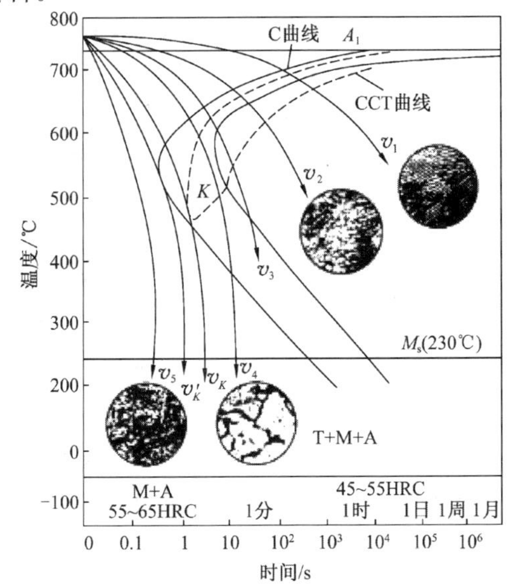

图 3.6 用 C 曲线定性说明共析钢连续冷却时的组织转变

图 3.6 中，将冷却曲线绘在 C 曲线上，依其与 C 曲线交点的位置来说明最终转变产物。冷却缓慢时（v_1 炉冷），过冷奥氏体转变为珠光体。冷却较快时（v_2 空冷），过冷奥氏体转变为索氏体。采用油冷时（v_4），过冷奥氏体先有一部分转变为托氏体，剩余的奥氏体在冷却到 M_s 以下后转变为马氏体，其室温组织为 T+M+A。当冷却速度（v_5 水冷）大于 v_K 时，过冷奥氏体将在 M_s 以下直接转变为马氏体，其室温组织为 M+A。

亚共析钢及过共析钢的 C 曲线的基本特点与共析钢相同。比较不同奥氏体的稳定性，共析钢的稳定性最高；随着亚共析钢含碳量的减少和共析钢含碳量的增加，奥氏体的稳定性降低，即 C 曲线逐渐左移。亚共析钢的 CCT 曲线中有贝氏体转变区，还多一个 A→F 转变区，铁素体析出使奥氏体含碳量升高，因而 M_s 线右端下降。过共析钢 CCT 曲线无贝氏体转变区，但比共析钢 CCT 曲线多一个 A→Fe_3C 转变区，Fe_3C 析出使奥氏体含碳量下降，因而 M_s 线右端升高。

合金元素对 C 曲线也有影响。除钴和铝（大于 2.5%）以外，所有合金元素都将增大过冷奥氏体的稳定性，即使 C 曲线右移，请参考表 3.1。

表 3.1 合金元素对过冷奥氏体等温转变曲线的影响

影响分类	组织	碳	锰	硼	镍	铬	钼	硅	铜	钴	钒	铌
开始转变的延迟程度	铁素体	低	中	中	中	中	中	低	低	反	低	低
	珠光体	低	中	中	中	高	高	低	低	反	低	低
	贝氏体	低	中	中	中	中	中	低	低	反	低	
转变时间的增加或减少	铁素体	−	+	+	+	+	+	−	+	−	+	+
	珠光体	−	+	+	+	+	++	+	+	−	+	+
	贝氏体	+	+	+	+	+	+	+	+	−	+	

续表

影响分类	组织	碳	锰	硼	镍	铬	钼	硅	铜	钴	钒	铌
转变温度的提高或降低	铁素体	−			+	−		++				
	珠光体				+	−	++	++				
	贝氏体				+	−	−−	−−				

注："+"表示稍增加或提高，"++"表示增加或提高较多，"−"表示稍减少或降低，"−−"表示减少或降低较多。

等温淬火时，过冷奥氏体实际上并不是在恒定温度下，而是在连续降温区间内转变的。因此，严格说来，等温淬火并不是真正的等温转变过程。

共析钢在 A_{c1} 点以下全部为珠光体组织；当加热到 A_{c1} 点以上时，珠光体转变为具有面心立方晶格的奥氏体。

珠光体向奥氏体转变的过程遵循相变的基本规律，通过形核与核长大来实现。如图 3.7 所示为共析钢奥氏体转变过程。

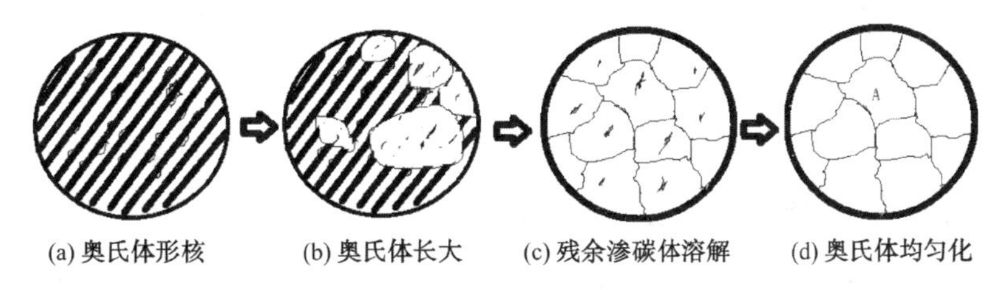

图 3.7 共析钢奥氏体化过程示意图

第一阶段：奥氏体晶核的形成。实验表明，奥氏体晶核在铁素体与渗碳体的相界面形成。

第二阶段：奥氏体晶核的长大。奥氏体晶核形成之后，由于它一面与铁素体相连接，另一面与渗碳体相连接，因此奥氏体晶核的长大是新相奥氏体的相界面向铁素体与渗碳体两个方向同时推进的过程。

第三阶段：残余渗碳体的溶解。由于渗碳体的晶体结构及含碳量都与奥氏体差别很大，故渗碳体向奥氏体的溶解必然落后于铁素体向奥氏体的转变。在铁素体完全消失后，仍有部分渗碳体未溶解，这部分渗碳体还需要一段时间继续不断地向奥氏体溶解，直至完全消失。

第四阶段：奥氏体成分均匀化。当残余渗碳体全部溶解时，实际上奥氏体的成分还是不均匀的，在原铁素体处含碳量较低，在原渗碳体处含碳量较高。只有继续延长保温时间，通过原子扩散，才能得到成分均匀的奥氏体组织。

由此可以看出，钢的热处理需要有一定的保温时间，不仅是为了使工件热透，使其心部与表面温度一致，也是为了获得成分均匀的奥氏体，以便冷却后得到良好的组织与性能。

3.4 拉拔理论

3.4.1 拉拔原理和变形量描述

如图 3.8 所示为拉拔的基本原理，直径为 d_{n-1} 的钢丝在拉拔力 P 的作用下通过模具变

细到直径 d_n。

拉拔时钢丝受到三种力，即轴向拉拔力 P、接触钢丝的模壁对钢丝的正压力 N 及模壁与钢丝之间的摩擦力 T。摩擦力在丝材内部产生附加切应力，其数值大小与丝材及模孔的表面状况、润滑条件及拉拔速度等有关。摩擦力与正压力的合力形成一个为拉拔力数倍的压缩力，足以导致拉拔塑性变形。

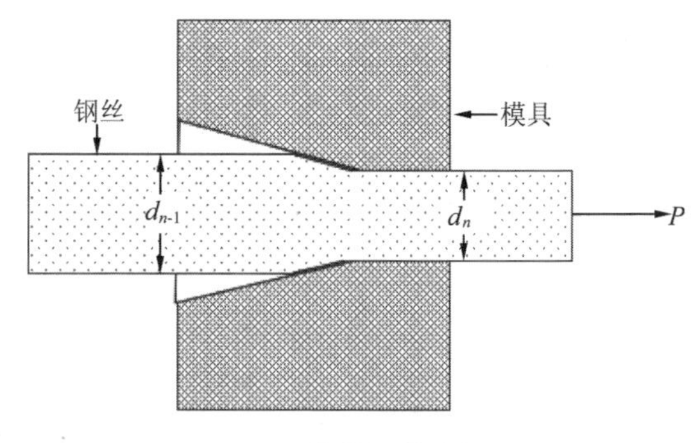

图 3.8 拉拔的基本原理

拉拔变形量可以从面积变化或长度变化方面来描述，常见的描述直径 d_{n-1} 的钢丝拉拔到直径 d_n 的变形量参数及计算公式有如下三种：

(1) 延伸系数(或称拉伸系数)：

$$\mu_n=\frac{l_n}{l_{n-1}}=\frac{A_{n-1}}{A_n}=\frac{d_{n-1}^2}{d_n^2} \tag{3-1}$$

拉拔过程中，长度由 l_{n-1} 伸长到 l_n，截面积由 A_{n-1} 减小到 A_n。

(2) 减面率(或称压缩率)：

$$r_n=\left(1-\frac{d_n^2}{d_{n-1}^2}\right)\times 100\% \tag{3-2}$$

(3) 拉拔真应变延伸系数的自然对数值：

$$\varepsilon_n=\ln\left(\frac{d_{n-1}^2}{d_n^2}\right) \tag{3-3}$$

采用真应变描述变形量的便利是总变形量等于各道次变形量之和，而且很多材料拉拔强度增长与其成线性关系。

还可以用伸长率描述拉拔变形，伸长率就是拉拔后的长度与拉拔前的长度的比值。

如果要充分描述拉拔过程，还需要模具变形锥的角度、变形速度、摩擦系数、温度等。

图 3.9 是一种最简单的单道次拉丝机形式，其由模盒、卷筒及电动驱动系统组成。卷筒将钢丝通过模具拉拔减小直径。模盒里除了拉丝模之外还有润滑剂。根据拉拔材料及技术的不同，润滑材料可以是以硬脂酸盐为主的干粉，也可以是油脂、润滑油或乳化液。拉丝机卷筒一方面起到牵引装置的作用，另一方面又提供了冷却钢丝的条件。冷却手段有卷筒内部的水冷和外部的风冷，也有用润滑液在这种干式拉丝机上实现钢丝冷却的。和干式拉丝机不同，湿拉机器则依赖润滑液来润滑和冷却，采用不同直径的牵引卷筒来适应不同线径的速度差异。

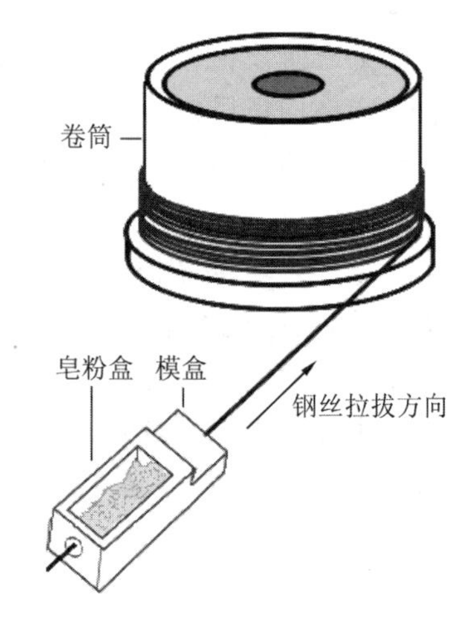

图 3.9 简易拉丝机形式

3.4.2 拉拔硬化规律

钢丝拉拔硬化的机理主要是形变强化。除了因为位错密度增大外，拉拔还促使强度超过马氏体的渗碳体片趋于转向钢丝轴线方向，片间距减小，增强了钢丝在轴向方向的抗拉强度。钢丝的抗拉强度随拉拔变形量的增加而逐渐上升。

利用 Hall-Petch 效应公式(3-4)可以预测珠光体钢的强度;式(3-5)是 Embury 和 Flsher 改进的公式,在钢丝工业中广泛被用于估算珠光体钢的拉拔强度。

$$\sigma=\sigma_0+k\times\lambda^{-\frac{1}{2}} \tag{3-4}$$

$$\sigma=\sigma_0+\frac{k}{(2\times\lambda_0)^{\frac{1}{2}}}\times\exp\left(\frac{\varepsilon}{4}\right) \tag{3-5}$$

上述公式中,σ 为钢丝拉拔后的强度,σ_0 为初始强度,k 为 Hall-Petch 常数,λ 为珠光体平均片间距,λ_0 为初始片间距,ε 为真应变[计算公式见式(3-3)]。上述公式适用于真应变小于 1.5 且片间距大于 100 nm 的情况。

从式(3-5)可以看出,提高钢丝强度的途径有提高 Hall-Petch 常数、降低片间距和提高真应变,含碳量的提高有利于实现前两个目的,拉拔可以降低片间距。

作者提出与 Hall-Petch 效应公式相似的经验公式(3-6),用来预测碳钢拉拔强度。钢丝抗拉强度大致与拉拔真应变成线性关系。此公式适用于含碳 0.40%～0.98%的珠光体或索氏体组织的碳钢,如果是球化的珠光体组织,硬化率会比片状珠光体低。

$$\sigma_n=\sigma_0+(108+k\times C\%)\times\ln\left(\frac{d_0}{d_n}\right)^2 \tag{3-6}$$

式(3-6)中,σ_0 为盘条抗拉强度(MPa);σ_n 为拉拔到第 n 道的抗拉强度;d_0 指盘条直径;d_n 指第 n 道的钢丝直径;C%为碳钢的含碳量数据,如 70 钢取 0.70;$108+k\times C\%$ 相当于硬化系数,k 的取值如下:

(1) 真应变在 0.20～2.09 范围内时,k 值为 310～380。

(2) 真应变在 2.10～2.38 范围内时,k 值为 325～400。

(3) 真应变在 2.39～2.79 范围内时,k 值为 440。

(4) 真应变达到或超过 2.80 时,k 值为 480～530。

钢丝的强度受机器冷却能力的影响较大。如果冷却能力很好,则 k 值取下限;冷却条件不好的拉丝机要取上限。另外,成分偏析、钢丝温度、拉拔后的弯曲变形、张拉及加热都有影响,建议在实践中收集数据修正硬化系数,使计算结果更加接近工厂实际。对于预应力钢绞线生产的拉拔过程,因为基本都用相似的工艺和材料,可以直接采用如下公式测算强度:

$$\sigma_n=\sigma_0+412\times\ln\left(\frac{d_0}{d_n}\right)^2 \tag{3-7}$$

式(3-8)是另外一种经验公式,直径为 d_n 的第 n 道钢丝的抗拉强度可以根据盘条强度、硬化系数 k 及盘条直径 d_0 计算,适用于碳钢。

$$\sigma_n=\sigma_0\times k\times\sqrt{\frac{d_0}{d_n}} \tag{3-8}$$

硬化系数 k 的取值如下:

低碳钢:1.30～1.40。

高碳钢(冷却好的机器取下限):总压缩率为 20%～70%时取 1.00～1.06;总压缩率为 71%～84.8%时取 1.00～1.04;总压缩率为 84.9%～92.5%时取 1.00～1.02;总压缩率>92.5%时取 1.00～1.01。

表 3.2 提供了更多牌号的另外一种硬化系数(数据源自大连钢厂专家徐效谦的资料),

硬化系数是总压缩率在70%～85%区间时每1%拉拔减面率带来的强度增量(MPa)。强度增量与减面率的线性相关性不如强度增量与真应变[式(3-6)]的相关性强。

表3.2 几种不同牌号、不同组织结构钢丝的冷加工强化系数

牌号	钢丝显微组织结构	抗拉强度(R_m)/MPa	$k(\Delta R_m/1.0\%q)$
35	粒状珠光体	440	4.2
	片状珠光体	510	4.5
	索氏体	750	6.3
T9A	粒状珠光体	620	5.3
	片状珠光体	750	6.1
	索氏体	1 320	9.5
65Mn	粒状珠光体	540	4.8
	片状珠光体	640	5.5
	索氏体	1 100	8.0
06Cr17Ni12Mo2	奥氏体	640	12.5
06Cr19Ni9(304)	奥氏体	650	13.7
24Cr19Ni9Mo2(3J9)	奥氏体	780	15.4
04Cr24(446)	铁素体	490	4.5
3Cr13	马氏体	640	6.2
4Cr5MoSiV1(H13)	珠光体	780	8.8
60Si2MnA	珠光体	750	8.0
GCr15	粒状珠光体	650	7.7
10Cr18Ni9Ti	奥氏体	670	11.8
12Cr18Ni9(302)	奥氏体	660	14.4
12Cr18Mn9Ni5N(202)	奥氏体	800	15.7
022Cr11MoTi(409)	铁素体	430	4.4
08Mn2SiA	低碳马氏体	505	6.7

注:R_m为热处理状态的抗拉强度,ΔR_m为拉拔时抗拉强度增加值,k为总减面率70%～85%拉拔时的平均冷加工强化系数。

作者根据一组意大利米兰工学院的302及316不锈钢丝数据推出如下经验计算公式,和表3.2有些差异:

$$302\text{不锈钢丝拉拔强度}=\text{拉拔前强度}+1\,587.6\times\text{拉拔变形量}(\%) \tag{3-9}$$

$$316\text{不锈钢丝拉拔强度}=\text{拉拔前强度}+1\,257.7\times\text{拉拔变形量}(\%) \tag{3-10}$$

3.4.3 发热及热影响

拉拔过程因塑性变形及摩擦产生热量,拉拔所消耗的能量一部分转变为热量,引起钢丝温度的上升,进而影响拉拔润滑剂的工作状况及钢丝的性能。过高的温度会使润滑失效,破坏钢丝表面涂层，使摩擦发热更加剧烈，钢丝表面可能被破坏，扭转性能下降，抗拉强度小幅度升高，屈强比升高明显，面缩率及伸长率下降。

钢丝温度在 150 ℃～300 ℃之间保持适当时间就会导致钢丝性能的恶化，屈服强度会上升，扭转次数会下降，扭转断口由平齐转变为撕裂状，这种现象称为应变时效。表 3.3 是美国 WAI 出版的钢丝手册中将 1.8 mm 0.8% C 材料拉拔到 1.0 mm 的实验过程中获得的数据。温度越高，出现应变时效所需时间越短。

表 3.3　开始应变时效脆化的温度与时间关系

温度/℃	100	140	180	220	260	300	340
时间/s	7 000	320	20～30	1.5	0.2	0.04	0.008

该手册还介绍了日本神户研究者提出的时效脆化反应速度的计算公式：

$$-\frac{\mathrm{d}n}{\mathrm{d}t}\approx n^{2.3}k_0\exp\left(\frac{-E}{RT}\right) \tag{3-11}$$

其中，n 是时效比率，E 是活化能量(2 800 cal/mol)，R 是气体常数，T 为开氏温度，k_0 为反应常数。表 3.3 为据此计算的结果，可以理解为什么拉拔技术一般要求控制缠绕在卷筒底部的钢丝温度不超过 160 ℃，而且进入下一道之前不宜超过 80 ℃，否则很难控制出线温度。

前面之所以说强度会虚高，是因为温度过高导致强度上升后在后续的回火加热过程中会掉落更多，在预应力钢绞线的生产过程中作者见证了这种规律。

大的塑性变形将导致渗碳体分解和铁素体含碳量的过饱和，同时时效过程的绝热升温会将抗拉强度提高 5%～6%。时效会促使分层(delamination)，并导致在扭转荷载下出现轴向裂纹。时效过程中还存在氮元素的作用。

对低碳钢丝拉拔应变时效的相关研究认为，固溶的碳、氮元素在时效过程中起到了关键作用，氮的作用最大。试验研究表明，含氮 32 ppm 的钢丝在拉拔时需要达到 315 ℃才会出现应变时效脆性，这一温度在正常情况下不可能达到；含氮量逐渐提高到 115 ppm 后，最低只需要 250 ℃就能出现时效脆性，这一温度在模具冷却或卷筒冷却出现异常时是有可能达到的。如果模具及机器的冷却都很好，即使是含氮量较高的材料也不容易出现时效脆性。

时效脆性不仅表现为扭裂，还表现为屈服强度上升、面缩率下降。规避时效问题的办法就是选择适合冷却润滑条件的拉拔速度，避免钢丝过热；如果有选择，也可以考虑用含氮量较低的材料。

3.4.4　深度拉拔性能

在冷却条件能满足，不出现应变时效的前提下，钢丝拉拔总压缩率达到程度后就会出现断丝率上升现象，这种极限表现称为深度拉拔性能(drawability)。

现状：钢厂在改善深度拉拔性能上做了许多努力，如提高钢的纯净度以减少夹杂物等有害缺陷，严格地保护材料以避免损伤等。在低碳及高碳材料中，国外企业都尝试添加了微量硼，据称可以改善深度拉拔性能。经过钢丝索氏体化热处理，或高线厂在线索氏体化淬火获得索氏体组织后，其深度拉拔性能优于一般热轧材。

以质量优良的含碳 0.72%的 5.5 mm 索氏体盘条为例，假定拉拔条件和材料质量都较好，可以不需要中间热处理完成 93.5%总压缩量的拉拔。日本神户作者发表的文章称用

5.5 mm 盘条可以做到生产 0.20 mm 钢帘线时用钢丝只进行一次热处理。不好的材料以80%以上的总压缩率拉拔都有困难,问题表现为断丝或产品塑性较低。

极限表现:任何盘条拉拔到一定压缩量就会出现塑性不足、易拔断的现象。塑性不足在扭转试验中表现为沿钢丝轴线开裂的分层现象(图 3.10),扭转次数低,断口不平齐,而没有分层时断口为垂直于钢丝轴线的平面。扭转试验中的表现说明冷拔钢丝的显微组织已经出现方向性结构弱化,在平行钢丝轴线的方向出现扭应力导致的分层。如果没有出现分层现象及材料缺陷,钢丝可以扭转到平整的断裂,整齐地切断拉拔纤维。

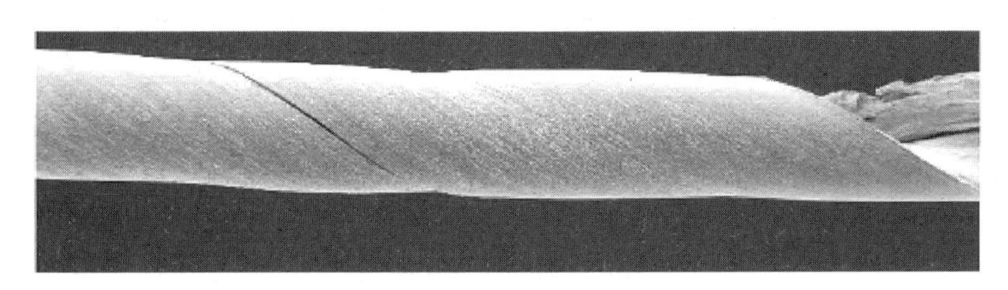

图 3.10 冷拔钢丝在扭转试验中表现出的分层现象

影响拉拔极限的材质问题:除了工艺条件外,导致拉拔断裂的原因通常有存在不易变形的硬夹杂物、大的碳化物颗粒、表面裂纹等缺陷,珠光体片间距大(渗碳体片厚),热轧或热处理导致的初始塑性偏低等。夹杂物及裂纹对拉拔断丝的影响机理很容易理解,厚的渗碳体片在拉拔扭转过程中更容易破裂,大的碳化物颗粒在拉拔过程中会在周围形成空洞,显微缺陷形成规模后就会体现在材料性能上的恶化。

含碳量达到 0.80%的钢材在热轧及铅淬火热处理后都有初期塑性相对较低的现象,并随时间逐渐自然改善。环境温度越高,恢复到正常水平所需的时间越短,其原因除了在 3.4.3 节中提到的固溶碳、氮元素之外,淬火应力的影响也是存在的。存在这类问题时,应在自然时效 2~3 天后再拉拔。

拉拔条件对拉拔极限的影响:

第一类是通过对钢丝温度的影响引起应变时效,温度高时容易出现分层现象。工艺上的表面准备状态、模具、润滑条件及冷却的影响都归入此类。

第二类是变形参数,即模具工作锥角度和部分压缩率。许多工业试验表明,小角度、多道次小压缩率的拉拔可以延迟分层现象的出现,实现更大总压缩率的拉拔。

3.4.5 拉拔力的计算

机器选型或设计时需要知道拉拔力,然后根据速度和传动效率就可以计算拉拔功率。

推荐采用如下两个公式计算拉拔力:

$$P_n = 1.2566 \times (\sigma_n + \sigma_{n-1}) \times d_n^2 \times \ln\left(\frac{d_{n-1}}{d_n}\right) \tag{3-12}$$

$$P_n = 0.6 \times \frac{\sigma_{n-1} + \sigma_n}{2} \times d_n^2 \times \sqrt{R_n} \tag{3-13}$$

式中,P_n 为第 n 道模的拉拔力(N);d_n 为第 n 道模出模线径(mm);σ_n 为第 n 道进模钢丝强度(MPa);R_n 为第 n 道拉拔压缩率(%)。

式(3-12)来自国际线材协会的口袋手册,式(3-13)被称为克拉希里什柯夫计算公式。

还有一种简化的估算方法,即按出模钢丝拉断力的 30%~35%估算拉拔力。

由于拉丝机起步时润滑剂都是静态的，需要靠钢丝带动润滑材料运动后逐渐建立起润滑，使启动拉力可比正常速度拉拔高40%左右。

参考文献

[1] Embury J D, Fisher R M. The structure and properties of drawn pearlite[J]. Acta Metallurgica, 1966, 14(2): 147-159.

[2] 何吉林. 钢丝生产[M]. 北京：兵器工业出版社，2005.

[3] Zelin M. Microstructure evolution in pearlite steels during wire drawing[J]. Acta Materialia, 2002(17): 4431-4447.

[4] Karimi TaheriI A, Kazeminezhad M, Khaledzadeh Y. Static strain aging behavior of low carbon steel drawn wire[J]. Iranian Journal of Materials Forming, 2014, 1(2): 44-51.

[5] 张春雷，孙杰，邱从怀，等. 高碳钢丝拉拔过程分层现象研究[J]. 金属制品，2015(5):31-34.

[6] Golis B, Pilarczyk J W, Jama D, et al. Analysis of different equations for calculation of wire tensile strength after patenting and drawing[J]. Wire Journal International, 2009(9):80-85.

第四章 拉丝模和配模方法

4.1 拉 丝 模

拉丝模是金属线材拉拔成型的一种工装，主要应用于对黑色金属和有色金属的直线型棒材、线材、丝材和管材的缩径拉延加工。拉丝模对金属线材的生产成本、表面质量、变形质量及生产效率都有明显影响，因此是钢丝工业的重要工装。

4.1.1 拉丝模分类

按照设计特点，拉丝模可以分为普通拉丝模及压力模，压力模又可以分为多种类型。如果从材料分类来看，目前最成熟的是硬质合金拉丝模、金刚石拉丝模和涂层拉丝模三大类。其他类型中，合金钢拉丝模因耐磨性太差而被淘汰，陶瓷拉丝模因冲击韧性局限而无进一步发展。未来如果没有新的模具材料诞生，硬质合金、金刚石和涂层技术还将是主流的拉丝模具材料。

4.1.1.1 硬质合金拉丝模

硬质合金由欧洲研发诞生至今已有 90 多年，最早应用于切削刀具和拉丝模。特别是在 20 世纪 40 年代，硬质合金的研究突飞猛进，欧洲在材料研究方面最为领先，同期美国也在硬质合金的拉丝模孔型研究上取得了新的突破。20 世纪 80—90 年代，欧美的硬质合金拉丝模在材料和孔型方面几乎达到了巅峰，因此近些年国际上硬质合金拉丝模完全处于成熟期，只可能被新材料替代而不会再有大的发展和突破。国内线材行业过去十几年迅猛发展，机器、润滑及工艺方面都有了很大的进步，但先进硬质合金拉丝模材料应用和欧美还有明显差距。随着高速拉丝机的不断增多，为实现大规模高速生产、降低能耗，以及适应一些环保新工艺(如无酸洗拉拔)，对拉丝模提出了新的要求。

图 4.1 硬质合金拉丝模(无锡金马供图)

硬质合金的主要成分是碳化钨和钴。高熔点、高硬度的碳化钨作为硬质相是拉丝模的重要基础材料。钴的良好浸润性在硬质合金中作为黏结相，支持碳化钨的均匀分布，使其在工作中不易剥落。国内传统的硬质合金拉丝模材料其钴含量一般在 6%～10%，颗粒度在 1～2 μm。近几年，国内一些大型的硬质合金企业也加大了拉丝模方面的材料研发，与国际上先进的硬质合金企业的差距越来越小。表 4.1 列出了几种常用硬质合金的性能。

新型硬质合金拉丝模普遍都采用超细颗粒材料，同时具备较高的硬度和抗弯强度。在同样的工艺环境下，新材料的硬质合金拉丝模不论是拉制寿命还是拉制的线材表面质量都得到大幅提高。在干拉 1.17 mm 的镀铜特种焊丝时，传统的 YG6 或 YG8 材料拉制一件线材后线材表面即出现了划伤痕迹，使用 MA20 材料的硬质合金拉丝模拉制 6 件线材后出现划痕，而换用 MA10 材料的硬质合金拉丝模可以拉制 10 件以上。另外，在联合拉拔机拉制无酸洗抛丸表面处理的直径 16 mm 的冷镦线时，按出线尺寸增大 0.04 mm 的模具失效标准，传统的 YG8 硬质合金拉丝模拉制了 15 t，YG6 的硬质合金拉丝模拉制了 30 t，而 MA20 可以拉制 200 t。

表 4.1 硬质合金拉丝模的主要材料及性能特点

牌号		硬度/HRA	强度/MPa	颗粒度/μm	性能特点
老牌号	YG6X	91.0	1 550	0.8～1.0	高耐磨但不耐冲击，高速拉拔高碳钢丝易碎裂
	YG6	89.5	1 650	1.4～1.6	通用性好，特别是 8.0 mm 以下的线材拉制
	YG8	89.0	1 850	1.4～1.6	通用性好，特别是 8.0 mm 以上的线材拉制
新牌号	MA10	93	3 200	0.4～0.6	高耐磨，适合镀铜线、镀锌线表面质量要求高的线材
	MA20	91.5	2 300	0.6～0.8	高耐磨耐冲击，适合高碳钢丝和弹簧钢丝精线
	MA30	90.0	2 050	1.0～1.2	一般耐磨且韧性好，适合 10 mm 以上的棒材拉制

硬质合金拉丝模的特点是拉制线材表面质量好，同时容易维修保养，可在磨损后多次修磨再使用，并且修磨成本低而效率高。由于我国钨矿资源占世界已探明钨矿的 70%以上，这一资源优势和国内大型硬质合金企业的创新进步，都确保了在未来比较长的时间里硬质合金材料在线材成型中将发挥重要的作用。

4.1.1.2 金刚石拉丝模

金刚石拉丝模主要有天然金刚石和人造金刚石拉丝模两种。1820 年，天然金刚石就开始应用于拉丝行业；20 世纪 50 年代美国研究出了人造金刚石；目前，欧美和日本在人造金刚石材料领域最为领先。天然金刚石是目前世界上已知的硬度最高的天然材料，天然金刚石的莫氏硬度为 10，而硬质合金的莫氏硬度只能达到 8～9，所以天然金刚石的高硬度特性使其作为拉丝模材料时耐磨性极高，拉制的线材表面光洁度好。但由于天然金刚石组织结构呈各向异性，也导致其在拉丝时会出现磨损不均匀的现象，如在 100、110 和 111 三种晶格中选取最优的 111 作工作面，则技术难度和成本都会很高。目前，人造单晶金刚石硬度已经很接近天然金刚石，其作为拉丝模具使用时磨损很均匀，并且具备一定的冲击韧性。

金刚石拉丝模目前在市场上有很多的称呼，但是整体上只分为天然金刚石和人造金刚石拉丝模两大类，其中人造金刚石又分为单晶和聚晶(PCD)。人造金刚石原料包括进口金刚石原料(美国通用、日本住友和卢森堡元素六等)和国产金刚石原料。进口金刚石晶体大都为球状结构，而国产的大部分是片状不规则结构，导致国产金刚石原料制作的拉丝模和进口金刚石原料制作的拉丝模相比耐磨损和耐冲击性都有一定差距。另外，聚晶金刚石须用钴作结合剂，而钴的熔点只有 1 495 ℃，因此没有进行结合剂脱除的低温料聚晶金刚石模具在 600 ℃以上的加工温度会很快失效，而采用结合剂脱除的高温料聚晶金刚石模具能够在 1 000 ℃工作温度下正常使用。表 4.2 给出了金刚石拉丝模的分类和使用建议。

表 4.2 金刚石拉丝模的主要材料和使用选择

材料	使用特点及范围
天然金刚石	光洁度要求高的铜、铝、不锈钢等软线和 1.0 mm 以下的细线拉制
人造单晶金刚石	难做大规格模具，适合一定抗冲击韧性要求的 3.0 mm 以下的线材拉制
人造聚晶金刚石	模具抛光难度大，适合冲击韧性要求较高的 28 mm 以下的粗低碳线材拉制

金刚石拉丝模用于有色金属、不锈钢和细小的线材拉制时优势明显，通常比硬质合金拉丝模使用寿命要高几十倍；主要缺点在于价格昂贵，修磨成本高，其脆性还相对较大，在大规格或高碳钢丝等硬线拉制中模具破裂的风险较高。由于人造单晶金刚石目前尺寸越大价格越高，用于拉制 2.0 mm 以上钢丝的拉丝模一般选择人造聚晶金刚石材料。

4.1.1.3 涂层拉丝模

涂层拉丝模一般选用硬质合金作为基体，在其表面通过不同的涂层技术附着一层高耐磨性材料，使拉丝模具备极高的抗磨损性。目前的涂层材料主要是金刚石、碳化钛和氮化钛，涂层工艺又分为 CVD(化学气相沉积)和 PVD(物理气相沉积)。

(1) CVD 金刚石涂层属于化学气相沉积涂层，先用酸洗工艺去除硬质合金基体表面的钴，再让含碳的气体在高温高压下沉积在基体表面生长出金刚石晶体。其特点是耐磨性高，抛光后表面光洁度好，针对铜、铝、不锈钢等软线的拉制效果好，使用寿命通常是硬质合金拉丝模的几十倍，但由于其抗冲击韧性比较差，在拉制粗线或硬线时涂层容易碎裂剥落。

(2) 钛涂层拉丝模分为 CVD 涂层和 PVD 涂层两种，表面的钛涂层主要是碳化钛和氮化钛。CVD 涂层的厚度一般是 7～20 μm，PVD 涂层的厚度在 3～5 μm。CVD 涂层成本高于 PVD 涂层，使用寿命高于 PVD 涂层。钛涂层拉丝模的优点是抗冲击韧性好，涂层不易剥落且光洁度好，不用像 CVD 金刚石涂层那样必须抛光后才能使用，而是在形成涂层后即可直接使用。

涂层拉丝模的耐磨性很好，因摩擦系数低而发热少，拉制的线材不易发生沾结。在使用寿命方面，CVD 金刚石涂层拉丝模用于铜、铝等软线拉制时要比硬质合金拉丝模高 30～40 倍，用于低碳钢丝拉制时要比其高 20 倍以上。钛涂层拉丝模整体拉制寿命也比硬质合金拉丝模高 10～20 倍。涂层拉丝模使用寿命达到极限后，会出现涂层剥落或磨损而无法再修复使用，而硬质合金拉丝模可以修磨后转到上一道次使用，所以常在最后 1～2 道使用，以确保尺寸的稳定。

4.1.2 拉丝模孔型

拉丝模具主要由耐磨的工作模芯(TC nib)、支撑模芯以及方便装夹的钢套(steel case)组成，其中模芯的结构主要有入口区(bell radius)、润滑区(entrance angle)、压缩区(approach angle or reduction angle)、定径区(bearing)和出口区(back relief)五个部分，见图 4.2(a)。

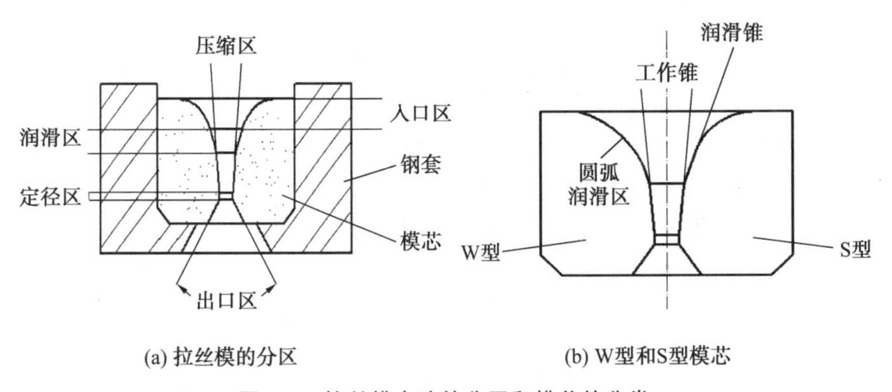

(a) 拉丝模的分区　(b) W型和S型模芯

图 4.2 拉丝模内孔的分区和模芯的分类

入口区的主要作用是便于线材的进入，润滑区的作用是便于导入润滑剂，压缩区是重要的金属变形工作区，定径区决定拉制后的线材尺寸，出口区的作用是便于带出润滑剂的掉落。在定径区的末端还有一小段称为安全角(safe angle)，是定径带加工完成后朝出口方向开的一个小的倒角，其作用是利于停车再启动时回弹涨粗的钢丝能再回到模具中而不被刮伤。

图 4.2(b)是两种主要模芯类型的对比，W 型的入口区全部是一个完整圆弧，S 型有一段直线润滑锥角与工作锥连接。表 4.3 介绍了两种模芯类型的适用性。

表 4.3　两种拉丝模入口锥类型的特点和适用范围

孔型	特点	适用范围
W 型	弧线形润滑区	湿拉，低速拉拔，控制 5.0 mm 以下的线材，压缩比较大
S 型	直线形润滑区	干拉，高速拉拔，拉制线材直径范围广，压缩比较小

工作锥同样也有直线形和弧线形两类，如图 4.3 所示。圆弧形的工作锥相当于有一个逐渐变化的变形角度，这种孔型在 20 世纪 90 年代引进高速拉丝机增多后因推广直线形模具而被替代。实际上早在 1965 年，青岛钢丝绳厂的技术文件上就有了直线形拉丝模。直线形模具不仅寿命高，适应高速拉拔，使得金属变形过程更加平稳，拉拔应力降低，而且修磨加工稳定性好，可控性强，提高了模具寿命。

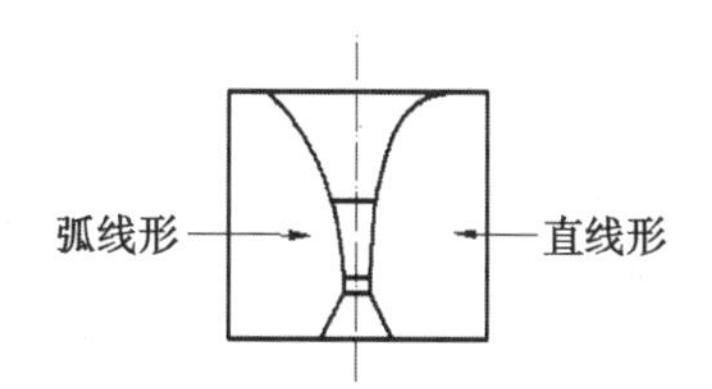

图 4.3　拉丝模孔型分类

在拉丝模孔型中有几个参数非常重要，它不但直接影响到拉丝效率和成本，还与拉制后的线材表面质量有很大关系：

(1) 工作锥角度。拉丝模角度通常在 7°～25°之间，14°以上主要用于控制软质金属线。

通常拉制速度越快，工作锥角度应越小，小而长的锥角有利于润滑。

线材硬度越高，角度越小，压缩比越小，角度越小，因为硬质材料中心和表面的变形速度差更大，小角度可以缩小这个差距。

低压缩率的最佳模角比高压缩率的最佳模角小，因为如果低压缩率用大角度，会加大表面和芯部的变形速度差，易导致中心破裂。

湿拉相对干拉角度小。例如，同样是镀铜线材拉制，干拉焊丝时工作锥角度控制在 12°～14°最佳，而高速湿拉钢丝帘线则工作锥角度必须控制在 9°～11°之间。高碳钢的常用角度在 7°～12°范围内，低碳钢为 10°～16°，铝线大致在 16°～20°。

本书 7.3 节提供了关于 Δ 值计算的方法，可以作为根据压缩率选择碳钢工作锥角的方法。

如果模具连续工作时间较长，可能在线材接触模具的位置出现凹陷的磨损环，相当于局部增大了角度，对于大批量生产模式来说，需要确定一个合理周期采取预防式换模。

(2) 工作锥长度。工作锥长度分有效工作锥长度和实际工作锥长度。有效工作锥长度是指金属线材接触工作锥开始变形的位置到定径带的距离，实际工作锥长度是整个工作锥的长度。有一种理论是有效工作锥长度为线材直径的 70%～100%时最佳。另外一种理论是有效工作锥长度应为实际长度的 50%左右。工作锥长度未接触线材那部分相当于一个间隙逐渐缩小的压力模，润滑剂在那个空间中被线材带动，形成压力逐渐增大的润滑，有利于线材的拉制。

(3) 定径带长度。定径带长度的合理性不仅决定了模具的使用寿命,还直接影响到拉制后线材的质量。过长的定径带会导致摩擦加大而润滑变差,拉制线材出现划线等现象;过短的定径带又会导致出现模具磨损加快、线材超丝和缩丝等问题。定径带长度通常在孔径的 20%～50%范围,软线相对可以较长。

(4) 出口区高度。该区域的尺寸参数容易被忽视,其实很多模具开裂等现象与此高度不足有关。出口区的高度太低会导致模芯承受线材冲击的能力不足,模具在定径带区域横向碎裂;而出口区的高度太高则会占用润滑区和工作锥的空间。合理的出口区高度一般对于 1.5 mm 以下孔径在 1.5～2.0 mm 之间,对于 2.0～3.0 mm 孔径在 2.0～2.5 mm 之间,对于 3.0～10.0 mm 孔径在 2.5～3.0 mm 之间,对于 10.0～20.0 mm 孔径在 3.5～4.0 mm 之间,对于 20.0～25.0 mm 孔径在 4.0～4.5 mm 之间,对于 25.0 mm 以上孔径在 5.5～6.0 mm 之间。

硬质合金拉丝模、金刚石拉丝模和涂层拉丝模的孔型原理相同。聚晶金刚石拉丝模在金刚石和钢套之间有个过渡层,拉制铜线等软线时过渡层直接是粉末烧结体,而拉制焊丝等硬线时需要将聚晶金刚石镶嵌进硬质合金环后再包裹粉末烧结体,其目的是让硬度不同的材料层层传递应力,避免模具使用中发生碎裂。

4.1.3 硬质合金拉丝模的磨损

拉丝模的质量问题除了过渡过于锋利、粗糙、存在皱纹面外,还有因合金质量、镶嵌质量或形状设计造成支撑不足而发生破裂的现象,其中最常见的还是磨损,拉丝模使用到一定时期后就会在接触点出现磨损环。

图 4.4 为硬质合金拉丝模的磨损过程。图中第一阶段是磨损铁粉黏附在模具表面;第二阶段是在拉拔高热量的作用下铁与合金黏结材料钴生成新的合金;第三阶段是碳化钨晶粒团之间失去黏性,碳化钨磨损。如果磨损速度够慢,会由于摩擦磨损而产生抛光效果,修复模具内孔。

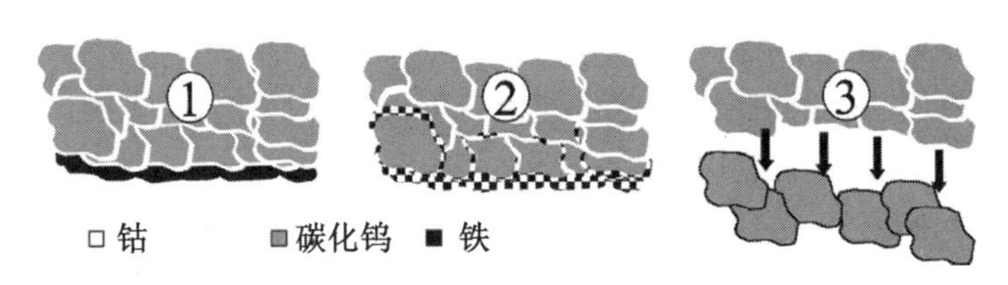

图 4.4 硬质合金拉丝模的磨损过程

4.1.4 拉丝模的制作、修复及孔型检测

4.1.4.1 拉丝模的制作

拉丝模的制作包含模芯准备、镶套、研磨、抛光和检测五个过程。为给抗压不抗拉的硬质合金提供准确的预压应力并确保同轴度,模芯必须精磨外圆,钢套内孔必须精车,以实现准确的镶套过盈量控制。使用同样的模芯材料和镶套工艺,但不同的孔型加工出来的模具使用寿命相差几倍甚至十几倍,另外拉制后线材质量差距也很大。

(1) 模芯准备。模芯在装套前必须将外圆精磨加工,确保模芯外圆的准确直径,消除不平整的外圆面,确保垂直度和光洁度。

(2) 镶套。钢套一般选择 45 号钢,如果是超硬材料的模芯装套建议选择合金钢(如 42CrMo)。钢套的内孔要求数控车床加工并粗车、精车两次成型,粗糙度达到 0.80～

1.6 μm，底部与钢套外部端面保持平行以确保模芯和钢套的同轴度。热镶时钢套内孔直径比模芯外径小约1%，钢套加热膨胀后压入模芯，钢套冷却收缩压紧模芯，产生一个预压应力。目前热镶比冷镶用得更普遍，因为热镶相对于冷镶过盈量范围更大，更好控制；冷镶不容易做到同样水平的压应力，但和热镶相比对模芯物理性能的影响较小，没有使钢套退火软化的问题。

(3) 研磨。硬质合金模的研磨通常采用水平高速气动设备，原理如图4.5所示，用镀金刚石的磨针加工压缩锥和定径带。如果采用较低成本的无金刚石钢针（弹簧钢或轴承钢制），磨料则选择碳化硼的比较多，设备通常为电动立式。表4.4列出了常用研磨材料的特性和研磨效率比较，金刚石是目前最好的材料，都需要用机油、植物油或水调和后使用。安全角大约为10°，在定径带末端轻轻打磨一下即可，以倒车不刮白钢丝为准。

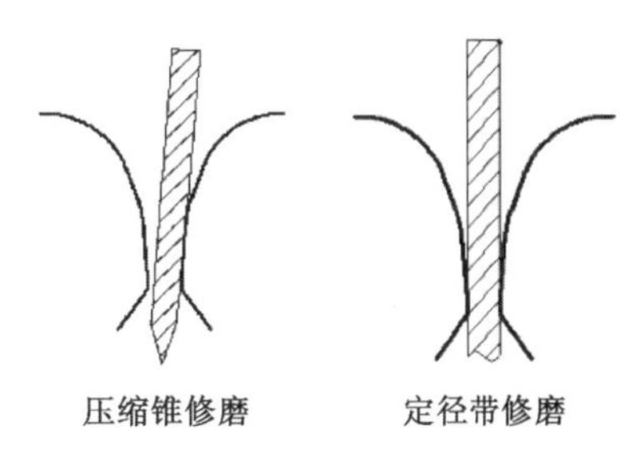

图4.5　拉丝模压缩锥和定径带的修磨

表4.4　模具研磨用研磨剂的特性及研磨效率

研磨剂	磨料莫氏硬度	颗粒度/μm	研磨效率比较/%	
			硬质合金模	金刚石模
金刚石＋油	10.0	5～10	100	100
碳化硼＋油	9.3	10～12	60	0.57
碳化硅＋油	9.1	5～20	21.5	0.28

表4.5为某企业公开的碳化硼修磨工艺，粗磨是需要大切削量时采用的工艺，切换为不同粒度之前必须将模具清洗干净。

表4.5　模具修磨工艺

模孔直径/mm	研磨量/mm	研磨工艺	磨料粒度
≤1.20	≤0.05	精磨	F500
	>0.05	细磨	F320
	<0.05	精磨	F500
	≤0.05	精磨	F500
>1.20	0.05～0.15	细磨	F320
		精磨	F500
	>0.15	粗磨	F80
		细磨	F320
		精磨	F500

(4) 抛光。新模具及旧模具修复时的抛光都以手工为主，抛光到镜面效果为最佳。表4.4中的研磨剂同样适用，但需要选用不同粒度的多种研磨膏，以实现镜面抛光效果。

定径带抛光余量：孔径0.20～1.00 mm时为0.015 mm，孔径1.01～5.00 mm时为0.02 mm，孔径更粗时取0.03 mm。

压缩锥抛光余量：孔径0.20～3.00 mm时取0.2°，孔径>5.00 mm时取0.5°。

孔型加工时应注意以下几点：

① 压缩锥控制：在卧式或立式的专用角度修磨机上用磨针加工后的压缩锥相对于传统手工加工的压缩锥，其角度、直线度、圆度和同心度都能得到比较准确的控制，从而确保线材的稳定变形和压缩锥的均匀磨损。

② 定径带控制：专用定径修磨机相对于传统手工加工的定径带，其圆度、直线度和同心度都能得到准确的控制，保证定径带均匀磨损，从而确保线材的圆度。另外，在定径带的传统加工理念上习惯选用有定径带的模芯毛坯加工，虽然这样做的好处是加工余量小、加工效率高，但对于定径带长度的控制难以保证，应该尽量选择无定径带的模芯毛坯，在加工好需要角度的压缩锥后，计算定径直径的提前量后再合理扩孔，从而得到合理比例长度的定径带。

③ 各工作区的过渡和抛光：用专用孔型修磨机得到的孔型工作区直线性和同轴度都很好，但在各区分界处要做好圆滑过渡，过大的圆弧会破坏压缩锥和定径带有效工作尺寸，过小的圆弧则达不到圆滑过渡的效果。在定径带和出口区的分界处要选用约10°安全角过渡，避免线材的划痕。另外，在孔型加工最后的抛光中要注意研磨膏的选择，避免使用低品质的粒度不匀、浓度不稳定的研磨膏剂，以保证孔型的表面光洁度。

以上所述主要是硬质合金拉丝模的孔型加工。金刚石模具的加工主要是激光穿孔后再超声波研磨和线抛光，孔型的要求和硬质合金拉丝模没有差异，但金刚石模具硬度很高，加工难度高，效率远低于硬质合金拉丝模，这也导致好的金刚石模具价格和维修成本极高。另外，CVD和PVD的钛涂层拉丝模由于前期硬质合金基体已经做好了加工，所以覆上涂层后可直接使用，无须再进行孔型加工和抛光处理。

(5) 检测。表4.6列出了常用的模具检测方法。传统的检测技术是用铅条等软金属拔出，用测线径的方法确定孔径，无法测定其他孔型参数。国产检测仪器中有探针接触式的孔型检测仪，可以测量定径带长度及压缩锥角度、长度。目前最先进的是进口三维孔型检测仪，对2.0 mm以下的孔径检测优势明显。该设备能全面检测出拉丝模孔型的同轴度、压缩锥角度、定径带圆度和长度等，尺寸精度数显能到0.001 mm。目前国内研发的此类设备已进入市场。钢丝企业通常不需要投资昂贵的进口检测设备，可用金属拔出法检测不圆度和直径，压缩锥角度靠维护好修磨机来保证。如果要控制压缩锥高度和定径带长度，则需要精确计算好加工的提前量。

表4.6 拉丝模的检测方法

检测项目	检测方法	补充说明
孔径	塞规法：用琴钢丝制作的塞规； 拔头法：拔铅条或低碳钢丝后测量； 光学测量法：采用专用仪器	拔头法中软金属与硬钢线回弹量不同，需要摸索修正量
工作锥角	用孔型测量仪或浇注硅胶后投影测模型	
定径带长度	用孔型测量仪或浇注硅胶后投影测模型	
工作面粗糙度	适当照明条件下目视，光滑无瑕疵	手工金刚石抛光可至镜面
钢套尺寸	游标卡尺	

4.1.4.2 拉丝模的修复

修复拉丝模的程序为：

(1) 清除残余润滑剂、锈蚀和污垢。

(2) 前后检查合金外观，如果破损或开裂就报废。

(3) 粗磨压缩锥(工作锥)，磨去磨损环，再粗磨出口锥。如果需要准确控制定径带长度，需要粗磨到没有定径带，而且应使孔径达到式(4-1)的计算值 d_1，或粗略地取最终孔径的95%，那么研磨到规定孔径后定径带长度就会是期望值。对于不需要严格控制定径带长度的情况，研磨量可以减少，凭经验控制定径带长度。

$$\frac{d_1}{d}=1-\frac{k}{\dfrac{1}{2\tan\alpha}+\dfrac{1}{2\tan\beta}} \tag{4-1}$$

其中，d 为最终定径带孔径；k 为定径带长度与孔径之比，通常在 0.2～0.5 之间；α 为工作锥半角，通常为 4°～7°；β 为相对固定的出口锥半角，通常在 30°～45°之间。

(4) 继续细磨、精磨和抛光，方法和磨新模具一样。

4.1.5 其他拉丝模技术

拉丝模技术在材料方面的发展主要体现在开发更高强韧性的硬质合金，聚晶材料追赶国外先进产品(如住友)及先进耐磨涂层的应用，主要是追求更好的耐磨性。还有一些在结构设计上的创新，通过帮助改善润滑带来耐磨性的改善，还能提高生产效率、改善冷却、降低成本，如在传统的压力模基础上开发出的美国 Paramount 模具，还有在一些产品上成功应用的辊模等。

4.1.5.1 压力模技术

最常见的压力模是如图 4.6(a)所示的用两个拉丝模组合而成的压力模，增压模比拉拔模大，推荐孔径差见表 4.7。中间可以用金属密封垫防止粉的泄漏；也可以设计适当的装配结构使得中间形成一个空腔，空腔开孔安装一个可调压的弹簧顶杆，相当于一个泄压阀，可以限制最大润滑压力。图 4.6(b)是按照同样原理开发出的组合式压力模，不同的是外圆带锥角的模芯可以拆出修复或更换规格，降低使用成本，钢套采用不锈钢，可以避免生锈对传热速度的影响。

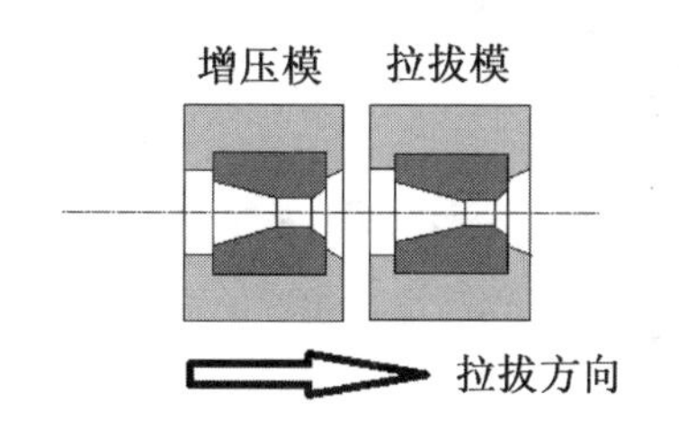

(a) 拉丝模组合压力模

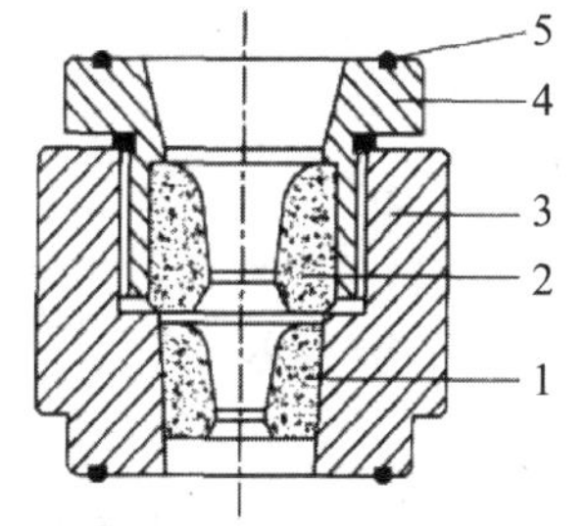

1-拉拔模；2-润滑模；3-钢套；4-螺旋压紧盖；5-环形密封圈；

(b) 装配式压力模

图 4.6 拉丝模组合压力模及装配式压力模

表 4.7 双模压力模的增压模孔径差

材料类型	进线直径范围/mm	推荐孔径差/mm
盘条	5.5～6.5	0.69
	7.0～9.5	0.94
	9.5～12.7	1.27
	12.7～17.5	1.78
钢丝	0.76～1.57	0.05
	1.60～2.84	0.10
	2.84～4.88	0.20
	4.90～8.13	0.36
	8.20～13.20	0.56

这类硬质合金压力模具在国外已经成熟且普遍使用，在黑色金属和不锈钢的干拉使用中，使用寿命普遍比传统的硬质合金拉丝模高十倍以上，其主要优点是：

(1) 采用不锈钢钢套，不会因生锈而导致冷却效果逐渐下降，可保持生产效率。

(2) 高速拉制时随润滑模进入的拉丝粉高温高压下形成液化的润滑腔体，挤入线材和模具之间的间隙，使线材拉制时润滑效果更好，线材的表面质量更高。

(3) 压力模具采用的是可拆卸式的硬质合金模芯，加快了模具更换速度，减少了库存空间，同时节省了钢套材料。压力模具的使用、拆装和传统的硬质合金拉丝模无大的差异，普通的拉丝操作工可单独完成。大批量拉拔单一规格的软质材料时，拉丝模芯可采用聚晶模。

(4) 目前国外不推荐压力模芯磨损后维修使用，但硬质合金可修复使用的特性决定压力模芯修复可以做到，这样综合成本更低。

这类压力模在湿拉上没有明显效果。另外，这类模具在模芯和钢套精密配合、孔型检测的精确性及压力腔压力的科学设计上有较高要求。

如图 4.7 所示的是第三种压力模，是美国通用电气在 20 世纪 40 年代为难拉拔金属开发的拉拔工具，目前在中国广泛应用于拉拔铝包钢线，可以避免铝层后退，确保平均铝厚度与产品半径之比不变，而且还可以改善铝厚度的均匀性。如果采用图 4.6 那类压力模拉拔铝包钢难度会增大很多。

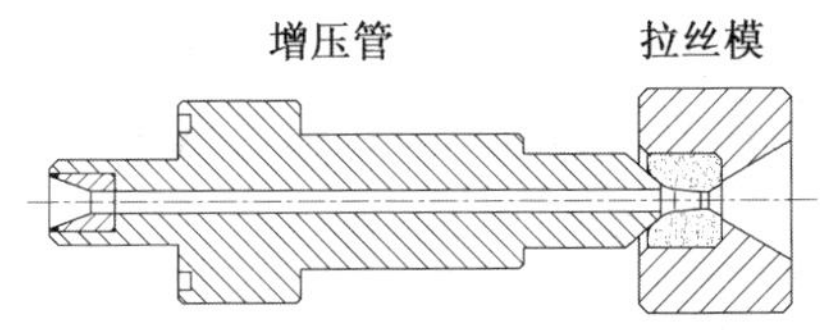

图 4.7 带增压管的压力润滑拉拔系统
(无锡金马供图)

这种模具的制作难点在于前面的增压管，内径并没有图中那么大，通常采用的增压管内径仅比线径大 10%左右，直径差一般不小于0.200 mm，管长度 70～140 mm，要有尽量高的强韧性和耐磨性。

本书第 7 章的式(7-17)提供了流体润滑压力的计算方法，压力与增压管长度、速度及皂粉黏度成正比，与模具间隙成反比。

压力润滑拉拔可以提高钢丝的抗拉强度、屈服强度及扭转次数。其可以提高抗拉强度和屈服强度的原因在于平行钢丝轴线的渗碳体片更多，铁素体 110 织构更结实及钢丝表层残余应力更低。其可以提高扭转次数的原因在于残余应力减小，更结实的铁素体 110 织构阻止剪切带的形成，渗碳体破碎片更细及铁素体硬化程度更低(比非压力润滑拉拔位错更少)。

4.1.5.2　辊模

20 世纪 90 年代末，欧洲企业将钢铁行业的辊压技术应用到拉丝机上，用无电机驱动的静态辊轮组替代拉丝模，利用拉拔牵引力和线材与辊轮的摩擦力带动辊轮转动。辊模材质有轴承钢及硬质合金两类。辊模技术具有速度提高、摩擦及能耗下降、钢丝表面清洁度改善等优点。中国的国产化大约在 2005 年后。欧洲辊模采用的是水冷＋油脂润滑轴承，而国产化辊模采用的是润滑油冷却同时润滑轴承。该技术适合的应用线材直径尺寸范围在 1.0～16.0 mm 之间。国产装置主要用于低碳钢丝，国外先进技术可用于低碳及高碳钢丝，但因辊环强度限制不适合大直径硬钢丝。图 4.8 为意大利 EUROROLLS 提供的 3＋3 C 型辊装置图片，包括在连拉机上替代模盒的情况。

图 4.8　辊模装置

(1) 辊模相较于传统硬质合金拉丝模的优点主要有：

① 提高生产效率。因为可提高拉拔速度，而且辊模寿命很长。如生产建筑焊网用钢丝时，一个人可以看守多台机器。假如是小批量生产模式，因为换模很费时，就会丧失效率优势。

② 总压缩率及部分压缩率可以提高约 10%。

③ 节能和减少断丝。拉丝过程中，辊模的滚动摩擦远低于拉丝模的滑动摩擦，摩擦力的大大降低可节省 4%～8%的能源，并可降低断丝率。

④ 变形更均匀。钢丝变形均匀性比模拉改善，内部组织纤维化较均匀。

⑤ 减少了润滑粉用量。通常只在第一道用粉。

⑥ 粉尘减少，作业环境改善。

(2) 辊模的局限性主要体现在：

① 因每个辊模的孔径可调范围极小，换模费时，因此只适合大批量生产模式，如低碳焊接网生产、大批量的半成品拉拔。

② 不适合直径波动大的线材及大直径硬质线材，因为高负荷下易出现合金辊爆裂问题。

③ 高碳钢加工硬化率比模具拉拔低 8%～10%。

④ 孔型调整困难，操作技能要求高。调整不当或装置质量不好会造成钢丝压边甚至辊轮崩裂，辊轮座固定后，方向不可调，拉丝变形过程中形成角度致使压边磨损。

⑤ 技术较差厂家的装置还不能满足成品钢丝的尺寸精度和不圆度要求。

⑥ 辊模价格高，首次投资大，维修成本高，轴承润滑要求高。

选择辊模一定要结合自身生产模式，低碳钢丝比高碳钢丝容易使用。大规模生产可以每个机器采用固定工艺，这样才能充分发挥辊模的优势。

4.2 配　模

4.2.1 配模原则

配模就是根据拉拔材料的尺寸与性能、拉拔设备特性及进线出线直径，选择每个道次拉丝模的规格的过程。

材料的影响重点考虑拉拔材料的牌号和组织状态。

越硬的材料变形发热越多，需要匹配更好的冷却能力或限制单次的变形量。热处理或热轧状态的材料相对一个牌号是“较软”的状态，球化退火珠光体组织比片状组织可以进行单次更大变形量的拉拔，铅浴淬火的材料比热轧材料能经受更大总压缩率的拉拔变形。组织及材料品质确定时，能承受的总压缩率（最大变形量）一定，但表面准备和润滑条件的不同会带来一些差异。

多模机器能连续实现多次拉拔，有些机器的设计会限制不同道次之间的速度比相对固定。好的润滑和冷却条件有利于实现更大压缩率的单次拉拔，但机器设计和材料的组织特性会限制单次拉拔的变形量，模具设计也会限制拉拔变形量。

所有配模都要遵守如下原则：

（1）金属流量不变原则，即连续拉拔时单位时间经过不同模具的金属量是不变的。

（2）材料变形能力限制原则。软材料单次压缩率可以比硬材料大，同样的材料初始状态可以比拉拔几道硬化后能承受更大的道次压缩率，组织适当（索氏体碳钢、碳钢及合金钢的球化珠光体、不锈钢的固溶奥氏体）、夹杂物少且细、表面准备恰当的材料比其他组织适合更高总压缩率的拉拔。硬材料的每道次拉拔压缩量一般在15%～25%范围内，高压缩率都在前几道用，成品可以在10%～15%范围内，象鼻子收线采用8%～10%的压缩量；退火钢丝为整形定径做的一次拉拔可采用5%～10%压缩率的轻拉（skin pass drawing）；采用流体润滑的铝包钢拉拔压缩率通常在10%～18%之间；低碳钢的道次压缩量≤40%，压缩率通常在20%～30%之间。

（3）在机器拉拔能力范围配模原则。机器静态时润滑还没有建立，因此启动力矩会比正常拉拔时高50%左右，如果超出减速机及电机能力的限制就无法启动。如果力矩接近或超过减速机的额定输出力矩，那么减速机的故障会明显上升。如果配模确定后提高拉拔速度，力矩不变，但电机功率会升高，提速受功率限制。

（4）尽量减少规格型号，减少库存模具数量的原则。减少规格型号的一种方法是：根据所有产品拉拔的模链（配模规格表）整理出模具的规格系列，排序后试算合并非常接近孔径对部分减面率（压缩率）的影响。如同时有4.20 mm和4.21 mm的模具，那么要测算将所有4.21 mm改成4.20 mm后，各模链的部分压缩率是否在经验的合适范围，不合适就不能取消4.21 mm规格。

4.2.2 单拉机配模

单拉机的配模应遵守4.2.1节中第(2)～(4)条原则。在机器动力及冷却条件允许下，使用比连续拉拔稍微大一些的压缩率拉拔是可能实现的。

4.2.3 滑动式拉丝机的配模

图4.9为滑动式拉丝机简化版原理图，采用一台电机驱动两根转轴，每根轴上有2个不

同直径的绕线轮组，用于牵引不同速度的钢丝通过 3 个模具(孔径分别为 d_1、d_2 和 d_3)。这种拉拔和单拉机的最大差别是需要遵守第(1)条原则，和其他连续拉拔相比，差异是各道次之间的理想速度比是固定的(由固定的塔轮直径比决定)。滑动拉丝时卷筒速度略大于钢丝速度(成品卷筒除外)，相等为理想状态，卷筒速度小于拉拔速度就会断丝。

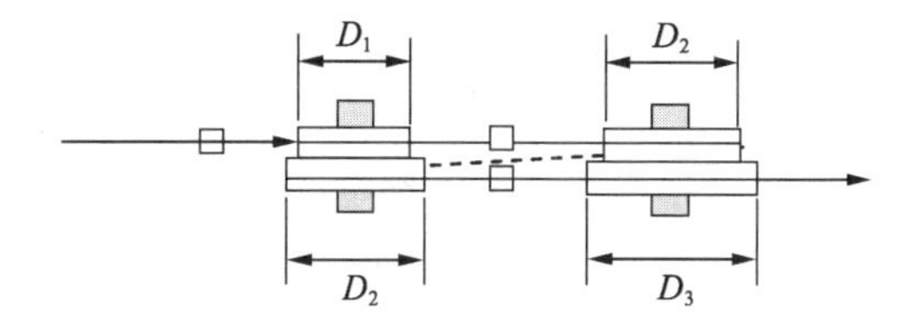

图 4.9　滑动式拉丝机简化原理图

式(4-2)和式(4-3)为拉拔第 2 个模和第 n 个模的机械系数(表面速度比或塔轮梯度)计算公式，式(4-4)为根据体积不变原理确定的塔轮表面速度的计算公式。

$$\varepsilon_2=\frac{D_2}{D_1} \tag{4-2}$$

$$\varepsilon_n=\frac{D_n}{D_{n-1}} \tag{4-3}$$

$$v_n=v_{n-1}\times\frac{D_n}{D_{n-1}}=v_0\times\frac{D_n}{D_0} \tag{4-4}$$

如果不同转轴的转速不同，计算机械系数还需要用转速来修正。

滑动的必要性：理想状态是模具孔径准确地按照塔轮实际直径配备，使得塔轮表面速度与钢丝所需速度相等。但是模具孔径不可能都准确为设计值，使用后还会磨损，所以塔轮要通过相对钢丝打滑去适应，维持单位时间内各出模口的金属流量一致，否则会断丝。

假设主轴转速不变，按照金属流量不变原则，如第 n 个湿拉模孔径磨损变大或安装时就为正公差，出模速度不变时，出第 n 个模具的金属流量就大于设计值，如此时 $n-1$ 号模孔径与要求一致，那么出 $n-1$ 号模的金属流量就会低于 n 道，那么缠绕在 n 号模之后轮上的钢丝必须打滑减速，否则钢丝一定会崩断。

滑动系数：打滑量过大意味着这个模具的孔径偏差较多，会造成钢丝与塔轮之间的摩擦剧烈，使钢丝发白且局部硬化增大。实践中按照约 1.5%～5%来控制滑动率。如果机器标准压缩率已经比较高，滑动系数应该取比较低的值，以避免压缩率过高。

第 n 个滑动系数用符号 τ_n 表示，计算方法如下：

$$\tau_n=\frac{v_{cn}}{v_n} \tag{4-5}$$

其中，v_{cn} 为 n 道塔轮表面速度，v_n 为 n 道钢丝速度。累计滑动系数为各道次系数的乘积。

计算配模直径前，首先应建立各机器的机械系数表，并注意在磨损明显或大修后重新测量塔轮尺寸修正机械系数。

式(4-6)为湿拉配模用直径计算公式，从成品模开始倒算各模具尺寸，其中滑动系数可以在 1.015～1.050 范围内选取。

$$d_{n-1}=d_n\sqrt{\tau_n\times\varepsilon_n} \tag{4-6}$$

单电机湿拉机的特点决定了更换规格时需要更换全套模具，这可能需要花费数小时。如果成品模采用单独电机驱动，变换为稍大的规格时可以只更换成品模，前提是机器配有精密准确的速度控制系统，特别是那些需要很稳定张力的产品。

实践中配模程序如下：

(1) 确定机器的机械系数是否需要更新或计算确定，因为其可能因塔轮磨损或修复而变化。

(2) 根据客户要求确定产品直径、强度和材料要求(如果客户限定材料)。

(3) 根据选料、材料硬化系数倒算拉拔坯料的直径，可参考式(3-8)，硬化系数可以根据实验修正。

(4) 计算拉拔所需道次：

先计算总延伸系数：
$$E=\frac{d_0^2}{d_n^2} \tag{4-7}$$

总机械速比：
$$\varepsilon=\varepsilon_1\times\varepsilon_2\times\cdots\times\varepsilon_n \tag{4-8}$$

机械平均部分延伸系数：
$$\bar{\varepsilon}=\sqrt[k]{\varepsilon} \tag{4-9}$$

拉拔道次：
$$n=\frac{\ln E}{\ln\bar{\varepsilon}}\text{（有小数点的话取更大的一个整数值）} \tag{4-10}$$

其中，d_0 为进线直径，d_n 为出线成品直径，k 为机器已有的拉拔道次数。

(5) 按照式(4-6)计算配模。有了机械系数和滑动系数，根据成品直径可以计算之前一道的孔径，逐步往回推，如果在 Excel 中设置参数及计算公式就很容易完成计算过程，少许差异可以通过修正滑动系数来完善，只要在合理范围之内即可。

不用机器全部模座(跳道次)时，应注意穿线路径是否会刮擦到钢件，而且要采用穿满模具拉拔时的进线速度来确定成品速度，以避免前几个道次速度过快。

4.2.4 非滑动式拉丝机的配模

非滑动式拉丝机虽然机械速比是固定的，但每个电机都可以独立调速，比滑动式拉丝机可以适应更大范围的线径变化。这类机器的配模有以下几类方法，较少采用的以恒定电机功率为目标的配模方法这里没有介绍。

4.2.4.1 平均压缩率配模法

用美国线规号中的连续规格配模，压缩率正好是 20.7%。如果模角固定为 12°，那么相当于 Δ 值固定在 1.8。这种方法的最大好处是模具系列与公开标准规格 AWG 可以一致，模具规格可以减少。

4.2.4.2 压缩率先高后低配模法

压缩率由低到最高，然后下降的配模方法是中外广泛采用的连拉机经典配模法。

这种配模的原理：第一道考虑了热轧盘条直径公差的变化，取相对较低的压缩率，如高碳钢可以取 16%～20%。这种配模不仅适应进线直径的大范围变化，还有利于在钢丝上涂覆一层润滑剂。第二道模具的压缩率最高，可以用适合拉拔材料的最高压缩率，然后逐步降低，这样可以形成逐渐降低的拉拔力矩，与机器特性匹配。

注意事项如下：

如果第一道采用了压力模且进线为盘条，要特别注意最大盘条直径不能大于第一个模具或间隙过小，否则会导致压力模作用失效，出现润滑不良。

如果进线是钢丝，有人更倾向于使第一道压缩率最大，然后逐渐降低。有一种用于无酸洗无涂层拉拔高碳钢的法国配模方式，为了使第一道的温度足够高以熔化皂粉，确保涂粉能粘牢，将高碳钢拉拔压缩率提高到 25%～27%。

还应注意区分可调速拉丝机和固定速比的老式拉丝机。

可调速拉丝机的配模：各道次可调速的拉丝机有较大的配模自由度，配模规则是在机器拉拔能力范围内指定的配模工艺规则。机器设计对跳模（部分道次不用）及每道的拉拔力都有一定限制，粗规格跳许多道直接在后端拉拔可能出现拉不动的问题。指定每种机器的配模规则首先考虑机器能力限制，其次是材料特性及模具设计。如多数机器和材料可以在10%～20%范围内拉拔，最大进线直径及强度受到机器能力的限制，特殊情况下可用低于10%或超过20%的压缩率，如象鼻子常用8%的压缩率，前三道拉拔超过20%并不少见。

建议自己制作一个Excel配模计算表，如表4.8所示，计算公式可以在本书的3.4节中找到。此表应记录机器型号、编号，还可以增加温度预测、吨电耗测算等。

表4.8　配模计算表式样

道次	直径 d/mm	压缩率 r	速度	强度	拉拔力	拉拔力矩	拉拔功率	……
0	d_0	—	v_0	TS_0	—	—	—	……
1	d_1	r_1	v_1	TS_1	F_1	T_1	P_1	……
2	d_2	r_2	v_2	TS_2	F_2	T_2	P_2	……
3	d_3	r_3	v_3	TS_3	F_3	T_3	P_3	……
⋮	⋮	⋮	⋮	⋮	⋮	⋮	⋮	……
n	d_n	r_n	v_n	TS_n	F_n	T_n	P_n	……
总压缩率：R　牌号：XXX　硬化系数：k　小时产量：X								

作者常先凭经验手工输入各道次线径，然后根据道次压缩率和电机负载的计算结果做快速直径调整，按照压缩率先升高后降低的方法，找出比较合适的配模。一般第一道和最后一道一定低于平均压缩率，第二、三道一定比平均值高。模具孔径尽量选用常用的，以减少模具规格数量。

采用这个方法要先计算出平均压缩率，确定配模个数，规避使用过高的平均压缩率，计算公式如下：

$$R=\left(1-\frac{d_n^2}{d_0^2}\right)\times 100\% \tag{4-11}$$

$$R_{avg}=\left(1-\sqrt[n]{\left(\frac{d_n}{d_0}\right)^2}\right)\times 100\% \tag{4-12}$$

其中，R为总压缩率（总变形量），R_{avg}为平均压缩率，n为成品拉拔道次数（一共过几个模），d_n为成品直径，d_0为进线直径。

实例：6.5 mm的70钢拉拔成2.20 mm的钢丝该如何配模？

先算出R=88.54%，则拉拔9道时R_{avg}为21.4%，10道时为19.5%，11道时为17.9%。9道平均压缩率有些偏大，10道可以接受，11道可以用在拉拔要求韧性更好的产品上。

下面以10道拉拔模式来配模：

第一道用约19.5%×90%的压缩率来配模，将线径输入Excel表中，第二道可以用到19.5%×110%的压缩率，然后逐渐减小，最后一道最低可以用到19.5%×75%的压缩率。如果固定分配比例就可以自动计算，注意考虑避免过多的模具规格。

固定速比的拉拔配模：和湿拉相似，固定速比的拉丝机则需要固定相邻道次之间的孔径比，有一个和滑动系数相当的积线系数，等于工艺延伸系数与机械延伸系数之比，一般取1.02～1.05。

4.2.4.3 恒定Δ值配模法

恒定Δ值要通过稳定压缩率和模角组合来实现，这是一种使变形条件保持最佳的配模思想，原理见式(4-13)。如果压缩率是变化的，那么就要调整角度来实现恒定的Δ值。考虑到模具管理的难度，作者不推荐使用这个方法。

$$\alpha=r\left[1+(1-r)^{0.5}\right]^{-2}\Delta \tag{4-13}$$

4.2.4.4 恒定拉拔应力与钢丝屈服应力或拉断应力之比的配模法

从断丝风险考虑这个比例应低于0.70，建议按0.60来控制。

$$\frac{\sigma_d}{\sigma_{01}}=(N+1)^{-1}\left(\frac{3.2}{\Delta}+0.9\right)(\alpha+\mu) \tag{4-14}$$

其中，σ_d为拉拔应力，σ_{01}为出模口钢丝的屈服应力，N为硬化指数，α为模具半角，μ为摩擦系数。可变参数为模具半角α和Δ值。

在确定模具半角、摩擦系数和硬化指数的情况下，可以根据0.6的比例值推算出Δ值，确定压缩率。如果没有摩擦系数和硬化指数，这个方法无法运用。

4.2.4.5 温度控制配模法

温度控制配模法是在4.2.4.2节方法基础上的一种改变，其设计思想是拉丝速度受限于钢丝温度，要充分发挥机器的冷却能力，避免时效脆性。这种方法需要运用经过验证比较准确的温度计算公式，将配模后算得的温度控制在160 ℃以下。

这种设计需要将第一道压缩率提高到整个模链最大，这是因为第一道进线温度低，拉拔后温度也低，第一个卷筒的冷却能力不能发挥，而且如果温度过低，还会影响润滑剂功能的发挥。

如果盘条直径常为较高的正偏差，为避免第一道压缩率过高，不推荐采用这种配模方式。

在无涂层机械除鳞钢丝的压力润滑拉拔中，高碳钢的第一道拉拔压缩率最大用到了25%～27%。高压缩率可提高钢丝温度，促进润滑剂的液化，增强与钢丝的黏合力。如果第一道压缩率很低，可能出现钢丝带出干粉的现象，这表明润滑剂消耗大且润滑效果不好。

第五章

拉拔前的表面准备

无论是热轧线材还是经过热处理后的钢丝，其表面均有一层硬、脆的氧化铁皮层。如果拉拔前不去除，会增大模具的磨损，擦伤钢丝表面，提高钢丝温度，严重时可嵌入钢丝表面，甚至造成断丝，导致生产效率、产品质量降低，并增大成本。因此在钢丝拉拔前必须进行表面准备，去除氧化铁皮层，涂覆适当的涂层。

5.1　表面准备流程

不同材料及不同产品要求需要进行不同的拉拔前表面准备。去除氧化皮是最基本的要求，去除技术包括各种酸洗、弯曲、钢刷、抛丸、砂带打磨等；其次是增加涂层，如石灰、硼砂、磷化膜、皮膜剂等，涂层有用单一一种的，也有组合两种的。

常见碳钢产品的表面准备工艺流程如图 5.1 所示，可以有十种组合。“除鳞”指各种机械除鳞技术的工艺；虚线框中的“干燥”为可选步骤，容易自然干燥不带锈迹的较粗盘条可以不烘干。

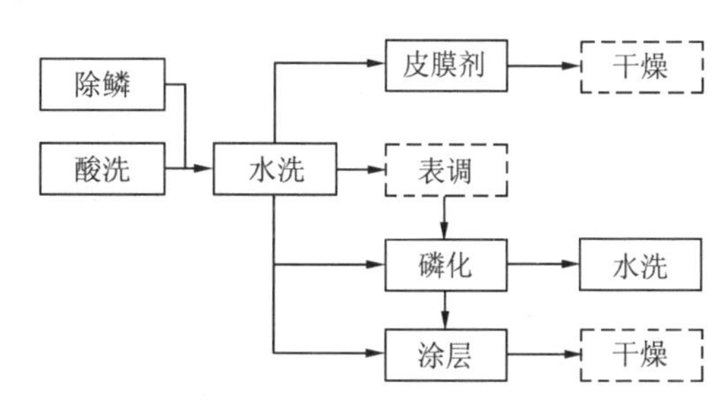

图 5.1　常见碳钢表面准备流程

不锈钢热轧盘条的酸洗流程一般是“硫酸酸洗—漂洗—混酸酸洗—漂洗—冲洗—中和”，混合酸由硝酸和氢氟酸组成，酸洗通常由钢厂进行，涂皮膜剂在拉拔线上在线进行。

酸洗、水洗、磷化及涂层技术在 5.2、5.3、5.5 节中介绍，机械除鳞技术见 5.4 节。

5.2　酸　　洗

酸洗是指利用酸与氧化铁皮的化学反应去除氧化铁皮，以获得适合拉拔的基础条件，防止氧化皮破坏钢丝表面质量和缩短模具寿命。以下介绍氧化皮、酸洗原理及酸洗工艺技术。

5.2.1　氧化皮结构和酸洗化学原理

5.2.1.1　氧化皮的形成与结构

氧化皮的形成是由于空气或者加热炉中的氧原子（可以来自 O_2、H_2O、CO_2等气体）吸附在钢材表面上，并与铁原子发生化学反应而产生铁氧化合物。

(1) 氧化铁的分类、特性和不同温度的氧化反应。

盘条表面的氧化皮主要为 FeO、Fe_3O_4、Fe_2O_3三种氧化物的混合物。

铁的氧化是逐级进行的。随着氧含量的增加，铁首先被氧化成最低价氧化物；随着氧含量的继续增加再被氧化成较高价态的氧化物；当氧含量足够高时，才能生成最高价氧化物。将铁的氧化反应表示为 $Fe \rightarrow FeO \rightarrow Fe_3O_4 \rightarrow Fe_2O_3$，这三类氧化物的特性列于表 5.1 中。

表 5.1 铁氧化反应产物的性能

氧化物名称	氧化亚铁	四氧化三铁	氧化铁
分子式	FeO	Fe_3O_4	Fe_2O_3
含氧量/%	22.28	27.63	30.06
晶体结构	氯化钠型离子晶体	与尖晶石构型相仿	刚玉型
化学稳定性	在氧化过程中，通常得到含氧量更高的浮氏体（$Fe_{1-\delta}O$），由于浮氏体的含氧量位于 FeO 与 Fe_3O_4 的理论含氧量之间，因此浮氏体可看成是 FeO-Fe_3O_4的固溶体	化学稳定性好	化学稳定性好
颜色	$Fe_{1-\delta}O$ 呈黑色	磁性的黑色晶体	红棕色
酸溶性	最容易溶解	难溶于酸	难溶于酸
其他特性	有点弹性变形能力	脆，耐磨，磁性	脆，耐磨

在 $T>570$ ℃时，铁氧系统中存在的氧化反应为：

$$2Fe+O_2 \longrightarrow 2FeO \tag{5-1}$$

$$6FeO+O_2 \longrightarrow 2Fe_3O_4 \tag{5-2}$$

$$4Fe_3O_4+O_2 \longrightarrow 6Fe_2O_3 \tag{5-3}$$

在 $T<570$ ℃时，铁氧系统中存在的氧化反应为：

$$4Fe_3O_4+O_2 \longrightarrow 6Fe_2O_3 \tag{5-4}$$

$$3Fe+2O_2 \longrightarrow Fe_3O_4 \tag{5-5}$$

通常钢铁中除了铁原子之外，还含有其他元素的原子。普通的碳素结构钢中，也含有少量的碳、硅、锰、磷、硫等元素的原子。在此情况下，扩散的就不只是铁离子，其他元素的离子也会同时扩散而形成氧化物。因此氧化铁皮中除了铁的氧化物之外，还含有部分其他元素的氧化物。

（2）轧钢过程中的氧化。

为了将钢坯轧制成盘条，要将钢坯加热到奥氏体 γ-Fe 温区，对钢坯进行均热处理，俗称“烧钢”。虽然加热炉中的气氛有意控制成弱氧化和还原气氛以避免脱碳，但钢坯的氧化不可避免，导致表面产生氧化皮，即铁鳞。烧钢后钢坯经过高压水除鳞、粗轧、精轧、控冷、收卷成热轧盘条，轧钢及冷却过程中仍然会继续氧化。所生产的氧化皮的结构和组织与均热和轧制的工艺紧密相关，不同的均热温度、轧制工艺，其氧化皮的结构、组织、厚度等均不相同。

在盘条轧制过程中，钢坯经过一般高于 1 100 ℃的均热，再经过初轧、精轧、盘条轧制，终轧吐丝温度一般高于 850 ℃，其氧化皮的生成过程可简略表示为：

$$6Fe+4O_2 \longrightarrow FeO+Fe_3O_4+Fe_2O_3 \tag{5-6}$$

精轧过后的控冷过程中，可将盘条温度降低到 570 ℃以下，其氧化皮的生成反应为式(5-3)和式(5-4)。

（3）影响氧化皮结构及厚度的因素。

三种混合物的含量比例及厚度主要影响因素包括：

① 轧制温度和速度的影响。一般来说，随着温度的升高，化学反应速度呈几何级数提高。随着轧制温度的提高，尤其是达到 800 ℃以上时，铁的氧化速度大大加快，氧化铁皮增厚。高的轧制速度可减小氧化反应发生的时间，可减小氧化层的厚度。因此，为了减小氧化皮的厚度，线材轧制过程中，在满足工艺温度的条件下，应尽可能选择低的轧制温度和高的轧制速度。

② 钢的成分的影响。对普碳钢而言，含碳量越高，碳与氧反应生成一氧化碳的数量越多，一方面消耗了钢表面氧的浓度，另一方面，一氧化碳还原出的铁的量也增多，因此减少了氧化皮的厚度，但容易造成表面脱碳。对于合金钢而言，不同的元素对氧化皮的影响不同。钙、镁、钠等金属离子会使氧化皮疏松，促使氧化皮增厚；铬、铝等金属离子会使氧化皮致密，使氧化速度降低。

③ 冷却速度的影响。浮氏体（$Fe_{1-\delta}O$）在温度高于 570 ℃时是稳定的，在温度低于 570 ℃时分解成 Fe 和 Fe_3O_4，在 480 ℃时这种分解最快，当温度低于 300 ℃时分解趋于停止。所以冷却速度快，不但可降低铁的氧化速度，还会影响氧化皮的成分比例。如果盘条冷却过程在 570 ℃～300 ℃之间急速冷却，则浮氏体相来不及分解，最终氧化皮成分中 FeO 占比较高；缓冷则氧化皮成分中 FeO 占比较低。

(4) 氧化皮的结构。

轧钢加热会有意控制气氛以避免表面脱碳，但 1 100 ℃均热条件下氧化较快，钢坯出炉后有高压水除鳞过程，绝大部分氧化皮被清除，尽可能避免氧化皮轧入钢基体形成缺陷。轧钢速度达每分钟 100 m 左右，时间短暂，800 ℃～900 ℃进入冷却段后就有足够多的氧化时间。

轧钢过程的温度高，时间短暂，迅速发生式(5-1)的反应，形成氧化亚铁薄膜，进入冷却段后，表面有足够多的时间氧化，氧化膜增厚的时候不断有新的氧化膜保护内部，抑制内层的氧化速度。由于终轧后有温度 800 ℃～900 ℃、足够的时间和充分接触空气的条件，氧化膜会继续发展且氧化更充分，易形成一层酸洗反应慢但适合机械除鳞的四氧化三铁[式(5-2)]，停止长厚的最外层充分氧化成氧化铁[式(5-3)]。

① 高碳钢盘条。生产过程中斯太尔摩线上冷速较快，可以有效抑制 FeO 的分解，从而避免 Fe_3O_4 带的形成，加之最外层的 Fe_2O_3 层一般很薄，形貌上通常表现为三层结构：内层 FeO 为主要结构，厚度占 80%以上；中间层 Fe_3O_4 约占 18%；外层 Fe_2O_3 仅占氧化皮厚度的 2%。在内层与中间层之间可能形成 FeO 和 Fe_3O_4 的过渡层，取决于铁表面的氧化条件。

② 低碳钢盘条。图 5.2 为典型的氧化皮形貌。低碳钢盘条由于冷却速度更慢，氧化皮一般表现为三层结构，由钢基体向外依次是 FeO、Fe_3O_4、Fe_2O_3。当冷却速度较慢时，还会在 Fe/FeO 界面上形成连续的 Fe_3O_4 带而呈现出四层结构。

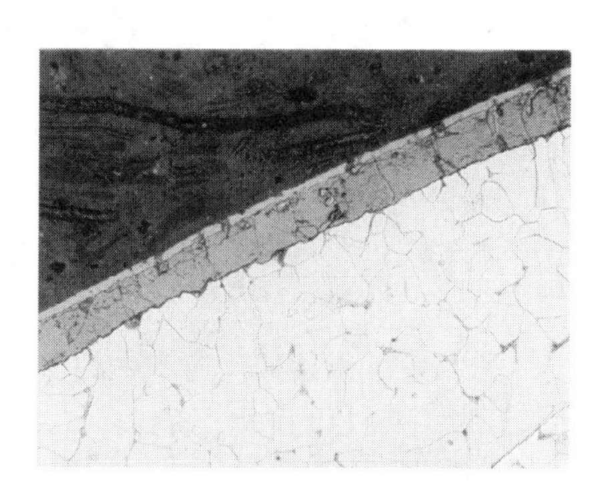

图 5.2　典型的低碳钢氧化皮截面结构

③ 热处理钢丝或盘条。索氏体化热处理或正火产生的氧化铁皮结构与盘条类似，直接附着在钢材表面的一层是浮氏体（$Fe_{1-\delta}O$），再上面一层是 Fe_3O_4，最外层是 Fe_2O_3。

铅淬火由于具有较高的加热温度和快速的冷却

速度，三层结构氧化皮中FeO占比较高，结构疏松，容易酸洗。正火热处理所产生的氧化皮因冷却速度慢，氧化皮较厚，FeO层含量低，产生了共析出的Fe_3O_4，呈典型的四层结构，难以酸洗，适合机械除鳞。如果没有采用保护气氛或真空技术，低碳钢丝井式退火热处理炉所产生的氧化铁皮也具有与中高碳钢类似的结构。

(5) 氧化皮质量。

① 盘条。目前国内外钢厂在盘条生产中普遍采用无扭控冷技术，盘条表面氧化皮的厚度一般为0.01～0.02 mm，特殊控制条件下可形成更厚或更薄的氧化皮。每吨线材的氧化铁皮质量平均有3～5 kg，占总质量的0.3%～0.5%。宝钢产品标准Q/BQB 512—2009《高碳钢盘条》中规定，盘条表面氧化铁皮质量应不大于7 kg/t。

② 热处理钢丝。无保护气氛的几种加热炉的氧化皮量为：马弗炉42～78 g/m^2，明火加热炉27～54 g/m^2，电加热炉25～36 g/m^2。如果采用保护气氛或真空条件的退火加热，氧化几乎可以忽略。

(6) 环境对表面氧化物的影响。

盘条或钢丝在大气环境中暴露，即使表面已经有氧化层也会发生大气腐蚀。由于轧制产生的氧化皮大部分为FeO，具有天然的缝隙，结构疏松，对铁的大气腐蚀保护性不大，钢铁仍然会继续发生腐蚀而产生锈蚀层。锈蚀层的成分往往因所处的大气环境不同而有一定的差别。其结构一般分为比较致密的附着牢固的内层和结构比较疏松的附着较松的外层。成分上，潮湿大气中产生的锈蚀层主要由γ-FeOOH、α-FeOOH、Fe_3O_4组成；在工业区，锈蚀层除以上三种晶体外，还有$FeSO_4\cdot 7H_2O$、$FeSO_4\cdot H_2O$、$Fe_2(SO_4)_3$等晶体存在，这些硫酸盐都比较难溶。

5.2.1.2 酸洗的化学原理

盘条或钢丝表面的氧化皮（FeO、Fe_3O_4、Fe_2O_3）都是不溶于水的碱性氧化物，这些碱性氧化物可以分别与酸发生化学反应，生成盐和水。

由于表面的氧化皮中FeO占比最高，FeO又具有疏松、多孔的结构，加之盘条或钢丝在收卷、吊运等过程中存在弯曲、摩擦等过程，使硬脆的氧化皮产生裂缝；在酸洗过程中，酸液还可以通过裂缝孔隙渗透到钢基表面，与Fe产生化学反应。所以盘条酸洗的过程包括三种氧化皮成分以及金属铁分别与酸的化学反应。

当用盐酸酸洗时，发生下列化学反应：

$$FeO+2HCl\longrightarrow FeCl_2+H_2O \tag{5-7}$$

$$Fe_3O_4+8HCl\longrightarrow 2FeCl_3+FeCl_2+4H_2O \tag{5-8}$$

$$Fe_2O_3+6HCl\longrightarrow 2FeCl_3+3H_2O \tag{5-9}$$

当用硫酸酸洗时，发生下列化学反应：

$$FeO+H_2SO_4\longrightarrow FeSO_4+H_2O \tag{5-10}$$

$$Fe_3O_4+4H_2SO_4\longrightarrow Fe_2(SO_4)_3+FeSO_4+4H_2O \tag{5-11}$$

$$Fe_2O_3+3H_2SO_4\longrightarrow Fe_2(SO_4)_3+3H_2O \tag{5-12}$$

铁与硫酸或盐酸反应产生的氢原子一部分结合成氢气释放出来，另一部分起到还原作用，可将三价铁还原成二价铁：

$$Fe+2H^+\longrightarrow Fe^{2+}+H_2\uparrow \tag{5-13}$$

$$Fe_2O_3+2[H]\longrightarrow 2FeO+H_2O \tag{5-14}$$

$$Fe_3O_4 + 2[H] \longrightarrow 3FeO + H_2O \quad (5\text{-}15)$$

$$Fe^{3+} + 2[H] \longrightarrow Fe^{2+} + H^+ \quad (5\text{-}16)$$

所以酸洗过程包括溶解、机械剥离和还原三个方面的作用。

(1) 溶解作用：钢材表面的氧化皮中各种铁的氧化物都能与酸发生化学反应，生成溶于水的铁盐和水，这种作用叫溶解作用。反应原理为式(5-7)、式(5-8)、式(5-9)，或式(5-10)、式(5-11)、式(5-12)。上述各步反应速度各不相同，FeO 反应较快，Fe_3O_4 和 Fe_2O_3 反应较慢，并且各反应之间相互影响，氧化物的溶解速度还随溶液中氢离子浓度的增加而增加。事实上，酸与氧化皮、铁之间还存在着电化学反应(原电池反应)，主要是铁作为阳极失去电子变成 Fe^{2+}，Fe^{3+} 和 H^+ 作为阴极得到电子产生 Fe^{2+} 和 H_2O。电化学反应的存在加速了氧化皮的溶解和剥离作用，同时也增加了对钢基的腐蚀。

(2) 机械剥离作用：酸通过疏松多孔的 FeO 渗透到钢基表面，发生式(5-13)的反应，产生大量的氢气，原电池效应加剧了氢气的产生。随着氢气不断生成，气泡膨胀变大，产生膨胀压力直到爆裂，把氧化皮从钢材表面剥离下来，这种作用叫机械剥离作用。

(3) 还原作用：从式(5-14)、式(5-15)、式(5-16)的反应可看出，金属铁与酸作用，首先产生氢原子，一部分氢原子相互结合成氢气，产生机械剥离作用，另一部分氢原子将铁的高价氧化物(Fe_3O_4和Fe_2O_3)还原成易与酸作用的亚铁氧化物 FeO，然后与酸作用而被去除。同时，溶解度较低的高价铁盐[$FeCl_3$ 或 $Fe_2(SO_4)_3$]还原为溶解度较高的低价铁盐($FeCl_2$ 或 $FeSO_4$)。

5.2.2　酸洗的分类和方法

钢材的酸洗按酸的介质和酸洗方式的不同有不同的分类：按酸的种类可分为硫酸酸洗、盐酸酸洗、磷酸酸洗、硝酸酸洗、氢氟酸酸洗和混合酸酸洗等。目前钢丝行业最常用的是盐酸酸洗，少量企业采用硫酸或磷酸酸洗，磷酸酸洗要配超声波系统。按酸洗方式不同可分为浸泡式酸洗和在线连续酸洗。还有按照采用的特别技术命名的，如电解酸洗、机械振动酸洗和超声波酸洗等。

5.2.2.1　盐酸酸洗

(1) 了解盐酸。

工业盐酸是无色透明液体，有刺激性气味，常用盐酸含 31%的氯化氢。工业盐酸有时因含有少量的杂质 $FeCl_3$ 而呈淡黄色。盐酸里的氯化氢极易挥发而发生冒烟现象。

盐酸是一种酸性很强的酸，在水里几乎全部电离出氢离子，因此盐酸酸洗主要通过化学作用溶解氧化皮。盐酸酸洗可同时产生溶解作用、机械剥离作用和还原作用，机械剥离下的氧化皮也将溶解。有关安全健康方面的资料请参考盐酸的 MSDS。

(2) 盐酸的应用特性。

① 酸洗温度：盐酸的侵蚀能力随着温度的升高而加快，因而酸洗速度加快，图 5.3 提供了参考信息。因盐酸挥发性很大，在浸泡式酸洗中应尽量避免加热，即使加热也应控制在 25 ℃～35 ℃。对于无烟酸洗(水封连续式)，温度限制在最高 60 ℃，推荐适当添加酸雾抑制剂。

② 盐酸浓度：随着盐酸浓度的提高，酸洗速度加快。生产中多将盐酸浓度控制在 5%～25%之间。

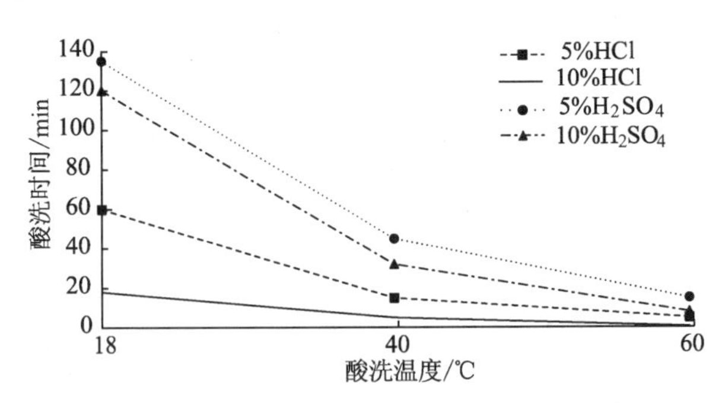

图 5.3 不同浓度盐酸及硫酸在不同温度的酸洗时间

③ $FeCl_2$含量：在盐酸酸洗中，随着 $FeCl_2$ 含量的增加，酸洗时间急剧减少到最小，此时 $FeCl_2$的浓度比饱和浓度低 4%～8%，之后酸洗时间又急剧增加，当 $FeCl_2$ 达到饱和时酸洗时间最长。最短的酸洗时间是 $FeCl_2$最佳含量的情况下得到的，即 $FeCl_2$ 的浓度低于饱和浓度 4%～8%。图 5.4 可用于选择 $FeCl_2$ 浓度控制范围。

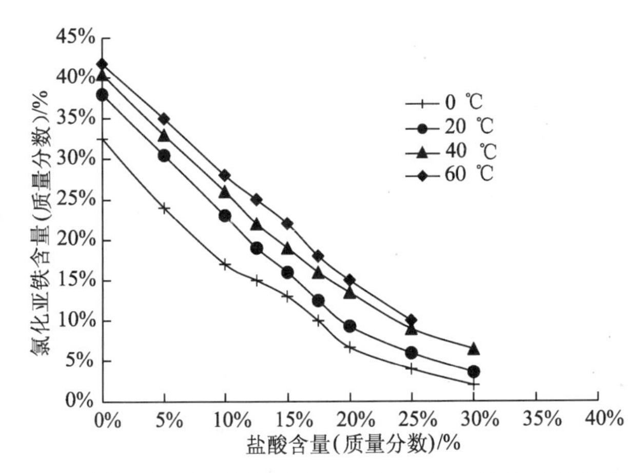

0 ℃曲线：0～17%盐酸浓度沉淀物为六水氯化亚铁，高浓度时为四水氯化亚铁；

40 ℃曲线：27%以上浓度为二水氯化亚铁，其他为四水氯化亚铁；

60 ℃曲线：盐酸浓度超过 17%时析出二水氯化亚铁，低浓度时为四水氯化亚铁。

图 5.4 盐酸-氯化亚铁-水三元系的溶解等温线

传统手动线的酸池一般要洗到铁离子浓度超过 200 g/L，这样废酸较少，酸耗也较低，但在一个换池周期内酸洗速度是变化的，质量稳定性不够好，废酸整槽更换。自动线通过自动添加和逆向溢流，一般将第一个槽的铁离子控制在 120～140 g/L，这样酸洗质量更稳定，废酸用不断溢出的方式外排。

④ 紊流影响：喷射式或机械振动式酸洗可将附着在钢材表面上的氢气泡及时除掉，也会使钢材附近的酸溶液不断更新，铁离子迅速扩散，这样可以使酸洗过程进行得更好更快，从而提高酸洗速度。总之，溶液的搅拌是有利于酸洗的。这种技术用在钢丝热处理线后的在线酸洗。浸泡酸洗可以采用循环泵形成流动的酸液，加速酸洗反应。

⑤ 成分的影响：钢铁中有些元素会使氧化铁皮变得很疏松（如镁、钙等），酸溶液很容易渗入氧化铁皮内部与浮氏体或基体铁接触，因此酸洗变得比较容易。还有些元素会使氧化铁皮变得比较致密，酸洗变得困难。钢中的含碳量对酸洗速度也有较明显的影响，酸洗速度随着含碳量的增加而加快，这是因为碳与铁的电极电位差更大，原电池反应更剧烈，钢中含

碳量增加时，可形成更多的原电池反应。

（3）典型的盐酸酸洗工艺。

典型的盐酸液浸泡酸洗工艺参数见表 5.2。

表 5.2　典型的盐酸浸泡酸洗工艺参数

工艺参数	某预应力钢绞线厂	某厂参数	FIB	WAI 手册
盐酸	按盐酸比水 2∶1 配	200±20 g/L	按 1∶1 配，按 90～180 g/L 控制	7%～20%(wt)
氯化亚铁	<250 g/L	<150 g/L	≤193 g/L，超出即换新	≤20%
温度	20 ℃～40 ℃	30 ℃±5 ℃	常温	32 ℃～46 ℃
时间	25～40 min	60 min	—	—
酸排放	<50 g/L	<25 g/L	—	—
备注	多池浸泡盘条酸洗	建议加缓蚀剂	热处理在线酸洗	建议加缓蚀剂

气温低于 10 ℃时建议先浸 30 ℃以上热水至少 5 min，或采用特氟龙蒸汽加热器将酸液温度升高到 30 ℃或 40 ℃（水帘密封在线酸洗可以到 60 ℃）。

应根据钢厂及牌号不同导致的氧化皮厚度差异及锈蚀状态调整酸洗时间。

不推荐采用单个酸池反复补新酸维持酸洗能力的做法，因为较容易达到饱和状态，酸洗速度会变得较缓慢。

① 盐酸酸洗经验数据：单位盐酸消耗量为每平方米表面约 0.15 kg，废酸量约为酸耗量的 1.5 倍；废水量与漂洗工艺设计有关，最低可达每平方米 0.1 m^3 以下。

② 在线酸洗：在线酸洗时间有限，通常不超过 30 s。从图 5.3 可以看出，只有温度接近 60 ℃时，10%浓度的盐酸酸洗才可以足够快结束，所以安装在热处理线上的在线盐酸酸洗系统常采用 50 ℃～60 ℃热盐酸。如果炉子处理的线径范围太宽，在做酸洗设计时应确保最小线径至少有 10 s 的酸洗时间。采用在线盐酸酸洗时，如果时间过长，钢丝表面因有较多的碳而发黑。此时，若用白纸擦拭钢丝至无任何痕迹，光洁的表面并不利于磷化膜的快速形成，导致拉拔表现不好；应调整到有轻度黑迹，少量碳微粒可以加速膜的形成。

5.2.2.2　硫酸酸洗

（1）了解硫酸。

工业硫酸的浓度为 98%，密度约为 1.84 g/mL。浓硫酸有很强的氧化性，为无色油状液体，无气味，与水混合放出大量的热。在北方寒冷区域为防止结晶，可采购浓度为 73%的浓硫酸。初始配制硫酸酸洗液时，应将浓硫酸缓慢加入水中，同时搅拌使其扩散放热，防止暴沸烧伤，绝不能将水倒入浓硫酸中。使用过程中，需要用加添浓酸的办法来保持酸液的含量。为安全地使用硫酸，建议查阅学习硫酸的 MSDS 资料。

（2）硫酸的应用特性。

由于硫酸中的 H^+ 在水中并不能全部电离出来，室温下硫酸对金属氧化物的溶解能力较盐酸弱，提高含量不能显著提高硫酸的溶解能力。40%以上的硫酸溶液对氧化皮的溶解能力显著降低，60%以上的硫酸溶液几乎不能溶解氧化皮，因此，用硫酸作酸洗溶液时，其质量分数一般多控制在 8%～15%。铁在硫酸中的溶解速度要大于氧化皮在硫酸中的溶解速度，因此，硫酸酸洗以机械剥离作用和还原作用为主。

从图5.3可以看出，提高温度可以大大地提高硫酸的除锈能力，因为硫酸挥发性低，适宜于加热操作。热硫酸溶液对钢铁基体的腐蚀能力较强，对氧化皮有较大的剥落作用，但温度过高时容易“过腐蚀”钢铁基体，引起“氢脆”的倾向增加。硫酸除锈液可加热到50 ℃～60 ℃，70 ℃时亚铁溶解度达到最大，温度再高时溶解度就下降，酸洗速度和质量降低，同时应加入适当的缓蚀剂。

除锈过程中积累的铁盐会显著降低硫酸溶液的除锈能力，减慢酸洗速度，并使除锈后工件表面残渣增加，质量下降。因此，硫酸溶液中的铁含量一般不应大于60 g/L。当溶液铁含量达到60 g/L时就要停止加酸，最终铁含量增加到80～120 g/L后再废弃。在某些具备回收装置的工厂中，硫酸中的铁含量允许稍高一些，但可能在钢丝上产生一种很难溶的沉淀层，故在使用硫酸酸洗时，其后的水洗较使用盐酸时更为重要。

(3) 典型的硫酸酸洗工艺。

典型的硫酸酸洗工艺参数见表5.3，盐酸酸洗与硫酸酸洗比较见表5.4。

表5.3　典型的硫酸酸洗工艺参数

工艺参数	某钢丝厂	某钢丝厂	WAI手册
硫酸	6%～10%(wt)	100～150 g/L	7%～12%(wt)
硫酸亚铁	<200 g/L	<250 g/L	≤7%
温度	60 ℃～70 ℃	60 ℃～70 ℃	60 ℃～77 ℃
时间	15～35 min	约20 min	—
排放浓度	<50 g/L	—	—
备注	缓蚀剂含量:0.2 g/L	—	建议加缓蚀剂

表5.4　盐酸酸洗与硫酸酸洗比较

比较项目	盐酸	硫酸
溶解氧化物的能力	强	弱
去除氧化物机理	主要靠溶解	主要靠机械剥离
提高酸洗效率途径	提高浓度显著	提高温度显著
钢基溶解的能力	小	大
洗后表面质量	好	差
辅助添加物	酸雾抑制剂	缓蚀剂

5.2.2.3　钢材的其他酸洗技术

(1) 电解酸洗：主要运用于在线快速酸洗，钢丝作为电极对稀硫酸液进行电解，在钢基表面产生大量的氢气或氧气，从而大大提高机械剥离作用。

(2) 振动酸洗：通过机械振动，使酸洗溶液减小浓度梯度，防止钢丝表面溶液局部浓度降低太大而降低酸洗速度。目前较少采用这种技术，而采用酸泵循环酸液，同样可以达到迅速更新酸洗面附近溶液的目的。振动技术也可用于磷化过程。

(3) 磷酸酸洗：与硫酸酸洗类似，需要加热和(或)应用超声波提高反应速度。优点是酸雾少，废酸可加双氧水再压滤后回用；缺点是成本高，管道系统易结垢堵塞。

(4) 硝酸酸洗：主要用于不锈钢的清洗，缺点是酸雾严重。市场上有声称可以抑制95%

酸雾的抑制剂，实际效果未见报道。

（5）混合酸酸洗：如硫酸与盐酸的混合，可综合利用盐酸酸洗快、硫酸价格便宜的优点。不锈钢采用硝酸和氢氟酸的混合酸酸洗。硫酸加硝酸钠的混合酸洗工艺适合用于合金材料，可以均匀腐蚀钢机体，起到类似扒皮的去缺陷作用，这种酸洗的最大缺点是会产生硝酸黄烟。

5.2.2.4　酸洗缺陷与预防

（1）氢脆。酸洗过程中产生的氢原子向钢丝内部扩散，使钢丝中晶格扩张而改变钢丝力学性能的现象叫作氢脆。预防氢脆的措施是按照规定的酸液浓度及温度进行操作，尽量缩短酸洗时间，按时按量加入缓蚀剂等。一般认为，酸洗后用热水漂洗可降低氢脆危害。

（2）欠酸洗。酸洗后的钢丝表面上仍存在尚未除净的氧化铁皮的现象叫作欠酸洗。欠酸洗的原因有酸洗参数偏离要求、钢丝之间压紧的缝隙未洗干净等。欠酸洗可用重新酸洗的办法进行挽救，必要时应散开卷酸洗。

（3）过酸洗。过酸洗表现为表面粗糙且色暗，严重者时会产生“孔蚀”或“麻点”。产生过酸洗的原因是酸液温度过高、酸洗时间过长或酸液浓度过高。这种缺陷一旦发生便无法挽救。因此，过酸洗的预防主要是严格控制酸洗工艺参数，有时可加缓蚀剂防止过酸洗。

（4）腐蚀。如果钢丝捆扎过紧，可能在紧密的缝隙中残存含氯离子的水，形成的磷化膜薄，在后续的烘干及存放过程中会发生黄锈甚至缝隙腐蚀，尤其是挂钩受力的区域。用热处理在线酸洗或散卷酸洗可以避免这个问题，磷化时如果能中途滚动线卷，变换挂钩位置也能改善。如果磷化后钩子上部还有含酸残水，滴下后可造成线卷上部出现锈斑。

5.2.3　酸储罐材料

（1）盐酸储罐适用材质：

① 玻璃钢：耐用且维修成本低，其中树脂应是耐盐酸的。

② 玻璃钢加强的硬质聚乙烯。

③ HDPE 或 PPH：挤出缠绕无焊缝工艺制作，比玻璃钢储罐更好。

④ 高密度聚乙烯：不推荐用于大于 45 m^3 的储存罐。

⑤ 玻璃钢加强的聚丙烯：推荐用于浓度不超过 20%的稀盐酸。

⑥ 衬氯丁橡胶的碳钢钢板：罐体强度高，55 m^3 以上的储存罐推荐用此材料。

（2）硫酸储罐适用材质：

① 浓度大于 70%时碳钢钢板是做储罐的最佳材料。

② 20 号奥氏体不锈钢(DIN2.4660)。

③ 可用 304 或 316 不锈钢。

④ HDLPE ＃880046。

⑤ 交联聚乙烯：可用于浓度低于 95%和容积不大于 17 m^3 的储罐。

（3）配套材料：

① 密封件：氟橡胶，如杜邦的 Viton。

② 配件：盐酸用 PVC，硫酸用 CPVC。

③ 螺栓：哈氏合金。

5.3 水　洗

酸洗之后的钢丝需要用水洗去残酸及残留亚铁盐，以保持磷化溶液的稳定。传统的方法是用加压新水冲洗，水消耗量大约为 2.5 L/m^2 表面。冲洗的优点是可以去除黏附在表面的污物，缺点是清洗不均匀。从减少废水的角度考虑，漂洗成为隧道式酸洗及在线酸洗采用的主要方法，在工艺处理线上漂洗可以实现综合喷洗＋浸洗的方法。

每吨钢丝的表面积可以根据线径计算：

$$S(m^2)=\frac{509.6}{D(mm)} \tag{5-17}$$

采用浸泡式漂洗工艺时，酸液从酸洗池中带走并部分保留在钢丝卷中，再带入漂洗池中。例如，5.5 mm 的盘条，离开酸池后带含酸水量大约为 100 mL/m^2，酸液的不断带入使漂洗水中的酸液浓度逐渐升高。磷化后的漂洗一般采用溢流式漂洗，溢流水可以补充到磷化池，补充磷化液蒸发带来的水消耗。

漂洗工艺分为四类：无溢流漂洗、溢流式漂洗、多级漂洗、串流式漂洗。

5.3.1　无溢流漂洗

传统漂洗是没有溢流的漂洗工艺，一般漂洗水中的酸浓度达到前一个酸池浓度的 20%就应换水。带入浓度的计算公式为：

$$C_1=C_0\times(1-e^{-V_x\times F/V}) \tag{5-18}$$

其中，C_1 为带入酸液的浓度（%），C_0 为漂洗前一个酸洗池的酸浓度（%），V_x 为每单位工件表面带走的酸液体积（L/m^2），V 为漂洗池体积（L），F 为按表面积计的产量（m^2）。

理论换水条件为：

$$\frac{C_1}{C_0}=1-e^{-V_x\times F/V}=20\%$$

如果 $V_x=0.1$ L/m^2，那么 $F/V=2.231$ m^2/L 就是换水条件。

可以看出，如果采用这种漂洗技术，只有加大漂洗水体积才能延长换水周期。

5.3.2　溢流式漂洗

给漂洗池连续补水的浸洗方式称为溢流式漂洗，如图 5.5 所示。溢流量能决定漂洗因数（rinsing factor，C/C_0）及漂洗水的酸浓度，适当补充漂洗水可以实现酸浓度基本保持稳定。漂洗水补充流量为：

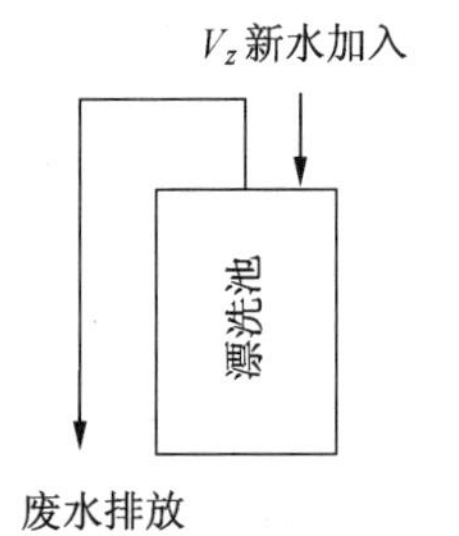

图 5.5　溢流式漂洗

$$V_z=V_x\times\frac{C_0}{C} \tag{5-19}$$

同样假定携带量为 0.1 L/m^2，如果要保证漂洗水的酸浓度为酸池的 1%，那么新水添加速度要达到 0.1×100%/1%＝10（L/m^2），产生的废水量也可以估计为这个值。

5.3.3　多级漂洗

多级漂洗指在多个溢流水池中浸洗，图 5.6 为

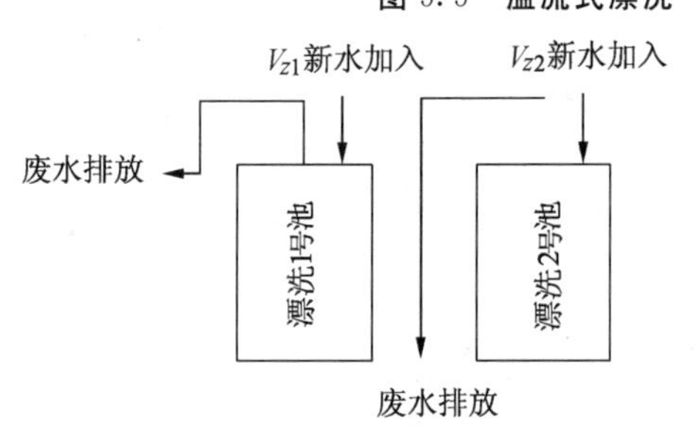

图 5.6　多级漂洗工艺

二级漂洗的例子。

多级漂洗的好处是能显著降低水消耗。同样假定携带量为 0.1 L/m²，采用两个漂洗池，如果要保证 1 号漂洗池的酸浓度为酸池的 1/10，2 号漂洗池的酸浓度为 1 号漂洗的 1/10，两个池的新水补充量分别都是 0.1×10=1(L/m²)，合计仅 2 L/m²，比一级漂洗减少 80%。

5.3.4　串流式漂洗

串流式漂洗也属于多级漂洗，不过新水从最后一个漂洗池加入，逐个朝前面的漂洗池溢流，从第一个漂洗池废水溢出，或补入酸洗池中，原理见图 5.7。对于 n 级漂洗工艺，新水添加量的计算公式为：

$$V_z=V_x\times\sqrt[n]{\frac{C_0}{C_n}} \qquad (5\text{-}20)$$

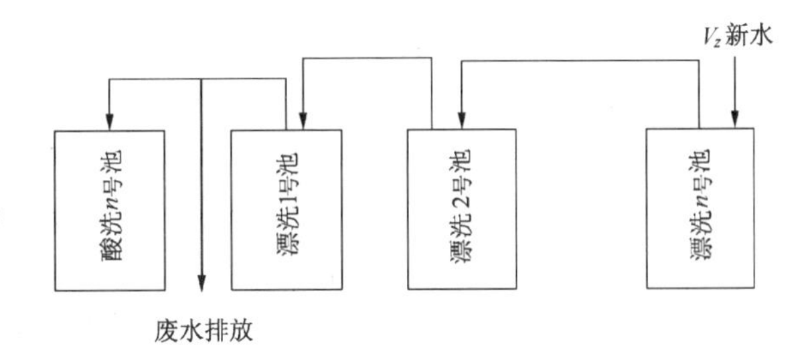

图 5.7　串流式漂洗工艺

其中，C_n 为第 n 个漂洗池的期望酸浓度。

假定 $V_x=0.1$ L/m²，$C_0=20\%$，$C_n=0.1\%$，$n=5$，则

$$V_z=0.1\times\sqrt[5]{\frac{20\%}{0.1\%}}=0.289\ \text{L/m}^2$$

可见其节水效果比多级漂洗还要好，废水也可以明显减少。

实际补水量通常都比计算值高。

这种水洗可用于在线酸洗，四级水洗时 6～12 s 左右可以实现较低的水耗，也可以用于浸泡酸洗线，水耗会高于在线酸洗。

最后一级漂洗水的水质对漂洗质量起决定作用，新水补充效果可以通过监测电导率来控制，水质监测多采用简单有效的在线电导率仪。对于碳钢线材，把该级水池电导率控制在 600 μS/cm 以下为佳。

西可林控制系统(上海)有限公司设计的酸洗线在最后一级水池采用喷淋补水方式，在给水池补充新水的同时用新水喷淋钢丝表面，从而获得最佳的漂洗效果。水会溢流到冲洗池，冲洗水按液位控制泵送到前面的浸洗池，进入潜水出口池后再溢流到入口浸洗池，最后溢流到废水池。这种设计将新水多次利用，减少了水耗。图 5.8 是这条酸洗线的浸洗池，即潜水送料入口的水池。

图 5.8　酸洗入口潜水池(西可林)

5.4　机械除鳞

5.4.1　机械除鳞的原理和方法

机械除鳞是去除钢材氧化皮的一种环保技术，在一些产品上机械方法已经替代酸洗，可

以减少污染物的产生，并且能满足产品性能及应用要求。

在盘条拉伸试验的试样断裂之前，当试样伸长率达到约5%～7%时，可看到表面氧化皮大部分能剥落，原因是氧化皮的伸长率达到了极限，这就是采取弯曲方法去除氧化层的原理。一次弯曲只能去除一个方向的大多数氧化皮，在90°的另外一个方向再弯曲才能剥离氧化皮。除非是氧化皮控制得很理想的盘条，否则弯曲不能彻底清除氧化皮，所以通常还要附以钢刷清洗、热水冲洗或蒸汽冲洗操作。钢帘线厂通常采用电解酸洗的方法将残留的氧化物彻底清洗干净以提高质量。

采用弯曲方法的机械除鳞，其最大好处是能耗低，而且可以高效地在拉丝线上完成；缺点是不能将氧化皮彻底清除干净，而且无法将锈蚀的盘条处理干净，如果没有其他有效工艺技术就不能生产质量要求较高的产品。

为适应机械除鳞工艺，钢厂应对氧化皮结构及厚度进行适当控制。

东南大学与沙钢的合作研究表明，高碳钢氧化皮的剥离率主要取决于氧化皮的厚度。氧化皮的厚度在27 μm以下时，剥离率随厚度增加迅速升高，厚度再增加则剥离率基本稳定，$Fe_{1-\delta}O$比例高也利于氧化皮的剥离。剥离较好时，氧化皮大片剥离，脱落得很干净；剥离较差时，氧化皮碎片化剥落，有较多氧化物残留在盘条表面。

鞍钢的研究表明，将吐丝温度由860 ℃～900 ℃提高到900 ℃～940 ℃，并将吐丝后盘条冷速由10 ℃～13 ℃/s提高到13 ℃～17 ℃/s，盘条氧化皮的可除鳞性得到了改善。

还有一些和上述原理不同的方法，就是用机械磨削的方式去除氧化皮，如抛丸和砂带打磨等。抛丸是利用硬颗粒的冲击剥离氧化皮，砂带打磨则是利用大量的固定磨料对盘条表面做微切削。

抛丸技术有离线和在线两种应用模式，可以将锈蚀很严重的盘条清洗干净，形成一个均匀的粗糙表面和数微米深的金属变形层。机器质量不好时维修工作量大，如喷嘴叶片须每1 000 h更换一次。抛丸后盘条表面残留金属粉尘对磷化液的稳定性有一定影响。

砂带打磨技术利用刚玉或其他磨料制成的砂带旋转连续打磨盘条或钢丝表面，清除氧化皮，采用60～120目砂带。砂带打磨实际上是众多细微的硬磨料对线材表面进行磨削的过程，可以去除所有类型的氧化皮及不严重的锈蚀。

5.4.2 除鳞机

常用的除鳞机分为三类，包括弯曲剥壳机(descaler)、抛丸机(shot blaster)和砂带机(sand belt grinder)。电解酸洗设备、钢刷清洗机、高压水或蒸汽清洗机都属于后续辅助清洗机械。

5.4.2.1 剥壳机

利用反复弯曲方法除鳞的机器常被称为剥壳机或剥皮机，盘条在弯曲过程中产生氧化皮崩落的现象，最简单的就像校直轮组。图5.9是一种将热轧盘条绕两个互相垂直槽轮通过的设计。有一种设计观点认为，盘条在每个平面上有180°的包角，360°包角的除鳞效果最好，无须更多。如果轧钢时氧化皮控制得较好就不那么苛刻。另一种设计思路是关注轮槽底部的轮径与盘条直径之比，一种经验参数是15～20倍左右，盘条弯曲时外缘产生约4.76%～6.25%的伸长，

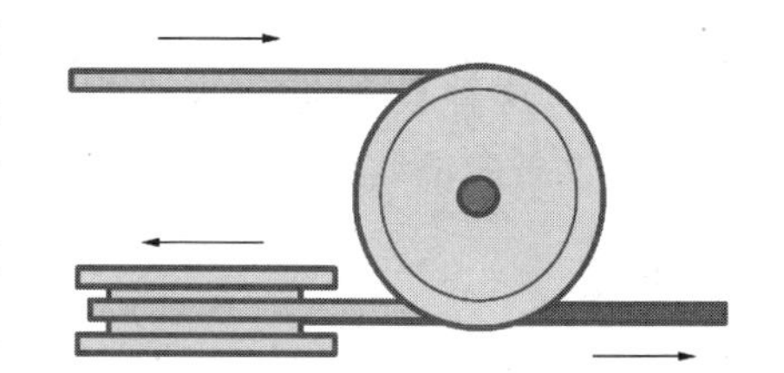

图5.9 弯曲剥壳装置示意图

不宜超过 7%。采用这种技术时应采取措施防止盘条跳出槽导致刮伤。与热轧盘条的氧化皮控制及轮组设计有关,反复弯曲氧化皮残留率大约在 5%~20%范围内,需要补充清洗工艺去完善表面质量。因为盘条氧化皮的可除鳞性控制得很好,某钢绞线生产企业采用紧凑式除鳞机加上压力润滑技术,创造了 12.5 mm 0.82%C 盘条拉拔5.05 mm 钢丝速度长期保持 7 m/s 的记录,机器为 9 道的 1200 拉丝机。

瑞典厄勒布鲁大学 2005 年在 *Material Processing Technology* 上发表了一篇关于反复弯曲+钢刷的除鳞技术研究文章,5.5 mm 低碳钢线材的除鳞能耗为 7 kW·h/t,同规格的 55CSi 达到了 14 kW·h/t。

5.4.2.2 抛丸机

抛丸机采用涡轮喷头将钢丸喷射到盘条表面,可以彻底清洁表面,除去氧化层。工作时,盘卷被放置在两个旋转臂上。一个旋转臂在抛丸舱内进行处理作业,另一个旋转臂在抛丸舱外卸下处理完的盘卷并装上待处理的带氧化皮的盘卷。旋转臂是电动的,并安装在一个旋转门上。旋转门通过旋转把处理完的盘卷转出并自动把未处理的带氧化皮的盘卷转入抛丸舱内。整个周期完成后,操作者从旋转臂上把处理完的盘卷取下,再把下一卷待处理的盘卷放在旋转臂上。

以济南普铭威的 PMW-5300 机型为例,如图 5.10 所示,设备采用独特的"平开大门+简支轴"承载盘圆线材工作模式,可自动散开卷,在抛打过程中,该装置使盘圆线材做"上下起伏+左右摆动+正反旋转"的复合动作,以充分打到所有表面全部表面,除锈等级达到 Sa2.0~Sa3.0 级。

图 5.10 线材卷抛丸机及 13 mm 高碳钢抛丸效果(济南普铭威供图)

该设备按 5.5~42 mm 线径设计,简支轴有效长度5 300 mm,转速 10~20 r/min(变频调速),每小时可抛4~10 件盘条,参考抛丸速度如下:

5.5~6 mm:15~20 min/卷。

6.5~9 mm:10~15 min/卷。

10~18 mm:5~10 min/卷。

19~42 mm:4~5 min/卷。

实际效率还与锈蚀程度有关。

实际应用最高产能据称达到了每天 300 t,目前在低碳钢、高碳钢、合金钢及不锈钢上有不少成功应用案例。

5.4.2.3 砂带机

砂带机是利用环形砂带环绕前进盘条连续打磨的一种机器，砂带被主动张紧辊带动运转，张紧辊组又绕盘条转动，打磨掉盘条表面的氧化皮及锈蚀产物。这种设备大概最早由德国的 WITEC 公司推入市场，后来意大利、西班牙及中国企业也有了类似的产品，而且由单砂带发展出双砂带，可提高线速度或采用粗细组合改善粗糙度。砂带机在欧洲已经应用于生产钉子、钢纤维、低碳细丝和粗丝、冷镦线、弹簧钢丝、制绳钢丝、钢帘线、胎圈钢丝、电镀前的半成品线、二氧化碳焊丝、埋弧焊丝、焊条、预应力钢丝钢绞线等，取得了很好的环保效益。以某机器为例（图5.11），能适应的线径从 3 mm 到 25 mm，处理 8 mm 线材时国产设备线速度最高为 200 m/min，处理 16 mm 线材时最高速度 100 m/min，进口设备最高速度为 210 m/min。

图 5.11 砂带打磨机(杭州星冠供图)

使用砂带机时要妥善调整设定锭翼转速（R，r/min）、砂带表面速度（v_1，m/s）与盘条线速度（v_2，m/s）的配合，避免出现未打磨到的螺旋带状区。假设砂带宽度是 L(mm)，钢丝通过 L 这么长的距离时砂带必须打磨完 360°，否则就会出现漏打磨现象，也就是砂带绕打磨一圈后钢丝前进的距离不大于 L，即

$$\frac{v_2 \times 60}{R} < \frac{L}{1\,000}$$

转换为：

$$\frac{v_2}{R} < \frac{L}{60\,000} \tag{5-21}$$

当砂带宽度为 300 mm 时，线速度与转速之比应小于 0.005，锭翼转速为 600 r/min 时线速度应低于 600×0.005=3(m/s)。

德国 KOCH 的床垫钢丝生产线中采用弯曲＋砂带＋涂层技术实现了成品速度 30 m/s 的拉拔，免去了酸洗磷化过程。

5.4.2.4 辅助清洗机械

反复弯曲除鳞工艺之后常配有钢刷清洗机，电机驱动旋转的盘型钢丝刷接触盘条做最后清理。机器应设计有自适应调整接触位置的装置，防止钢刷磨损后接触不到盘条。

还有一种采用板刷，压住板刷的杠杆靠旋转产生的离心力保持压力，磨损时自动跟进。板刷的宽度会限制能有效清理的盘条直径，因为处于四个互相垂直方向的板刷可能碰到一起。

5.4.3 除鳞技术与其他技术的组合应用

湿法清洁技术：机械除鳞技术只实现了去除绝大部分氧化皮，有些产品需要更干净的表面，还需要电解酸洗、超声波清洗或高压蒸汽清洗等。

电解酸洗在钢帘线工厂中用得较多，在 5.2.2.3 节中有一些介绍。

超声波清洗可以去除一定程度的残留氧化膜及锈迹，超声波频率约为 20～40 kHz。超声空化作用能去除一定表面物，即使只有水也能起到一定作用，还可加入磷酸或柠檬酸等。

高压蒸汽清洗和高压水清洗用得较少，都依赖力量去除残留氧化物，包括因磁性吸附在盘条表面的氧化皮碎片。美国某公司提供了一种除鳞机与气吹、水洗、钢刷的多种组合，处理直径在 5.5～12.7 mm 范围内，速度达到了 4.3 m/s，连同涂层装置占地仅 1.7 m×1.9 m。当然也可以用热稀盐酸洗。

氧化皮除干净后还要结合不同的涂层技术或润滑技术结合才能有效使用，

润滑技术：机械除鳞之后，解决拉拔润滑有多种技术路线。图 4.6、图 4.7 所示的压力模及图 6.23 中的粉夹都是有效的改善润滑工具。粉夹由弹簧夹紧的三个滚轮组成，钢丝在粉盒中运动时带动滚轮转动，滚轮将拔丝粉压在钢丝上，部分粉黏附在钢丝上，部分粉被带动冲向模口，可改善润滑。

图 5.12 列出了机械除鳞技术和其他表面技术的常见组合。磷化之后一般都有热水洗或冷洗＋热洗，然后干燥的过程，硼砂或皮膜剂涂层之后只需干燥。潮湿的钢丝进入模具会有润滑失效的问题。

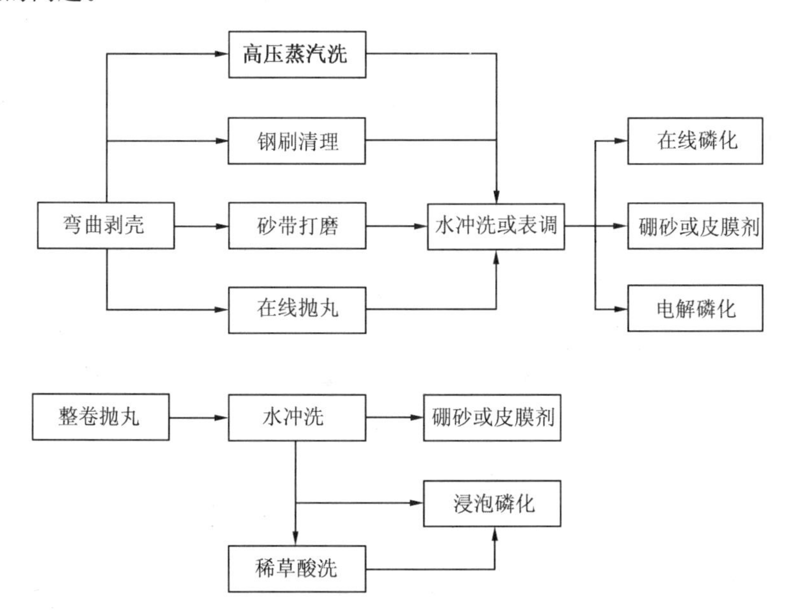

图 5.12　机械除鳞技术与后续清理及涂层技术的组合

5.5　磷化及其他涂层技术

盘条或钢丝经酸洗和水洗后，表面很光滑，携带润滑剂能力差，不利于拉丝。为了提高润滑效果，避免多道次拉拔润滑条件恶化，必须对酸洗后的钢丝进行表面润滑涂层处理，即通过化学或物理的作用，使钢丝表面形成一层厚度合适、附着力强、表面粗糙的润滑涂层，作润滑剂载体，以便在拉拔过程中更好地吸附润滑剂，载入拉丝模，形成良好的润滑层。

涂层具有以下技术要求：

(1) 与钢基具有一定的结合强度，不会在拉丝过程中被破坏或被刮掉。

(2) 具有一定的耐温性，不会被拉丝过程中产生的高温所破坏。

(3) 易于吸附润滑剂，提高润滑效果。

(4) 具有一定的塑性，可随钢丝变形而变形，始终覆盖在钢丝表面。

(5) 具有一定的防锈性能，并且无其他有害影响。

(6) 用于半成品的润滑涂层最好在热处理时易于除尽，避免堵塞马弗炉孔或引起挂铅现象。

(7) 对钢丝表面残余酸液要有中和作用，以及满足产品其他方面特殊性能要求。

按润滑涂层的性质及生产方法，可按图 5.13 分类，其中金属涂层的主要作用是应用功能，润滑作用只是附带效果。

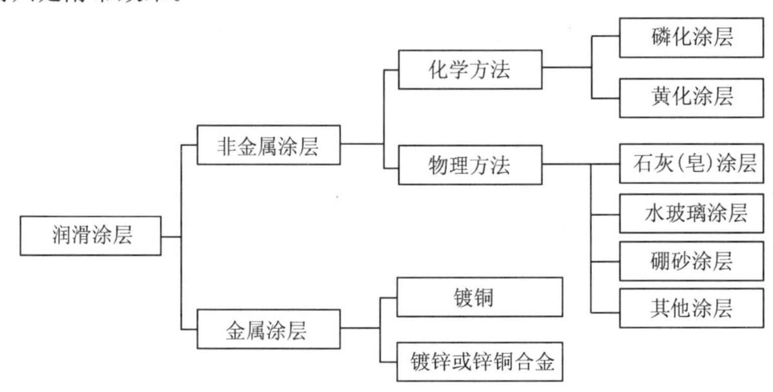

图 5.13 拉丝涂层的分类

5.5.1 磷化技术

钢铁、有色金属等工件浸入磷酸盐为主的溶液中，在工件表面发生化学反应，沉积形成一层不溶于水的磷酸盐涂层的过程称为磷化。磷化形成的磷酸盐涂层又称化学转化膜，俗称磷化膜。

根据可靠的最早的专利记载，磷化技术最初在 19 世纪 70 年代的英国用作钢铁防腐，随后在涂装行业被用作漆膜的底层，提高了油漆与工件的结合力以及工件的防腐能力。直到 1934 年，Fritz Singer 博士发现磷酸盐涂层结合润滑剂有利于金属冷加工，磷酸盐涂层开始在金属冷加工行业(包括钢丝拉拔、钢管拉拔、冷镦等)广泛应用。

一百多年来，磷化技术一直在不断发展，虽然已经出现了上百种磷化液配方，使用工艺也多种多样，但基本可以分为铁系磷化、锰系磷化和锌系磷化三类。

实践证明，锌系磷酸盐涂层最适合碳钢钢丝的拉拔。锌系磷酸盐涂层不仅与基体结合牢固，拥有微孔结构，而且热学性能稳定，具有很好的延展性。在拉拔过程中，粗糙的磷化膜能有效地携带润滑剂进入模具中，高温下软化的润滑剂渗透到磷化膜的微孔中，润滑剂和磷化膜一起避免了钢丝与模具的直接摩擦，起到了良好的润滑作用。由于磷化盐涂层与基体的结合力非常高，塑性良好，在拉拔钢丝时膜层会同步延展，能耐受较深度的拉拔，与黄化、石灰和硼砂涂层相比，明显改善了拉拔后钢丝的表面质量，延长了模具的使用寿命，提高了拉拔速度。现在拉拔中高碳钢丝(如弹簧钢丝、预应力钢丝、制绳钢丝和钢琴丝)时，为提高拉拔速度和产品质量，都广泛采用锌系磷酸盐涂层。

磷酸盐涂层不仅能提高钢丝单道次拉拔的压缩率和总压缩率，降低中间热处理的次数，节省成本，而且能提高钢丝的表面质量和防锈性能，因此在现代拉丝工艺中广泛应用。对后续需要镀层的钢丝，磷化会增大镀前处理的难度。有磷化膜的钢丝在钢管或孔砖炉中加热时，磷化膜在高温下会变成焦磷酸盐而与氧化皮黏结，从而堵塞马弗炉孔，故应采用薄磷化层或其他涂层技术。

下面介绍的磷化膜均指应用于钢丝拉拔过程中的锌系磷酸盐涂层。

(1) 磷化基本原理。

锌系磷化液中一般主要含三种组分：磷酸、磷酸二氢锌和氧化剂，氧化剂包括硝酸盐、氯酸盐和亚硝酸盐等。磷化膜形成过程中，在钢丝表面发生了一系列复杂的化学和电化学反应，一般简化为以下四个反应过程：

第一步反应：磷化液中的酸侵蚀钢材基体。

$$Fe-2e^{-}\longrightarrow Fe^{2+} \tag{5-22}$$

$$2H^{+}+2e^{-}\longrightarrow 2[H]\longrightarrow H_2\uparrow \tag{5-23}$$

基体表面的铁被酸溶解，氢离子被还原成氢气，使基体表面 H^+ 浓度降低，从而降低了基体表面的酸性。

第二步反应：磷化液中的促进剂(氧化剂)加速。

$$[O]+[H]\longrightarrow [R]+H_2O \tag{5-24}$$

$$Fe^{2+}+[O]\longrightarrow Fe^{3+}+[R] \tag{5-25}$$

其中，[O]为促进剂(氧化剂：NO_2^-、NO_3^-)，[R]为还原产物。由于促进剂氧化了第一步反应所产生的氢原子，加快了第一步反应的速度，导致金属表面 H^+ 浓度急剧下降，同时也将溶液中的 Fe^{2+} 氧化成 Fe^{3+}。

第三步反应：磷酸根的多级解离。

$$H_3PO_4 \rightleftharpoons H_2PO_4^- +H^+ \rightleftharpoons HPO_4^{2-}+2H^+ \rightleftharpoons PO_4^{3-}+3H^+ \tag{5-26}$$

磷酸是三元中强酸，会发生如式(5-26)所列的三级解离。由于金属表面的 H^+ 浓度急剧下降，导致磷酸根各级解离平衡向右移动，形成 PO_4^{3-}。

第四步反应：磷酸盐沉淀结晶成为磷化膜。

当溶液中解离出的 PO_4^{3-} 靠近金属表面时，与靠近表面溶液中的金属离子(如 Zn^{2+}、Mn^{2+}、Ca^{2+}、Fe^{2+})达到溶度积常数 K_{sp}时，就会形成磷酸盐沉淀：

$$2Zn^{2+}+Fe^{2+}+2PO_4^{3-}+4H_2O\longrightarrow Zn_2Fe(PO_4)_2\cdot 4H_2O\downarrow \tag{5-27}$$

$$3Zn^{2+}+2PO_4^{3-}+4H_2O\longrightarrow Zn_3(PO_4)_2\cdot 4H_2O\downarrow \tag{5-28}$$

磷酸盐沉淀与水分子一起形成磷化晶核，晶核继续长大成为磷化晶粒，无数个晶粒紧密堆集形成磷化膜。

磷酸盐沉淀的副反应将形成磷化沉渣：

$$Fe^{3+}+PO_4^{3-}\longrightarrow FePO_4\downarrow \tag{5-29}$$

磷化过程还存在多种副反应，控制好参数，尽量减少副反应的发生，也是控制磷化质量的重要因素。

(2) 关键参数及其影响。

游离酸度(FA)：反映磷化液中游离 H^+ 的含量，用点数表示大小。通常取 10 mL 槽液，用蒸馏水稀释至 50 mL，用二甲基黄作指示剂，滴加 0.1 mol/L 的氢氧化钠标准溶液，颜色由红色变为黄色时消耗的氢氧化钠毫升数即为游离酸点数。对应的化学反应式如下：

$$H_3PO_4+NaOH\longrightarrow NaH_2PO_4+H_2O\quad (pH=4) \tag{5-30}$$

控制游离酸度的意义在于控制磷化液中磷酸二氢盐的解离度，把成膜离子浓度控制在一个要求的范围。游离酸度低时侵蚀基体的能力弱，因此成膜速度慢，磷化膜薄甚至无膜。游离酸度高时与基体反应剧烈，产生的 Fe^{2+} 多，渣量大。游离酸度过高时不容易成膜，可以通过添加氢氧化钠或碳酸钠进行调整。每立方米槽液加 40 g 氢氧化钠，可以降低游离酸度 0.1 个点。

总酸度(TA)：反映磷化液中游离酸(H^+)、结合酸($H_2PO_4^-$)以及金属离子(Zn^{2+}、Ni^+、Ca^{2+}、Mn^{2+}等)浓度总和。同样取 10 mL 槽液，用蒸馏水稀释至 50 mL，用酚酞作指示剂，滴加 0.1 mol/L 的氢氧化钠标准溶液，颜色由无色变为红色时消耗的氢氧化钠毫升数即为总酸度。滴定过程中，除了发生式(5-31)的化学反应，还发生式(5-32)和式(5-33)的化学反应，M^{2+}代表金属离子。

$$H_3PO_4 + NaOH \longrightarrow NaH_2PO_4 + H_2O \quad (pH=4) \tag{5-31}$$

$$NaH_2PO_4 + NaOH \longrightarrow Na_2HPO_4 + H_2O \quad (pH=9) \tag{5-32}$$

$$M^{2+} + 2NaOH \longrightarrow M(OH)_2 \downarrow + 2Na^+ \quad (pH=9) \tag{5-33}$$

控制总酸度的意义在于使磷化液中成膜离子浓度保持在必要的范围内，对磷化膜的厚度和速度的影响明显。膜厚随总酸度的增加先增加后减小。总酸度过低，磷化速度缓慢，膜薄；总酸度过高，膜粗糙并且易挂灰。

酸比(R)：总酸度与游离酸度的比值，反映磷化液中游离酸、结合酸、金属离子的平衡关系。国内通常使用酸比来判断槽液中成分的平衡，通常控制在 5～20 之间，最好为 6～10 之间。实际磷化温度不同，溶度积常数 K_{sp}不同，因此酸比大小也不一样。一般高温磷化时酸比小，低温磷化时酸比大。对于常规的中高温磷化，酸比过低时磷化渣多，酸比过高则成膜速度慢。

促进剂点数：表示磷化液氧化能力的参数，作用是加速反应的进行。检测促进剂的方法有高锰酸钾法和气点法。现场通常使用 50 mL 发酵罐，取热槽液并立刻加入 2～3 g 氨基磺酸，倒置 180°，然后静置 5 min，对应的气点数就是促进剂点数。促进剂点数低则反应慢，Fe^{2+}不能及时氧化成 Fe^{3+}，槽液中的 Fe^{2+} 参与成膜比例大，会提高磷化膜中含铁成分，导致磷化膜延展性不好。促进剂点数过低还会有黑槽风险，一旦发生黑槽，必须除铁，重新调整磷化槽液。促进剂点数高，产渣多，钢丝表面容易挂灰。促进剂点数一般控制在 1.0～2.0 之间。

Zn^{2+} 含量：含量高则反应快，生成的膜细密而有磷光；含量低则反应慢，膜疏松发暗。

如果在磷化液中添加微量的 Ni^{2+}，可细化磷化结晶，并增加钢丝黑度；添加微量的 Cu^{2+}，可加快磷化速度。

磷化温度：按磷化温度不同可分高温磷化、中温磷化、低温磷化，不同磷化温度的配方不同，但都必须控制好温度。温度波动大容易出现黑槽，渣量大。

磷化时间：磷化时间长则膜厚，反之则短，但并不成正比，磷化反应呈先快后慢趋势。磷化膜超过 15 g/m^2 会降低表面膜结合力，拉丝会叫模。

杂质影响：SO_4^{2-} 和 Cl^- 的影响比较大。如果磷化液中 SO_4^{2-} 和 Cl^- 浓度高，会影响磷化膜的形成速度，并且产生过多的磷化渣，使磷化膜容易挂灰，磷化后的线很容易返锈，因此，酸洗后清洗干净是很有必要的。通常浸泡工艺要求 SO_4^{2-} 或 Cl^- 浓度控制在 2 g/L 以下。

(3) 磷化基本工艺技术。

经过 100 多年的发展，磷化已经从传统的浸泡式磷化发展到在线连续磷化，磷化时间也从最初的几个小时发展到 20 s 以内。现代钢丝拉拔过程中普遍使用中高温磷化，根据生产方式的不同分为浸泡磷化和在线磷化，前者磷化时间为 3～5 min，后者磷化时间为 20～

60 s。两种磷化方式的工艺流程大致相同，可表示为：

酸洗→水洗→高压水冲洗→热水洗或表调→磷化→高压水冲洗→中和(皂化)→烘干

酸洗：是为了去除盘条或钢丝的氧化皮，氧化皮去除干净是高质量磷化和成功拉拔的前提。酸洗不干净，不仅会影响槽液的稳定性，消耗更多的磷酸根，而且会影响磷化膜的结合力和微观结构形态。如图 5.14 所示，对于在线快速磷化，在相同的磷化工艺参数下，酸洗不干净的钢丝表面形成的磷化膜与酸洗干净的钢丝表面形成的磷化膜相比，晶体生长不充分(南京派诺 409X 磷化液，总酸 110 点，温度 80 ℃，时间 1 min)。残留的氧化皮在钢丝磷化过程中不易去除，会直接影响后续的拉拔。高速拉拔时，坚硬的氧化皮很容易把模子拉毛。

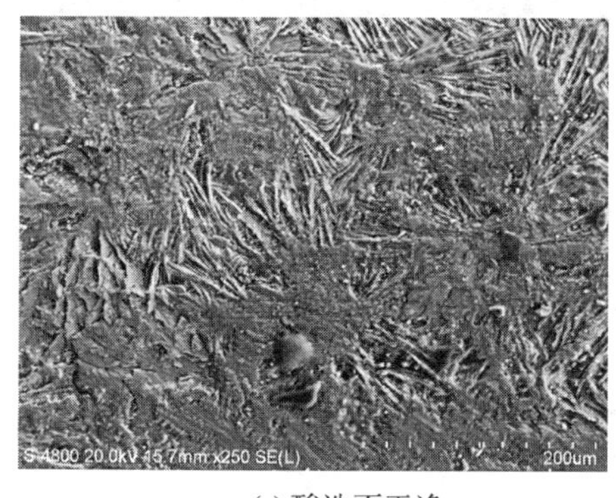

(a) 酸洗不干净

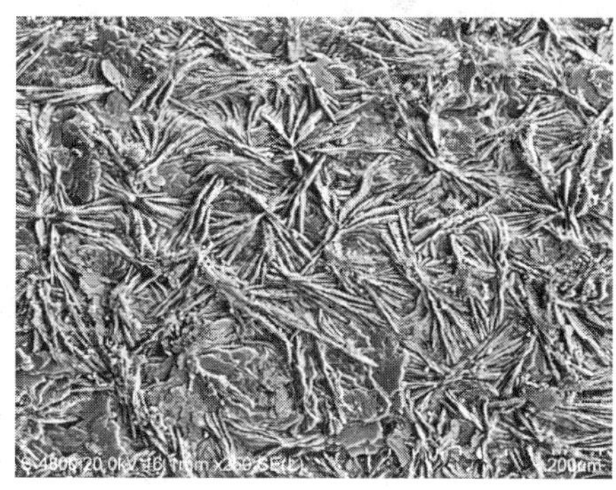

(b) 酸洗干净

图 5.14　酸洗质量对磷化膜的影响(250 倍 SEM)

采用机械除鳞技术处理表面氧化皮时，表面易吸附残留氧化铁粉末，带入磷化液会消耗磷酸，增大渣量和影响化学平衡。可考虑用超声波水洗或草酸溶液表调改善。

高压水冲洗：是为了清除盘条或者钢丝表面的残酸、铁盐和减少表面的碳灰，防止杂质被带入后道工序中，影响后道工序。如果表面冲洗不干净，铁盐带入磷化槽中，与槽液中的磷酸根发生反应，会形成磷化渣。这不仅会导致渣量增多，还会破坏槽液的稳定。

热水洗或表调：磷化前一般推荐使用。热水洗不仅可以保障盘条或钢丝表面的杂质被清除干净，而且通过对盘条或钢丝的预热，可以缩短磷化时间，提高磷化膜的均匀性。

在封闭浸泡式酸洗线里，从水洗槽出来到进入磷化槽的过程中，盘条表面容易产生浮锈，通过草酸表调处理则可以有效去除表面的浮锈，从而提高磷化的质量，如图 5.15 所示。

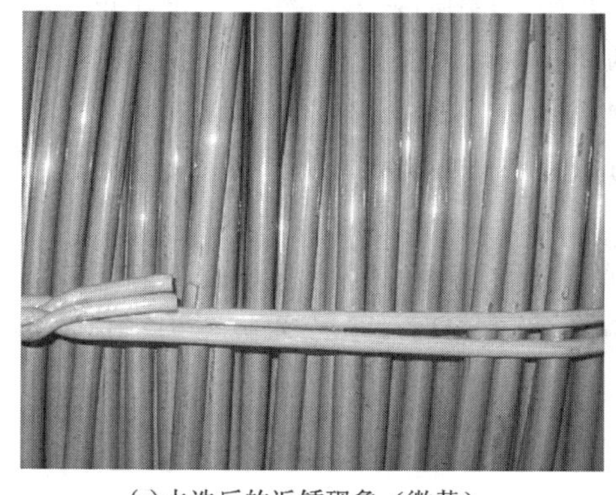

(a) 水洗后的返锈现象（微黄）

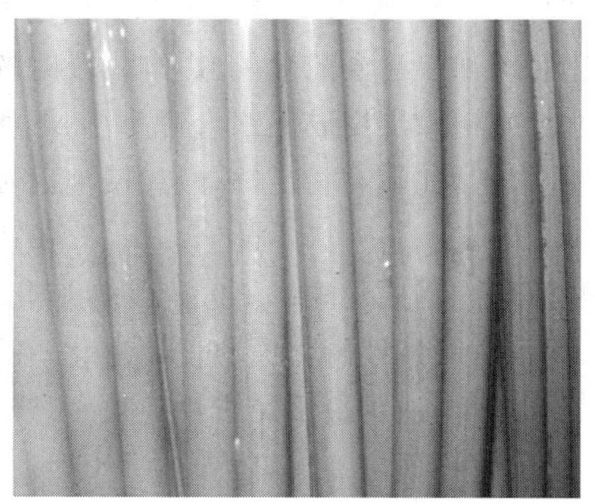

(b) 草酸表调后的效果（灰白）

图 5.15　草酸表调效果

对于在线连续磷化工艺，推荐使用胶体钛表调剂。该表调不仅可以提高磷化速度，而且可以使磷化晶粒更加细腻，适合高速拉拔。图 5.16 通过扫描电镜对比了有无表调磷化膜的微观结构。扫描电镜图片显示，同样的磷化工艺条件下，使用表调后磷化膜更加细腻。这是因为使用表调后，表面形成的结核多，磷化速度快，磷化膜生长紧密。浸泡的表调工艺一般是 1%～2%草酸溶液或 0.1%～0.2%的胶体钛常温浸泡 1 min 左右，而在线表调只需数秒。

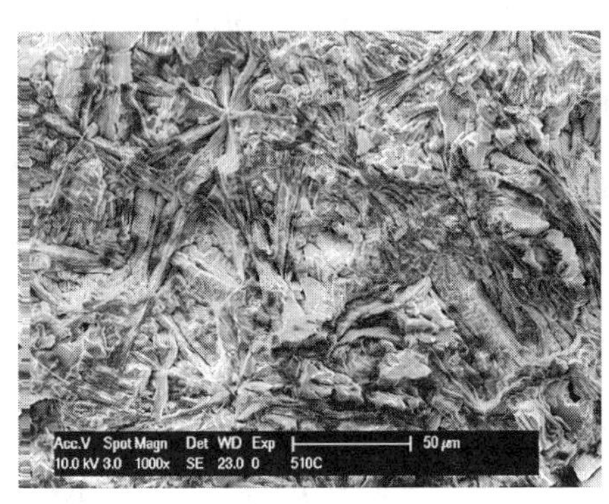

(a) 没有表调

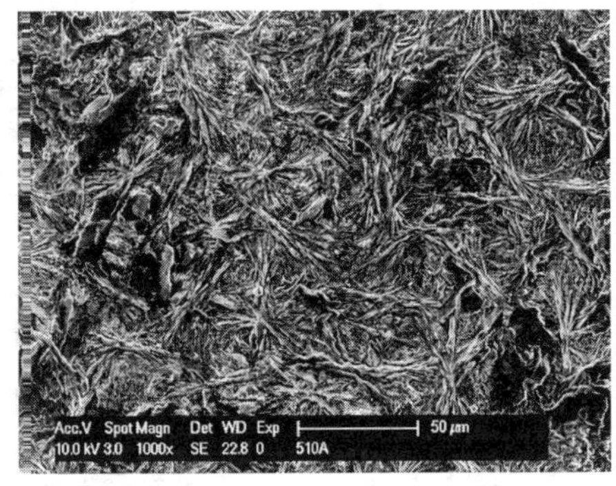

(b) 经过表调

图 5.16　不表调和表调后磷化膜的 SEM 图片对比

磷化：钢丝拉拔行业普遍使用中高温锌系磷化，有多种配方，不同的配方磷化工艺差别也很大。磷化有浸泡和在线两类，工艺参数不一样。表 5.5 列出了两种磷化方式的生产工艺。好的磷化液，槽液稳定，易操作和控制，产生的磷化渣少，适合大批量的连续生产和高速拉拔。通常浸泡式磷化的磷化膜重在 6～12 g/m^2，而在线连续式磷化的磷化膜重在 4～8 g/m^2。

对于热处理线在线磷化，建议最大线径不超过最小线径的三倍。

磷化后水洗：是为了去除表面的磷化液和磷化渣，不仅可以有效地避免后道工序的化学品被污染，而且可以避免磷化渣对拉拔速度的影响。如果磷化后的盘条或钢丝表面粘渣或挂灰，拉拔时会出现叫膜现象，影响拉拔速度，增加模具的消耗，甚至影响产品质量。

磷化水洗后的处理：磷化水洗后一般要经过皂化、硼砂或石灰水的处理。此步骤在去除表面酸性物质的同时在磷化膜表面形成涂层。这些涂层可以给磷化膜提供更好的保护，防止返锈，提高润滑。浸泡线中使用石灰或硼砂较多，使用石灰液时注意碱度不能太高以避免损坏磷化膜。如果涂层潮湿，会影响拉拔时的润滑效果和拉拔质量。使用硼砂尤其干燥，干燥后十水合硼砂涂层变成五水合硼砂涂层，此类涂层更适合拉拔。所以这类处理液都须加热到 90 ℃以上，如果时间足够，经过浸泡后可以在空气中自然干燥，如果不能迅速干燥则应进行烘干。

皂化反应方程式见式(5-34)。因为皂化的润滑性能好，并且能与磷酸锌反应形成硬脂酸锌层，因此在线连续磷化通常使用皂化，在磷化膜表面形成皂化薄膜。为了保证钢丝的干燥，皂化后的钢丝通常最后经过烘道烘干，烘道空气温度一般在 130 ℃～150 ℃。

$$Me_3(PO_4)_2 + 6C_{17}H_{35}COONa \longrightarrow 3(C_{17}H_{35}COO)_2Me + 2Na_3PO_4 \qquad (5\text{-}34)$$

表 5.5　不同生产方式的磷化工艺

参数	间歇式(PN-410 磷化液)	连续式(PN-409 磷化液)
总酸度/点	40～60	90～120
酸比	7～10	6～8
促进剂点数	1～2	1～2
温度/℃	65～75	75～85
时间/s	180～300	20～90

表 5.6 提供了磷化过程中常见问题的处理方法建议。

表 5.6　磷化常见故障及处理

常见故障	产生的主要原因	解决方法
工件表面均匀泛黄，磷化膜均匀疏松	① 总酸度低，酸比低； ② 促进剂浓度低； ③ 磷化温度低； ④ 磷化时间短	① 补加磷化液和酸； ② 补加促进剂； ③ 提高温度； ④ 延长时间
磷化成膜速度慢，但延长磷化时间仍可形成均匀完整膜	① 表面调整能力不强； ② 促进剂浓度不够； ③ 酸比高； ④ 磷化温度低	① 改进表调或换槽； ② 补加促进剂； ③ 使用碱调整； ④ 提高温度
磷化膜局部块状条状挂灰，挂灰处磷化膜不均匀，有时出现彩色膜	① 工件在进入磷化槽前已经形成二次黄绿锈； ② 表面调整能力差； ③ 磷化液中杂质多	① 加快工序间周转或实施水膜保护； ② 改进表调； ③ 更换槽液
磷化膜均匀出现彩色膜或均匀挂白	① 促进剂含量过高； ② 表调失去作用或是表调后水洗过度； ③ 磷化液杂质过多、老化； ④ 故障导致浸泡时间过长	① 让促进剂自然降低； ② 加强表调； ③ 换槽； ④ 减少行车故障
工件表面覆盖一层结晶体	① 游离酸度过低； ② 温度过高	① 加一些磷酸； ② 降低温度
槽液沉渣过多	① 促进剂浓度过高； ② 游离酸度过高； ③ 工件磷化时间过长； ④ 中和过度形成结晶沉淀	① 让其自然降低； ② 补加碱； ③ 缩短时间； ④ 补加磷酸

5.5.2　钢丝拉拔磷化的其他技术

中高温锌系磷化是最近几十年来钢丝拉拔工艺中常用的磷化技术，但是随着人类对节能环保越来越关注，低温、少渣或无渣磷化技术成为磷化技术研究发展的方向。欧洲在 2000 年之前就出现了冷成型加工用的低温磷化技术和电解磷化技术。20 世纪末，国内低温磷化和电解磷化技术的研究也方兴未艾。

5.5.2.1　低温磷化槽外除渣技术

低温磷化槽外除渣技术是利用空气取代传统的 NO_2^- 作为促进剂，并且磷化工艺槽中不产生磷化渣的一种新型磷化技术。这种磷化技术除了特定的磷化液配方和工艺外，还需与特定设计的槽外除渣设备配套使用。如图5.17(南京派诺金属表面处理技术有限公司提供)所示,工件在磷化工艺槽中磷化,只产生亚铁离子,无磷化渣产生。磷化工艺槽中的磷化液同时被抽到槽外除渣设备的氧化室,亚铁离子被氧化成三价铁离子,形成磷化渣,含磷化渣的磷化液从氧化室溢流到斜板沉降室。在斜板沉降室,磷化渣和磷化液发生分离,磷化渣沉淀在除渣设备的底部料斗中,定期从底部排出,清液从上部溢流回磷化工艺槽,连续循环使用。

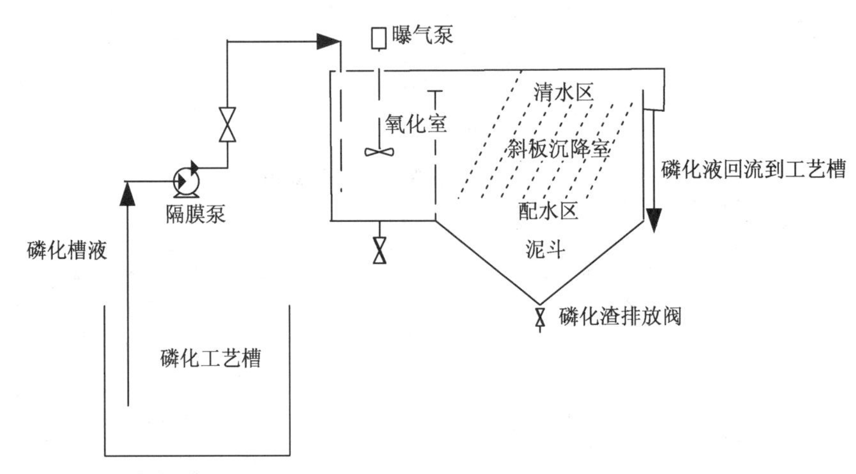

图5.17 低温磷化槽外除渣工艺流程

低温磷化槽外除渣技术的成膜机理与传统磷化相近,同样主要包括四个反应,只是传统的NO_2^-、NO_3^-氧化剂被空气中的氧气替代,并且在特定的氧化室中完成式(5-35)的反应。

$$Fe^{2+} + [O] \longrightarrow Fe^{3+} + [R] \tag{5-35}$$

低温磷化槽外除渣技术与传统磷化相比,具有以下优势:

(1) 磷化温度低,一般在55 ℃左右,与传统磷化70 ℃~80 ℃相比,节省能源30%~40%。

(2) 磷化工艺槽内产生的磷化渣很少,降低了停产清渣的频率,提高了生产效率。国内某厂封闭式隧道式酸洗线使用该磷化技术后,磷化槽运行半年才停产清渣一次。

(3) 用空气作为氧化剂,避免使用亚硝酸盐,降低了化学品的用量,在同等膜重的情况下,化学品消耗降低10%~20%。

(4) 槽外除渣,除渣过程不影响磷化槽的生产,并且在同等膜重的情况下,磷化产渣量降低20%~40%。

(5) 磷化渣清理方便,通过槽外除渣系统从底部出渣。

(6) 循环使用的同时,磷化渣黏附工件表面的风险降低。

5.5.2.2 电解磷化技术

电解磷化是通过施加电流促进磷酸盐在作为阴极的钢丝表面沉积磷酸盐的一种磷化技术。该技术由于磷化时间短、磷化温度低,产生磷化渣少,甚至没有磷化渣产生,受到冷成型加工行业的关注。德国将电解磷化应用于冷镦钢丝、预应力钢丝及弹簧钢丝;国内南京派诺金属表面处理技术有限公司自主开发的低温电解磷化技术,已经成功应用于热处理炉配套酸洗在线电解磷化和机械除锈无酸洗电解磷化,并且于近两年在国内得到快速推广,满足预应力钢绞线用钢丝、制绳钢丝、弹簧钢丝、抛丸钢丝等生产要求。还有德国、日本企业及一些国内企业目前可提供电解磷化设备或磷化液。

（1）电解磷化的原理。

电解磷化的成膜机理不同于传统磷化，如图 5.18 所示。

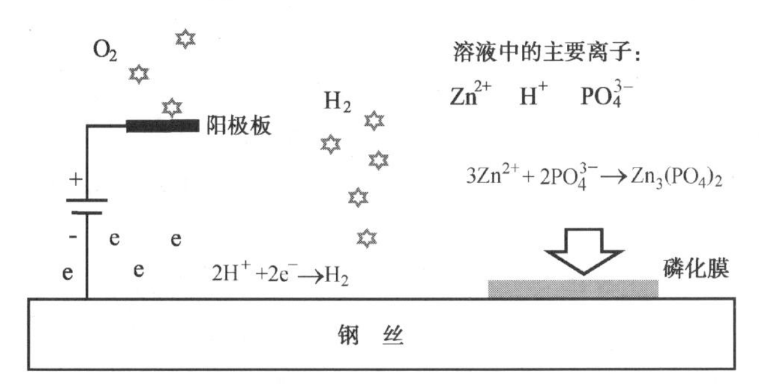

图 5.18　**电解磷化机理**

电解磷化主要包括以下三个化学反应：

阳极反应：$$2H_2O-4e^-\longrightarrow O_2\uparrow+4H^+ \tag{5-36}$$

阴极反应：$$2H^++2e^-\longrightarrow H_2\uparrow \tag{5-37}$$

成膜反应：$$3Zn^{2+}+2PO_4^{3-}\longrightarrow Zn_3(PO_4)_2\downarrow \tag{5-38}$$

辅助直流电源的正极与阳极板相连，负极通过滚轮与钢丝相连。通电后，阳极发生氧化反应，水被电解产生氧气和氢离子，同时作为阴极的钢丝表面发生还原反应，氢离子被还原为氢气，引起钢丝表面的 pH 升高，导致钢丝表面溶液中的 Zn^{2+} 和 PO_4^{3-} 在钢丝表面沉积，形成磷酸锌涂层。电解磷化膜的微观结构不同于传统的磷化膜枝状体微观结构，呈球状结构。图 5.19 为南京派诺提供的对比图例，图(a)为中温磷化，图(b)为电解磷化。

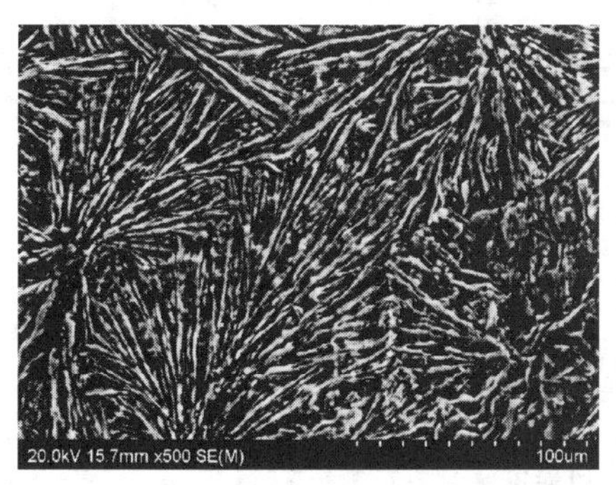

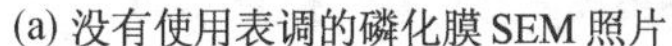

(a) 没有使用表调的磷化膜 SEM 照片

(b) 使用表调的电解磷化膜 SEM 照片

5.19　**无表调传统磷化膜与经过表调的电解磷化膜 SEM 图片比对**

阳极板采用镀钇钛板，一般在钢丝两侧布置，U 形极板更好。极板长度取决于处理速度和工艺时间要求，一般每年要返厂修复一次。

根据法拉第定律推出的电解磷化膜重计算公式如下：

$$M=\frac{C\cdot U\cdot t}{k\cdot y} \tag{5-39}$$

其中，M 为膜重(g/m^2)，C 为常数，U 为钢丝与阳极板之间的电压，t 为时间(s)，k 为膜电阻率(Ω·mm)，y 为钢丝与阳极板的间距。应注意膜的导电性较差，k 随膜厚增加是变化的，所以这个公式只能用于定性分析。

(2) 电解磷化技术的应用情况。

电解磷化液可以在低温条件下快速形成适合于钢丝拉拔用的磷化膜。电流密度、磷化时间和温度对电解磷化具有明显的影响，通过调节电流密度可以调整磷化膜的厚度。南京派诺开发的一种电解磷化技术的工艺条件为总酸 100～140 点，电流密度 3～50 A/dm^2，磷化时间 4～40 s，磷化温度 30 ℃～50 ℃。磷化膜的主要成分为四水磷酸锌，磷化膜细腻，适合钢丝的快速拉拔。工业化应用表明低温快速电解磷化膜既可以应用于水箱式拉拔，压缩率达到 90%以上，拉拔速度最高达到 8 m/s，也可以应用于干式润滑拉拔，拉拔速度最高达到 13 m/s。

德国某公司介绍其电解磷化 2～5 s 完成，磷化温度 50 ℃，完全无渣，包含表调和皂化的槽体长度在 7 m 以内，可应用于干拉及湿拉。国内机械除鳞＋电解磷化技术已应用于冷镦钢丝、部分弹簧钢丝和钢丝绳的盘条前处理，还用于钢帘线及胎圈钢丝粗拉前处理，而且与热处理配套的在线电解磷化也已成熟应用，目前国内外有 8 条以上热处理线在使用南京派诺电解磷化液，Dv 值 60～120 mm·m/min 不等，电解磷化槽长 4～6 m，温度 30 ℃～50 ℃。

(3) 电解磷化与传统磷化的比较。

电解磷化技术与传统磷化技术相比，具有环保、节能、高效的优势。表 5.7 对比了传统中温锌系磷化产品 N409 和电解磷化产品 EP100 的实际数据(由南京派诺提供)，可以发现电解磷化技术磷化渣明显减少，减少量达到 90%以上，理论上是无渣的，但前过程带入的少量铁离子会成渣；反应温度明显降低，最高 50 ℃，也有厂家采用常温；因反应速度快而缩短了生产线长度，可节约厂地；磷化膜重在其他参数稳定时与电解电流成线性关系，易控制。这种磷化膜比传统磷化膜更致密光滑，因此干拉带粉能力可能减弱，可以通过附加物理涂层、变换润滑剂及采用压力涂覆等技术改善润滑。

表 5.7 电解磷化技术与传统磷化技术对比

参数项目	传统锌系磷化(N409)	电解磷化(EP100)
工作温度	70 ℃～85 ℃	30 ℃～50 ℃
磷化渣量(2 mm 钢丝)	＞1 kg/t	＜0.03 kg/t
磷化处理线长度	15～20 m	5～10 m
磷化膜重	受浓度、处理时间和温度的影响很大	通过电流和处理时间可以很方便地进行膜重的调节

注：本表数据由南京派诺金属表面处理技术有限公司提供。

虽然电解磷化与传统磷化相比具有无可比拟的优势，但硬件设施细节要做好，磷化膜比传统的更光滑，需要采取措施改善带粉能力。随着国内生产管理水平和操作水平的不断提高，环保节能的要求不断提高，电解磷化有着良好的应用前景。

(4) 电解磷化过程控制关键点。

除磷化液参数、电解时间和温度外，还有如下几个关键控制点：

电解磷化过程本质上就是一种电镀过程，没有电就没有镀，所以最关键的过程控制点是保持可靠的供电，如果接触不良导致供电短期中断，就会影响成膜效果。另外，因磷化膜导电性能不良，成膜后电阻迅速增加，成膜速度也因此逐渐下降，所以有一种设计思想是分段供电，前段低电流，然后逐渐加大。

热处理线配套的电解磷化技术，根据钢丝规格的情况进行电源分配设计，钢丝线径规格较多，经常变换，建议采用单丝单控，即一个电源给一根钢丝供电，避免不同钢丝因电阻不同导致电流互相干扰；如果规格单一，可以多丝集控，即一个电源同时给多根钢丝供电。

最后一个关键点是防止窜液。不仅要减少磷化液窜到漂洗水中以控制成本，还要防止前道有害离子进入磷化液，避免因成为膜的组分而损害膜性能。其方法是采用多级逆流水洗，保持补充新水的适当流量。还要尽量避免磷化液带入水洗过程，减少磷化液消耗和废水量。其方法是刮擦加汽吹，刮擦可以用橡胶片或其他材料，用压缩空气吹扫，吹扫装置结构类似于挤塑机的机头，压缩空气从锥形窄缝逆向吹出。

电解磷化后也需要水洗，如果后续采用皂化过程，要控制好漂洗水中的磷酸根离子浓度，要求不超过 100 mg/L。

5.5.3　磷化材料的消耗去向

图 5.20 显示了磷化材料的四大消耗去向，其中电解磷化过程没有侵蚀反应，成渣反应可以忽略。根据这个图可以确定控制磷化物料成本从哪几方面入手，采用电解磷化可以避免侵蚀及成渣的化学品消耗，可以根据需要更精确地控制成膜重量以避免浪费。各种磷化都需要控制窜液。

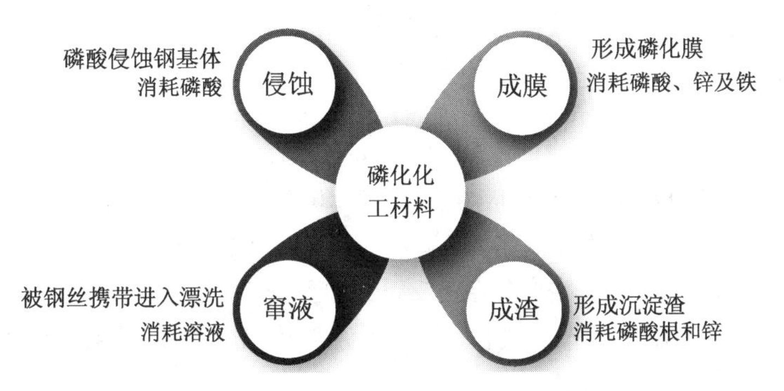

图 5.20　磷化化工材料的四大消耗去向

5.5.4　其他涂层技术

磷化盐涂层技术常用于中高碳钢丝的拉拔，尤其是高强度、高质量的钢丝拉拔。低碳钢丝或者不锈钢丝拉拔通常使用硼砂、石灰、水玻璃、黄化-石灰涂层等。这些技术虽然很传统，但与磷化相比，工序简单，生产成本低，满足特殊产品的后续加工要求，因此仍然被使用。

(1) 硼砂涂层。

硼砂涂层和磷化涂层一样，也是一种良好的润滑涂层。硼砂呈比较强的碱性，易溶于水。普通硼砂带 10 个结晶水，分子式为 $Na_4B_4O_7 \cdot 10H_2O$。当温度超过 60 ℃时，$Na_4B_4O_7 \cdot 10H_2O$ 失去 5 个结晶水，生成 $Na_4B_4O_7 \cdot 5H_2O$；当温度超过 88 ℃时，再失去 3 个结晶水，生成 $Na_4B_4O_7 \cdot 2H_2O$。$Na_4B_4O_7 \cdot 5H_2O$ 具有很好的疏松多孔结构，与钢基结合牢固，适合作润滑剂载体；$Na_4B_4O_7 \cdot 2H_2O$ 次之。硼砂涂层因其碱性还可以同时中和酸洗后钢丝表面的残酸。为了改善涂层的性能，保证它与基体结合牢固，提高拉拔后钢丝的防锈能力以及消除硬水带来的沉淀，可在溶液中加入约为硼砂质量 5%的磷酸三钠等添加剂。

硼砂的涂覆在硼砂溶液中进行，常用参数如下：

① 设定温度：90 ℃。

② 浸泡时间：1～2 s。

③ 干燥时间：≥4 s(空气中干燥或最高 290 ℃快速干燥)。

④ 浓度：330±20 g/L。

⑤ pH：保持在 9.2～9.3 之间。

⑥ 涂层量：5 g/m^2。

溶液温度高有利于对盘条表面的残酸进行充分的中和，还可以增加硼砂的溶解度和均匀度，而且有利于盘条表面的干燥。涂层含水率低才有利于形成滑剂载体效果更好的 $Na_4B_4O_7 \cdot 5H_2O$ 结晶。

硼砂涂层的涂覆速度快，特别适应于在线涂层工艺。同时硼砂涂层易于清洗，适合钢丝后续工序需要镀层的产品。值得注意的是，硼砂吸水性强，当空气湿度超过 80%时，防锈性能不会超过 4 天，同时 $Na_4B_4O_7 \cdot 5H_2O$ 转变成 $Na_4B_4O_7 \cdot 10H_2O$，拉拔性能下降，因此潮湿阴冷的区域涂层后不适合存放。

由于对健康的危害性，欧盟已禁止钢丝行业使用硼砂。

(2) 水玻璃涂层。

$Na_2SiO_3 \cdot 9H_2O$ 水溶液俗称水玻璃，其化学式可表示为 $Na_2O \cdot nSiO_2$。其中，Na_2O 为碱金属氧化物，n 为二氧化硅与碱金属氧化物摩尔数的比值，称为水玻璃模数。因其同硼砂一样是一种强碱弱酸盐，涂层可以中和酸洗后钢丝表面的残酸。

$$\text{水玻璃模数}=\frac{SiO_2\text{摩尔数}}{Na_2O\text{摩尔数}} \tag{5-40}$$

用作润滑吸附剂的水玻璃模数应在 1.5～2.5 之间。可通过添加 Na_2SiO_3 晶体或者 NaOH 来调节水玻璃模数。模数偏高，可添加 NaOH；模数偏低，可添加 Na_2SiO_3。其基本工艺过程与硼砂涂层类似。与硼砂涂层相反，出槽后温度太高容易失去结晶水导致粉末化，失去涂层效果，潮湿低温则不受影响。水玻璃涂层因残余难以清除，不适合后续镀层的钢丝。

(3) 黄化-石灰涂层。

钢丝酸洗、水洗后，在潮湿空气中停留几分钟，使钢丝表面形成一层淡绿色的$Fe(OH)_2$，继续氧化成棕黄色的 $Fe(OH)_3$，叫作黄化。随后浸入消石灰(石灰浆)池，附着一层 $Ca(OH)_2$，起到润滑剂载体的作用，叫作黄化-石灰涂层。由于其容易清洗，特别适用于后续镀层的钢丝。石灰的粒径控制在 0.5～1 μm，温度 80 ℃～85 ℃，平均溶解度 100 g/L，建议避免过热以免$Ca(OH)_2$颗粒出现团聚。

(4) 载盐涂层。

载盐是几种无机盐的混合物，它能有效克服硼砂吸水的缺点，有的为了提高润滑效果而添加了润滑剂，如硬脂酸钙。载盐涂层和硼砂、石灰涂层一样，同样是物理吸附，但与硼砂和石灰涂层相比，其结合了两者的优点，如表 5.8 所示。载盐处理的涂层不易返潮，耐蚀性高，能满足高速拉拔，并且残留膜层易溶于水，因此容易被清洗干净。

无论浸泡还是在线连续生产，都可以使用载盐处理工艺。某种载盐一般按照 10%～15%的浓度，把载盐溶解于水，加热到 80 ℃～90 ℃。钢丝在槽液中浸泡后达到槽液温度即可在钢丝表面形成一层涂层，该涂层重 4～6 g/m^2，成膜后同样需要在 61 ℃～88 ℃温度下干燥。

表 5.8　载盐、硼砂、石灰涂层比较

比较特性	某种载盐	硼砂	石灰
返潮性	低	高	低
耐蚀性	高	低	高
拉拔性能	高速	高速	低速
钢丝清洁度	清洁容易	清洁容易	清洁困难

载盐解决了硼砂返潮引起的拉拔和防锈性能降低的问题，因此该类产品取代了钢丝拉拔过程中传统的硼砂工艺，主要应用于以下四个方面：

① 常用于低碳钢丝。

② 替代胎圈钢丝生产过程中的硼砂工艺。

③ 机械剥壳后使用，提高拉拔时对拉丝粉的载带性能。

④ 因为拉拔后表面残留涂层容易清洗，所以可用于镀锌前的拉拔。

市场上有一些外资及本土企业生产的商品化载盐，俗称“皮膜剂”，在不锈钢上应用较多，在碳钢上也开始应用，包括成品钢丝的拉拔。

在纯盐混合的载盐中加入润滑剂可提高润滑性能，在某些拉拔要求不高的工况中直接取代磷酸盐涂层和皂层，如热处理前的拉拔、热处理后冷镦钢丝的精整拉拔等。该类含润滑剂的载盐也可以应用于磷化后的中和工序，取代硼砂或者石灰，在磷酸盐涂层表面形成载盐涂层，从而提高钢丝的拉拔性能。这类含润滑剂的载盐不能全部溶于水，使用过程中需要搅拌。

(5) 金属涂层。

对于某些钢丝产品，如细弹簧钢丝、切割钢丝、轮胎钢帘线、二氧化碳气体保护焊丝等，表面要求通过镀一层金属铜或锌改善拉拔润滑表面质量，同时满足产品应用所需特性。常采用化学浸镀法和连续电镀法，使钢丝表面覆盖一层金属铜作涂层。

化学浸镀法的基本原理是置换反应：

$$Cu^{2+} + Fe \longrightarrow Fe^{2+} + Cu$$

化学镀铜的一种工艺参数见表 5.9。

表 5.9　化学镀铜工艺参数

硫酸铜	硫酸	骨胶	硫酸亚铁	时间	温度
6%～8%	1.8%～2.2%	0.6～0.8 kg/t	≤90 g/L	1.5～2 min	<24 ℃

连续电镀法的基本原理是电极反应：

阳极：$$Fe \longrightarrow Fe^{2+} + 2e^-$$

阴极：$$Cu^{2+} + 2e^- \longrightarrow Cu$$

钢丝润滑涂层种类和方法多样，厂家应根据盘条或钢丝种类和状态、拉拔方式和速度、后续工序的要求等选择合适的涂层工艺。

金属镀层中如果出现硬颗粒物，会引起拉拔断裂。

5.6 烘　　干

烘干是为了去除表面涂层中的水分，确保润滑和防止生锈。对于高碳钢材料，烘干还起到人工时效加速改善热处理钢丝塑性的作用。冷镦钢、弹簧钢较多采用烘干过程，预应力钢绞线生产基本不用烘干过程。300 系列不锈钢不需要烘干；而对于 400 系列不锈钢，水迹容易在钢材表面造成暗斑，因此必须烘干。

建议烘干后钢丝表面温度低于 70 ℃，以免下线后造成烫伤。

常见烘干设备有烘烤窑和箱式烤炉两类，热源可以采用废热、电热、热风机或天然气燃烧等方式。

第六章

拉拔设备

本章主要介绍拉拔设备，包括放线设备、拉丝机、收线设备及辅助设备。学习拉丝技术必须了解拉拔设备，有兴趣深入学习的读者可以阅读一些专业书籍，也可从设备厂商处获得相关信息。

6.1　放线设备

所有拉丝机都需要放线设备将盘条或钢丝展放出来，送进拉丝机。拉拔材料有两种形式，一种是线卷，一种是工字轮。盘条也是一种线卷。钢丝卷有卷筒收线产生的卷，还有下落到线架上形成的卷。工字轮脱卸拆出的卷极少用在拉丝线上。

好的放线设备要实现顺利、无乱丝和无断丝的放线，速度要适应拉拔的需要。拉拔速度、不同的材料刚度都会对放线技术的要求产生影响。刚度大的材料需要大力量展开拉直，如大直径冷镦钢盘条。在不断追求更高生产效率的年代，高速放线成为一种重要技术。

6.1.1　线卷放线设备

线卷指钢丝或盘条成捆无其他附带工装的形式。线卷放线设备的分类见图 6.1。

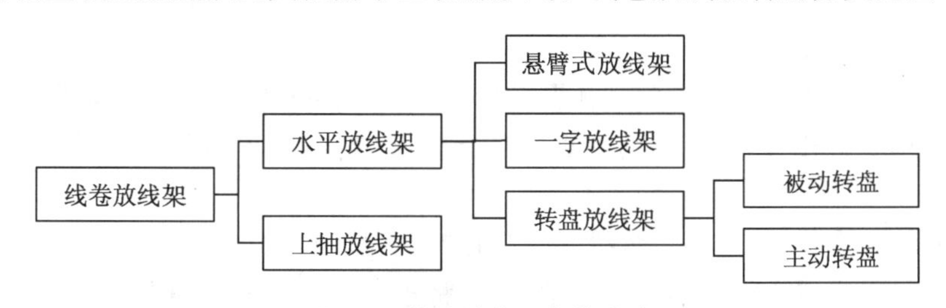

图 6.1　线卷放线设备的分类

第一类是悬臂式放线架，分为单臂式、双臂式和三叉式三类。悬臂式放线架有噪音大的缺点，放线速度达到 1.5 m/s 以上需要一些防乱丝的技术。

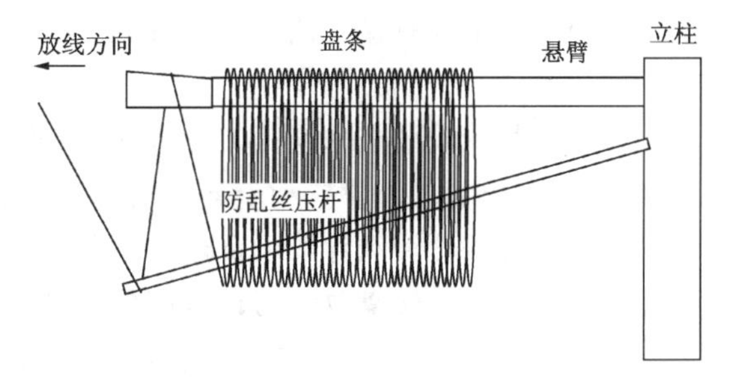

图 6.2　单臂式悬臂放线架

图 6.2 为最简单的单臂式悬臂放线架，悬臂梁上翘及下部一个压杆都利于避免钢丝被一次拽出多圈，形成乱丝无法抽放顺利。如果在立柱上对称地安装另外一根一样的悬臂，就可以挂两件线材，这样可以不停机提前用焊接连接两件材料，实现连续生产。还有采用三根悬臂的，称为三叉式悬臂放线架，分别放置一件钢丝或盘条，每件之间用焊接的方式头尾相接，实现连续拉拔，

每用完一件材料需要转动放线架，使线卷朝向拉丝机。多臂放线时每个悬臂的结构和单臂放线架的悬臂类似，由一个悬挂梁和一个压杆构成，梁上端还可以增加一个压杆，给卷的跳出制造阻尼，必要时下部压杆末端可增加配重，增大卷跳出的阻尼。三叉式和双臂式放线架的缺点是因旋转的需要占地面积较大。这类放线架用于高碳钢时建议规格为 5.5～10 mm，用于低碳钢时为 5.5～16 mm，速度低于 5 m/s。

采用两套平行 C 型钩放线是第四种悬臂式放线技术，与传统形式的差异是 C 型钩可以同时作为吊取材料的工具，而不是固定的悬臂。

图 6.3 所示为适合 10～50 mm 冷镦钢盘条放线用全自动放线车头机（开卷机），最大速度 2.5 m/s，托辊由电机驱动，转动以协助开卷过程。原理上这属于第五种悬臂式放线技术。

图 6.4 所示为为一字放线架。主梁可以同时放两件焊接好的盘条，其结构应设计成适合 C 型钩或叉车上料，最上面的横梁可装推丝装置。最大放线速度 3 m/s，用于高碳钢时建议规格为 5.5～14 mm，用于低碳钢时为 7～16 mm。

图 6.3　粗盘条放线车头机（开卷机）

图 6.4　带推丝机构的一字放线架（Mario Frigerio）

典型动作为：

(1) 上料作业时下面第一个活动托臂打开，挂料，前推线卷，第一个活动臂托住。

(2) 打开第二个托臂，将料推到靠近旋转分丝架的区域，再由第二个托臂托住，完成第一件盘条的上线工作。

(3) 打开第一个托臂，上第二盘线并收起托臂，两盘线上线完毕。

(4) 头件料用完需要打开第二个活动托臂，将第二件料推到靠近旋转分丝架的区域，再托住，这时可进行动作(1)。

一字放线架在工作过程中是旋转的，有主动旋转和被动旋转两类。主动旋转由电机驱动，并有装置感应是否需要调整旋转速度。分丝架顺线卷的自然螺旋理清材料，可防止乱丝。这种放线架具有噪音低、不乱丝的优点，可以高速放线；缺点是投资高，比悬臂式放线架多一些故障点。

另一种线卷放线技术就是转盘(turn table)。最简单的转盘就是一个线架被一根转轴顶住，线架被钢丝抽放力量拉动旋转。再复杂一点就是转盘底下装一个可调节抱闸，可调整放线张力以避免惯性转动导致的乱丝。这类放线推荐用于 3～20 mm 的高碳及低碳材料，有防乱丝技术的主动转盘放线可以很高的速度放线。

图 6.5 所示为可翻转的转盘放线架，接收水平卷后立起来放线。

图 6.6 所示为是弹簧企业采用的放线机，主动放线盘的周围有四根竖杆，其中三根安装了位置可调的导辊，用于控制钢丝走一个大圈径的路径，防止缩圈，还有一根杆是可以摆动

的，下面安装了接近开关，用于启动放线电机，钢丝绷紧时转盘转动，松弛时停止。

图 6.5 可翻转的转盘放线架

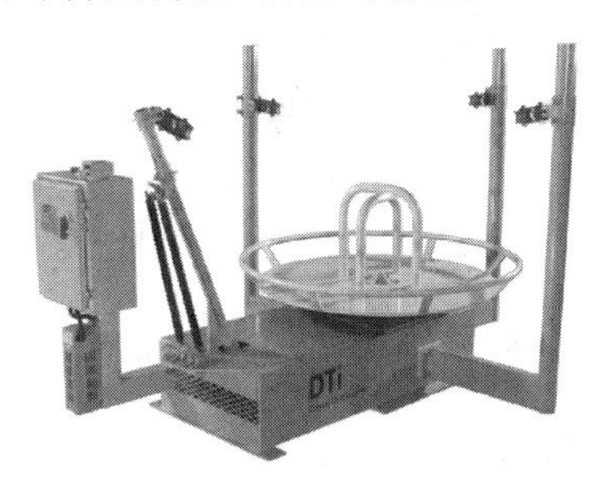

图 6.6 配弹簧机的转盘放线机

图 6.7 所示为上抽式放线架，适用于线径不大于 8 mm 的高碳钢，线径越粗，塔要越高。如果容易乱线，线架上还要增加一个阻尼装置，阻止线圈太快地弹上去造成乱丝。最低位置的一个导轮可以活动，钢丝卡住的时候会上升触碰到一个限位，引起拉丝机停机以避免断丝。上抽式放线架也应用低碳钢盘条的放线，两个可翻转炮筒用于装盘条，顶部导轮较高以获得足够的开卷距离，支撑导轮的塔可倒下以便穿线。

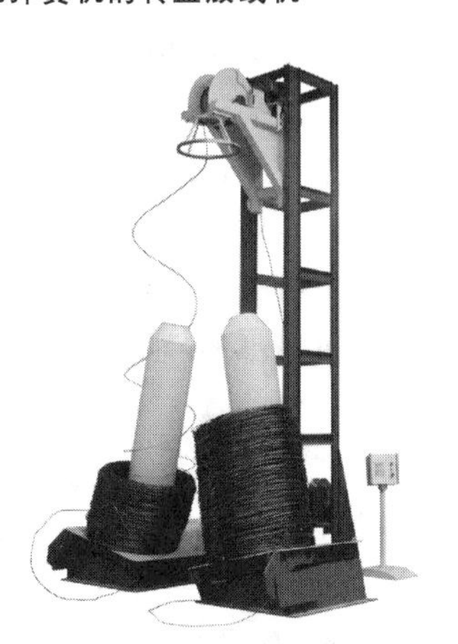

图 6.7 上抽式放线架

6.1.2 工字轮放线

拉丝用工字轮放线时，工字轮通常来自其他工艺生产线，如热处理酸洗磷化连续作业线、铝包钢包覆线等，所以放线机的设计要与前面的工序匹配好。工字轮放线具有盘重大、速度快、效率高、扭转少、不易乱丝等优点。

按工字轮轴方向分为水平放线和立式放线，立式放线一般用于低速放线。按工字轮转动方式又可分为被动放线和主动放线。

(1) 水平工字轮放线：工字轮固定方式有两端顶压、穿轴和托辊式三种，顶压最常用，使用气动、液压系统驱动顶针，压住工字轮两端的轴孔。穿轴方式为在两端用一个套在轴上的轴套顶压住工字轮，避免工字轮相对转轴打滑。图 6.8 的左图为两端顶压式水平工字轮放线，具有可靠高速的特点。

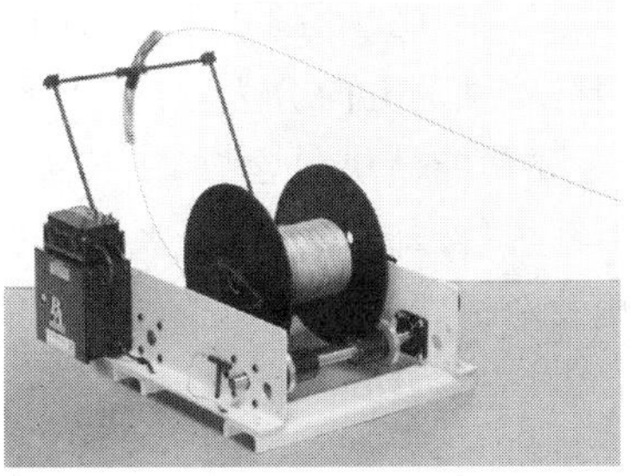

图 6.8 水平工字轮放线实例

(2) 被动水平放线：工字轮放线机需提供一个可调的制动力，让钢丝没有张力时工字轮自动停止，而不是继续飞转造成松圈乱丝。采用穿轴时只需在轴两端设置一个可打开的轴套，给转轴提供一个摩擦力。图 6.8 的右图采用了一种托辊式支撑，工字轮法兰落在转动轴上的一段胶辊上，钢丝离开工字轮后穿入一个固定在摆臂上的弹簧再到拉丝机，摆臂用来感应张力,调整对转轴的制动力,张力大时要放松。有一种设计通过钢丝张力对摆臂的作用在摆臂转轴端产生一个调节制动力的动作。

(3) 主动水平放线:需要稳定张力的工字轮高速放线应采用电机驱动,用一个通过感应张力调节速度的装置来协调速度,通常采用一对活套轮,由一个固定轮和一个活动轮构成,轮子位移产生的信号用来控制放线速度。钢丝从工字轮上放出时,如果放线摆动角度过大,可能对表面擦伤敏感的材料产生轻微损伤,如果损伤不可接受,应拉长安装距离或采用放线机整体自动横移的设计,确保放出的钢丝始终以直线对住拉丝机,而不是缓慢地左右摆动。工字轮主动放线的最大速度可达 10 m/s。

(4) 立式工字轮放线:立式工字轮放线有两类,第一类是放在制动可调的转盘上,第二类如图 6.9 所示。

如果采用转盘进行立式放线,转盘必须有可调摩擦力的制动系统,以产生所需的放线张力。如果没有制动,可能出现工字轮转速超过拉拔所需速度的情况,钢丝会放大圈,重新抽紧过程中可能产生乱丝甚至断丝情况。立式工字轮放线时重量都压在立轴下端的轴承上,拉动工字轮所需张力大约为毛重的 0.3%,转动起来后张力还会降低一些。

图 6.9 所示是一种小直径钢丝的立式工字轮放线方式。钢丝穿过旋转臂头部的穿线嘴,经过旋转臂根部的导轮后垂直向上再绕另外一个导轮转向。抽动钢丝的力量及钢丝本身的弹力会使旋转臂旋转,起到理线作用。相比第一类,这种放线所需张力极低,主要用于扭力较低的小规格金属线,可用于加热炉前的放线,也用于有色金属线的拉丝放线。

图 6.9 带理线拨杆的工字轮放线

6.2 拉 丝 机

6.2.1 拉丝机的分类和基本构成

钢丝拉丝机一般分为单拉机、干式连拉机及湿拉机(水箱拉丝机)。单拉机按照卷筒的安装方式分为立式、倒立式和卧式,干式连拉机按照控制方式可分为滑轮式、活套式及直进式,湿拉机按照塔轮轴的方向分为普通(水平)式及翻转式。

拉丝机的主要功能模块包含放线、拉拔和收线三部分,拉拔部分又可分为几个子系统:模具系统、牵引系统、冷却系统、润滑系统、安全系统、控制系统等。牵引系统一般包含电机、皮带轮、变速箱及牵引卷筒。有的拉丝机不能调速,有的则可根据张力感应调整速度以确保各道次的金属流量一致,防止断丝。

6.2.2 单拉机

单拉机(mono block drawing machine)是最老的电动拉丝机形式,因为有些产品只需要拉拔一道,所以单拉机至今仍在使用。图 6.10(a)所示为立式单拉机,和最早的单拉机比,电机和电控系统有了很大进步,另外冷却及安全装置也更好。这种机器还有一种双层卷筒形式,两层卷筒直径不同,可安装两个拉丝模。这种机器收线重量小且卸线慢,因此效率较低,适合小规模生产和研究性拉拔。

(a) 立式单拉机

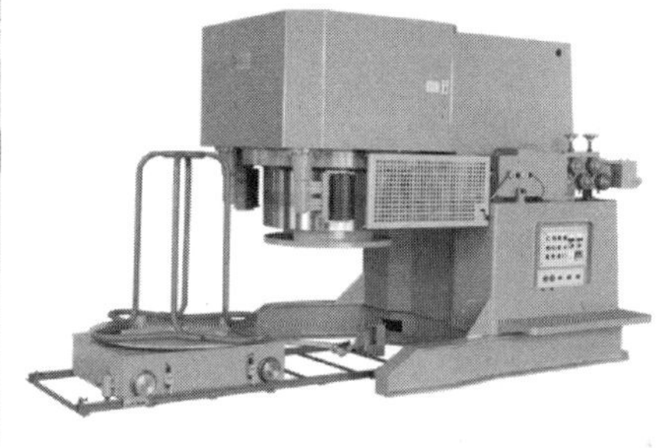

(b) 倒立式单拉机

图 6.10 立式及倒立式单拉机(Mario Frigerio)

图 6.10(b)所示为倒立式单拉机，电机及减速机安装在上部，卷筒朝下，钢丝绕数圈后下落到线架中，线架通常放置在可移动的小车上。倒立式单拉机非常适合大直径钢丝的大盘重生产，效率明显改善，产品取出也更安全。这种机器可以串联在连拉机上作为线卷收线机。

第三种单拉机是卧式单拉机，最原始的形式类似于卷扬机。图 6.11 所示为冷镦钢拉拔用的单道次拉丝机，大盘重收线机与拉拔卷筒同步旋转，收满后依靠液压装置立起，方便取出线卷，适合大直径单道次拉拔。

图 6.11 卧式单拉机(Mario Frigerio)

6.2.3 干式连拉机(干拉机)

图 6.12 为常见干式连拉机 (dry drawing machine)的工作模式图。

积线式(滑轮式)拉丝机为固定速比的老式连拉机，每个卷筒上有一个被动的旋转分线臂，钢丝绕到分线臂末端的导辊后再到上部的滑轮上。这种设备的配模要按照速比来计算，模具偏差及磨损带来的影响通过积线量的调整来适应。积线式拉丝机具有成本低廉、电控简单的优点，缺点是穿线慢、路径扭转多、速度慢、不可调速、配模受限制等。因扭转较多，目前积线式拉丝机主要用于低碳钢丝及有色金属线。图 6.13(a)为其实例。

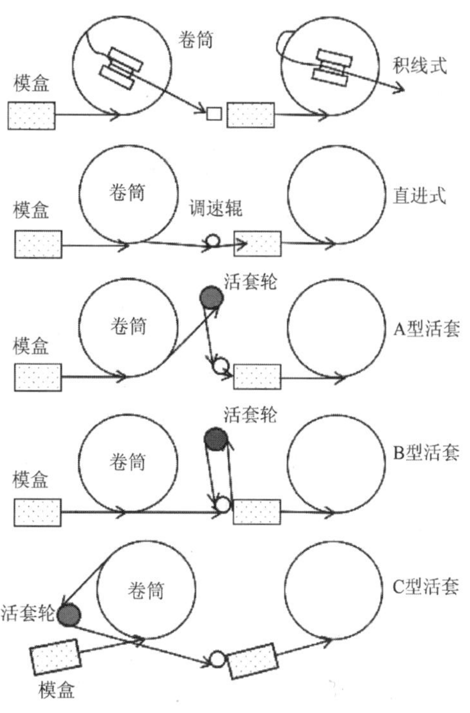

图 6.12 四种常见干式连拉机的工作模式

直进式拉丝机进一步简化了穿线路径，拉拔过程中钢丝无扭转，实现了无级调速，配模灵活。机器的一个明显特征是成品道之前的卷筒都是倾斜的，便于钢丝以接近直线的状态进入模盒前的调速辊(tuner roller/sensor arm)，钢丝的松紧状况对这个调速辊产生压力变化而产生位移，转轴下的传感器产生调速所需信号。直进式拉丝机速度控制精度不够时，不适合拉拔铝包钢线及对张力很敏感的其他产品。直进式拉丝机卷筒直径最小可做到 200 mm，最大可达1 400 mm。图 6.13(b)为其实例。

活套式拉丝机用一个缓冲轮调速，三种活套式拉丝机的工作模式见图 6.12。图 6.13(c)为其实例。

(a) 积线式（滑轮式）拉丝机

(b) 直进式拉丝机(Mario Frigerio)

(c) 活套式拉丝机(Mario Frigerio)

图 6.13　三种常见连拉机的实例照片

A 型拉丝机钢丝离开卷筒后直接去向活套轮，回转到模盒前的导轮进入模盒，活套轮摆动时后面的钢丝会在卷筒上摩擦。

B 型拉丝机是先去到模盒前的固定导轮上层滑轮，再绕活套轮回到固定滑轮的下层滑轮后进入模盒，卷筒上钢丝圈比 A 型更稳定，有利于做弹簧钢丝。

C 型活套的活套轮位置和 A、B 型不同，采用高积线拉拔时这种布置的设计思想是有更长的路径完成钢丝的下降和扭转后进入模盒前的导轮。图 6.12 中未画出第二个滑轮。

活套式拉丝机通过可活动导轮来感应张力的变化是绷紧还是松弛，连在轮子上的摆臂扭动时传感器产生一个信号来调整速度，避免拉断和卷筒上钢丝松弛。活套拉丝机的最大机型为 700 mm 卷筒，用于拉拔铝包钢线。拉拔硬钢丝时卷筒直径通常小于 700 mm，拉拔细钢丝时通常是标配，比直进式更不容易断丝。

活套式拉丝机用于小直径钢丝拉拔有如下好处：

(1) 缓冲能力比直进式高，张力更加平稳，不容易断丝，钢丝圈不容易变形。

(2) 进拉丝模的位置可以保持稳定，有利于保持稳定的润滑。

干拉机最小的卷筒直径为 150 mm，能做卷筒直径低于 250 mm 的干拉机的厂家较少。大卷筒拉丝机直径很少会超过 1 200 mm。

直进式拉丝机卷筒轴可以是水平的，如 19 世纪 90 年代秦皇岛某厂从英国引进的直接水冷式拉丝机，新余新华从意大利引进过 1270 卷筒的大型卧式拉丝机，还有无锡某企业做了较多类似铜线拉丝机的低成本大型钢丝湿拉机。

6.2.4　湿拉机

钢丝生产用的湿拉机(wet drawing machine)也称水箱拉丝机，是一种钢丝连续多道次拉拔设备，是目前 0.50 mm 以下钢丝的常用生产工具，在钢帘线、胎圈钢丝、钢丝绳的最终拉拔上普遍采用。对于拉拔线径 0.50～3.00 mm 的成品钢丝，干拉和湿拉设备都比较常见。

湿拉机内钢丝缠绕不同直径的塔轮,通过模架上的拉丝模完成拉拔变形。如图 6.14 所示的塔轮都是成对设计的,一个主动,一个被动,穿模时从小塔轮开始逐渐增大。成品模通常设计在箱体出口孔处,进入湿拉之前可以设计一个或多个干拉模盒。拉拔时采用润滑液或润滑油润滑,一般需配置润滑液循环系统服务较多设备,系统提供润滑液的冷却和净化功能,以维持拉拔润滑效果。

图 6.14 双塔轮及四个塔轮的湿拉机实例(Mario Frigerio)

与干拉机相比,湿拉机的主要特点是占地小、投资低、钢丝在塔轮上易产生滑动摩擦,但磷化膜损失速度更快,润滑效果不如干拉机。

湿拉机主要应用于拉拔 3 mm 以下的钢丝。对于成品直径在 0.60 mm 以下的钢丝,大部分企业都采用湿拉技术。有中国企业制作了类似铜大拉机的大型湿拉机,用于拉拔更粗的钢丝,它提供了较好的冷却条件,产品比干拉更清洁,但润滑不如干拉,产品质量更差。为规避湿拉过程中磷化膜损失速度快的问题,还有一种设计是采用干拉+湿拉的组合设备,多道干拉可以减缓磷化膜的损失速度,适应较高强度产品的拉拔。湿拉机是生产亮面不锈钢丝的主要设备,需要用油润滑。有的企业将湿拉机改成干拉机生产不锈钢丝,塔轮轴在垂直方向,其中一个塔轮轴上部增加收线卷筒。

在本书 4.1 节部分介绍了湿拉的配模特点,湿拉避免不了钢丝相对塔轮打滑现象,而且模具及塔轮磨损后还会变化。

6.3 收线设备

6.3.1 卷筒上挤收线

利用拉丝机的最后一个卷筒上挤收线架(stripper)是占地最少、投资较低的办法,其局限性是收线重量有限,而且收满时必须停下拉丝机,卸下钢丝再开始新的一次拉拔,这将带来效率的损失。比较典型的应用是生产弹簧钢丝卷,这需要精心设计、制作的卷筒,以实现期望的卷绕过程,控制好钢丝的圈型才能满足稳定的弹簧生产过程。

图 6.15 中卷筒工作面分为三个区域:底部 R 角为钢丝进入卷筒区域,在这个区域 R 角让钢丝圈产生一个向上推动的力量;然后是一个角度为 α 的钢丝爬升区域,这个角度是为了让逐渐上升并降温的钢丝不至于因收缩箍紧卷筒;上部直径缩小的为积线区域,便于取出钢丝。

卷筒常用参数：

(1) β 角：通常为 135°～140°。

(2) α 角：一般在 1°～1.5°之间。

(3) R 角：根部圆弧一般要求 $2d<R<5d$，d 为钢丝直径。

(4) 粗糙度：最低要求不超过 1.2 μm，要求高时不超过 0.4 μm。

(5) 径向跳动：建议不大于卷筒直径的 0.02%。

(6) 硬度：根据拉拔材料的不同，最低硬度在 HRC 55～60 范围内选择。大中尺寸卷筒多采用 45～55 号铸钢或合金钢铸造，采用感应加热表面淬火即可满足要求，也有采用球墨铸铁的；小尺寸的干拉卷筒可以喷涂琴钢丝。

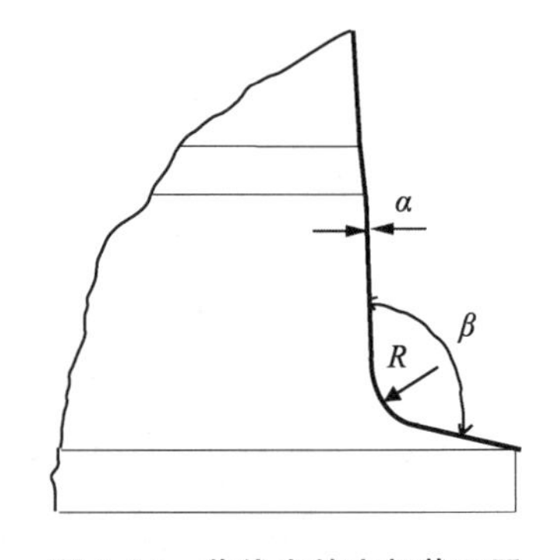

图 6.15　收线卷筒底部截面图

R 角的功能是提供上推爬升力量。R 角太小，第一圈钢丝推不动上面的钢丝，钢丝可能出现变形；R 角太大，则上推很快，可能导致钢丝圈不能平滑整齐地上升，出现跳动式上爬现象。

α 角的功能是让钢丝在不断降温收缩的过程中能顺利上爬。α 角太小，会因为钢丝热胀冷缩箍紧卷筒，与卷筒发生剧烈摩擦而引起表面擦伤。

上述要求也可以用于前面其他卷筒。

成品卷筒底层还有一种设计是平直卷筒，旁边安装一个分丝轮，使卷筒上的各圈钢丝互相不接触，不会因互相挤压而使钢丝圈变形。

成品卷筒采用双层设计时，底部 R 区绕 2～3 圈后通过一个滑轮再上到第二层，第二层和第一层之间有一个法兰，而且从滑轮到第二层之间还有空间可以设置滚轮组构成的矫直器。双层卷筒时也有将底层设计成不带 R 角的平直面的，依靠一个分线导轮分开各圈钢丝。二层卷筒直径应比第一层略小一些，这样表面速度可以稍微降低一些，能降低钢丝张力，便于收卷。

假设出成品模的钢丝强度为 1 600～2 800 MPa，弹性模量为 200 000 N/mm^2，出模钢丝的弹性应变量约为 0.003 0。假设第一层卷筒直径为 D，第二层为 kD，那么钢丝到第二层后弹性变形的变化为：

$$\Delta\varepsilon=\frac{\text{底层周长}-\text{上层周长}}{\text{底层周长}}=\frac{D-kD}{D}=1-k(\text{正数})$$

如果 $1-k$ 接近 0.003 0，即 k 接近 0.997，就会释放钢丝上部分张力，减轻钢丝在上层变形的风险。如果 k 值过小，会造成在上层卷筒缠绕张力太低，缠绕钢丝就会失去上推能力。

当然还需要控制好钢丝卷重量，防止因上推阻力太大导致钢丝圈之间互相挤压引起钢丝变形。

6.3.2 工字轮收线

与卷筒相比，工字轮收线适合更高速的收线，而且收线整齐，重量更大，再放线的速度更高。工字轮收线常用于半成品钢丝，也可以用于成品钢丝。如果客户能适应，也可以采用工字轮脱卸卷的生产方式。

如图 6.16 所示，工字轮收线和放线一样也有立式和水平两种方式，两种方式都有双收线设计，用于高效率生产。作者亲眼见过德国生产低碳钢丝的拉丝机实现了自动切换不停机生产，日本有钢丝绳企业采用自动换工字轮的设计。

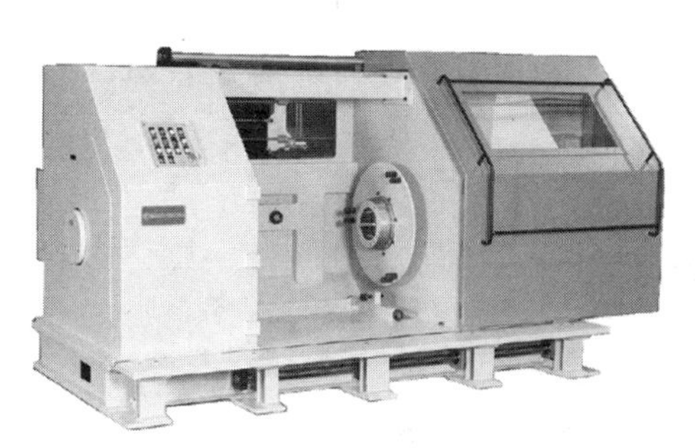

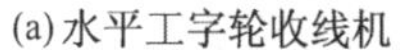

(a)水平工字轮收线机　　(b)立式工字轮收线机（双位）

图 6.16　工字轮收线机(Mario Frigerio)

图 6.17 列出了常见的成品钢丝交付用三类工字轮。冲压瓦楞盘是金属盘中成本较低的一种，具有结实、可反复利用的特点；木质盘采用胶合板或纤维板制成，可提供更高的尺寸精度，利于排线，质量较好时可以回收多次利用；脱卸卷工字轮的设计可以在收满钢丝后用钢带捆扎，然后拆开工字轮取出整齐的钢丝卷，可以很便利地用塑料袋和木托盘包装。50 kg 以下的成品包装可以采用塑料盘。

(a) 冲压瓦楞盘　　(b) 木质盘　　(c) 脱卸卷工字轮

图 6.17　钢丝收线常用工字轮

工字轮收线时排线和张力控制很重要。要根据工字轮宽度设置排线宽度，排线效果至少要达到目视平整，不能出现堆积在一个区域的情况，有的产品要求精密排线以满足后续应用方式的要求。张力控制收线要满足排线的需要，松弛的钢丝无法排整齐，张力也不能太大，太大会导致钢丝陷入下层，造成放线时无法顺利抽出，引起钢丝变形甚至断丝。

6.3.3　象鼻子收线

象鼻子收线机是用于拉丝机末端的高速连续收线设备，有带 8%压缩率左右拉拔和不拉拔两种类型，带拉拔的也被称为精抽机。中心轴水平的卷筒直径一般在 300～800 mm 范围，这类设备一般用于生产进线 0.80～8.5 mm 的低碳丝线卷、进线 0.80～6.5 mm 热处理用高碳钢半成品以及床垫钢丝等。

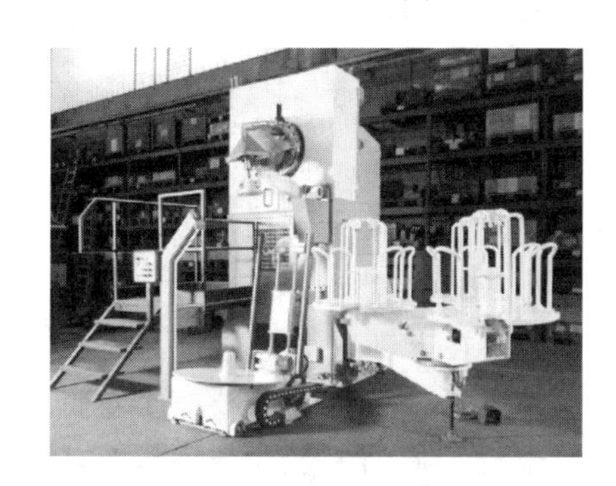

图 6.18　小线卷用象鼻子收线机(Mario Frigerio)

钢丝从象鼻子收线机中心轴孔穿过，通过一个滑轮导入大盘，然后直接或通过一个拉丝模拉拔后绕在一个旋转卷筒上，绕成钢丝圈挤推出去，顺着象鼻子落下到落丝架。收较小重量的线卷时可以用如图 6.18

所示的多个收线位的设备，实现较高效率的连续生产。收重型卷时只有一个高落丝架，落丝架放在辊道上以便手工推出。为使圈型整齐，可在钢丝卷外围加一个静态套圈约束，落丝架底盘设计成旋转方式就可以实现梅花收线。图 6.19 是收重卷的象鼻子收线机。

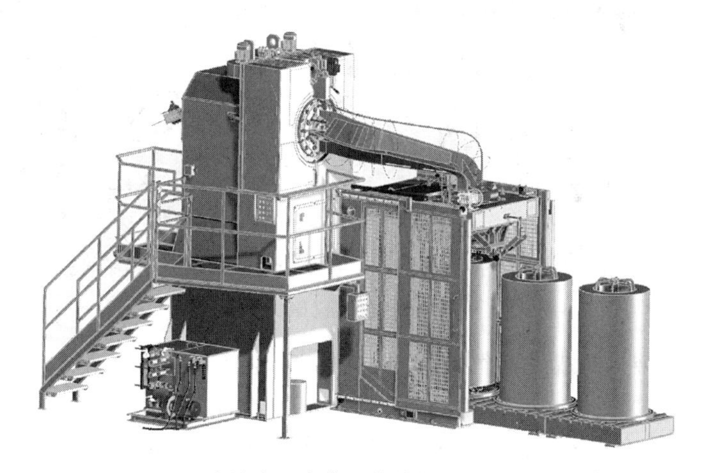

图 6.19 大线卷用象鼻子收线机(Mario Frigerio)

用于生产半成品钢丝时，将设备安装高度升高就可以用很高的线架收卷，单件重量和一件盘条一致。

这种设备常用于床垫钢丝生产，单重一般在 600～1 200 kg 范围内。由于路径上多了一些扭转过程，调整弹簧丝圈型比其他机器要费时，因此不适合生产批量小、圈型要求较高的弹簧钢丝。

用于低碳钢丝时，国内最高收线速度达到了 30 m/s，国外有公司声称可达 40 m/s；用于高碳钢丝时，国产设备最高收线速度大约可达 10 m/s，国外某厂设备视频展示的收线速度达到 30 m/s。要注意的是，决定速度的不仅是机器速度和动平衡水平，还与润滑、冷却条件、模具适应性有关。

6.3.4 倒立式收线

从降低操作强度、提高效率、稳定卷绕及提高钢丝盘重考虑，可用倒立式卷筒替代立式卷筒生产线卷，有带拉拔和不带拉拔两种(图 6.20)。

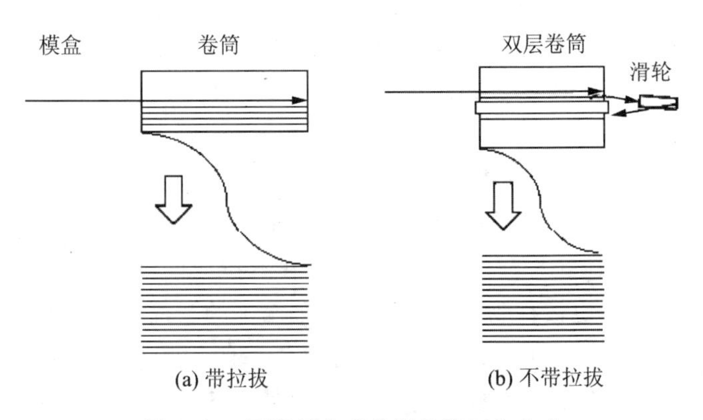

图 6.20 两种倒立式收线机的工作方式

带拉拔的类型因暂无高效冷却设计使收线速度较低，但因成本较低，目前还是有较多应用。

不带拉拔时一般用双层卷筒。第一层在上部以稳定的张力完成卷绕成型；第二层同样要缩小卷筒直径，降低张力，然后下落到收线系统中，接收落丝的装置应跟随下降，保持较小的钢丝圈自由下落高度。带拉拔的配模盒且电机功率更大，不带拉拔的前面需要配稳定张力的活套轮。

所有这类收线机的底盘都与上部卷筒同步转动，降低底盘转速就可以调大圈径。

6.4 辅助设备

6.4.1 对焊机

钢丝要进行连续拉拔就需要将不同的盘条或钢丝焊接起来，这就需要对焊机(butt welder)。

对焊机的工作原理为：给一对断面切平接触在一起的钢丝通低压大电流，因为接触面的电阻比其他部位高而急速发热升温，少量被熔化，夹住钢丝两头的钳口被焊机内部的弹簧顶推，挤出熔化的金属，实现焊接过程。完成上述过程后还需要进行焊花的打磨圆整，并进行退火处理，使脆性的马氏体组织转变为珠光体组织。图 6.21 为一种钢丝对焊机的实物图片。

对焊机需要维护好紫铜钳口的清洁度，确保接触良好，避免因接触电阻大而对钢丝产生热损伤。

图 6.21　对焊机实例

图 6.22 所示为整个焊接过程中的一种温度曲线。第一段焊接过程持续数秒，有一个快速空冷马氏体淬火过程；第二段俗称“退火”或“回火”，实际上是一个通过加热奥氏体化，然后缓冷，消除马氏体并获得适合拉拔的珠光体组织的过程。

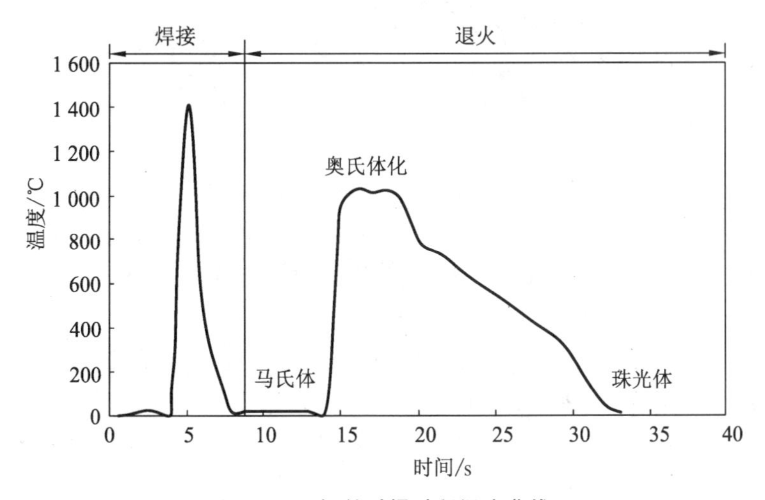

图 6.22　钢丝对焊过程温度曲线

6.4.2 其他辅助设备

图 6.23 所示为四种常见的拉丝机辅助工具及装置。

矫直器用于调整钢丝圈型，减少钢丝上的残余应力，有时用于稳定位置避免振动，需要根据钢丝直径和产品要求选配，使用效果与张力水平及稳定性有关。

轧尖机用于穿模时将钢丝头部压尖，好的机器应轧出圆整光滑的头部。

引线钳俗称“拉丝狗”，在穿模时用于将钢丝从模具中拔出一定长度，缠绕到干拉卷筒上，湿拉一般采用拔头机完成这个准备，微丝手工就能拔头。

粉夹是在干拉模盒中增强润滑的一种工具，滚轮夹住钢丝就能促进粉的流动，使模具进粉量增加，改善拉拔润滑。

(a) 矫直器 (straightener)

(b) 轧尖机 (pointing machine)

(c) 引线钳 (pulling dog)

(d) 粉夹 (soap applicator)

图 6.23 拉丝机常用辅助工具及装置

6.5 拉拔设备发展趋势

钢丝行业作为提供工业材料及其他应用材料的行业，基本上是被动地受客户需求的变化牵引。钢丝及钢丝制品被用于加工其他零部件、用具、工具或直接应用于结构、设施或设备，钢丝企业可以和钢铁企业一起开发新的材料，可以和设备企业一起创新材料加工技术，还可以接入应用设计与开发过程中。

拉拔设备的发展围绕两个大的方向：提高企业的竞争力，以及适应法律法规和政策的要求。

提高竞争力有如下几个发展方向：

(1) 更高的生产效率，减少人工需求，让每个工人可以生产出更多的产品，在降低人工成本的同时保持较低的吨产品折旧费。

(2) 能在高速下保持工艺条件的稳定，可行时适当地自动防错和纠错，确保品质更适合应用的需要，并保持稳定。

(3) 低故障、长寿命的传动系统，标准保养的自动提示。

(4) 使设备可以接入 MES 系统、物联网等，支持 ERP、大数据技术等，对于大规模生产模式应努力实现自动化和机器人的应用。

(5) 高可靠性,故障的自动诊断和报告、设备维护的自动提示,让机器部分智能化。

(6) 更低的能耗,如高效的减速机和电机、直驱技术等。

(7) 更安全的机器,如必要的连锁功能。

(8) 对职业健康的改善,如低噪声、合理的人机工程设计、防尘。

在适应法律法规及政策方面,主要考虑适合先进机电安全规范要求、节能技术应用及减少噪声及固体废物(如废油)的产生。

第七章 拉拔技术

金属拉拔是金属成型的重要技术之一，除了第四章介绍的模具技术及配模方法外，本章将介绍钢丝拉拔过程中最关键的技术——摩擦与润滑、钢丝温度的控制、钢丝变形控制及表面质量控制。拉拔技术的理论基础知识在第三章已有介绍，拉拔过程中的常见问题及对策将在第十二章中进行介绍。

7.1 摩擦与润滑

7.1.1 基本概念

7.1.1.1 钢丝拉拔时的摩擦状态

外摩擦是指两个相互接触的物体发生相对运动时，在它们的接触面之间存在的相互阻碍运动作用。由于外摩擦是两物体表面滑动时产生的，所以又称为滑动摩擦。

摩擦力的方向总是和物体相对运动的方向相反，因此是一个耗能因素。对于拉拔过程中的外摩擦，主要关注拉拔时钢丝表面与模孔壁之间的摩擦。

摩擦状态大体可分为四种：干摩擦、边界摩擦、流体摩擦以及混合摩擦，如图 7.1 所示。

(1) 干摩擦(无润滑摩擦)是指两个物体的摩擦表面上不加润滑剂时的摩擦。纯净金属表面之间的摩擦系数 f 可达 0.7～0.8。

(2) 边界摩擦是指两摩擦表面间存在一层极薄的起润滑作用的膜(有的只有一两层分子厚)时的摩擦，其摩擦性质取决于边界膜和表面的吸附性能。

(3) 流体摩擦是指两个相对运动的摩擦表面完全被一层流体所隔开时的摩擦。这时的摩擦取决于流体的黏度，摩擦性质取决于流体内部分子间黏性阻力。发生流体摩擦时的摩擦系数最小，且不会有磨损产生，是理想的摩擦状态。

(4) 混合摩擦是指摩擦表面间处于边界摩擦和流体摩擦的混合状态，两摩擦表面之间同时存在边界膜和较厚的油膜，也可能有个别的微凸体直接接触。拉拔过程中的理想状态是完全的流体摩擦，而事实上混合摩擦是不可避免的。

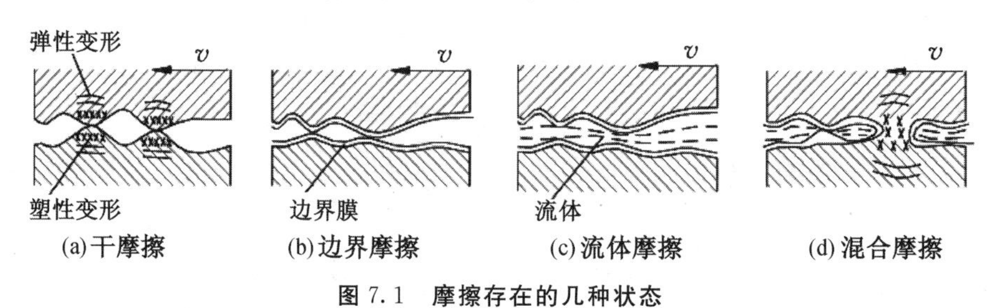

(a)干摩擦　(b)边界摩擦　(c)流体摩擦　(d)混合摩擦

图 7.1 摩擦存在的几种状态

7.1.1.2 摩擦的产生和润滑

即使是已抛光的模孔壁，表面仍然存在一定的粗糙度，钢丝表面也同样存在粗糙不平的情形。拉拔时，钢丝在模子的变形区将承受很大的法向载荷 N，即模壁对钢丝的正压力，因此会产生很大的外摩擦力 F，摩擦产生高温，导致局部接触点熔化而产生咬焊点。拉拔时在切向力的作用下，咬焊点被剪断、撕裂，于是表面发生滑动。这种咬焊与滑动交替的过程就是外摩擦过程，剪断咬焊点的剪力就是外摩擦力。

润滑的作用就是隔离两物体的界面，防止发生咬焊和磨损。

(1) 润滑作用的影响。

拉拔过程中润滑能减少摩擦，形成较多的流体摩擦，提高产品表面质量，延长模具寿命。影响润滑效果的因素包括润滑剂本身的性能，以及钢丝的变形程度、变形速度、拉拔温度、表面状态。其中关键因素是拉拔温度，因为高温下润滑剂会分解失效。

(2) 润滑方式和状态。

润滑分为湿式润滑和干式润滑。前者采用液体润滑剂，如皂液、油脂、乳化液等；后者采用固体润滑剂，如拉丝粉、肥皂粉、石墨、二硫化钼、消石粉等。

润滑状态主要有以下三种：

① 边界润滑：处于边界摩擦状态。其特征是润滑剂没有形成完整的流体膜，摩擦时表面之间普遍处于固体摩擦状态，润滑膜厚度仅为 0.1 μm。对于硬脂酸类的润滑介质，其分子中极性基因与钢丝接触而吸附在钢丝表面上，分子中的非极性基取向排列形成边界相，起着润滑的作用。当温度达到 200 ℃左右时，皂膜发生焦化、分解，从而丧失其润滑作用。

② 流体润滑：其特征是在钢丝与模孔的接触面之间被润滑膜完全分开，该膜似流体一样，连续而不断开，润滑效果相当显著。采用固体润滑剂时，通常使用压力模具以实现流体润滑状态。图 7.2 为一种压力模具，与两个拉丝模组合的压力模类似，根据隧道效应的原理，润滑剂在进入第一个模具或增压管的过程中压力逐渐升高，润滑剂在拉丝模中也会因温度升高而软化为流体，高压将润滑流体持续送入拉丝模，保持润滑膜的厚度，使润滑性能最佳。

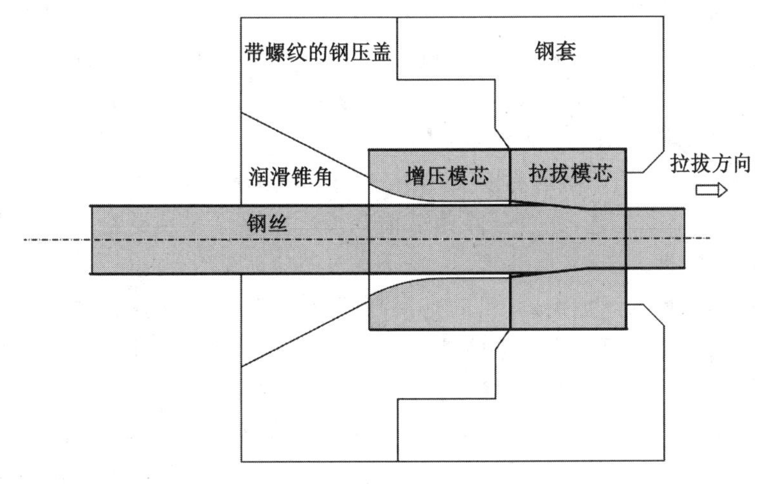

图 7.2 双模芯压力模的构成

③ 混合式润滑：当流体润滑膜的厚度不足以把摩擦时的表面完全分隔，局部有断续的固体摩擦时，称为混合式润滑。干式拉丝主要就是混合式润滑。

7.1.2 常用润滑剂的性能和种类

7.1.2.1 润滑剂的性能特点

(1) 吸附性：润滑剂能牢固地附在钢丝表面上。极性或具表面活性的润滑剂在钢丝表面上的吸附能力强，如金属皂、脂肪及脂肪酸。而矿物类的非极性润滑剂在钢丝表面上吸附能力弱，会被挤出而失去润滑作用。

(2) 耐压及耐高温：润滑剂要有一定的耐压耐温稳定性。拉丝变形时模具内润滑剂在拉丝模和金属表面之间常承受着非常高的压力。变形功转化为热量，产生较高的变形温度，润滑剂在高温下不能出现焦化、变质和结块，即应在物理和化学上保持稳定性。保证润滑剂性能的连续性体现在润滑剂的成膜厚度和均匀性上，并体现在它的极性及与钢丝的结合牢固度上。

(3) 延展性：润滑膜不仅能牢固地吸附在钢丝表面，而且还能随钢丝一起延伸变形而不破裂。对于层状结构的润滑膜，如层内分子结合力强，各层间分子的结合力弱，拉丝时润滑膜可分层滑移。润滑剂与钢丝仅靠物理或化学的吸附进行结合，润滑剂不能与钢丝基体发生化学反应，生成影响钢丝性能的化合物，并应无腐蚀性，因此要求它的化学稳定性好。

(4) 便于清除和安全性：易去除以满足后续加工应用的需要，不污染环境，对人体无害，使用时粉尘较少且易于保存。

7.1.2.2 常用润滑剂的种类和应用

(1) 固体润滑剂。

固体润滑剂用在两个相对运动的接触面间，用来减少摩擦与磨损。金属拉丝行业较多使用的固体润滑剂是金属皂类。

金属皂类又称肥皂粉或拔丝粉。其特点是可以形成较厚且延伸性较大的润滑膜，多道次拉拔时不破裂，能承受较大的压缩率和较高的拉拔速度。

金属皂类有以下几种：

① 钠皂：主要为硬脂酸钠，分子式为 $C_{17}H_{35}COONa$。填充料可以有碳酸钠、偏硅酸钠、硼砂以及特殊用途添加剂等。耐热，软化点为 260 ℃，可溶于水，易于清除。根据不同的表面处理情况，可适用于中高速的拉拔，以及后续工艺需要钢丝表面清洁时。

② 钙皂：主要为硬脂酸钙，分子式为 $C_{36}H_{70}CaO_4$。其特点是不溶于水，耐压、耐热（软化点为 150 ℃），延展性好，熔融后黏度大，故有较好的润滑性能。适用于对表面清洁要求不高，但对润滑要求较高的工艺，如机械除锈后前几道次普遍会采用钙粉来改善带粉效果，以保证后续拉拔的稳定性。

在润滑剂中加少量的添加剂，其目的是提高润滑性能，适应变速拉拔，以及某种特殊要求。添加剂分子与金属表面易生成极性基，以利于吸附在金属表面上，能与金属迅速地形成极性膜，该膜具有高熔点、高塑性、高稳定性。添加剂主要有四大类：

① 极压添加剂：又称极压剂，用于提高润滑剂在拉丝时高温、高压下的润滑性能。极压剂可以与高温、高负荷的钢丝表面反应，形成柔软、高熔点、低剪切强度的金属化薄膜，从而防止润滑膜破裂及金属接触面的咬焊现象。常用的极压剂有以下四种：

二硫化钼(MoS_2)：呈鱼鳞片状晶体，沿着分子层很容易产生滑动，于是把钢丝与膜壁的摩擦转变为二硫化钼内部的摩擦。其摩擦系数很小，约为 0.02，接近流体润滑。同时，它对钢丝及膜壁的金属面有较强的附着性，形成很薄的润滑膜，即形成耐接触压力高的极压膜。但是，使用温度不得高于 350 ℃，否则会在空气中发生氧化而被分解失效。

石墨：是耐高温的极压添加剂，温度可达 1 000 ℃，其结构为层状晶体，摩擦系数较小，在 0.12～0.2 之间。

二硫化钨：与 MoS_2 有相似的特性，使用温度在 510 ℃以下。

高分子化合物：如聚四氟乙烯、聚乙烯等。其特性是摩擦系数小，能承受高温，在变温时熔融，黏附性好，在－250 ℃～260 ℃之间性能不变化，也可作润滑剂，但价格贵。

② 油性改善剂：又称油性添加剂，包括高级脂肪酸、高级脂、胺等。油性是在工作面上形成润滑的能力。油性越高，其吸附性越好，亲合力越大。

③ 增稠剂：如纯碱、石灰、氧化锌等。

④ 防腐剂：用于防止钢丝基体锈蚀，如碳酸钠、磺酸盐等。

(2) 液体润滑剂。

顾名思义，液体润滑剂即润滑介质为液态的润滑剂，可分为水溶性润滑剂和油性润滑剂，水溶性润滑剂又可分为肥皂液和乳化液两类，如图 7.3 所示。

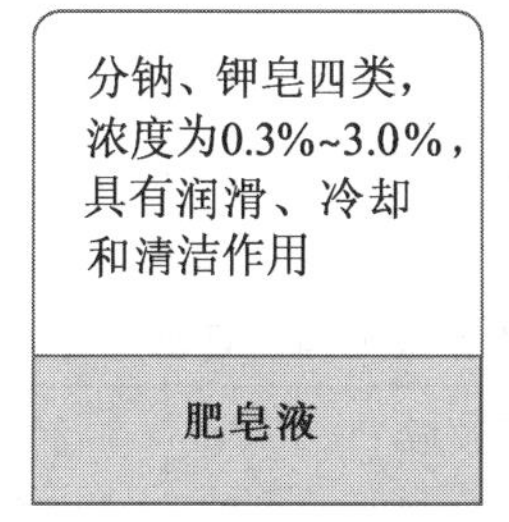

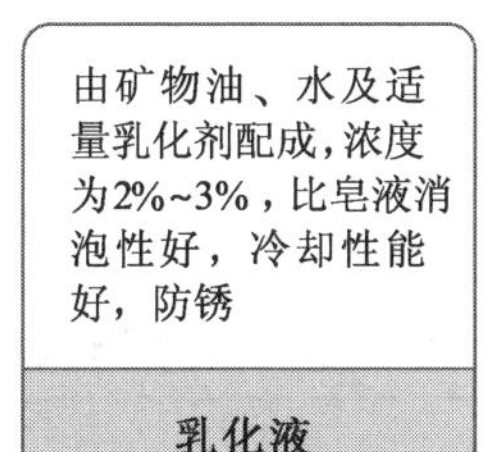

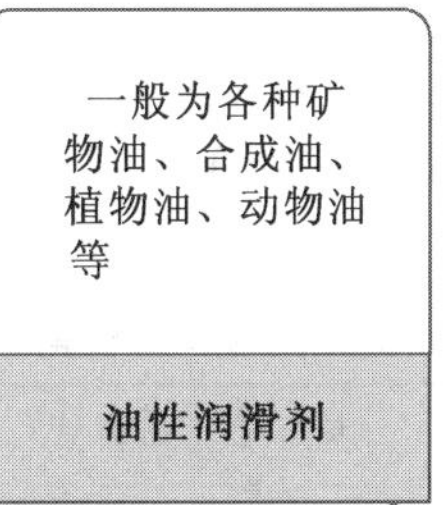

图 7.3　液体润滑剂

这三种液体润滑剂中，油性润滑剂的润滑效果最好，但与优秀的粉剂相比仍有差距。

液体润滑剂的添加剂有如图 7.4 所示的五类。

润滑剂	极压剂	消泡剂	乳化剂	杀菌剂
改善耐高压、高温性，稳定性及防腐蚀性质	有氧化石蜡、硫化油、磷酸二甲酚酯等	有金属皂、硅树脂	使乳化液性能稳定，长期放置不分离，可加入甲醇作乳化剂	使乳化剂不受细菌、微生物的侵害，可用酚类等

图 7.4　液体润滑剂的添加剂

(3) 半固体润滑剂——润滑脂。

润滑脂是由润滑油与金属皂或其他稠化剂制成的半固体润滑剂。由于其在拉拔中用量较少，本书不做详细介绍。

7.1.3　如何选择合适的润滑剂

如何选择合适的润滑剂，对生产工艺及产品质量至关重要。合适的润滑剂可以稳定和改善产品质量，提高生产效率，延长模具寿命，进而降低企业的生产成本。

润滑剂的选择需要考虑如下几个因素：

(1) 拉拔什么材料。

(2) 表面预处理方式。

(3) 拉拔的速度。

(4) 拉拔模链设计。

(5) 拉拔设备及冷却。

(6) 后续工艺要求(如清洁度)。

7.1.3.1 拉拔什么材料

润滑剂的选择与拉拔材料有关。由于拉拔材料成分不同，在变形过程中的加工硬化速度及发热量也不尽相同，对于高碳钢、低碳钢、不锈钢以及有色金属就需要选择不同的拉丝润滑剂。

将高碳钢与低碳钢做比较，在拉拔条件相同的情况下，高碳钢较低碳钢更难变形，且产生的热量更多，需要尽量选择能够承受较高工作温度和压力的润滑剂，必要时还需要配合压力模具以增强润滑性能。

拉拔铝包钢时因需采用有窄缝的增压管，润滑剂粉末要足够细才能进入间隙，从而形成足够的润滑压力。

7.1.3.2 表面预处理方式

表 7.1 概括了各种金属表面预处理方式，并且根据不同的表面预处理方式推荐了润滑剂种类。

表 7.1 不同表面预处理方式、对应的应用领域及推荐润滑剂种类

表面预处理方式	应用领域	润滑剂种类
酸洗＋硼砂	弹簧丝、镀层丝等	选用钠粉较多
酸洗＋石灰	弹簧线、冷镦线	常选用钙粉、钠粉
酸洗＋皂液	弹簧线、冷镦线	常选用钙粉
酸洗＋磷化＋硼砂	预应力线、弹簧线	钙粉、钠粉均可
酸洗＋磷化＋石灰	预应力线、弹簧线	钙粉、钠粉均可
酸洗＋磷化＋皂液	预应力线、弹簧线	钙粉、钠粉均可
弯曲机械除锈＋旋转钢刷	冷镦线、预应力线、镀层线等	选用钙粉较多
弯曲机械除锈＋在线酸洗＋硼砂(非反应型涂层)	钢帘线、胶管线、弹簧线等	常用钠粉
砂纸打磨＋水清洗	焊丝、镀层线	钙粉、钠粉均可
砂纸打磨＋水清洗＋涂层	焊丝、镀层线、弹簧线等	常用钠粉
抛丸处理等	易切削钢、冷镦线等	油、钙粉

不同的预处理技术产生不同的金属表面，涂层不仅能保护金属变形过程中的表面，还能提供不同的携带拔丝粉能力。无涂层的机械除鳞表面为光滑的金属表面，在固体润滑剂中运动时对粉的携带能力较弱，润滑表现较差；而有涂层的粗糙表面靠摩擦力能更强地携带拔丝粉，进入模具的拔丝粉流量更高，润滑效果更好。

7.1.3.3 拉拔的速度

所有润滑剂都是在一定温度范围内表现出最佳的润滑效果，温度太低和太高都不利。

随着拉拔速度的提高，单位时间变形发热增多，在冷却能力不能同步提升的前提下，更多热量会积蓄在钢丝中，因此钢丝温度上升，部分热量会由钢丝传递给润滑剂。对于固体润滑剂来说，温度上升可能导致更容易进入焦化状态，进而润滑恶化；对于液体润滑剂，会降低润滑剂的冷却钢丝能力，也可能进入润滑性能下降的区域。

图 7.5 所示的 Stribeck 曲线展示了润滑膜厚度与速度、黏度以及模压的关系。可见，在一定速度范围内增速可以改善润滑，超过一定速度之后改善能力上升就减缓了，润滑剂黏度的影响类似，模具受到的压力相反，即降低压缩率有利于提高润滑膜厚度，提高润滑效果。钢丝携带润滑剂进入模具，低速时润滑不好，提高速度能提高钢丝携带润滑剂速度，但到一定高速度后需要采用压力模等辅助技术来改善润滑。

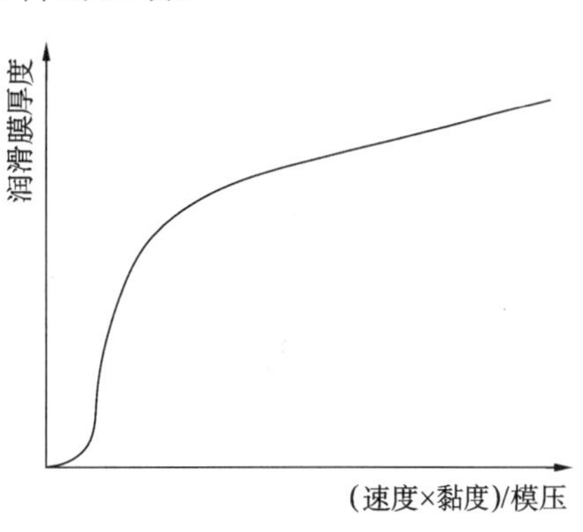

图 7.5 Stribeck 曲线

7.1.3.4 拉拔模链设计

模链设计（即配模设计）也会对润滑剂的选择有影响。比如，低碳钢焊丝盘条从 5.5 mm 拉到 2.2 mm，不同厂家因设备情况不同而选用 6～8 道次不同的模链设计，道次多的每道压缩率低，单次变形发热功率更低，同机器同等速度下润滑剂温度会更低，或者同样的润滑温度下 8 道拉拔的速度可以比 6 道更快。根据图 7.6 还可以知道，压缩率降低可以提高润滑效果。模链设计还影响到工作锥对粉的携带效果，大压缩率拉拔时如果钢丝充满了大部分或全部工作锥，润滑剂携带效果会下降。

7.1.3.5 拉拔设备及冷却

拉拔变形时，90%以上形变能量会转化为热量，因此如何确保变形过程中处于高温状态的钢丝得到充分冷却，以及润滑剂在有效的温度范围内发挥其最佳润滑性能至关重要。所以，除了原材料、表面处理方式以及模链设计等因素外，拉拔设备及冷却性能也是至关重要的影响因素。同样的润滑剂进行完全相同的拉拔时，不同性能的机器也会表现出差异。

从润滑控制的角度考虑，干式拉拔时离开卷筒的钢丝温度控制标准如下：

不超过 60 ℃：非常好。

60 ℃～70 ℃：好。

70 ℃～80 ℃：可以接受。

80 ℃～90 ℃：太高。

高于 90 ℃：糟糕。

7.1.3.6 后续工艺要求

一般来讲，拉拔后续工艺会对前面的拉拔提出不同程度的要求，要综合评估现有工艺和设备条件，以及成本和生产效益等诸多方面因素，最终选择合适的润滑剂。

下面简单列举几种不同应用要求通常选择的润滑剂方案：

(1) 对于拉拔结束后需进行镀层处理的，一般拉拔过程中选用钠基润滑剂，比较容易清洗，一般适用于钢帘线、镀锌线、气保焊丝、胶管丝等。

(2) 对于后续处理无特殊表面清洁要求的，则根据自身的需要选择钙粉、钠粉均可。

(3) 对于冷镦线，国内由于存储时间较长，多选择钙粉，因钠粉易吸潮且不易于存储。但对于特殊要求表面以及设备等，也有选择钠粉以满足特殊要求的，如减少对冷镦设备的污染，表面光洁度要求更高等。

(4) 对于不锈钢弹簧钢丝，应选择优质专业牌号润滑剂，以获得尽可能均匀稳定的残留润滑层。

7.1.4 润滑膜厚度的控制

润滑膜厚度指拉拔后钢丝表面的残留膜厚度。膜厚说明润滑好，但对于需要做镀层处理或清洁交付的产品则需要控制膜的厚度。

影响残余膜厚的皂粉特性及外部因素见表 7.2 和表 7.3。

表 7.2 影响残余膜厚的皂粉特性(数据为举例)

皂粉特性	加厚因素	减薄因素
脂肪含量/%	30	75
脂肪酸冻点/℃	60	35
增稠剂/%	70	25
极压添加剂	加	不加
皂粉类型	钙基	钠基
颗粒度	细	粗

表 7.3 影响残余膜厚的外部因素(数据为举例)

外部因素	加厚因素	减薄因素
盘条表面	粗糙	光滑
硼砂/(g/L)	200	50
石灰/%	12 (三次浸泡)	2
磷化/(g/m^2)	21	3
线温/℃	70	260
拉拔速度/(m/min)	90	900
采用压力模	较多用	不用
采用粉夹	较多用	不用
工作锥角	8°～12°	14°～18°
定径带长度/%	20	80

拉拔润滑剂残余量按如下类型顺序逐渐上升：

拉丝油→拉丝油膏→油脂高的钙基粉→油脂高的钠基粉→油脂低的钙基粉→油脂低的钠基粉。

残留膜厚的调节方法见表 7.4。

表 7.4 残留膜厚的调节方法

实现厚残留润滑剂膜的方法	实现薄残留润滑剂膜的方法
施以厚的预涂层	施以薄的预涂层
使用低脂肪含量的润滑剂(填充料多)	使用高脂肪含量的润滑剂
使用高滴点润滑剂(高熔点 FA)	使用低熔点润滑剂
添加极压剂	不加含钼、硫材料
使用钙基润滑剂	使用部分或全部使用钠基润滑剂

7.1.5 在用润滑剂的管理

在用润滑剂应妥善管理以保持功效。

7.1.5.1 拔丝粉的管理

在用拔丝粉的管理要点:及时补充,及时清渣,防止形成隧道,防潮和更换。

及时补充就是要确保拔丝粉覆盖钢丝,有规律地添加补充。及时清渣指清除过多的硬块以维持粉的流动性。防止形成隧道就是防止拉空,如果很容易拉空应排查粒度配比或受潮问题。拔丝粉受潮有一个很简单的检查方法,就是用手抓捏,成球状不散就是太潮湿了。对于高要求的拉拔,如铝包钢,应定期换粉以避免杂质对拉拔产生有害作用。

7.1.5.2 润滑液的管理

对润滑液进行管理是为了保持其润滑功能在期望的范围内,主要应控制如下要素:

(1) 浓度:应根据供应商建议控制润滑液浓度,根据监测结果及时补充。

(2) 温度:润滑液使用以后会吸收钢丝的热量,润滑系统应能及时带走热量,保持润滑液温度不至于太高。温度控制标准要征询润滑液供应商的建议。刚启动时如果润滑液温度偏低,润滑效果会差一些,可以暂时关闭循环,等液体温热后再开启循环。

(3) pH:液体润滑剂长时间使用之后 pH 会下降,因不允许出现酸化现象,可以少量添加烧碱使润滑液保持在中性到弱碱性范围。

(4) 清洁度:润滑液在使用过程中会吸纳钢丝表面脱落的磷化膜或金属镀层摩擦脱落微粒,它们不仅污染润滑液,使润滑性能恶化,还会堵塞在入模口,减少有效润滑液的进入。如果前面用了拔丝粉润滑,还有钢丝携带的粉末进入润滑液中,包括这种粉在拉拔过程中形成的碳化颗粒,也会堵塞模具的入口。金属碎屑及脱落的磷化膜还会堵塞模具,引起拉毛或断丝。管理清洁度的方法就是沉淀和去渣,最简单的技术是单台机器定期除渣,如果有循环系统,系统容量应让液体有足够的沉淀时间,定期在沉淀池中捞渣,当然也可以安装过滤系统。

对于拉丝厂的润滑液通常需要配置一套或多套循环系统,系统要具备足够的冷却、除杂质、浓度调配、废液收集或处置、机台供液、液体回流等功能。

7.1.6 润滑剂的评价

试用新的润滑剂时需要一套标准的评价方法,从职业健康、环保、润滑效果及拉拔后效果等多方面评价,以确定其适用性。

(1) 职业健康:干粉或液体润滑材料都不应有刺鼻异味,不能有有毒物质或在使用时产生有毒气体,不应含重金属,不易致过敏或瘙痒。

(2) 环保:废润滑剂应避免含有重金属等有毒物质,如果无法避免,应按危险废物处置。

(3) 润滑效果:

通用要求:润滑效果主要表现在保持均匀稳定的产品表面,没有剧烈摩擦的痕迹(如发白、拉毛、镀层脱落)，模耗较低，保持期望拉拔速度情况下产品质量满意。

对于拔丝粉：第一道出模口带出较多有韧性的粉渣块是正常的，正常速度下干拉卷筒底部钢丝温度不超过 160 ℃，模盒内不会快速产生大量的硬块，不易拉出隧道空洞，出模口润滑剂不焦化(也与冷却效率有关)，钢丝表面残余粉末均匀。

对于润滑液：没有摩擦噪声(叫模)是必需的，正常管理条件下润滑效果不会快速变化。

(4) 拉拔后效果：润滑剂不应使拉拔后的钢丝易生锈，有一定的防锈能力更好；用于拉拔准备上镀层钢丝的拔丝粉应易于去除，具有溶于水的特性(硬脂酸钠)。

(5) 其他：拔丝粉的含水率不应超过 2%，低于 1%更好，日常快速检查方法是用手抓捏，粉团自然散开就没问题。湿拉润滑剂不应大量起泡，应较为耐用，不易变质发臭。如果拉拔速度一样，质量相近，还可以综合吨消耗、单价和微细质量差异去比较成本效益。

7.1.7 润滑剂的发展趋势

未来润滑剂的发展将不仅追求高性能，还会朝着更为绿色环保的方向发展，如无硼、无磷、无硫、无亚硝酸盐、无氯化石蜡等。国外龙头企业在多年前就投入开发，已推出具有高性能的环保产品；国内企业以仿制为主，在技术水平上存在差距。国内企业必须加大这方面的投入，以缩短与国外同行在研发、质量管理以及环保方面的差距。

由于环境卫生安全保护法越来越严格，同时出于对企业效益和成本的考虑，越来越多的企业开始选择更环保的生产方式，如越来越多的预应力、焊丝等企业开始尝试由酸洗除锈转变为机械除锈方式以减少环保压力，这个变化对润滑剂的选择提出了更高的要求。

几家常见国外润滑剂企业的网址如下：

www. condatcorp. com

www. lubrimetal. com

www. traxit. com

7.2 温度控制

第三章中介绍了钢丝拉拔过程中发热导致的应变时效脆化的危害，钢丝温度过高还会影响润滑效果，因此在生产过程中管理因塑性变形及摩擦产生的热量是很重要的。现代生产技术不断追求更高的生产效率，常采用更高的速度及其他方式去实现，这必然需要采用更好的技术控制温度(或者说管理热量)。

7.2.1 拉拔发热温度的计算

1954 年，诺曼·威尔逊在论文《钢丝连续拉拔的冷却》中提出 90%的拉拔能量转化为热量，这样发热功率可以采用如下公式计算：

$$Q=0.9Pv \tag{7-1}$$

其中，Q 为发热功率(W)，P 为拉拔力(N)，v 为速度(m/s)。

$$\begin{aligned}\Delta T &= \frac{\text{拉拔功转化的热量(kJ/s)}}{0.465\ \text{kJ/(kg·K)}\times\text{金属流量(kg/s)}}\\ &=\frac{P\times v\times 0.9\times 0.8/1\,000}{0.465\times m}\\ &=\frac{0.001\,548\,Pv}{m}\end{aligned} \tag{7-2}$$

其中,m 为拉拔过程中的金属流量(kg/s)。这个计算公式没有考虑到摩擦发热,而摩擦发热对钢丝表层温度有明显影响。

按照经验假定20%的发热量被模具冷却系统带走,高碳钢的比热容为0.465 kJ/(kg·℃),那么出模钢丝的温度升高量就可以计算出来。表7.5列出了按照这种方法计算出的温升值,0.82%C的索氏体化材料从6.5 mm拉拔到3.80 mm,各道次的温升值列在最后一行,7.1.3.5节中给出了钢丝离开卷筒的钢丝温度控制标准,所以大致上卷筒冷却能力应实现50 ℃的降温,高速拉拔要降温到100 ℃,卷筒冷却水的温度和流量设计可以借鉴这个思路,必要时再辅以风冷,如果有直接水冷就很容易实现钢丝温度的控制。

表7.5 高碳钢丝拉拔发热导致温升的计算

道次	0	1	2	3	4	5
线径 d/mm	6.5	5.85	5.2	4.65	4.2	3.8
压缩率 r/%		19.0%	21.0%	20.0%	18.4%	18.1%
抗拉强度 TS/MPa	1 180	1 267	1 364	1 456	1 540	1 622
拉拔力 P/N		13 997	12 828	10 571	8 572	7 311
速度 v/m/s	1	1.23	1.56	1.95	2.40	2.93
金属流量/(kg/s)		0.260	0.260	0.260	0.260	0.260
发热速率/(kJ/s)		12.44	14.43	14.87	14.78	15.40
温升/℃		103	119	123	122	127

表中拉拔力采用如下克拉希里什柯夫计算公式计算:

$$P=0.6\times\frac{\text{进线强度}+\text{出线强度}}{2}\times\text{出线直径}^2\times\sqrt{\text{压缩率}(\%)} \tag{7-3}$$

在一般拉拔条件下,低碳钢丝拉拔一道次平均温升为60 ℃~80 ℃,而高碳钢则达到100 ℃~160 ℃。

从上述公式可以看出,增大钢丝屈服强度、压缩率和模角都会提高拉拔发热量,而摩擦发热温度与屈服强度、摩擦系数、压缩率及拉拔速度正相关,与线径及模角负相关。

摩擦发热仅限于一定厚度的表层,厚度计算公式为:

$$b=2.44\sqrt{\frac{l\lambda}{vc\delta}}=2.44\sqrt{\frac{\pi\lambda(1/\sqrt{1-R}-1)d_i^3}{8Vc\delta\sin\alpha}} \tag{7-4}$$

线径越粗,摩擦发热深度越深;速度越快、角度越大,摩擦发热深度越浅。西安冶金建筑学院在1991年的研究论文中采用有限元法计算了拉拔温升,结论是摩擦发热仅影响半径的1/6深度,内部的温差不大,表层温度可达内部的一倍以上,极端情况下会导致摩擦马氏体出现在钢丝表面。因此,减少发热的途径就是控制摩擦发热过程。

意大利人Angelo Zinutti提出了更简单的拉拔温升计算公式,这个两边量纲不一致的简易公式适合于碳钢:

$$\Delta T(℃)=18.2\%\times\text{拉拔应力}(\text{N/mm}^2) \tag{7-5}$$

7.2.2 如何减少发热

要控制温度或管理热量,首先要考虑如何减少发热。拉拔热量的构成包括以下两部分:

(1) 变形发热：材料成分、强度、组织及变形量确定时拉拔变形发热是不改变的，只能通过避免产品强度超出需要太多去减少发热，即避免使用过高的总压缩率或避免过高的进线强度。

(2) 摩擦发热：拉拔材料必然有摩擦发热，摩擦发热取决于摩擦系数、钢丝与模具之间的压力，钢丝与模具间的热传导不能改变发热速度，但可以影响钢丝的温度，减轻发热的后果。

减少摩擦发热首先考虑如何降低摩擦系数，摩擦系数取决于钢丝的表面状态及润滑剂。钢丝表面的氧化皮必须清除干净，并最好有一个耐温且有润滑功能的表面涂层，还能增强钢丝表面携带润滑剂的能力。根据钢丝及工艺技术的不同，表面涂层可以是磷化膜、软金属镀层、硼砂、硼砂替代物甚至高分子材料等。

润滑剂的选择也会影响摩擦系数。前面已经介绍过润滑剂在拉拔过程中的功能，这样的润滑剂可以是钙基或钠基的硬脂酸盐与添加剂的混合物(拔丝粉)，也可以是拉丝油或乳化液等。需要注意的是，模具的设计和组合会影响润滑剂的带入速度，将润滑剂以稳定且足够快的流量带入模具可以减少摩擦发热，因为润滑量不足会导致润滑失效。

模具冷却方法会影响润滑剂的表现，因为温度过高会导致润滑能力下降甚至失效。

减少模具对钢丝的压力可以减少摩擦发热，方法就是避免使用过高的变形量(压缩率)，配模设计请参考第四章相关内容。

7.2.3 如何带走部分拉拔热量

拉拔变形及摩擦产生的热有三种去向：① 传递给模具冷却水；② 传递给卷筒冷却水或润滑液，如果有风冷则还包括风；③ 残留在产品中自然散热到空气中。高温不仅会影响产品，还会影响模具寿命和润滑剂表现。

带走拉拔热量有如下两种冷却技术：

(1) 模具冷却：干式拉丝机的模具系统都包含水冷设计，钢丝发热后热量收线传递给拉丝模，模盒中有流动的冷却水接触模具，将热量带给水，升温的水送到冷却塔再降温。模具冷却水腔密封后可以实现高流速的压力冷却，提高冷却效率。为保持热交换效率，模具修复时应注意除锈、除垢。

对于湿拉技术，润滑液就是模具及产品的冷却介质。润滑液不断带走热量，因此润滑液也需要冷却。

在湿拉变形过程中，除了模具之外，接触钢丝的还有润滑液，因此及时带走润滑材料的热量也是控制钢丝温度的途径之一。控制方法是用一种介质与润滑介质交换热量，达到降低润滑剂温度的目的。通常是给液体润滑材料建立一个循环回路，其中包含了冷却润滑剂的过程，采用水冷热交换器、风冷冷却塔或高筒自然冷却等方式。采用干粉润滑时，没有一种非常有效的拔丝粉降温方法，除第一道外，避免加粉过多影响散热速度是一种操作经验，干拉实际上主要依赖模具冷却及钢丝在卷筒上的冷却。

(2) 卷筒冷却：干式拉拔将热钢丝缠绕在拉拔卷筒上许多圈，在钢丝缠绕通过卷筒期间与水冷的卷筒发生热量交换；还可以在卷筒下设计风冷通道，通过对钢丝吹风带走一些热量，不过因为风冷会导致扬尘，通常应尽量避免使用。预应力钢绞线行业使用的1200大机器拉拔发热功率高，采用风冷是必要的措施。

卷筒内部防锈：干拉机卷筒内壁生锈会显著降低热交换速度，因此设备厂可采用镀锌铝合金或镀镍的方式防锈，避免卷筒内部生锈。定期除垢或对冷却水进行防垢管理也有利于维持设备冷却能力。

干式拉拔的卷筒内冷却水流量经验设计计算方法如下（来自一家意大利公司的计算经验：

$$F=\frac{P\times 60\times N}{1\ 000} \tag{7-6}$$

式中，F 为冷却水流量（m^3/h）；P 为拉拔电机功率（kW）；N 为拉拔卷筒数量。

某国外公司的另一种设计水流量（L/min）数字上大约等于卷筒直径（mm）的 10%，如 400 mm 卷筒（壁厚仅 10 mm）的设计水流量为 40 L/min。

7.3 变形控制

钢丝的拉拔变形是要获得一个尽可能稳定的尺寸质量，避免内部裂纹，对于弹簧钢丝还需要控制钢丝圈的形态，这些都是变形控制。

7.3.1 变形速度和角度

拉拔变形速度不仅取决于机器速度，还与模具有关。小角度模具变形段更长，同样线速度下变形速度就更慢。

超过机器功率限制后会“拉不动”，表现为皮带打滑，超过设计力矩，减速机寿命会缩短。设计拉拔工艺时应掌握机器参数，在机器能力范围内配模。对于干式拉拔需要考虑从第一道起，后面几道能承受的力矩逐渐降低，如最后几道拉拔拉力太高就可能会出现启动都困难的问题，因为启动是相当于无润滑条件的拉拔，所需力矩比计算得到的力矩要大得多，运动钢丝带动润滑剂流动后润滑状态建立，这时拉拔力才会下降。

钢丝拉拔力的计算在 3.4.5 节中有介绍。

对于特殊钢丝而言，具有粒状珠光体组织的碳素钢丝和具有铁素体组织的合金钢丝，其拉拔力远低于 3.4.5 节中公式的预测结果；而具有奥氏体组织的钢丝，其拉拔力远高于 3.4.5 节中公式的预测结果。在实际运用中应根据材料的显微组织对拉拔力计算值进行修正，粒状珠光体钢丝的修正系数一般取 0.65，铁素体钢丝的修正系数一般取 0.70，奥氏体钢丝的修正系数一般取 1.4。

考虑到启动力矩较正常运行要大约 1.4 倍，测算的拉拔力矩应小于机器能提供的力矩除以 1.4，见式（7-7）。通过式（7-6）可以计算拉拔力，如果 n 道次的电机输出力矩是 T_n，减速机速比是 K_n，机械传动效率为 η，卷筒直径为 D_n，那么拉拔工艺应满足式（7-7）。

$$P_n\times\frac{D_n}{2}\leqslant\frac{T_n\times K_n\times\eta}{1.4} \tag{7-7}$$

按照功率限制提出式（7-8），用这个公式可以确定速度上限。

$$P_n\times v_n\leqslant \text{电机额定功率}\times 80\% \tag{7-8}$$

式中，v_n 为第 n 道的钢丝出模速度（m/s）。

限制拉拔速度的另外一个要素是钢丝温度的限制及工艺冷却条件，3.4.3 节中介绍了过热导致的有害时效现象。对于干拉机器，卷筒底部的钢丝温度不能超过 160 ℃，超过就应该降速，或者改善冷却后根据温度来调节速度。

模具工作角度也会影响变形速度。减小角度，则同样压缩率的变形会在更长的工作锥中完成，在线速度不变的情况下，变形就更加缓慢，这是对材料有利的趋势，但角度太小会导致钢丝充满整个工作锥，又会影响润滑剂的带入。

钢丝的真实应变用进出直径之比的自然对数表示，见式(7-9)，应变速率公式见式(7-10)。

$$\text{真实应变 } \varepsilon_n=\ln(d_{n-1}/d_n)^2 \tag{7-9}$$

$$\text{应变速率 } \alpha_n=\frac{\ln(d_{n-1}/d_n)^2\times v_n}{l_n} \tag{7-10}$$

上述公式中，d_n 和 d_{n-1} 分别为 n 道次拉拔的出线及进线直径(mm)，v_n 为拉拔速度(m/s)，l_n 为该道次钢丝变形所占用的工作锥长度(m)，参考图 7.6 及其计算公式(7-11)。

$$l_n=\frac{d_{n-1}-d_n}{2\times\tan\alpha} \tag{7-11}$$

上述公式中的 α 为拉丝模的工作锥半角，l_n 应小于工作锥的长度，以确保润滑剂在工作锥前段可以被挤压进入变形区。

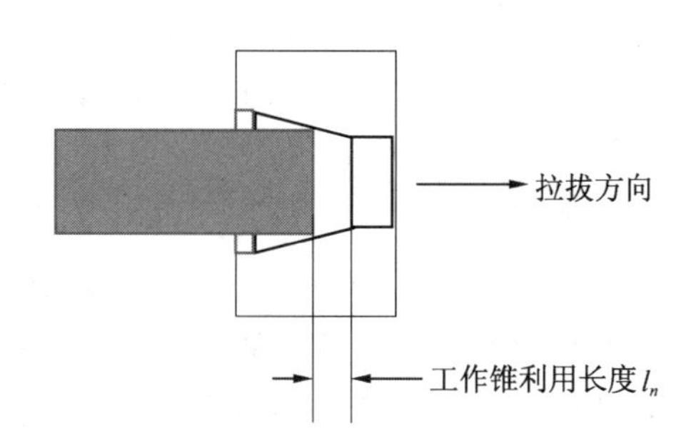

图 7.6 拉拔工作锥的占用长度

图 7.6 中变形区还有一个变形条件特征值 Δ，定义为变形区平均高度与长度之比，计算公式如下：

$$\Delta=\tan(\alpha\times\pi/180)\times\frac{(1+\sqrt{1-r})^2}{r} \tag{7-12}$$

式中，r 为拉拔压缩率，压缩率计算公式见式(3-2)。

低 Δ 值对应小角度和高压缩率，高 Δ 值对应大角度和低压缩率。增大 Δ 值会加大拉拔时钢丝表面与心部拉力的差异，一般应尽量避免 Δ 值大于 2，以减小拉拔断丝的趋势。美国的 Roger N. Wright 博士提出，Δ 值超过 3 就有尖锥形断裂[或称中心破裂(CB)]的风险。工作角度偏大会增加出现尖锥形断裂的趋势，过大时即使好的材料也会出现这种断丝。表 7.6 列出了按照式(7-12)测算不同压缩率与模具工作锥半角组合的结果，可以看出 3.5°～4.5°适应压缩率范围较宽，7°只适合大压缩率拉拔。采用小角度拉拔应避免变形区完全充满整个工作锥，这样对润滑不利。

表 7.6 不同模具工作锥半角与压缩率组合计算的 Δ 值结果

模具半角	压缩率						
	10%	12.5%	15%	17.5%	20%	22.50%	25%
3.5°	2.32	1.83	1.51	1.27	1.10	0.96	0.85
4.0°	2.66	2.10	1.72	1.46	1.25	1.10	0.97
4.5°	2.99	2.36	1.94	1.64	1.41	1.24	1.10
5.0°	3.32	2.62	2.15	1.82	1.57	1.37	1.22
6.0°	3.99	3.15	2.59	2.19	1.89	1.65	1.46
7.0°	4.66	3.68	3.02	2.56	2.20	1.93	1.71

7.3.2　流体润滑拉拔

对于难变形金属、无拉拔涂层金属、铝包钢线，流体润滑或压力润滑会起到很重要的作用，通过压力模来实现压力润滑。压力模是美国通用电气公司在 20 世纪 40 年代为拉拔难变形金属发明的技术。

压力润滑也称为流体动力润滑，这是因为润滑压力的形成有其流体力学原理“隧道效应”。图 7.7 所示为一个简单的压力润滑模型，高速运动的金属线将润滑剂带入“隧道”，在金属线表面形成了一个由外到里逐渐升高的润滑压力，压力与拉拔速度、润滑剂黏度及增压管长度成正比，与间隙成反比。长的增压管会给钢丝涂覆一层较厚的润滑剂(皂粉)，常用于拉拔铝包钢。而拉拔钢丝经常用到更简单的压力润滑系统，由两个拉丝模组合而成，第一个拉丝模比线径略大一些，相当于一个短的增压管，图 7.2 为同样原理的双模芯压力模。

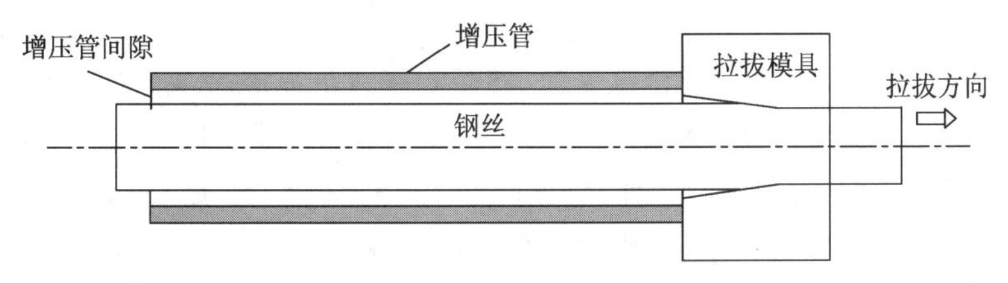

图 7.7　增压管压力润滑原理

在狭窄隧道中，运动钢丝会带起一定厚度的前行皂粉流，达到一个前方几乎完全堵塞的空间，相当于不断泵送流体进入一个狭窄空间，因此里面的压力会升高到一个很高的水平，迫使部分皂粉黏附在钢丝表面从模具中挤出，起到了很好的润滑作用。

还有一些和上述原理类似的促进润滑的技术，如模盒中加装类似螺杆泵原理的推送润滑剂装置，或者用夹住钢丝的滚轮组带动皂粉朝模口流动。

式(7-13)为苏联出版的《拉丝理论》一书中有关流体润滑拉拔时模具内垂直钢丝轴线的径向应力(压力)计算公式。

$$\sigma(x)=C\frac{x\eta(g-b\mu)v}{g^{3}} \tag{7-13}$$

式中，C 为取决于操作过程及其他条件的固定系数，x 为计算压力位置与增压管入口的距离，η 为润滑剂的平均黏度，g 为增压管与钢丝的单侧间隙(mm)，b 为出口润滑膜的厚度，μ 为该道次的延伸系数，v 为钢丝出模速度。

由于钢丝表面状态及皂粉黏度的限制，离开钢丝表面一定距离后就没有前行的皂粉流，如果模具间隙大到一定程度就有皂粉回流的通道，产生倒粉泄压现象。如果增压管有单侧磨损，也会产生一个倒粉的通道。倒出的皂粉会结块，因此会产生一定的浪费，也可能堵塞间隙降低润滑效果，缩短模具寿命。实践中可以用约为线径 10％的间隙，但这还取决于皂粉的特性、钢丝表面状态及增压管的长度，要以润滑效果为衡量标准，不出现拉毛和延长模具寿命是管理压力润滑的最终目标。

在普通模具中，工作锥前段就起到了类似增压隧道的作用。如果工作锥长度不足，就会使金属充满整个工作锥而缺少带粉锥角，导致润滑不足。

7.3.3　异常变形

异常变形是指对产品减径以外的变形。例如：

(1) 钢丝轴线与模具中轴线不同心(为控制圈径的有意偏离除外)。

(2) 非预期的挤压变形。

(3) 高张力导致的屈服。

(4) 非预期的弯曲变形。

(5) 过度的扭转等。

(6) 局部高摩擦导致的变形。

异常变形是否有害与产品的特性要求有关。例如,弹簧钢丝希望形成一个稳定均匀的圈,如同优质的弹簧般;对于需要绞合加工的钢丝,稳定的圈型意味着均匀的残余应力,对于绞合阶段钢丝绳或绞线的成型控制也是有利的。规避不利变形需要在路径设计、机器设计、安装和设定过程中采取措施,有时也适度利用异常变形获得所期望的结果。

对上述六类异常变形介绍如下:

第一类:模具与钢丝同轴性问题造成的非对称变形。这类问题的来源如模盒的偏斜、拉丝模压制时的偏心、主轴问题导致卷筒晃动、卷筒积线过低有时造成进线角度周期性波动、模具定位不准。非对称变形会导致钢丝横截面上变形程度及残余应力的不均匀分布。实践中不可能完全避免这种非对称变形,而是要针对产品应用去控制,避免在后续应用中产生问题。对于弹簧钢丝,非对称变形被利用于保持一定的圈型。弹簧钢丝需要残余应力均匀分布的特性,圈型不稳定会影响弹簧成型的稳定性。对于绕在工字轮上的产品,如果自由圈之间的距离很大,断丝或操作未抓住头部时会出现乱丝现象。在卷筒上收卷成品线时,适度调整模盒,利用非对称变形钢丝可以获得所期望的圈径。对于需要低残余应力的产品,应尽量减少非对称变形,使钢丝的自由圈径较大、圈距较小。实现这一点除了需调整模盒之外,还可以利用矫直器,通过在两个互相垂直平面上的滚轮反复弯曲减少残余应力。

钢丝轴线如果与模具中轴线偏离较多,可能出现钢丝贴紧拉丝模工作锥一侧的现象,这样会导致这一侧润滑严重不足,降低拉拔质量和模具寿命。

第二类:钢丝之间的互相挤压导致残余应力均匀性变差,损害卷筒收线的弹簧钢丝圈型。挤压如果是不持续不均匀的过程,对残余应力比较均匀的钢丝会引入一些局部的波动,应予以避免。避免有害挤压应主要从卷筒钢丝爬升段的截面轮廓及卷筒表面粗糙度入手。首先卷筒表面要光滑且均匀,让钢丝能顺利稳定地爬升,轮廓要适应钢丝冷却收缩速度以免不同高度的钢丝张力产生差异,因此钢丝爬升降温段卷筒直径要逐渐缩小。对于钢丝40 ℃的降温,如果卷筒直径保持不变,张力会增大 90 MPa,0.18°的角度就能适应钢丝的收缩,但钢丝还需要更大角度去克服爬升摩擦力,拉丝机卷筒的角度大约在 1°~2°之间。

第三类:屈服变形。高张力导致钢丝屈服是一种极端的异常变形,是钢丝受力超过屈服限导致颈缩甚至断裂的现象。导致张力这么高的因素如干式拉丝机故障导致不同道次之间的速度不协调,湿拉配模偏离机器能力,压力润滑拉拔时压力过高导致拉拔应力超过屈服限。拉拔铝包钢的时候如果压力过大,比普通钢丝更容易出现屈服导致的竹节状。

第四类:弯折问题。钢丝拉拔过程中不可避免地有弯曲过程,但成品路径上过度的弯曲变形会损害冷拔弹簧钢丝的圈型品质,有时会导致波浪状,这对弹簧钢丝卷簧稳定性有害。对于要挤压包覆铝层的钢丝来说,小的弯折就会导致钢丝在挤压模具很小的间隙中刮擦。

湿拉设备如果停机时有倒车现象,会在出模口产生一个轻度的弯折。

第五类:扭转变形。除了放线过程中出现的打结造成局部强烈扭转变形外,拉丝过程中较少因扭转变形造成生产或质量问题。钢丝在机器上的正常缠绕过程就会产生扭转现象,但是这种扭转产生的扭角很小，造成的变形基本可以忽略。在放线过程中要重视扭转问题。对于软质金属，包括热处理状态的钢丝，线卷上抽放线造成的扭转对品质不会有什么影响，只需要有防止乱丝的手段。冷拔高强度的钢丝一般应尽量顺着线性展开放线，如工字轮旋转放线、线架在转台上放线。如果采用上抽放线，则应安装一个矫直器，消除放线过程中钢丝的强烈扭曲，避免打结等乱丝现象。

第六类：如果模具内某个方向缺少润滑剂，或局部涂层缺少，或模具破裂，或导轮导辊不转动或方向匹配不对导致刮擦等，局部的高摩擦力会导致钢丝在一个带状区产生高摩擦变形，这种区域会相对更硬，甚至出现裂纹。

7.3.4 拉拔过程中的振动和竹节纹

在干式拉拔过程中，钢丝出现振动，严重时钢丝表面同时出现竹节纹并不罕见。出现竹节纹的钢丝产品质量都有问题，因为一段段偏白的区域是周期性润滑恶化的结果。从出模口到钢丝接触卷筒点之间的钢丝为振动弦，振动的根本原因是张力波动，相关分析见图7.8。线径越小、速度越快、弦越长或钢丝屈服强度越低，越容易产生竹节纹。

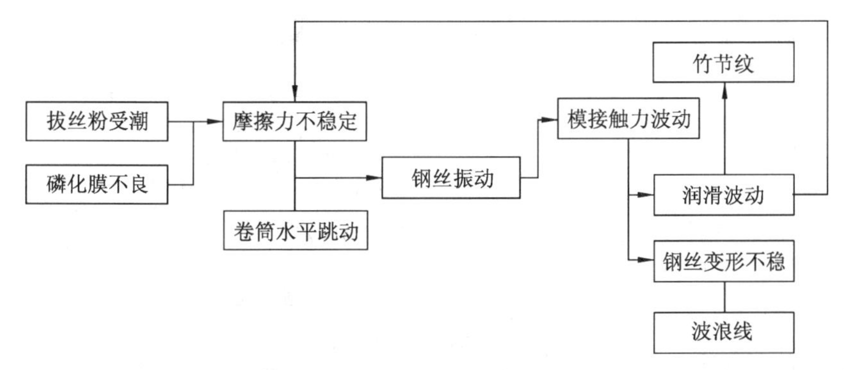

图7.8 钢丝振动的原因及后果

避免振动的常见措施是在离开模具不远的钢丝上加一个阻尼辊，吸收振动能量，控制了振动幅度就控制了振动的不良后果。传统操作经验是在出模钢丝上压一根钢管或挂一根链条，作用是一样的，不过传统方法不适合制高品质的钢丝。对于很细的钢丝可能没有合适重量的压辊，可以用软金属线缠绕在类似位置上，也能起到同样的作用。

有了阻尼措施不是说就可以忽视那些导致摩擦力不稳的因素，因为严重时阻尼措施也无法解决问题。振动的表现还与拉拔速度及自由段长度有关。

7.4 表面质量控制

钢丝表面质量要求分为三类：

第一类是产品标准对表面质量的要求，如缺陷深度限制、镀层质量要求等。比较常见的是对脱碳层深度的要求及一些目视可见缺陷的限制。对于制作高应力下及动载应力下工作部件的钢丝材料，对冶金缺陷及擦伤深度尤其要严格控制。镀层质量由镀层类型和单位面积重量或厚度决定。

第二类是从客户应用中识别出的要求。例如，冷镦材料需要耐深度变形的磷化膜，有的客户买钢丝要拿去镀锌、镀镍，又不希望很难清洗，这些在标准中都不会明确规定，需要在和客户交流过程中去确定，要了解清楚客户的清洗能力。

第三类是适应生产加工过程的表面质量要求。例如，准备拉拔的钢丝有适合拉拔的磷化涂层或替代涂层质量要求，需热水脱脂的钢丝只能用钠基皂粉拉拔等；铝包钢用的商品钢丝初期都要酸洗干净再交货，以便适应铝包钢快速短暂的磷酸洗＋水洗工艺，甚至还需要在复绕过程额外增加一次清洗，有了砂带打磨技术后带氧化皮供应也没有问题。

做好钢丝表面质量控制之前，首先要识别表面质量要求的类型和具体要求，然后再找到解决办法。

第一类要求可从产品标准中找到，通常通过控制原材料质量和生产过程去实现。

第二类要求要从客户应用工艺中识别，通过过程控制技术去实现。

第三类要求要从内部工艺中去识别，这类要求通常产生于产品要求和工艺技术的要求，可以采用过程失效分析方法找到控制办法。

表 7.7 列出了部分钢丝表面质量要求及控制方法。

表 7.7　钢丝的表面质量要求及控制方法

类型	钢丝表面质量要求	常用表面质量控制方法
1	钢丝缺陷深度	选择质量稳定的钢厂，严谨评估新厂质量； 进厂目视及金相检验控制，剔除问题材料； 避免整个内外物流过程的擦伤； 采用扒皮工艺，适合要求很高的阀门弹簧钢丝
1	钢丝脱碳层深度限制	选择脱碳质量控制稳定的钢厂； 盘条进厂抽检； 热处理停车线去除，控制炉膛气氛
1	铝包钢无脱铝问题	钢芯清洁干燥无油； 保持铝杆清洁、无损伤及直径公差稳定； 包覆过程各关键参数的控制
1	钢丝不能生锈	酸洗质量控制，避免残酸和残留过多氯离子； 适合客户时涂防锈油； 用气相防锈纸包装； 密封干燥包装； 防指纹腐蚀、汗水腐蚀及包装料氯离子腐蚀
2	弹簧钢丝卷簧过程的送线稳定	保持稳定的钢丝粗糙度，避免使用重腐蚀盘条； 保持均匀的磷化膜； 保持较好的清洁度； 不锈钢丝镀镍
2	涂环氧前钢丝表面易清洁	轻磷化或水溶性磷化替代技术； 钠基皂粉润滑
2	钢丝光洁度要好	不用严重腐蚀的盘条； 良好的酸洗和涂层； 采用油脂类或液体润滑剂； 采用辊模钢丝较清洁，但限于大批量生产不换规格
2	保护卷簧过程中的钢丝表面	保持一定的磷化膜残余量，保护接触面； 适量用防锈油，降低摩擦

续表

类型	钢丝表面质量要求	常用表面质量控制方法
3	钢丝拉拔前的润滑准备	磷化参数控制及膜重控制，或替代涂层的妥善使用； 无预涂层的要有高效的皂粉涂覆技术
3	用于镀锌的钢丝要易脱脂	钠基皂粉拉拔或湿拉工艺
3	铅淬火钢丝不挂铅，会导致酸洗后拉拔时局部发亮	控制氧化状态，避免钢丝过度氧化； 适当覆盖技术，控制液铅的氧化； 避免过高铅温，无铅泵铅锅尤其容易出问题； 避免在铅锅中刮伤钢丝
3	产品清洁度	湿拉、擦拭、清洗、减薄防锈油层或用水溶性防锈油

第八章 钢丝的热处理

钢丝热处理的最终目的或是为了获得一定的力学特性，或是为了获得后续加工或应用所需的工艺特性。热处理过程由加热升温、保温和冷却三个阶段组成，每一过程都有其特定目的。升温是为了达到组织转所需的温度。保温是为了实现组织的完整转变和均匀化等，如碳钢及多数合金钢的奥氏体化、不锈钢等材料的固溶、低温处理的应力释放或淬火组织转变为回火组织。冷却过程的目的有两种：一种是为了控制冷速完成组织转变，如碳钢钢丝的索氏体化热处理、油淬火钢丝的马氏体转变过程；另一种只是为了降温，如退火后的冷却、不锈钢固溶后的冷却等。

本章重点介绍索氏体化热处理，然后是退火、淬火-回火、回火处理、正火及不锈钢热处理等。热处理相关的基础理论见本书第三章的 3.1 节和 3.3 节，有兴趣深入学习的非材料专业者还可以阅读有关金属学和热处理的专业书籍。

8.1 索氏体化热处理

8.1.1 历史

英国人詹姆斯．豪斯福尔(James. Horsfall)19 世纪中期(1854 年)发明了一项钢丝热处理技术“铅淬火”。当初其作为专利(patent)技术发布，又称为派登脱(patenting)处理或韧化处理。现在派登脱处理指所有类型的获得索氏体化组织的热处理。有些钢厂在盘条生产线上用盐浴、水雾等技术实现产品质量接近铅淬火的索氏体化处理，这种技术被称为 DP (direct patenting)。

8.1.2 定义、应用、分类和优点

(1) 定义。

索氏体化热处理是将线材加热到 A_{c3} 以上的温度，使之先转化为奥氏体组织，保温一段时间，充分溶解碳原子，随后在熔融的铅、盐、碱、沸水或沸腾粒子等恒温介质中进行冷却和保温，获得索氏体组织的工艺过程。索氏体化热处理通常也称为等温淬火处理。

(2) 应用。

索氏体化热处理是钢丝行业常用的热处理工艺。目前国内大多数金属制品厂家采用的等温淬火介质为熔融的铅，所以行业也习惯把索氏体化处理称为铅淬火处理或铅浴处理，也有用熔盐或淬火液作为淬火介质的，俗称盐浴淬火或水浴淬火。

索氏体化热处理在钢丝生产中被广泛地用作拉丝前或拉丝过程中的热处理，其主要目的是为了获得塑性良好、片层间距较小的索氏体组织，这种组织提供优异的深度拉拔性能、很好的强韧性和较好的耐疲劳特性。所以，索氏体化热处理广泛应用于生产高性能高碳钢丝产品，如桥梁缆索钢丝、胎圈钢丝、钢帘线、钢丝绳、高性能碳素弹簧钢丝(如琴钢丝)等。

另外，当总拉拔变形量接近热轧盘条拉拔极限时，如 5.5 mm 高碳钢盘条拉拔 1.40 mm 以下线径时，难度会增大，优质材料在良好的拉拔条件下可以继续拉拔到 0.90 mm 左右，再拉拔就需再进行一次索氏体化热处理，消除加工硬化并获得适合拉拔的组织。

(3) 分类。

索氏体化热处理按照处理对象分为如下两类：

① 盘条索氏体化热处理。控冷热轧盘条索氏体化率明显低于热处理盘条，因为部分粗大珠光体组织的存在降低了拉拔极限。通过这种热处理可以提高拉拔总压缩率以获得更高强度，或兼顾耐疲劳特性等。

② 半成品索氏体化热处理。其目的是消除冷拉钢丝的加工硬化，恢复适合深度拉拔的索氏体组织，同时有可能获得比盘条热处理更细的晶粒，有利于提高疲劳性能。如果钢材不断冷拉，抗拉强度升高的同时变形能力(塑性)不断下降，总变形量达到一定程度后无法顺利拉拔，断丝概率会上升。通过这种热处理可以使变形成纤维状的组织恢复成未变形的索氏体，重新获得深度拉拔能力。

(4) 优点。

① 强度和韧性兼备，综合力学性能好，适合生产高强度碳素钢丝，强度可达 3 000 MPa 以上。

② 有优异的冷加工性能，能承受最高达 98%的减面率拉拔，见表 8.1。

③ 冷加工硬化系数大于有其他碳钢组织的钢丝，见表 8.1。

表 8.1　不同组织状态的碳素钢丝冷拉性能比较

牌号	热处理方式	显微组织	抗拉强度/MPa	冷加工强化系数 1%减面率抗拉强度上升值/MPa	极限减面率/%
70	索氏体化处理	索氏体	1 150	8.6	98
	正火	索氏体＋片状珠光体	934	8.3	90
	再结晶退火	粒状珠光体＋少量片状珠光体	661	7.3	85
	球化退火	3 级粒状珠光体	554	6.6	85
45	索氏体化处理	索氏体	884	7.7	98
	正火	索氏体＋片状珠光体	775	6.9	90
	再结晶退火	粒状珠光体＋少量片状珠光体	554	6.6	90
	球化退火	3 级粒状珠光体	474	6.1	90

④ 索氏体组织具有良好的耐磨性。制绳用钢丝如索氏体化工艺不当，生成先共析铁素体，或因表面脱碳形成铁素体，都易造成钢丝绳早期局部磨损，成为安全隐患。

(5) 由于有超细的片状组织，拉拔成纤维状后对于提高最终产品的疲劳寿命非常有益。钢丝中如有游离铁素体，其疲劳寿命会成十倍甚至上百倍的下降；如有贝氏体或马氏体存在，则疲劳寿命会成百倍甚至上千倍的下降。

(6) 索氏体组织对氢脆的敏感性低于其他组织。

(7) 索氏体组织对缺口和应力腐蚀的敏感性低于其他组织。

(8) 铅淬火＋冷拉可获得纤维化的索氏体组织，具有这种组织的钢丝退火后可获得碳化物充分弥散分布的细粒状珠光体，特别适合进行冷顶锻、冲眼、研磨等精细加工。

8.1.3 加热技术

索氏体化热处理采用的加热技术包括电接触加热(卡电式加热炉加热)、马弗炉加热及燃气明火炉加热等。

8.1.3.1 电接触加热

电接触加热通过直接给钢丝供电,因钢丝电阻发热而实现加热。固态接触无法实现可靠的供电,而通过液态金属给钢丝供电是很可靠的。这种热处理方式,由于钢丝是采用其本身的电阻发出的热量加热,因此具有加热速度快(每秒 30 ℃~180 ℃)、晶粒度细、热效率高(达 80%)、*Dv* 值高、钢丝表面质量高(氧化、脱碳少)、长度仅需 2~4 m 等优点。其缺点是同炉处理的钢丝直径不能相差太大,因为加热段电阻的差异太大会造成线温差异大,调速的作用是非常有限的。

(1) 工艺应用实例。

电接触热处理的工艺流程如图 8.1 所示。2020 年,贵州钢绳股份有限公司仍在使用此技术。

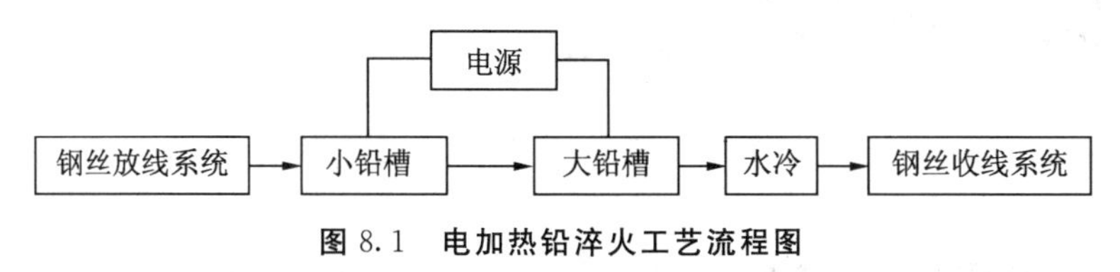

图 8.1 电加热铅淬火工艺流程图

在这个流程中,钢丝要连续通过两个铅液槽,第一个为供电用小铅槽(接触槽),第二个大铅槽为淬火槽(习惯上也叫大铅锅),以两个槽液为电极通电就能让钢丝发热升温,随着温度逐渐升高,完成奥氏体化和均匀化之后进入大铅锅淬火,组织转变成索氏体。加热温度通过调节电压来进行控制,电压越高,则加热温度越高。调整收线速度可以起到一定的调节作用,必须确保奥氏体化时有足够时间完成碳化物的溶解。

使用电接触加热方式进行钢丝热处理时,重点控制的工艺参数有:接触槽温度(预热温度)、加热温度(线温)、大铅锅温度(淬火温度)及收线机的收线速度,即常称的"三温一速"。预热温度和淬火温度均可靠电阻加热管加热保持在工艺要求范围内,线温靠加在预热槽和淬火槽间钢丝上的电压(即二次电压)来实现。直接导电加热铅淬火工艺可参见表 8.2。

表 8.2 直接导电加热铅淬火工艺制度表

钢丝直径/mm	钢丝加热温度/℃	铅槽温度/℃	热处理速度/(m/min)
6.5~5.5	940~1 000	530~550	8.50
5.4~4.6	940~1 000	530~550	9.50
4.5~3.7	930~990	530~550	10.50
3.6~3.4	930~990	530~550	11.50
3.3~2.7	920~980	530~550	12.09
2.6~2.2	910~970	540~560	13.170
2.1~1.7	900~960	540~570	14.50

(2) 电接触加热设备。

直接导电加热装置一般都用熔融金属为触点,这样很可靠,不会产生火花灼伤钢丝的问题。接触槽对钢丝还起到一个预热作用,因此接触槽也可称为预热槽。淬火槽除了作为触点之外,还起着淬火的作用。其中上线架、分线架及接触槽(导电槽)均应对地绝缘,其他部分则均应接地。

(3) 接触槽中的熔融金属。

接触槽中的熔融金属可采用如下几种：

① 纯铅：加热温度为 400 ℃～500 ℃。铅较便宜，来源也很广，因此用得很普遍。但由于其熔点比较高(327 ℃)，熔解及保温过程消耗电能相对较多。

② 铅合金：为降低接触槽金属的熔点(从而可降低接触槽的加热温度)，可往铅中加入合金元素，一般常用的有：

a. 铅铋合金：55%铋+45%铅，熔点为 124 ℃，加热温度约为 150 ℃。

b. 铅锑合金：13.5%锑+86.5%铅，熔点为 247 ℃，加热温度为 275 ℃～300 ℃。

c. 铅锡合金：61.9%锡+38.1%铅，熔点为 183 ℃，加热温度约为 210 ℃。

8.1.3.2　马弗炉

马弗炉分为孔砖式马弗炉和钢管式马弗炉两类，是钢丝奥氏体化连续加热炉的一种传统形式。这种炉子在炉膛中有耐火孔砖或耐热不锈钢管，钢丝从管道中穿过，管子上部为燃烧室，热量透过孔砖或钢管加热钢丝，热能通过高温管道的辐射传递给钢丝。

图 8.2 所示是一种孔砖式马弗炉，炉内燃烧室底部铺有马弗孔砖，形成穿过整个长度的孔道，钢丝在孔内行走，与火焰隔绝而被间接加热。燃气马弗炉下部一般为烟道。这种炉型的燃料可以是天然气、煤气、煤炭、油或电。由于能效低于 20%及生产效率低，采用孔砖的技术现在已经被其他技术替代。由于穿钢管时可采用保护气体，加上电加热可以实现很均匀的加热，钢管式马弗炉仍在一些产品上使用。

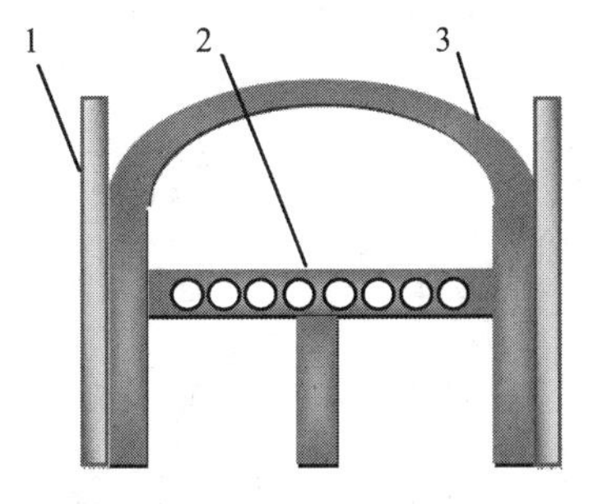

1—炉体；2—马弗孔；3—炉砖

图 8.2　孔砖式马弗炉横断面图

8.1.3.3　明火炉

明火炉是将钢丝直接通过燃烧室的加热设备，具有能效高和同样炉膛长度加热速度更快的特点。

明火炉一般按三个区分段控制，即预热段、均一段和均二段。预热段一般采用大功率弱氧化气氛以确保充分燃烧，并且可烧掉后续加热段过来的残留燃气。这个阶段钢丝温度不高，不用担心脱碳问题。均一段一般采用轻度还原气氛或正好平衡的气氛，均二段则采用轻度还原气氛以控制好钢丝表面的氧化。均二段如果是氧化气氛则很容易产生钢丝挂铅的缺陷，如果送风过多会产生较多的氮氧化物，而且线温会下降。

明火炉按照送风方式分为冷态燃气-空气预混和废气预热空气送入烧嘴两种，后者有节能的优势，前者有燃烧均匀性略好的优势。有的设计在第一、二区采用预热空气，第三段采用预混技术。

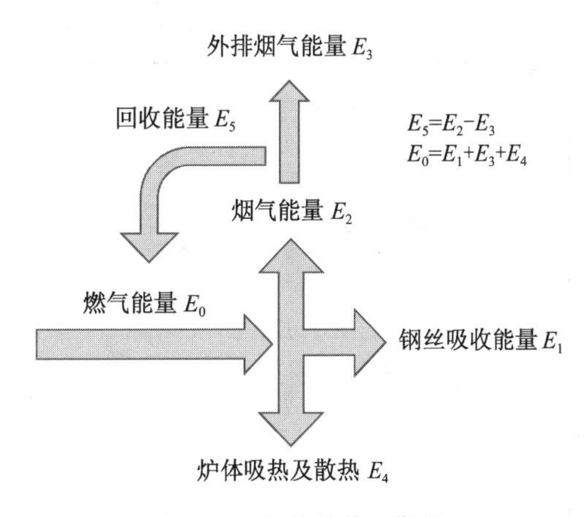

图 8.3　加热炉热平衡图

图 8.3 为明火加热炉的热平衡图，节能技术包括燃气直接加热钢丝、优良的保温设计、利用预热系统回收部分废气热量(E_5)等。空气预

热技术在烟道出口安装一个管式热交换器，用送进烧嘴之前的风吸收废气热量，使进入烧嘴之前的空气温度达到 400 ℃以上，排烟温度可降低到 300 ℃以下。

图 8.4 是我国钢丝热处理中广泛采用的一种燃气明火炉外观图。现代明火炉可以通过计算机较精确地控制每组烧嘴的空气燃气比例，实现期望的加热气氛；根据测温及流量监测反馈控制燃烧功率，以获得要求的炉膛温度；通过烟阀的调节控制炉膛压力，一般保持在 10 kPa 左右。控温精度较高的炉子炉温精度可以控制在±2 ℃，同时由于炉内气氛控制更合理、更精确，钢丝氧化烧损率小于 0.15%。明火炉的能效与设计、实际装炉量与设计装炉量之比、停炉频繁程度及排烟温度的实际控制水平有关，实际能效大约在 35%～65%之间。

图 8.4　钢丝燃气明火加热炉图(无锡新科供图)

表 8.3 比较了不同炉型的优缺点。

表 8.3　不同炉型的优缺点比较

炉型	优点	缺点
电接触加热设备	速度最快，晶粒度小，能效最高，占地小	只能同时处理直径接近的钢丝
孔砖式马弗炉	操作简单，投资低	能效低，速度慢，炉膛温差大，氧化皮厚，钢丝强度散差大
钢管式马弗炉	操作简单，电炉温度均匀性好	能效较低，速度慢，钢管易堵塞
明火炉	能效高，速度快，均匀性好	投资较高

8.1.3.4　*加热计算用参考数据*

表 8.4 是摘自 ROI 公司热工技术手册的参考数据，再根据效率数据就可以用来计算加热常用碳钢所需能耗量。

表 8.4　钢材从室温加热到一定温度所需能量

温度/℃	所需能量/(W·h/kg)	
	含碳 0.08%～0.45%的钢	共析钢
100	6.7	7.0
150	13.9	14.2
200	20.9	21.7
250	28.5	29.3
300	36.2	37.2
350	44.1	45.2
400	52.3	53.7

续表

温度/℃	所需能量/(W·h/kg)	
	含碳 0.08%~0.45%的钢	共析钢
450	61.1	62.5
500	70.2	71.8
550	79.9	81.5
600	90.2	92.0
650	101.2	102.8
700	113.0	114.4
750	128.9	144.8
800	142.2	153.5
850	154.2	162.1
900	165.5	170.7
950	174.6	179.6
1 000	183.6	188.3
1 100	202.0	205.4
1 200	220.4	223.8
1 300	238.9	242.8

8.1.4　淬火技术

钢丝的淬火可以用熔融的铅、盐、沸水或沸腾粒子等恒温介质，以实现索氏体化转变。

8.1.4.1　铅淬火技术(lead quenching)

(1) 早期的技术。

淬火槽中铅液是不流动的，无铅液循环泵和降温装置，这种铅锅的入口区因烧红钢丝不断进入温度较高，缺乏冷却条件时铅温可以达到 700 ℃以上，这会产生粗大珠光体组织，而且容易挂铅。离钢丝出炉口大约 1.5 m 的测温点铅温通常设置控温参数为 480 ℃~490 ℃，未接触过老式铅锅的人常不理解温度为什么这么低，因为他们忽视了在这之前是变温区而不是恒温区。如果钢丝速度太快，就很容易在组织转变完成之前进入低温区，产生贝氏体组织，而且老式铅锅技术入口区域热量过剩，后段需要持续加热，浪费能源。

为获得接近理想的转变温度，最早采用的控温技术是在铅液中加装无缝钢管，通冷水冷却。有了冷却，就可以限制高温区的最高温度，获得比较理想的索氏体化组织，钢丝周围的铅温度迅速下降，大约在 550 ℃~660 ℃的区间完成组织转变。

(2) 现代技术。

从 20 世纪 90 年代引进欧洲铅淬火设备开始，国内企业逐渐应用了铅泵，实现了铅液的循环流动。铅液流动方向有两种：一种是源自 FIB 的从后端抽冷铅在钢丝入口区横向多点喷出，吸热后的铅液向后流动，经过布满风冷管的区域降温后又回到铅泵的吸入口；另一种是在钢丝入口区将热铅抽到末端，逆钢丝方向喷出，经过布满风冷管的区域降温后流到入口区冷却钢丝，吸热后又被铅泵吸入管道。两类设计都采用两台铅泵。如果冷却能力不够，钢丝进入区域还可以增加一个水冷或风冷管道。采用铅液循环技术后，不仅能获得大范围的理想转变条件(550 ℃～600 ℃，按钢种选择具体范围)，有效控制钢丝的组织和力学性能，适应高速生产，而且有效地利用了钢丝热量，降低了能耗，还因为消除了高铅温区而减少了铅烟和铅消耗。

(3) 铅锅的热平衡。

图 8.5 为铅锅热平衡关系图，可以帮助分析节能潜力，$E_1+E_5+E_6=E_2+E_3+E_4$。其中，E_4 由工艺参数决定，占铅锅吸收能量的 60%以上。采用循环泵后，E_5 较低。要节能通常需要有效利用 E_2，如将热风用于表面处理之后的烘干，这已经大量被采用。E_4 部分除了在空气中散发一部分外，大部分都传递给冷却水，转化为水蒸气和热水，这部分也有利用潜力。

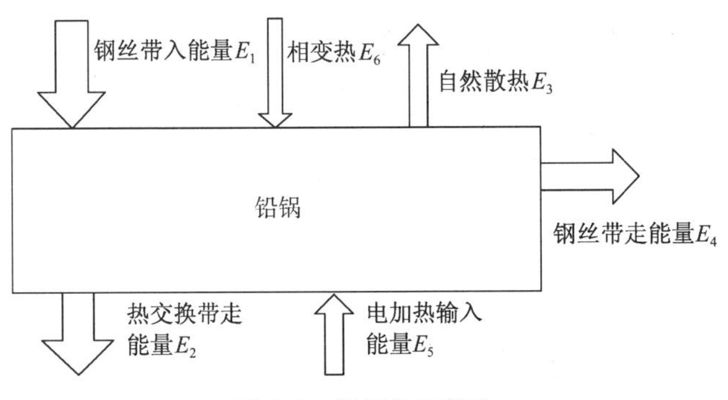

图 8.5 铅锅热平衡图

假定一个炉子每小时产量为 2 t，钢丝出铅锅温度为 560 ℃，水冷到 20 ℃，按温差及高碳钢比热容计算，淬火能量释放的速度折算相当于 160 kW 功率。按表 8.4 计算的共析钢从室温加热到 900 ℃所需有效功率为 340 kW，在不考虑炉膛效率的前提下，加热后钢丝能量的 47%要在钢丝出铅锅后失去，大部分通过水冷过程吸收，转化为水蒸气。

(4) 铅锅结构。

铅锅常采用 25 mm 钢板焊接而成，可采用电加热或燃气烧嘴加热熔解铅，钢丝入口区域和出口区域各有一组压辊，使高温钢丝在铅液中水平行走，完成组织转变。

铅锅结构按铅流动方式可分为三种结构类型：

① 最老的铅锅不带铅泵，在钢丝入口区域下部横向布设冷却水管(无缝厚壁管)，利用冷却水带走铅液从钢丝上吸入的热量，使钢丝的冷速达到索氏体化转变所需速度，得到索氏体组织。冷却水管在横向的冷却能力从入口到出口是逐渐下降的，铅液在水管附近温度较低，在钢丝附近温度很高，能量过剩，而铅锅的出口端又需要加热才能保持温度，造成能量浪费。这种铅锅装备技术条件下生产的钢丝均匀性比较差，而且容易因过快冷却而出现贝氏体组织。

② 带铅泵的铅锅，铅液从出口端抽吸，在入口端横向多个口中喷出，流向出口端过程中经过成组的风冷管道，完成降温过程后再流到铅泵抽吸区域。

③ 第三种也是带铅泵的铅锅，铅液流动方向相反，热铅液在入口端被抽吸，通过侧面的管道送到出口端，出口端铅液流向入口端，也通过风管区域冷却。

铅锅通常布设两个热电偶，一个靠近入口端，另一个靠近出口端。第一种铅锅热电偶测出的温度比钢丝周围的温度要高几十摄氏度，有铅泵的铅锅就差别极小。

按照健康规范，铅锅生产时铅液要全部被覆盖，出入口可以采用控制铅尘的覆盖剂及保温材料。含铅废物要严格按照危废来管理。

8.1.4.2　流化床淬火技术(quenching in fluid bed)

沸腾粒子炉（沸腾床或流化床）的基本原理是依靠一定速度的气流，使固体颗粒层流态化（颗粒层浮动，并具有流体运动的特性），如图 8.6 所示。例如，在一隔热容器中装入一定直径的细小锆砂（ZrO_2）、刚玉（Al_2O_3）或石英砂（SiO_2）等固体颗粒，再从容器底部可透气的绝热板的细孔中通过速度适当的气流。这时，固体颗粒即被气流翻起，全部处于悬浮的运动状态，形成一个固体颗粒呈悬浮运动的空间，如同液体沸腾（故又称沸腾床）。当底部通入燃气和空气的混合气时，可依靠煤气在流化床中燃烧使流化的粒子层（即流态层）具有一定的温度。这样流态层就可供热处理的加热或者作为冷却介质。

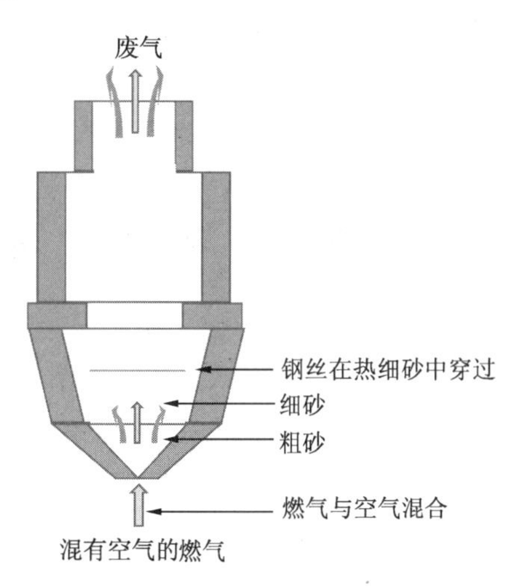

图 8.6　流化床示意图

由于流化床内固体粒子流态化，粒子处于不断的搅拌和流动中，若利用固体颗粒在该状态下传导热量，则其传热速度相当于普通炉子的 10 倍左右，即接近铅槽或盐槽的传热速度。流态层具有流体的一些特征（流动性、水平性、低黏性等），但不是流体（无熔点、沸点、黏着性等）。因此，采用流化床来取代铅浴淬火，既可消除粗钢丝的温度梯度，又不会出现挂铅等缺陷。

流化床不仅可作为钢丝索氏体化处理的冷却介质，还可用作钢丝奥氏体化的加热炉。目前实际在用的流化床极少。

8.1.4.3　水浴淬火技术(aqua quenching)

铅淬火产品虽然有优异的性能，但其中用到的铅会带来一定的环保风险。因此，大家除极力控制铅尘外，还积极开发清洁环保的替代技术，如在一部分产品上成功应用了水浴淬火技术。

(1) 原理。

纯水淬火冷速过快，容易产生硬脆的马氏体组织。沸水的冷速较合适，使加热后奥氏体化的钢丝在蒸汽膜的保护下，通过蒸汽膜在水中进行散热，从而得到适合于钢丝索氏体化处理的冷却速度。但是蒸汽膜的稳定性不够，如果气泡破裂，高温钢丝就和水直接接触转变为硬脆的马氏体。

实际在用的水浴淬火加了添加剂（肥皂、硬脂酸、石蜡皂或商品淬火介质如羧甲基纤维素等）并需保持在合适的温度。钢丝进入水浴淬火液后，高温作用使水在钢丝表面立即形成大量的气泡，气泡环绕覆盖着钢丝，使钢丝在密封环绕的气泡内被冷却。水中添加的高分子化合物使溶液的表面张力加大，气泡就不容易破裂。

如图 8.7 所示，在钢丝沸水淬火工艺过程中，高温金属浸入静止水中的冷却过程可分为五个阶段：Ⅰ为冷却初期阶段，Ⅱ为稳定的膜沸腾阶段，Ⅲ为不稳定的膜沸腾阶段，Ⅳ为核沸腾阶段，Ⅴ为对流传热阶段。水的冷却能力以Ⅳ阶段最强，Ⅲ阶段次之，Ⅱ、Ⅴ阶段最小；Ⅰ

阶段冷却虽快，但作用时间太短，对冷却能力影响不大。水中一般添加商品化淬火介质以调整淬火特性。

据研究，当水温升高时，Ⅰ阶段时间缩短乃至消失（如水温 80 ℃以上时将不出现这一阶段），而且会使不稳定膜沸腾阶段在较低温度时出现，即图中上临界点 $T_K^{上}$ 下降，同时又会使核沸腾阶段也有较低的温度下出现，亦即下临界点 $T_K^{下}$ 下降。

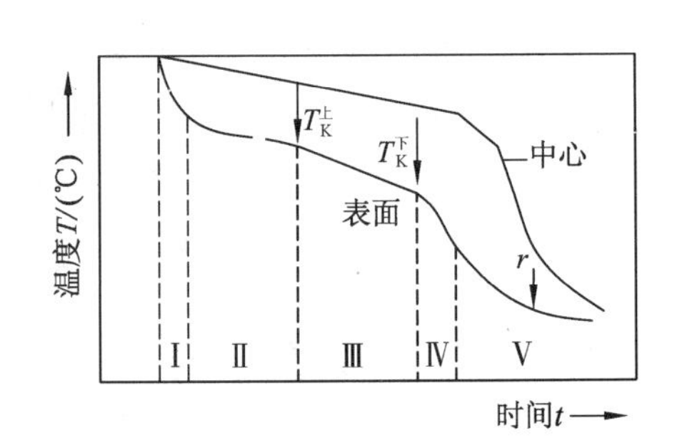

图 8.7　高温金属浸入静水中的典型冷却曲线示意图

（2）导致蒸汽膜不稳定的因素。

① 淬火液温度太低。

② 浸液时间太长。

③ 钢丝周围的淬火液太强。

④ 钢丝周围的淬火液沸腾了。

⑤ 钢丝表面太粗糙（氧化亚铁过多）。

⑥ 淬火液中固体颗粒过多。

⑦ 其他化学品降低了蒸汽膜与水的界面张力（如硼砂浓度过高）。

（3）双段式水浴淬火。

由于水浴淬火钢丝质量不稳定，在金属制品企业中未能得到广泛运用。但是，其清洁环保的优点又吸引着人们不断去研究和优化这一工艺，较多的科技工作者致力于金属线材类制品水浴淬火工艺及设备的前沿化研究和使用，研究出了双段式水浴淬火。

如图 8.8 所示，钢丝的双段式水浴淬火有 2 个水浴工作槽，3 个工作段：水浴工作槽 1（WT1）、工作槽 1 与工作槽 2 之间的空气段（AIR）和水浴工作槽 2（WT2），完成水冷—空冷—水冷 3 个过程。

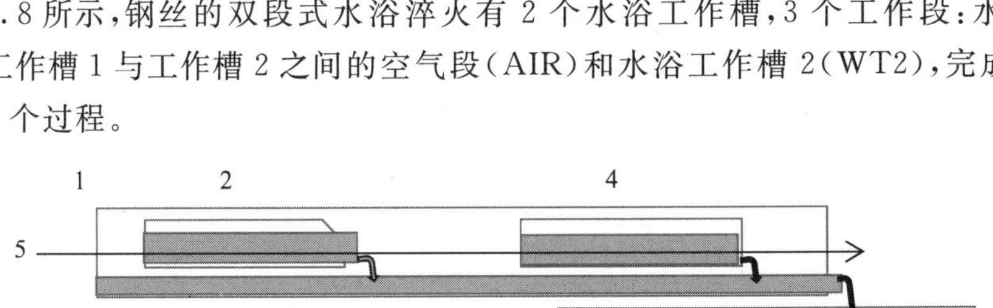

1—外槽；2—淬火槽 1（WT1）；3—淬火液；4—淬火槽 2（WT2）；5—钢丝

图 8.8　双段式水浴淬火工作段

① 双段式水浴淬火的工作过程：钢丝在 WT1 中的组织是过冷奥氏体，在 AIR 中开始会出现索氏体化转变，由于相变放热及芯部热量朝表面扩散，在靠近 WT2 处出现钢丝变红现象，进入 WT2 中会得到更多的索氏体，出 WT2 后钢丝组织转变过程基本结束，最终得到以索氏体为主的钢丝。水浴淬火钢丝的强度比铅淬火的略低。

各段长度对淬火质量的影响：WT1 过长会产生贝氏体，过短水会沸腾，破坏蒸汽膜的完整性；中间 AIR 太长会使钢丝在空气中完成组织转变，太短会造成进入 WT2 的钢丝温度太高，产生贝氏体；WT2 过长会影响强度调整功能，增大散差。

图 8.9 为双段式水浴淬火工艺曲线。

钢丝水浴淬火时冷却速度太慢，则会产生先共析铁素体，组织较软，冷作硬化减弱，产品强度降低。转变温度太高时珠光体组织粗大，渗碳体片间距增大，会使力学性能降低；转变温度太低时会产生贝氏体甚至马氏体组织，使拉拔性能变差。

② 淬火质量的调整：调整水浴淬火工作槽及 AIR 长度可优化钢丝的综合力学性能。水浴淬火过程中主要控制的工艺参数是 WT1 长度、AIR 长度和 WT2 长度。在实际生产中一般只调整 WT1 和 AIR 的长度，少数情况下对 WT2 长度进行调整。调整的原理是：加长 AIR 的长度，则钢丝在空气中的相变时间变长，钢丝上得到了更多的相变热，钢丝温度上升得更多，由于 WT2 的长度没有发生变化，该段带走的钢丝热量不变，这样就减小了过冷度，所以强度下降。加长 WT1 的长度，则钢丝在空气中的相变点提前，时间变长，钢丝上得到了更多的相变热，钢丝温度上升得更多，由于 WT2 的长度没有发生变化，该段带走的钢丝热量不变，这样就减小了过冷度，所以强度下降。除了控制 WT1 和 AIR 长度外，还要控制水浴的浓度和温度。

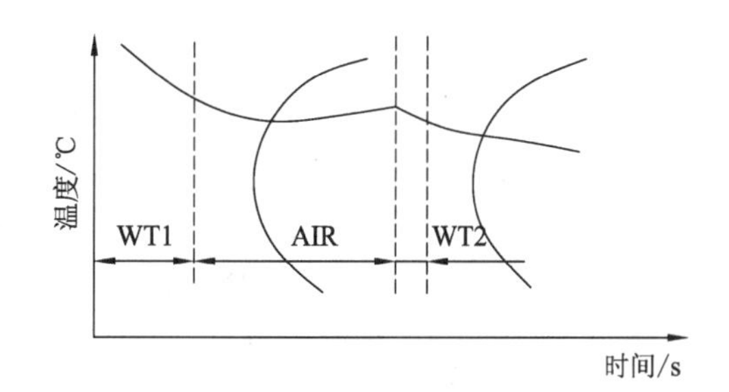

图 8.9 双段式水浴淬火工艺曲线

在生产中可在水浴淬火的工作槽中每隔几根钢丝设置一块挡板，实现同条作业线能同时处理多种规格的钢丝，给生产带来极大的方便。水浴淬火穿线方便，没有环境污染，不会对人体健康造成影响。

以某实际钢帘线企业的装置为例，水浴淬火槽长度约 8 m。第一个槽为固定溢流槽，固定的溢流槽可以单独调整每 3 根钢丝的浸液长度，调整的最小单位是 50 mm，浸液长度可以在 400～2 000 mm 之间调整，以适应不同直径钢丝的生产；可移动的溢流槽可以单独调整每 24 根钢丝的浸液长度，调整的最小单位是 50 mm，浸液长度可以在 300～600 mm 之间调整。

(4) 应用：虽然水浴操作控制难度比铅浴淬火大得多，但水浴淬火技术已陆续代替铅浴淬火技术在细规格钢帘线、切割钢丝等线材制品的生产中使用。水浴技术适合小线径和大规模生产模式，最佳的水平实现了同根高碳钢丝的强度差不超过 30 MPa。生产批量小，频繁变换规格的模式会给水浴淬火调整能力带来很大的挑战。ϕ3.5 mm 以上线径实现水浴淬火难度较大，对于更大直径，作者认为需要增加水冷段，让粗线多 1～2 次水浴降温和空气中扩散均温的过程，降低芯部和表面的组织差异。某外企的技术实现了最大 ϕ10 mm 线径的水浴淬火。

8.1.4.4 盐浴淬火技术(quenching in molten salt)

盐浴淬火技术是在环保压力下才用来替代一些铅浴的一项淬火技术。盐浴流动性好，换热系数大，淬火冷速比水浴更稳定可靠，非常接近铅浴。

(1) 国外情况。

美国在 20 世纪 70 年代就有钢丝盐浴淬火。新日铁 1985 年开发盘条盐浴在线淬火，即 DLP 技术，这一技术不仅减少了钢丝厂的铅用量，还节约了能源。

新日铁的 DLP 技术是先将热轧后吐丝出来的散卷浸入第一个 500 ℃左右的盐浴池降温，冷却到接近转变温度，这个池需要配较强的热交换能力以维持盐浴的冷却能力，并回收部分能量。第二个 550 ℃的盐浴池提供完成组织转变所需条件，产生索氏体组织，避免残余奥氏体、贝氏体及马氏体等有害组织出现。之后是清洗残余盐过程，清洗水可以脱盐处理后循环利用。

(2) 国内应用情况。

盐浴淬火设备和工艺已经在轴承、齿轮热处理行业取得了丰富的成功经验，仅仅国内应用于轴承钢淬火的连续式盐浴热处理生产线就有将近100条，有许多可以借鉴的技术和经验。2016年，青岛钢厂已经投产离线盐浴淬火热处理生产线，全线流程分为“除鳞—开卷—加热—盐浴淬火—清洗—收集—打捆”工序，加热炉采用辐射管加热、保护性气氛，使盘条奥氏体化后进入盐浴池淬火。离线盐浴 ϕ13 mm 87Mn 盘条成功应用在虎门二桥 ϕ5.0 mm 1 960 MPa 镀锌钢丝的开发上，钢丝扭转合格率达到100%。ϕ13 mm 87MnSi 和 92Si 已经经过杨泗港大桥 ϕ6.2 mm 1 960 MPa 和沪通大桥 ϕ7 mm 2 000 MPa 的产品认证，2018年为止已经成功生产桥索镀锌钢丝用盘条20 000 t。ϕ13 mm 82B 盘条芯部索氏体化率可以达到95%以上，一般的热轧盘条只能达到85%，而且盐浴淬火盘条的抗拉强度比一般热轧盘条高100 MPa，强度的波动也明显缩小。另外，有了盐浴淬火工艺，不需要添加那么多 Cr、V 合金，降低了产品成本，制出了2 000 MPa 的桥索镀锌钢丝。

采用硝酸盐浴实现等温淬火时，为提高冷却速度，应保持不超过1%的含水量。含水量应自动监测和补充，以维持淬火介质的特性。保持温度及温度的均匀性对于控制淬火质量也很重要，所以需要与铅锅类似的加热系统、风冷系统及盐液循环系统。洗盐水的循环系统应配有脱盐装置、盐浓度或电导率监测及自动补水系统。

离线盐浴淬火也用于中小直径钢丝的热处理，较目前的水浴淬火可以提高质量，较铅浴淬火可以改善环保表现和职业健康环境，但淬火装置投资相对较高，应用经验也不足。

8.1.5 铅淬火热处理工艺参数

8.1.5.1 钢丝的加热温度(线温 TD)

钢丝索氏体化处理加热的目的是为了得到均匀的奥氏体。钢丝加热后的正常颜色为浅橘红色，亮黄色则表示温度偏高，温度偏低时为浅樱桃红，准确的温度应该通过光学仪器测量。在连续式索氏体化处理中，钢丝的加热温度通常高达 A_{c3}+100 ℃～200 ℃范围。

要超过 A_{c3} 温度100 ℃～200 ℃的主要原因有如下：

第一，钢丝的断面积都比较小，因此要加热到规定温度所需时间较短。为了在较短时间内使奥氏体均匀化，应尽可能采用较高的加热温度，以加快碳在奥氏体中的溶解和扩散速度，缩短奥氏体化时间，从而在确保产品质量的前提下，提高连续式索氏体化处理的线速度。

第二，较高的线温使奥氏体晶粒成长速度加快，从而增大奥氏体稳定性，以便在冷却时奥氏体能接近于等温分解，得到均匀一致的索氏体。

第三，在普通连续式铅淬火时，由于采用了较高的线温，故可确保钢丝出炉后到进入铅槽前不会冷到 A_{r3} 以下温度，从而避免或减少亚共析钢中先共析铁素体的析出。

选择钢丝加热温度需要考虑如下因素：

(1) 钢丝的含碳量。

由铁-碳相图可知，在亚共析钢中，A_{c3} 温度随着含碳量增加而降低，因而钢丝加热温度降低。碳每增加0.1%，A_{c3} 点降低约23.5 ℃，加热温度降低约5 ℃。加热温度降幅较小是因为含碳量愈高，渗碳体量愈多，故加热时在奥氏体的形成过程中，渗碳体溶解到奥氏体内以及奥氏体成分的均匀化都较含碳量少时要困难一些。

因此，当含碳量增高时，尽管 A_{c3} 点下降较多，而规定钢丝的加热温度降低有限。

索氏体化热处理加热温度的经验计算公式：

$$T_D=930-50C+5D \tag{8-1}$$

式中，T_D为钢丝加热温度(℃)，C 为钢丝含碳量(%)，D为钢丝直径(mm)。例如，ϕ6.5 mm 的 0.72%C 钢丝，加热温度为 930－50×0.72＋5×6.5＝926.5(℃)。

(2) 钢丝中的其他合金元素。

钢中含有锰、铬、镍等会降低 A_{c3}点，从而也会影响钢丝的加热温度。但碳素钢丝一般合金元素含量较低，故其影响一般可忽略不计。当锰含量达 0.3%～0.8%甚至更高时，锰还有促使奥氏体晶粒长大的倾向。当锰含量超过 0.5%时，应考虑锰的影响(锰含量每增加 0.3%，相当于增加 0.1%碳量的作用)。另请参考表 3.1。

(3) 钢丝的直径。

随着钢丝直径的增大，辐射吸热后的传热深度增加，钢丝的加热温度也要相应增高，这主要是考虑钢丝的热透性和确保奥氏体的均匀化。

(4) 原始组织。

钢的原始组织不同，也会影响钢丝奥氏体化过程。T8、T9 钢的大规格线材经球化处理和拉拔后，由于球化物较片状碳化物难溶解，此时需要适当增高加热温度或相应增加保温时间，以保证奥氏体均匀化充分进行。

(5) 表面颜色。

表面为黑色的钢丝在炉内吸热更快，因此温升速度比金属本色的材料要更快。

8.1.5.2　钢丝加热时间

有了合适的温度，要有足够的时间才能完成奥氏体化。如果渗碳体未充分溶解，碳的强化功能就会下降，组织拉拔性能也会下降。

确定钢丝加热时间的方法有：理论计算法、经验归纳法(计算或查图)及实验法。

钢丝加热时间主要与钢丝直径、钢丝加热温度、炉子形式和炉温曲线等有关。

马弗拉赫图解法(见图 8.10)可用于估算钢丝加热时间。

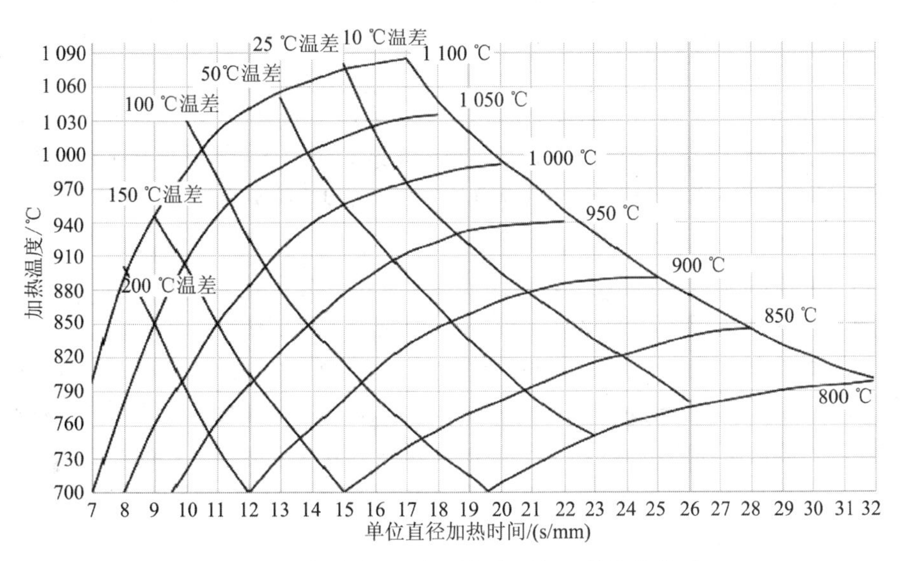

图 8.10　各种炉温下钢丝加热时间与线温的关系

图解法举例：

已知钢丝直径为 5.0 mm，炉温为 1 000 ℃，要求线温达到 975 ℃，求所需的加热时间。

若在 16 m 长的连续处理炉中进行加热，其热处理线速度为多少？

解：因炉温 t_0＝1 000 ℃，炉温与所需线温之差 Δ＝1 000 ℃－975 ℃＝25 ℃。查图 8.10，由纵坐标查出线温 975 ℃，引水平线与 Δ＝25 ℃曲线相交于一点，再自该点作垂线与横坐标相交，即得单位直径的加热时间 τ/d＝17.2 s/mm，则所需的加热时间为 17.2 s/mm×5 mm＝86 s，故热处理线速度：

$$v=\frac{炉子长度}{加热时间}\times k=\frac{16\ \text{m}}{86\ \text{s}}\times 60\ \text{s/min}\times 0.5=5.6\ \text{m/min}$$

式中，k 为考虑均热、保温的系数，k＝0.5～1.0，按炉型热工制度等而选定。

现在的燃气明火炉都是按照一定的 Dv 值来设计的，Dv＝直径 D(mm)×热处理速度 v(m/min)。Dv 值确定之后，知道直径就能计算出处理速度。实践中通常会降低一点靠近规格上限的 Dv 值。

8.1.5.3 炉膛气氛和炉压

如果明火炉的高温段是氧化气氛，就很容易出现脱碳问题，钢丝表层的碳扩散到空气中被烧掉，而一些钢丝技术标准及应用要求都对脱碳及其深度提出了严格的要求。氧化还会使表面粗糙，出铅锅时更容易带上铅，挂铅的钢丝拉拔后容易存在发亮、拉毛和和开裂等缺陷。

前面已介绍过，明火炉第一段气氛一般采用氧化气氛，以充分燃烧和快速升温，这时线温还不高，没有脱碳风险，进入均热段后就不能用氧化气氛，末端必须是还原气氛。如果缺氧程度太高，会因为燃烧不完全而冒黑烟，增加污染和浪费能源。如果空气供应量太多，又会产生较多氮氧化物，增加污染物排放量。

气氛控制的最基本技术是控制空气-燃气的混合比，各段设置比例不同以实现所需的气氛。

对于采用了空气预热技术的炉子，如果热风温度不稳定，数字上稳定的空燃比并不会产生稳定的氧化还原气氛，所以需要更精确控制气氛的炉子至少在第三段采用冷风与燃气的预混，因为末端气氛影响最大。

明火炉的正常工作状态是一个较低的正压，约为 10～30 kPa；如果是负压，则会从炉门缝隙吸入空气，干扰气氛的控制，影响炉温。炉压与装炉量有关，装炉量高则燃烧量大，同样的烟阀设置下压力会更高。如果烟阀出现故障，则会出现异高常的正压。

8.1.5.4 铅浴温度

钢丝从加热炉出来进入铅槽冷却，奥氏体组织会出现分解转变过程，铅液的温度及铅冷却系统的设计决定了奥氏体化钢丝的冷却速度，即决定了组织转变过程。

铅浴温度的选择取决于钢丝的成分、线径与铅锅类型的匹配等。带铅泵的铅锅处理高碳钢时铅温一般在 530 ℃～560 ℃范围内，含碳量接近 1%且合金成分高的材料可突破 560 ℃上限。不带铅循环的铅锅，其工艺温度要低至 450 ℃～490 ℃，否则淬火能力不足。淬火质量以金相组织的检查结果来鉴定，获得的索氏体在 500 倍光学显微镜下看不清渗碳体片。

成分：奥氏体的稳定性随含碳量和含锰量的增加而增强，碳锰含量较低的亚共析钢奥氏体稳定性相对较弱，冷却过程中奥氏体将在较高温度下转变，容易析出先共析铁素体，而且含碳量愈低，先共析铁素体析出可能性愈大。提高淬火冷却速度可以避免先共析铁素体的出现，得到均匀一致的索氏体组织。对于带铅泵的淬火设备，这个温度大约在 540 ℃～560 ℃，无铅泵时要低至 490 ℃～540 ℃，而且粗线径取下限。对于过共析钢，包括硅、铬等合金含量高的高碳钢丝，带铅泵的铅锅应采用 570 ℃～590 ℃范围的铅浴温度。

线径：处理小线径时，单位时间钢丝的热带入量较少，每单位重量的钢丝热交换面积大，所以铅锅能在接近理想索氏体化温度下运行。对于表面积与重量比较低的粗规格，钢丝在液铅中热交换效率更低，所以通常需要稍微降低一些铅温，以确保钢丝冷速在理想范围内。

粗钢丝铅浴淬火的特点：

(1) 热输入功率高。粗钢丝产量更高，单位时间给铅液带入的热量也更高，靠近加热炉处 0.5～1.0 m 的铅液温度在无铅泵且冷却能力不足时最高可达 700 ℃，造成挂铅和组织粗大等问题，所以铅锅需要提供更强的冷却能力，铅泵循环技术及风冷技术使这个问题得到很大的改善。

(2) 粗钢丝在铅槽中散热较困难。钢丝的表面积与体积之比和线径成反比，这意味着粗线与铅液交换热量更加缓慢，所以即使是同样的材料，粗线比细线需要更好的冷却条件，能力不足时不得不使用降低 10 ℃～50 ℃的铅温去淬火。

铅锅类型：淬火能力取决于铅锅的冷却系统平衡钢丝热量的带入，以实现预期冷却速度的能力。对于没有循环铅泵的风冷或水冷铅锅，ϕ8～ϕ13 mm 线径的铅温要低到 470 ℃～510 ℃才有足够的冷却能力，过低的铅温会导致组织转变低于期望值，出现大量贝氏体组织。如果有循环铅泵，热量在铅液中的扩散能力大大加快，多数产品通常在 560 ℃上下能实现理想的淬火。

8.1.5.5　*在铅时间*

钢丝在铅浴中停留的时间必须大于奥氏体分解所需时间，否则奥氏体等温转变不完全，残留的过冷奥氏体在钢丝离开铅槽以后，将在低温时转变为马氏体。

例如，直径 1 mm 的钢丝，若其奥氏体完全分解需要 2.5 s，通常考虑其在铅池时间至少应大于 10 s，以防止发生意外事故(如工艺参数波动或化学成分不均等)而造成奥氏体分解不完全。铅浴温度在 450 ℃～550 ℃范围内时，奥氏体分解所需的时间随铅浴温度的升高而缩短，其中分解最短时间约在铅温为 500 ℃～550 ℃时。

大连钢厂专家徐效谦的经验是确保钢丝在铅时间不少于 20 s。

在铅时间决定了热处理线速度与铅锅有效长度的设计，长度设计还需要考虑冷却能力的配置要求，而装炉量及冷却系统设计能决定铅锅截面尺寸的设计。

8.1.6　铅淬火强度的预测

大连钢厂专家徐效谦推荐使用碳钢铅淬火强度经验计算公式(8-2)，对于较好的炉子和钢材预测结果能满足±50 MPa 的误差。另一个公式(8-3)被称为 BACA 公式。

$$\sigma=980\mathrm{C}+510-10D \tag{8-2}$$

$$\sigma=1\,000\mathrm{C}+420+\frac{100}{D} \tag{8-3}$$

以上两个公式中，C 为含碳量，0.70%含碳量按 0.70 输入，D 为线径(mm)。以含碳 0.45%～0.90%范围计算，在 1.15～8.50 mm 线径范围内，式(8-3)相对式(8-2)的预测结果偏差在±1.9%范围内。

8.1.7 索氏体化热处理的缺陷及控制

钢丝在热处理过程中，由于工艺或操作不当以及其他偶然原因(如停电、炉子损坏等)会造成各种热处理缺陷。下面分别叙述各种热处理常见缺陷产生的原因及其防止方法。

8.1.7.1 过热与过烧

过热是指加热温度过高或均热段时间过长，致使奥氏体晶粒显著粗化，从而引起晶粒间的结合力减弱，致使钢丝力学性能恶化的现象。过热的钢丝冷却后容易产生魏氏组织，使机械性能恶化，韧性极低。

过烧是指加热温度接近熔化温度时，由于温度过高，其表层沿晶界处被氧气浸入而生成氧化物，或在晶界处的一些低熔点相发生熔化现象。过烧后，钢丝的抗拉强度很低，脆性很大，无法再继续加工。用肉眼检查时，过烧的钢丝断口没有金属光泽。

过热与过烧都是由加热温度过高引起的，因此预防方法为：严格按工艺规程控制钢丝的加热温度，并经常检查热工仪表，控制好炉温。

钢丝的过热可以通过正火来消除，过烧则是不可逆的。

8.1.7.2 氧化与脱碳

钢丝在无控制气氛的加热炉中或裸露加热时，由于炉内有 CO、CO_2、H_2、N_2、H_2O、O_2 以及 CH_4 等气体，有些气体与钢丝表面发生反应，会使钢丝表面产生氧化和脱碳。

在炉膛中，O_2、CO_2、H_2O 等属于氧化性气氛，能与钢中的铁发生化学反应，使钢丝表面形成一层松脆的氧化皮，这种现象称为氧化，其化学反应如下：

$$2Fe+O_2 \longrightarrow 2FeO$$

$$Fe+CO_2 \longrightarrow FeO+CO\uparrow$$

$$Fe+H_2O(g) \longrightarrow FeO+H_2$$

钢丝表面氧化不仅消耗金属，而且会增加酸洗的酸耗，故在热处理时应尽量减少表面氧化皮的生成量。

CO_2、H_2O、O_2 和 H_2 等能与钢中表层的碳结合，形成气体，使钢丝表面的碳被烧掉，这种现象称为脱碳。产生脱碳的化学反应如下：

$$2C+O_2 \longrightarrow 2CO$$

$$C+CO_2 \longrightarrow 2CO$$

$$C+H_2O(g) \longrightarrow CO+H_2$$

$$C+2H_2 \longrightarrow CH_4$$

在上述反应式中，参加化学反应的碳(C)是渗碳体中的碳。

脱碳的后果：钢丝表面的含碳量降低，使其表面硬度和耐磨性下降，并降低它的疲劳强度。

为了防止钢丝表面的氧化和脱碳，除控制炉气氛第一段氧化气氛、第二段接近平衡和第三段还原气氛外，也可以采用有保护气氛的无氧化加热方法。

8.1.7.3 铁素体过多

钢丝经铅淬火热处理后，亚共析钢有时因铁素体过多会导致抗拉强度值较低、拉拔时承受冷加工变形能力差等问题。

铁素体过多的主要原因为：① 加热温度过低，或在炉时间不足，奥氏体转变不完全、不稳定，从而在索氏体处理后存在着大量的铁素体。② 钢丝直径粗大，且铅液温度较高，造成冷却速度过慢，使先共析铁素体析出量过多。这种现象在65Mn钢丝铅淬火时较为常见。

防止铁素体过多的方法：严格控制线温、铅液温度和热处理线速度，确保合适的淬火冷速，粗规格钢丝铅淬火应在铅槽靠加热炉端的过热区域采取有效的降温措施。

8.1.7.4 产生马氏体组织

索氏体化热处理时冷速过快会产生马氏体组织，尤其小直径钢丝更敏感，会增大钢丝断裂风险。

产生马氏体组织的原因：

(1) 冷速太快导致避开了索氏体化转变过程，直接进入马氏体转变区。

(2) 钢中含有较多延迟奥氏体转变的合金元素，造成钢丝在淬火铅槽中停留时间不够。

(3) 沸水淬火时操作不当，造成冷膜破裂。

(4) 有的铅锅覆盖区要采取定期喷水措施，喷水过多会使钢丝局部出现淬火马氏体组织。

8.1.7.5 挂铅

铅淬火后钢丝表面局部黏着铅即为挂铅。

后果：挂铅的钢丝酸洗不干净，造成局部无磷化膜，拉拔时铅会堵塞在模孔内，阻止润滑剂的带入，造成钢丝表面质量不好甚至钢丝被拉断；如果是待镀钢丝，挂铅的地方不易镀上镀层。

产生挂铅的主要原因：

(1) 材料问题：钢丝表面锈蚀严重或其他原因导致表面粗糙。

(2) 氧化问题：钢丝加热温度过高，或在炉内停留时间过长，或炉内氧化气氛严重等引起钢丝表面氧化皮过厚、过多。

(3) 钢丝被刮伤：铅槽压辊不光滑，表面拉出了许多沟槽没有及时更换，在处理钢丝时将钢丝表面刮伤；钢丝在马弗孔内被刮伤；铅锅内钢丝交叉，互相摩擦。

(4) 铅液维护不良：覆盖剂覆盖不良导致铅液氧化，使铅液产生较为黏稠的氧化铅薄层，它容易附着在钢丝表面上。

(5) 铅温过高：无铅泵的铅锅钢丝入口区域温度达到700 ℃很容易挂铅，需排查水冷强度；铅泵故障或管道堵塞造成铅液流动停止或减缓，造成钢丝进入区域铅温升高。

(6) 铅液温度过低：因铅泵或加热器故障导致铅液温度低、黏度大。

为此，在生产过程中应严格控制线温，明火炉要控制气氛，避免铅锅入口出现高温，铅槽应经常检查和保养压辊，定期清渣等，从而减少或消除挂铅。

8.1.7.6 通条性能不均

热处理钢丝的通条性能不均一般是指强度波动太大，局部出现一些与热处理有关的塑韧性不足也归入此类。钢丝通条性能均匀一致是制绳钢丝以及其他钢丝对钢丝性能的基本要求，过大的变化对产品的应用会产生不良影响。

通条性能不均的产生原因：在连续式索氏体化处理钢丝时，通条性能不均会表现在不同钢丝之间和同根钢丝不同位置之间，也会表现为强度缓慢下降。图8.11用故障树的方式展示了各种原因与通条性能不均的关系。

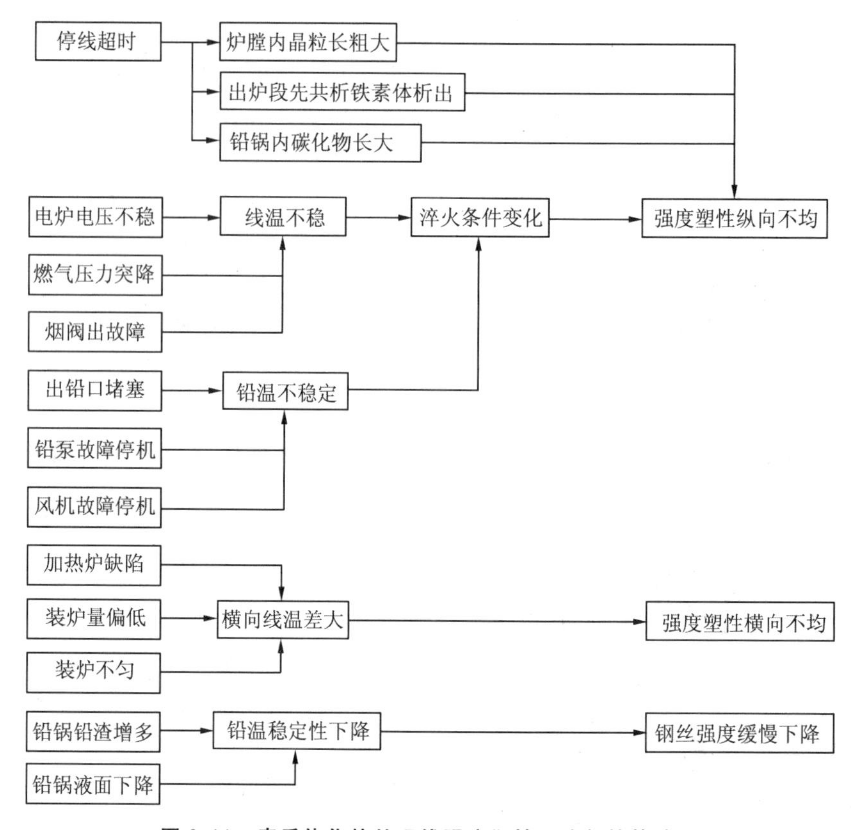

图 8.11　索氏体化热处理线强度塑性不均匀的故障树

图 8.11 中“出炉段先共析铁素体析出”只发生在亚共析钢在炉门口那段位置，因为这段钢丝还未进入铅液，冷速较慢，使晶界位置析出铁素体，同时对所有碳钢都会有珠光体粗大的问题，这些都是导致低塑性的组织。

影响线温稳定性的因素可能造成碳的溶解不充分，且影响淬火起始温度，所以对强度有影响。

铅液停止流动或因堵塞而流量下降，会增大铅锅中铅温的不均匀，不同钢丝的淬火冷速也因此不均匀，由此会导致铅淬火强度的不均匀。这种不均匀相对故障前可表现在钢丝长度方向，但同样也在不同钢丝之间。如果是风机出现故障，整个铅锅的热平衡被打破，铅液无法保持在期望的温度水平，温度总是高于预期，如果想继续生产只有减少装炉量。

铅液面下降较多意味着整个铅的体积较小，在钢丝大量带入热量的情况下，更容易使钢丝进入铅锅的局部区域温度偏高，从而降低淬火冷却速度，降低钢丝强度。铅渣过多有同样的影响机理，不仅仅有铅容积小的问题，而且铅渣吸热能力不如铅，因而铅渣靠近钢丝会降低淬火强度。

如果穿线时粗线与细线相邻，粗钢丝周围温度会相对较高，并影响邻近细钢丝的淬火条件，降低淬火强度。

防止图 8.11 中所述故障发生的主要措施是预防性维护，保持工序的所有功能正常。如果故障出现就需要标准化的应急措施，如发生设备或操作事故而造成停车时，其停车时间不允许超过该类钢丝所规定的时间的 10%，否则应将在炉中及铅槽中的一段钢丝剪掉报废。

8.1.7.7 淬火时效现象

和拉丝过程类似，淬火后也会出现时效现象，主要表现为较低的塑性，含碳量越高或直径越大的产品越明显。这是由淬火急冷产生的淬火应力等造成的。如果遇到高碳钢淬火后塑性不足，应放置1～3天(温度越高越快)，待塑性回升到正常状态后再检测。延长铅淬火后空冷时间或提高铅淬火后冷却水温度能改善这种淬火时效现象。

8.1.8 索氏体化热处理-表面处理一体化

钢丝索氏体化处理是生产高强度、高韧性碳素钢丝的重要环节。因此，国内外对钢丝索氏体化处理进行了大量的研究，无论在能效节约、环境保护还是作业率的提高、大盘重、连续化、自动化等方面都取得了很大的进步。

为提高生产效率，将热处理及后续表面处理过程安装在一条连续线上是常见的做法。热处理线可以组合的表面处理过程如酸洗、涂层及多种镀层作业等，涂层技术包括传统磷化、电解磷化、硼砂、水玻璃、皮膜剂、镀铜和镀青铜等。国外钢丝工业发达的国家在19世纪50年代就出现了连续作业线的新工艺，我国于20世纪60年代末期首次实现了热处理—酸洗—涂层连续作业线。过去二十多年，中国大量引进知名的Fib生产线，主要在钢帘线企业应用，现在连续线已成为广泛采用的技术。

多数钢丝热处理连续作业线采用的工艺流程为：钢丝加热→铅淬火→酸洗→涂层。

这种技术的优点如下：

(1) 因消除了生产工序之间的中断而提高了作业效率。

(2) 减少了工序之间的转运。

(3) 减少了人工需求，因此降低了劳动力成本。

(4) 因实现大盘重生产而减少了钢丝头尾数量，降低了盘耗。

(5) 比成卷间歇式酸洗的清洗质量和涂层质量优异。

(6) 因大盘重收放线而提高了拉拔工序的作业效率。

热处理过程获得了优良的组织，为拉拔提供了良好的塑性，使成品获得所要求的机械性能；酸洗过程去掉了氧化皮；涂层技术为提高拉丝速度创造了有利的润滑条件，镀层则取决于最终应用的需要。

国内某厂采用电加热—酸洗—磷化连续作业线供应10/250型水箱拉丝机的原料，生产ϕ0.5～ϕ0.7 mm制绳钢丝，在原有生产条件的基础上，其拉丝速度提高了50%～100%。国内已较多采用明火炉—在线酸洗磷化连续大盘重生产线，并且努力不断提高Dv值(可达50～120 mm·m/min)，提高能效，改善性能均匀性，更多尝试电解磷化技术及铅替代等新技术，产品质量显著提高。

下面以国内某钢丝绳厂钢丝热处理—表面处理—磷化连续线为例进行工艺介绍：

工艺流程：大盘放线→电加热→铅淬火→水冷却→电解酸洗→水冲洗→电解碱洗→热水冲洗→水冲洗→磷化→水冲洗→挂灰→烘干→收线。

其中热处理工艺参数见表8.5，电解酸洗工艺参数见表8.6，电解碱洗工艺参数见表8.7，磷化工艺参数见表8.8。

表 8.5 热处理—表面处理—磷化连续作业线热处理工艺参数

钢丝直径/mm	接触槽温度/℃	线温/℃	淬火温度/℃			收线速度/(m/min)
			C% 0.60～0.64	C% 0.65～0.70	C% 0.71～0.75	
>1.8～2.4	500±30	920±30	520±30	530±30	550±30	18～22
>2.5～3.0	500±30	930±30	520±30	530±30	550±30	17～21
>3.1～3.6	500±30	930±30	510±30	520±30	540±30	15～19
>3.7～5.0	500±30	940±30	500±30	510±30	530±30	13～16

表 8.6 热处理—表面处理—磷化连续作业线电解酸洗工艺参数

项目	$FeSO_4$/(g/L)	H_2SO_4/(g/L)	单根电流/A	
			1.8～3.5 mm	3.6～5.0 mm
工艺参数	<220	250～350	80～130	100～150

表 8.7 热处理—表面处理—磷化连续作业线电解碱洗工艺参数

项目	NaOH/(g/L)	温度/℃	单根电流/A	
			1.8～3.5 mm	3.6～5.0 mm
工艺参数	250～350	40～60	60～80	80～100

表 8.8 热处理—表面处理—磷化连续作业线磷化工艺参数

总酸度/点	游离酸度/点	氧化锌/(g/L)	硝酸根/(g/L)	磷酸根/(g/L)	酸比	温度/℃
80～110	10～16	34～45	50～65	16～26	7～10	70～95

注意上述参数并非广泛适用，热处理参数与设备的设计有关，酸洗、碱洗及磷化工艺的参数与相关的技术有关。

图 8.12 为一种热处理后在线无烟酸洗及喷水漂洗的实例图。

图 8.12 一种在线无烟酸洗及喷水漂洗实例(无锡新科供图)

连续线收放线技术：

(1) 放线：线卷立式旋转放线推荐用于 2.5～14 mm 线径；线卷主动上抽式放线推荐用于 1.0～2.5 mm 线径；工字轮放线(轴孔水平或垂直)推荐用于 0.6～6.5 mm 线径。

(2) 收线：下落式倒收线卷推荐用于 4.0～14 mm 线径；梅花式倒收线卷推荐用于 1.0～5.5 mm 线径；工字轮收线(轴孔水平或垂直)推荐用于 0.6～8 mm 线径。

8.2 退　火

退火是一种加热到一定温度保温完成组织变化后缓慢冷却的热处理方式。

8.2.1　退火的目的

退火处理的目的：① 消除热轧线材中的组织缺陷，如非平衡组织和粗大晶粒，使机械性能均匀。② 消除由于拉拔过程所产生的内应力，促使深度变形晶粒重新结晶和适当长大，获得适合进一步变形加工的组织和性能。③ 获得清洁的表面，如某种铁丝采用真空退火技术。

8.2.2　退火工艺

退火是作为软化钢丝的一种有效手段，通常可分为球化退火和再结晶退火等。

8.2.2.1　球化退火(spheroidizing annealing)

(1) 退火目的：使片状渗碳体转变为颗粒状渗碳体，以获得低强度高塑性的特性，适应大变形量冷镦、压扁及切削(深度拉拔除外)，还能为钢丝再加工成零件而需淬火时做原始组织准备。

(2) 工艺：将钢丝加热到临界温度 A_{c1} 或 A_{c3} 以上(通常取 A_{c1} 或 A_{c3} 以上 30 ℃～50 ℃)保温一段时间后，再以不大于 50 ℃/h(有的要求不大于 20 ℃/h)的冷却速度随炉冷却到 550 ℃～600 ℃，然后出炉空冷，使片状碳化物变成颗粒状，即得到所谓球化组织。

(3) 球化退火的分类：

球化退火按工作机制不同，主要分为两类：

① 在低于 A_{c1} 以下加热保温一段时间，称为低温球化退火。

② 在 A_{c1}～A_{c3} 或 A_{cm} 之间加热一段时间，然后在低于 A_{c1} 点 20 ℃～30 ℃保温(680 ℃～700 ℃)，称为双相区球化退火。

根据双相区球化退火及低温球化退火的工作原理，大多数企业采用的球化退火工艺有普通球化退火、等温球化退火、循环球化退火及低温球化退火等。

① 普通球化退火。将钢丝加热至 A_{c1} +(10～20)℃，保温后随炉缓冷到室温，冷却速度(20～60)℃/h，或在 500 ℃～600 ℃后(珠光体组织转变结束，组织不再发生变化，一般为 550 ℃)出炉坑冷或空冷 。

② 等温球化退火。将钢丝先加热到 A_{c1} +(10～20)℃，保温一段时间后，以较快的冷却速度冷却到略低于 A_{r1} 温度，并在此温度保温一定时间确保奥氏体全部分解，然后随炉冷却到 550 ℃左右出炉坑冷或空冷。

③ 循环球化退火。有些钢种形成球状珠光体比较困难，一次加热到 A_{c1} 以上并缓冷往往不足以球化完全，可以连续重复多次，从而达到球化目的。每次加热和保温的时间较短，最后一次保温之后，随炉缓冷至 550 ℃出炉空冷或坑冷。进行循环球化退火时，前一次形成

的粒状碳化物加热时较难溶解，而成为下一次冷却时新增加的结晶核心，因而可以促进球化。

④ 低温球化退火。经冷加工变形的钢丝或扁片加热到略低于 A_{c1} 温度后，经 8～10 h 保温，随后缓冷到 550 ℃左右出炉坑冷，同样可以得到球状珠光体组织。

一个球化退火工艺实例：ϕ3 mm 65Mn 钢丝，罩式炉升温到 740 ℃保温 8 h，炉冷到 670 ℃再保温 6～7 h，炉冷到 600 ℃后吊走加热罩，换上风冷罩，冷到 300 ℃后水冷至 90 ℃出炉。

(4) 退火应用：因这种组织淬火时产生过热和淬裂的倾向较小，粒状渗碳体溶解较慢，淬火时被保存下来的较多，可以增加钢的硬度与耐磨性，使淬火后的性能均匀，故球化退火多用于工具、仪器仪表、滚珠轴承、缝纫机针、医疗器械等高碳钢丝与合金钢丝的生产。

(5) 碳钢的球化退火强度经验计算公式为：

$$\sigma_b = 300 + 250C + 50Mn \tag{8-4}$$

式中，σ_b 为钢丝抗拉强度（N/mm^2），C 为钢丝含碳量（%），Mn 为钢丝含锰量（%）。

凡是装料密集、线径较粗、保温或冷却时间偏短、以拉拔再加工为目的的钢丝，加热温度都应适当偏高。至于坯料质量不好、难于拉拔和无缓冷坑的井式炉则以完全退火为宜。加热温度与钢丝的粗细有很大关系，直径大的温度应较高，直径小的温度应较低。

8.2.2.2 再结晶退火(recrystallization annealing)

将冷拉钢丝加热到再结晶温度以上（碳钢的再结晶温度为 450 ℃～500 ℃），稍加保温，然后根据钢种不同，进行缓冷或急冷，使冷拉钢丝组织转变成新的等轴结晶（再结晶），即为再结晶退火。

也有采用连续作业方式进行钢丝再结晶退火的，此时钢丝在连续炉内加热到低于 A_{c1} 温度 10 ℃～15 ℃保温数 10 s，随后空冷即可，这种处理称为连续式钢丝再结晶退火。

表 8.9 为低碳钢丝的再结晶退火温度工艺参数实例。

表 8.9 低碳钢丝再结晶退火的加热温度

钢丝直径/mm	加热温度/℃	钢丝直径/mm	加热温度/℃
0.4～0.7	600～650	1.2～1.4	620～700
0.8～1.2	600～680	>1.5	650～800

再结晶退火可消除加工硬化，常用于软化钢丝的中间退火以及某些软状态交货的低碳钢丝最终热处理。奥氏体不锈钢的退火同时要完成再结晶和固溶过程。

8.2.2.3 保护气氛

如果退火时炉膛内没有保护气氛，钢丝会氧化、发黑甚至脱碳，对于多数应用来说这是不可接受的。

钢丝退火炉气氛的使用目的就是为了避免钢丝与周围环境介质发生反应，即氧化，让气氛相对钢丝是惰性的。常用保护气氛见表 8.10，选择什么类型取决于处理的材料、退火温度、表面要求等，加热前宜采用含氧量低于 1%的氮气吹扫，流量要达到每小时五个炉子的容积。

表 8.10　常用保护气氛的组分和典型露点

气氛	分类	H_2/%	N_2/%	CO/%	CO_2/%	典型露点/℃
吸热气氛	发生	37.5～40	40	20	1～1.5	−1～10
放热气氛	发生	12～14	71～76	8～10	4～6	−40～+38
氨分解	发生	75	25	0	0	−75～−40
氢气	纯	100	0	0	0	−85～−70
氮气(氨分解)	稀释	90	10	0	0	−45 或更好
氮-碳氢化合物	混合	90～98	2～5	1～5	0.50	−60 或更好
氮氢混合气	混合	3～5	95～97	0	0	−51
氮-甲醇	混合	35～40	38～45	20	1	−60 或更好

8.2.2.4　退火设备

钢丝行业常用的退火炉有传统的井式炉、钟罩式炉和辊底炉等。这类设备适用于球化退火，也可用于再结晶退火，配氨分解气体系统都可实现光亮退火。

井式炉埋入地下使用，上端开盖加料取料，具有投资低的优点，但生产效率较低。

辊底炉可用于冷镦钢生产，如图 8.13 所示。南通某大型冷镦钢企业使用间歇式辊底炉(roller hearth furnace)，也有冷镦钢企业使用连续辊底炉。这种炉子占地较长但节能，升温和冷却都快。德国一种连续光亮退火炉可以实现每小时 4.6 t 产量，长度接近 100 m。

钟罩式炉(bell type furnace)是大规模生产企业较多使用的，装炉量大，生产效率高，可以配置机器人作业，如图 8.14 所示。钟罩式退火炉的主要优点如下：

图 8.13　钢丝用辊底式退火炉(STC 炉)实例(山翁供图)

(1) 温度均匀性非常出色。

(2) 产品质量稳定，生产效率较高，运营成本低。

(3) 冷却时采用内罩，可提高设备资产利用率。

(4) 占地小，节约厂房投资，且减少搬运距离。

图 8.14 钢丝用钟罩式退火炉实例(EBNER 供图)

8.2.2.5 退火质量问题

钢丝退火的主要质量问题有组织缺陷、脱碳及过热或过烧等类型。

组织缺陷:如温度过低造成碳化物溶解不充分,过共析钢冷速太慢造成晶界出现碳化物。

脱碳:氧化气氛中高温加热会导致脱碳,脱碳会降低表面硬度和材料疲劳性能。

过热或过烧:高温中加热时间过长会导致晶粒度过大,塑性显著下降,这是过热。过烧比过热更严重,晶界氧化甚至熔化。合金钢及高碳钢相对容易过烧,尤其是含铜钢材。

8.2.3 退火工艺的运用

8.2.3.1 退火工艺在冷镦钢丝生产中的运用

冷镦钢丝又称铆螺钢丝或螺丝线(冷镦是指在室温下采用一次或多次冲击加载),主要用于制造螺栓、螺钉、螺柱、螺母和铆钉等标准紧固件,应用范围广。紧固件生产工艺要求冷镦钢丝具有良好的冷顶锻性能,所以一般应进行球化退火热处理,包括低碳、中碳及合金钢。合金冷镦钢丝多以退火状态交货,也有以轻拉状态交货的。

冷镦钢丝因冷成型性能良好而可以进行大变形量快速冷镦加工,在机械加工行业代替了一些用热轧材冷切削机加工的工艺。这种工艺效率非常高,没有传统车洗刨工艺的产渣过程,降低了10%～30%的金属消耗,而且产品尺寸精度高,表面光洁度好。

冷镦钢丝的显微组织应为铁素体+粒状珠光体,产品标准一般规定球化组织应为2～4级,以3级组织为最好组织,2级和4级组织次之,不得有片状珠光体和贝氏体组织。制造高强度螺栓用热轧线材虽然可以按铁素体+贝氏体和铁素体+马氏体组织交货,但拉拔后必须经球化退火才能保证顺利冷镦成形。

要获得冷镦钢丝理想的球化组织,需进行球化处理。低中碳钢球化有三种热处理方式,图8.15为示意图。

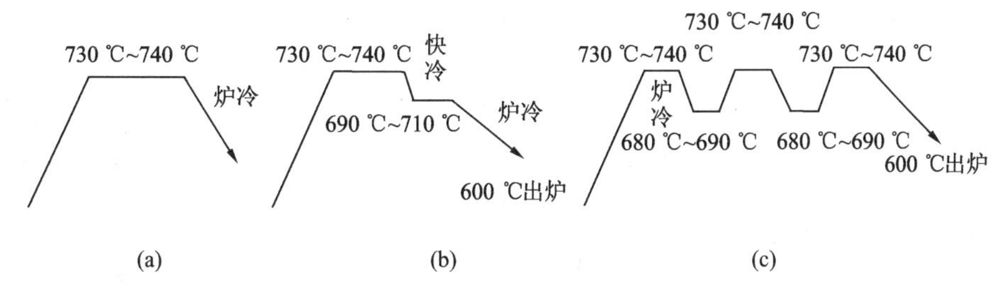

图 8.15　冷镦钢三类退火工艺

几个冷镦钢退火工艺实例：

SWRH35K：730 ℃加热 30 min，700 ℃ 6 h 等温球化退火，整个周期约 8 h。

SCM435：随炉加热到 780 ℃，保温 2～2.5 h，随炉冷却到 680 ℃，保温 2.5～3 h，随炉冷却到 580 ℃后空冷。

SWRCH10A：粗拉(8.0～5.8 mm)→680 ℃球化退火(升温 3 h，保温 5 h，随炉冷却到 250 ℃出炉)→酸洗磷化→精拉(精抽 5.8～4.7 mm)。

合金钢冷镦线材的常用工艺路线为：线材→冷拉→球化退火(或线材)→再结晶退火→冷拉→球化退火。

8.2.3.2　退火工艺在针布钢丝生产中的运用

金属针布齿条生产过程中，球化退火是极其重要的一个环节，退火组织的好坏直接影响针布齿条的质量和使用寿命，其作用主要是为了便于冲齿，并提高针布基部的韧性，避免冲齿后感应加热淬火时开裂。

在针布钢丝生产中，球化退火主要是使钢中片状珠光体中的渗碳体球化，其目的是：

(1) 获得球化珠光体组织，降低硬度，提高针布基部韧性。

(2) 改善压轧、冲齿等加工性能。

(3) 消除内应力。

(4) 为齿尖淬火做组织准备。

以 2.15 mm 的 SWRH72B 为例，710 ℃～720 ℃ 30～45 min 实现奥氏体化，最佳退火保温温度是 700 ℃±5 ℃，保温 120 min，以 20 ℃/h 速度冷至 500 ℃后空冷。

以 3.50 mm 的 65Mn 为例，730 ℃～740 ℃ 30～45 min 实现奥氏体化，最佳退火温度是 710 ℃±5 ℃，保温 160～180 min，以 20 ℃/h 速度冷至 500 ℃后空冷。

8.3　淬火-回火

8.3.1　目的、原理和应用

(1) 目的。

钢丝的淬火与回火是热处理工艺中比较重要的工序。淬火可以迅速提高钢丝的强度和硬度，组织变得硬脆而且有较高的内应力；而回火可以消除淬火应力，使组织韧性得到明显改善。

(2) 原理。

淬火原理：将钢丝加热到临界点 A_{c3} 或 A_{c1} 以上一定的温度，保温时间应确保碳充分溶解到奥氏体中，然后以大于临界冷却速度的速度冷却得到接近 100%马氏体。淬火的主要目的是使奥氏体化后的钢丝获得尽量多的马氏体，以便再配以合适温度的回火从而获得需要的性能。

回火原理：将钢丝在 A_{c1} 以下温度(400 ℃～500 ℃)加热，使其转变为稳定的回火组织，并以适当的方式冷却到室温。回火组织通常是屈氏体，温度达到 500 ℃以上会出现索氏体。回火的主要目的是减少或消除淬火应力，保证相应的组织转变，提高钢丝的韧性和塑性，获得硬度、强度、塑性和韧性的适当配合，以满足各种用途的性能要求。例如，弹簧钢丝通过淬火＋中温回火可以显著提高钢丝的弹性极限。

(3) 应用。

淬火＋高温回火也被称为调质处理，弹簧钢丝中的油淬火钢丝、纺织用弹性针布钢丝及管桩用预应力钢棒都采用了淬火-回火工艺。调质处理的成品钢丝在较高的抗拉强度下具有良好的弹性、平直度、韧性和耐疲劳性能，并且组织和性能稳定，承受的工作温度也高于冷拔钢丝，汽车发动机阀门弹簧用钢丝就采用了这种工艺。

8.3.2 油淬火-回火弹簧钢丝生产

(1) 产品。

油淬火钢丝用料标准详见 GB/T 33954—2017《淬火-回火弹簧钢丝用热轧盘条》。

优点：油淬火-回火弹簧钢丝金相组织为均匀的回火屈氏体，具有很高的强度(硬度)、适宜的韧性和良好的平直性能。在抗拉强度相同的条件下，它比冷拉钢丝具有更高的弹性极限，有良好的弹直性能，抗应力松弛性能和抗蠕变性能优于冷拉钢丝。使用油淬火-回火钢丝绕制的弹簧，经消除应力回火后直接使用，简化了弹簧厂的生产工艺流程，降低了生产成本；与原绕制后再淬火-回火的弹簧相比，弹簧表面脱碳与力学性能均匀性有了根本性改善，疲劳寿命显著提高。

日本的合金弹簧钢丝标准已完全用油淬火-回火状态取代了冷拉状态合金弹簧钢丝，我国近年来中大规格油淬火-回火钢丝已基本取代冷拉合金钢丝。

缺点：油淬火-回火钢丝若处理不当，表面氧化、脱碳较重，影响疲劳寿命；其氢脆敏感性强，抗应力腐蚀性稍差(使用感应加热的要比传统加热的更好)。

(2) 生产工艺。

热处理前的加工：采用酸洗磷化或抛丸技术处理后冷拔到所需尺寸，对疲劳寿命要求很高时还需要进行扒皮处理，去除表层缺陷。

加热技术：大线径普遍采用感应加热技术，但感应加热只能走一根线，所以线径小的都会采用多丝的燃气炉或电炉，以提高生产效率。

淬火技术：因弹簧钢丝的调质处理常采用油作为淬火介质，故工厂中常称为油淬火，即使部分已转换为水淬火也仍称为油淬火。淬火获得马氏体组织，再通过连续炉回火，获得预期的强韧性。

水淬火：由于采用油淬火有烟雾健康风险及火灾风险，很多采用加高分子材料的水溶液替代淬火油，甚至有用自来水淬火的，水淬火可实现更高的淬火速度。表 8.11 为邱亚雄发表的文章中提供的油淬火及水淬火的结果比较。自来水在 600 ℃高温区的冷却能力极强，抑制了奥氏体的分解，在 200 ℃～300 ℃范围内冷却缓慢些，可以减少马氏体转变产生的内应力。为稳定淬火效果，需要对水进行恒温控制。

表 8.11　12.5 mm 55CrSi 弹簧钢丝自来水淬火与油淬火的工艺比较

淬火介质	淬火温度/℃	回火温度/℃	线速度/(m/min)	抗拉强度/MPa	断面收缩率/%
自来水	920	500	19.0	1 588/13.8	45.6/2.15
淬火油	925	497	15.0	1 594/14.5	42.6/1.98

注：表中性能数据为均值和标准偏差。

(3) 设备。

油淬火-回火热处理生产线由张力放线装置、加热炉、油淬火槽、回火炉和收线机五个部分组成。钢丝加热炉一般采用高频感应加热，温度最高可以达到 1 100 ℃；回火加热采用中频感应加热炉，温度通常在 250 ℃～600 ℃。这种快速加热方法提高了加热效率，缩短了处理时间，减少了生产线的长度，同时钢丝加热系统可以通保护气体，保证钢丝表面不氧化、不脱碳，尺寸和光洁度都得到了充分的保证。对于规格较小的钢丝，放线应考虑主动放线装置，以减少钢丝在生产线上拉细或拉断现象。

8.4　回火处理

回火处理技术有时候也单独应用，这种技术是指将钢丝加热到 A_{c1} 以下某一温度，保温一定的时间，然后以一定的冷却速度冷却到室温的处理。

常见钢丝回火工艺见表 8.12，前三类用于淬火成马氏体后的再处理过程。

表 8.12　常见回火工艺的温度、组织变化及回火后材料特性

回火类别	回火温度	组织变化	回火后钢丝的特性
低温回火	150 ℃～250 ℃	淬火马氏体变成回火马氏体	减少淬火应力，保持高硬度、高强度和耐磨性
中温回火	350 ℃～500 ℃	淬火马氏体变成回火屈氏体	减少淬火应力，保证高的屈服强度和一定的韧性
高温回火	500 ℃～650 ℃	淬火马氏体变成回火索氏体	几乎完全消除淬火内应力，并使钢丝可得到高强度和高韧性最良好配合的机械性能
除应力处理	350 ℃～400 ℃	无组织变化	释放应力改善性能，即提高抗拉强度、屈服极限和伸长率，并改善应力松弛性能

回火方法：有电炉保温、铅浴回火(现在已禁用)及感应加热。感应加热是目前速度最快、效率最高的回火方法，这种加热技术将在 8.6.2 节中做一些介绍。

回火脆性：应当注意碳素钢丝在回火时，钢丝的韧性并不总是随回火温度升高而增加。例如，淬火钢丝在 230 ℃～370 ℃范围内回火时，冲击韧性值往往远比低于 230 ℃回火的韧性值要小，这一现象称为第一类回火脆性。某些合金钢丝在 500 ℃～600 ℃回火时产生第二类回火脆性。引起韧性降低的原因：① 与残余奥氏体向马氏体转变有关；② 与碳化物从马氏体析出有关。因此在实际应用中，淬火的钢丝应避免在上述温度范围内回火，以免降低钢丝的韧性。

钢丝塑性变形后立即回火会产生扭转下降的现象，如镀锌预应力钢丝要采用双牵引稳定化才能满足扭转要求，采用模拔工艺就很容易导致扭转不合格。

消除应力处理：也被称为应力释放回火(stress-relieving treatment)，带张力处理时常称为稳定化处理(stabilizing treatment)或低松弛处理(low relaxation treatment)。

钢丝在冷变形加工以及切削加工过程中均会产生一定的残余内应力。一般情况下，这种应力的存在对钢丝的性能是有害的(除一些特殊用途需抛丸处理等)，它易导致钢丝的开裂和后续使用中的应力腐蚀。因此我们需要对钢丝进行一定的消除应力处理。应该指出，消除应力回火并不能将内应力完全去除，而只是部分去除，可减轻它的有害作用，所以也称为释放应力处理。

消除应力有多种方式，常用的方法是消除应力热处理，这种消除应力热处理又包含消除应力退火、消除应力回火以及正火处理等方式。消除应力退火是将工件缓慢加热到较低温度，保温一段时间，使金属内部发生弛豫，然后缓冷下来。

预应力钢丝钢绞线的消除应力热处理是热张拉后水冷，张力大约为钢绞线破断拉力的42%，温度为 380 ℃左右，张拉数秒即水冷到 70 ℃以下。经过这种处理后，产品的屈服强度升高，伸直性明显改善，伸长率提高，受张力下的应力松弛率下降显著，强度有轻微变化，而且钢绞线的钢丝形态变得稳定，不会松散。这种技术可以用在需满足同样特性需求的其他产品上。

高碳钢丝回火导致的显微组织变化：研究表明，大变形量加工过的 SWRH72A 高碳钢丝，200 ℃ 30 min 回火，显微组织看不出变化，但会在渗碳体片间的铁素体中产生纳米级二相颗粒析出，这种颗粒会抑制位错的弓出，所以 200 ℃回火有强化作用。300 ℃ 30 min 回火就会出现部分渗碳体片的断裂和球化，纵面上纤维组织略有破坏，轻度球化也会破坏层状结构，因此强度下降。400 ℃ 30 min 回火后大量渗碳体球化，纵面上纵向排列的渗碳体片完全断裂并球化长大，达到几十纳米大小，钢丝强度显著降低。这些研究结果能帮助我们理解回火过程中高碳钢丝力学特性的变化规律。

8.5 不锈钢的热处理

8.5.1 退火

8.5.1.1 奥氏体不锈钢的退火(annealing of austenitic stainless steels)

奥氏体不锈钢的退火也称为固溶热处理(solidification treatment)，通常是在有保护气氛条件下处理，所以可称为光亮退火(bright annealing)。退火的目的是在避免氧化的条件下将晶界上沉淀的碳化铬完成固溶，同时完成再结晶，消除冷拔加工硬化，得到均一的奥氏体组织，释放冷加工应力，然后迅速水冷保持奥氏体化状态。这种热处理可提高材料的可拉拔变形量，满足后续冷加工要求。

退火之前钢丝表面不能有油、油脂或其他碳质残留物，这类残留物会在热处理过程中给钢丝表面增碳，降低钢丝的耐腐蚀性。

光亮退火时在炉管或炉膛中通入了氨分解产生的氮气、氢气混合气体($25\%N_2+75\%H_2$)，从而使钢丝热处理后光亮；同时，氢气是还原性气体，可以对少量氧化起到还原作用，进而提高产品的光亮度。如果没有光亮处理条件，热处理后的不锈钢丝还需要进行酸洗或机械除鳞处理。应控制保护气氛中的氧和水含量，对于铬-镍不锈钢，气氛露点在 −55 ℃～

−45 ℃就可以实现光亮退火；如果不锈钢含较多锰、铝、钛、铌，要更低的露点才能实现光亮退火。

304 不锈钢的退火温度在 1 010 ℃～1 120 ℃之间，一般超过 1 040 ℃；316 不锈钢的退火温度一般在 1 038 ℃～1 120 ℃之间。用下限温度可满足少见的需要细晶粒度的需求。

图 8.16 为奥氏体不锈钢丝固溶处理线工艺图。中粗规格时，放线一般采用线卷旋转放线，收线采用下落式线卷收线；细规格时，收放线都推荐采用工字轮。图 8.17 为无锡新科提供的不锈钢丝光亮固溶处理线（光亮退火炉）实物图。

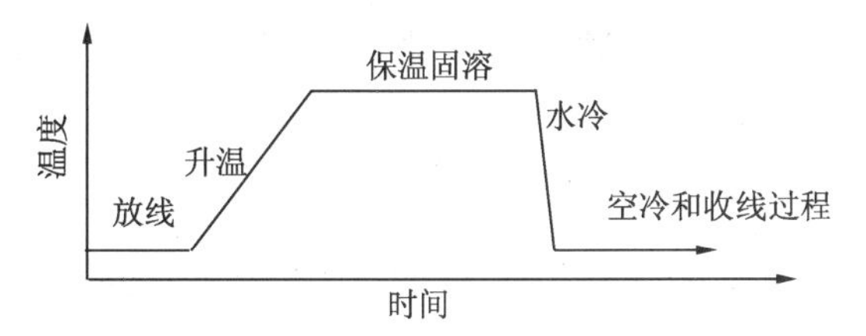

图 8.16　奥氏体不锈钢丝固溶处理线工艺图

图 8.17　不锈钢丝光亮固溶处理线（无锡新科供图）

将奥氏体不锈钢丝送入连续光亮退火炉，进入加热区后，钢丝由室温迅速升温，在 1 050 ℃左右保温 1～3 min，然后进入水冷管道间接冷却，以不低于 180 ℃/min 的速度冷到 500 ℃以下，以“冻结”固溶状态，防止晶界在 500 ℃～850 ℃时析出颗粒（敏化），然后继续冷却，到收线机收卷。

一种英国感应加热技术实现了奥氏体不锈钢丝的快速退火，占地小、节能且晶粒度更细，ϕ1 mm 的 304 不锈钢丝的处理速度达到 240 m/min，ϕ5 mm 的达到 18 m/min，最高产能 170 kg/h。

某钢厂 ϕ5.5 mm 的 304 不锈钢盘条采用了在线固溶热处理工艺，钢厂控制轧钢吐丝温度在 1 100 ℃，直接进入保温炉保温 3～5 min 后水冷，完成在线固溶处理，其抗拉强度可达 520～600 N/mm^2，晶粒度为 5～7 级，没有碳化物析出。

固溶时间与化学成分及冷拔变形量有关。碳含量越高、冷加工强度越高或镍含量越高，则所需时间越长。例如，冷加工变形量较大，奥氏体化进行得较快，保温时间应较短。

8.5.1.2 双相钢的退火(annealing of duplex stainless steels)

双相钢的退火工艺和奥氏体不锈钢非常相似,温度也接近。双相钢在 600 ℃～950 ℃温度范围内比奥氏体不锈钢更容易沉积出 δ 相,δ 相出现了就要进行完全退火,然后快速冷却即可。

双相不锈钢的金相组织为铁素体-奥氏体混合组织,以典型的 2205 牌号为例,其退火工艺温度在 1 020 ℃～1 100 ℃范围内,退火后伸长率不小于 25%,硬度不超过 HRC32,抗拉强度不低于 620 MPa,屈服强度(0.2%)不低于 448 MPa。

和奥氏体不锈钢一样,双相钢不能依靠热处理来提高抗拉强度,只能利用加工硬化来提高钢丝的抗拉强度。

8.5.1.3 其他不锈钢的退火(annealing of other type of stainless steels)

(1) 马氏体不锈钢的热处理工艺。

马氏体不锈钢的退火是为了消除应力、软化材料和避免开裂,为后续加工做准备。

盘条在 800 ℃左右退火,炉冷到 650 ℃以下出炉,热处理周期约 6～7 h;半成品通常在 750 ℃～800 ℃之间退火,保温后空冷,热处理周期约 5～6 h。完全退火采用罩式炉,不完全退火采用连续炉,温度一般为 620 ℃～780 ℃。

(2) 铁素体不锈钢的热处理工艺。

铁素体不锈钢采用退火消除应力、软化材料和改善塑性。

退火温度一般为 750 ℃～850 ℃,保温后空冷。为防止晶粒粗化,高铬铁素体钢丝常采用 650 ℃～750 ℃低温退火工艺。铁素体钢丝热处理的关键是防止因过热而导致的晶粒过分长大,在 475 ℃脆性区停留时间应尽可能短。连续炉处理铁素体钢丝时,因在炉内时间很短,炉温可提高到 830 ℃～850 ℃。

(3) 沉淀硬化不锈钢的热处理工艺。

沉淀硬化钢丝拉拔前的退火是为了改善塑性,适应拉拔。如 17-7PH 不锈钢丝,拉拔前采用 1 052 ℃±14 ℃固溶热处理,均匀时间是 3 min/2.5 mm。

8.5.2 硬化热处理工艺

8.5.2.1 马氏体不锈钢(martensite stainless steels)

马氏体不锈钢不适合通过冷加工硬化。

马氏体不锈钢的硬化热处理和低合金钢一样,采用奥氏体化、淬火和回火工艺去实现。奥氏体化温度一般在 980 ℃～1 010 ℃,空冷就能达到很高的硬度,回火温度在 510 ℃以上,然后迅速冷到 400 ℃以下,避开 475 ℃脆性点。

8.5.2.2 沉淀硬化不锈钢(precipitation hardening stainless Steels)

沉淀硬化不锈钢丝在拉拔硬化后,还可以通过热处理进一步提高强度。

经过 50%～60%变形量拉拔后的沉淀硬化处理:482 ℃±6 ℃,1 h 后空冷,其中冷拔被称为 C 处理,之后的热处理被称为 H 处理,合起来称为 CH 处理。

在一个资料中,JIS 标准 SUS 631J1-WPC 弹簧钢丝拉拔后 470 ℃± 10 ℃保温 1 h,然后空冷,靠析出强化可以提高强度 245 MPa。

8.6　其他热处理方法

根据钢丝的用途和品种，以及对钢丝的物理性能和机械性能的不同要求，钢丝的热处理方法也不同。除前面提到的热处理方法外，还有以下一些热处理方法：

8.6.1　正火处理

8.6.1.1　正火处理的目的

正火处理可以作为预备热处理，改善钢丝的切削加工及拉拔性能，为后续的加工提供适宜的硬度；同时又能细化晶粒、消除应力、消除带状组织及魏氏组织等不良组织，为最终热处理提供合适的组织状态。正火处理还可以作为最终热处理，为某些受力较小、性能要求不高的碳素钢丝提供合适的组织状态及机械性能。正火处理往往作为碳素钢丝的预先热处理和半成品（在制品）的中间热处理，即为拉制钢丝的半成品而进行的热处理，主要目的在于软化钢丝。

碳钢正火后抗拉强度的经验预测公式如下：

$$\sigma_b = 300 + 900C + 150Mn \tag{8-5}$$

式中，σ_b 为钢丝抗拉强度（N/mm^2），C 为钢丝含碳量（%），Mn 为钢丝含锰量（%）。

8.6.1.2　正火处理的原理

正火处理是将钢丝或线材加热到 A_{c3} 或 A_{cm} 以上适当的温度，保温一段时间，随后在空气中进行冷却，以获得珠光体类组织的热处理工艺。正火与铅淬火工艺的主要区别在于冷却方式不同，铅淬火在铅槽中进行等温转变，而正火在空气中连续冷却。正火与完全退火相比，两者的加热温度相同，但正火的冷却速度更快，转变温度更低，因此珠光体组织更细，强度和硬度相对也更高。

由于正火多作为半成品（在制品）的热处理，故其加热温度可比铅淬火略低（常常低20 ℃～30 ℃），加热保温时间也可适当缩短。正火热处理速度只受加热速度的限制，为此，适当降低线温和缩短保温时间，不仅可以提高热处理产量，还可以减少氧化烧损率和后续的酸耗。有的工厂为了减少正火时钢丝的氧化，在钢丝离开炉子处用砂子加以覆盖，钢丝穿过砂子，随后空冷。此时应控制钢丝出砂子时的温度，仍要在 800 ℃以上。因为钢丝若在800 ℃～600 ℃区间冷却速度减慢，容易得到粗片状珠光体，从而使钢丝的机械性能恶化。

8.6.1.3　正火处理的钢丝的性能

在含碳量和钢丝直径相同的情况下，正火处理的钢丝抗拉强度通常比铅淬火钢丝的抗拉强度低 20～80 MPa，钢丝直径越大，其差别也就越大。因此，经同一拉拔条件和变形程度拉拔后，正火处理的钢丝抗拉强度低于铅淬火钢丝的抗拉强度。而且，正火处理的钢丝经拉拔后，通盘钢丝的抗拉强度分散度较大。

正火处理的钢丝因有较多的先共析铁素体，其伸长率比铅淬火钢丝高，但是其断面收缩率并不比铅淬火钢丝高。与铅淬火后拉拔相比，在同样拉拔条件和变形程度下，正火处理后拉拔的钢丝弯曲值更小，疲劳性能略差一些。

8.6.2　感应加热

感应加热的原理是将工件通过由空心铜管绕制的感应器，感应器通有一定频率的交流电，可以产生交变磁场，于是工件内就会产生频率相同的感应电流，使工件迅速加热到要求的温度。

电流频率分为 400 Hz 以下的低频、500 Hz～20 kHz 的中频、22～100 kHz 的超音频及 100 kHz 以上的高频，其中 50 Hz 又称为工频。频率越高，透热深度越浅。高频只适用于表面加热，制品行业多使用中频感应加热以实现均匀加热，常用频率范围为 1 Hz～10 kHz。

感应加热具有速度快、能效高、氧化铁皮少、温度控制相对准确均匀的特点。

在钢丝及其制品行业中，单根感应加热主要应用于：

(1) 预应力钢丝钢绞线的稳定化处理。

(2) PC 钢棒的奥氏体化和回火。

(3) 油淬火钢丝的淬火及回火。

(4) 涂塑钢丝绳的涂塑加热。

(5) 钢丝的快速干燥。

(6) 铝包钢线挤压包覆线上的钢丝干燥加热。

多丝感应加热设备主要应用于：

(1) 退火(最高温度 720 ℃)。

(2) 应力释放(预应力产品，最高温度 450 ℃)。

(3) 镀层扩散(最高温度 550 ℃～600 ℃，钢帘线和胎圈钢丝等)。

(4) 胎圈钢丝的应力释放处理(最高 500 ℃)。

(5) 镀锌前的预热。

(6) 涂层前的预热。

(7) 燃气加热炉前预热(最高温度 720 ℃)，提速增产。

第九章 钢丝的涂镀层技术

本章主要介绍镀锌、镀锌铝合金、镀铜、镀镍、铝包钢及有机涂层技术，镀锌技术推荐参考有关镀锌方面的专著。

9.1 金属镀层

9.1.1 镀锌

钢丝的镀锌分为热镀和电镀两类。

热镀锌：热镀锌是铁基体与纯锌液之间发生扩散反应的过程。当钢丝浸入熔融的锌液时，锌原子向铁中扩散，同时也有铁原子逆向扩散，形成锌与α铁（体心）固溶体。当锌在固溶体中达到饱和后，扩散到铁基体中的锌原子在基体晶格中迁移，逐渐与铁形成合金（$FeZn_{13}$、$FeZn_7$、Fe_3Zn_{10}），而扩散到熔融的锌液中的铁就与锌形成金属间化合物 $FeZn_{13}$，沉入热镀锌锅底，即为锌渣。当钢丝离开锌液时表面形成纯锌层，为六方晶体，其含铁量不大于 0.003%。

电镀锌：电镀锌是通过电化学反应来实现锌的表面沉积过程，电镀的理论基础是法拉第电解定律。电镀锌是利用电化学原理将金属锌镀在钢丝的表面。图 9.1 为电镀锌原理图。锌板作为阳极，与直流电源的正极连接，锌板因电位差而不断溶解释放出锌离子；钢丝是阴极，通过导电辊接到直流电源负极受电。带正电荷的锌离子等被带负电荷的钢丝吸引，电解液中的锌离子沉积在钢丝表面，实现电镀锌过程。其他金属的电镀也是这个原理。

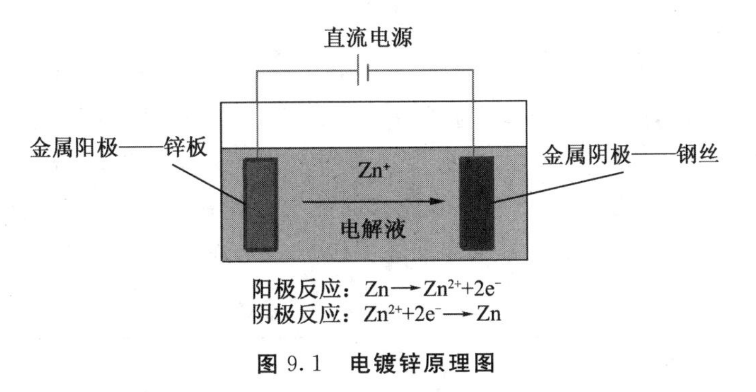

图 9.1　电镀锌原理图

表 9.1 比较了电镀锌和热镀锌的一些特点。

表 9.1　电镀锌和热镀锌的比较

比较项目	电镀锌	热镀锌
锌层结构	锌离子沉积成的纯锌层	锌层和钢丝之间有过渡合金层
对机械性能的影响	电镀过程没有影响	强度、扭转有损失
表面质量	光亮平滑	略有粗糙
主要应用	低碳钢丝	高碳钢丝

镀锌钢丝的工艺流程图见第十章的图 10.6 和图 10.7，其中的工艺技术在 9.1.1.2 节和 9.1.1.3 节中展开介绍。脱脂和酸洗部分是两种镀锌的共同技术方法，在 9.1.1.1 节中集中介绍，这两个过程是在镀锌连续线上在线完成的。

9.1.1.1　脱脂和酸洗

镀前的钢丝如果为冷拔钢丝，表面会有残留的润滑剂，还可能有磷化膜、硼砂等；如果是热处理钢丝，则会有氧化皮。这些东西都会阻止镀锌过程的正常进行，需要做好表面准备才能镀锌，所以镀锌槽前常配有脱脂和(或)酸洗工艺槽。因磷化层较难去除，用来镀锌的钢丝应避免使用磷化工艺。如果是退火后镀锌，退火会烧去钢丝表面的拉拔润滑材料，不需要额外的脱脂过程。

脱脂过程主要是去除冷拔钢丝表面的润滑剂。润滑剂的主要成分是油脂类的硬脂酸钠或硬脂酸钙，还有一些添加剂。为确保脱脂质量，在镀锌之前的拉拔工艺中就需要考虑如何使镀锌前的脱脂更加容易进行，如钠基皂粉易溶于水，是拉拔镀锌用钢丝优先选用的润滑材料。推荐在拉丝线上对钢丝先做机械擦拭预处理，以降低脱脂槽的负荷，甚至还可以增加蒸汽清洗处理。湿拉的钢丝比干拉的更清洁，干拉钢丝可以采用蒸汽脱脂，降低镀锌前处理的难度。

第一种脱脂技术是比较容易控制的铅浴脱脂。钢丝穿过铅锅中的熔铅，钢丝表面残余皂粉会被烧去。速度较快时采用 450 ℃～550 ℃铅温，低速可以采用更低的 350 ℃～400 ℃铅温，钢丝温度宜控制在 300 ℃～400 ℃范围内，温度过低会损害高碳钢扭转性能，温度过高会造成强度损失较多。涉铅技术有可替代方法时应避免使用，而且该方法也较难得到环保部门的批准。

第二种脱脂技术是碱液脱脂。最有效的技术是热水脱脂加电解碱液脱脂。先用 70 ℃～80 ℃多级溢流热水脱脂(如果拉拔时清洗过可以省去)，再用溢流式电解碱液脱脂，最后用热水漂洗，漂洗水可以循环过滤利用。现代工艺多采用热水脱脂复合电解碱脱脂技术，即采用热碱液作电解液，同时具有热水脱脂的效果。表 9.2 是恒星科技公开的论文中介绍的一种电解脱脂工艺参数，电极需要定期除垢维护。电解脱脂后再进行热水漂洗。

表 9.2　电解脱脂工艺参数

序号	工艺参数项目	规定值	序号	工艺参数项目	规定值
1	NaOH	30～35 g/L	4	温度	60 ℃～70 ℃
2	Na_2CO_3	20～25 g/L	5	电流密度 J	5～15 A/dm^2
3	Na_3PO_4	10～15 g/L	6	每周期通电时间(阴阳极交替)t	5～10 s

注：电流密度＝电流×电解效率/(电极板的宽度×钢丝圆周长)，分母中的尺寸单位为 cm。

还有超声加热碱液或磷酸液的脱脂技术，超声波能显著强化脱脂效率。

脱脂后常采用在线无烟盐酸酸洗。加盖聚丙烯酸洗槽的两端用水幕封住钢丝出入口，酸雾极少能溢出。酸液要加热，以在短时间内完成酸洗过程；要控制好酸浓度及亚铁饱和度，以避免酸洗速度减慢。酸洗之后还需要一个水漂洗过程，以减少残酸和铁离子带入下一个工序。

不需要酸洗的镀锌有两种类型：一种是不用酸洗完成拉拔及镀锌过程，钢丝拉拔出来是光亮无氧化的；另一种是光亮退火线，也没有氧化皮，都只需脱脂就可以镀锌。

9.1.1.2　电镀锌

电镀锌常用于低碳钢丝，如镀锌铁丝，钢丝绳也有使用电镀锌的。

表 9.3 为一种钢丝硫酸盐电镀锌工艺参数，其中制绳钢丝还要求硫酸浓度为 0.5～0.8 g/L，比重为 1.4～1.45，压缩空气搅拌。硫酸锌是锌离子的主要来源，硼酸起到缓冲剂作用，硫锌-75 为光亮剂，阴阳极面积比为 1∶10～15，阳极采用 0 号锌锭制作。

表 9.3　低碳钢丝和制绳钢丝的电镀锌工艺参数范例

产品类别	$ZnSO_4$/(g/L)	H_3BO_3/(g/L)	硫锌-75/(g/L)	pH	温度/℃	阴极电流密度/(A/dm^2)
低碳钢丝	300～450	30～35	14～16	4.2～5.4	10～50	20～40
制绳钢丝	750～950	—	—	3～4.5	40～50	240～290/根

电镀锌时，采用光亮剂可以细化镀层晶粒，但如果光亮剂过多，尤其是电流密度很大时，镀层会出现脆性，光亮剂过少时光亮度差，但镀层的韧性会比较好。

(1) 一种电镀液的配制方法：

① 镀槽先加一半的水，加入硫酸锌完全溶解。

② 硼酸在另外一个容器中热水溶解后倒入镀槽。

③ 按照每升 0.5～1.0 g 的量将锌粉缓慢加入镀液中，搅拌 1 h 后静置数小时(最好能过滤去渣)。

④ 用 5%的烧碱溶液或 5%的硫酸溶液调节 pH 到规定值。

⑤ 将计算好的光亮剂稀释 5 倍后加入镀槽中，补水到规定液面，适当搅拌即可使用。

(2) 一种电镀液的维护方法：

① 钢丝镀前处理要彻底，确保钢丝表面无油膜、氧化膜和炭黑等污物。

② 定期分析镀液成分，并及时调整。硼酸主要是带出损失。硫酸锌含量如变化较大，应从阳极上进行调整。如硫酸锌含量呈下降趋势，应适当补充锌阳极。

③ pH 应在每天生产开始前进行测量调整，调高时用 5%氢氧化钠溶液，调低时用 5%硫酸溶液。由于钢丝电镀锌生产的特殊性，靠近酸洗槽的第一个镀槽因残酸的带入，pH 可能会低于后续的几个镀槽，这点应引起注意。

④ 光亮剂应本着少加勤加的原则，最好用 3 倍以上的水稀释后再加入镀槽内。为了节约光亮剂用量，在钢丝生产线的第一个镀槽内光亮剂的用量控制在下限，而最后一个镀槽内光亮剂的用量可控制在上限，以充分发挥光亮剂的作用，从而降低生产成本。

⑤ 钢丝在电镀锌过程中突然断线，应立即将整流器的电流降下来或安装自动停车系统。

⑥ 镀液经过一段时间生产后，对没有安装循环过滤系统的镀液应进行全面净化处理，处理方法和步骤如下：

a. 用5%硫酸将镀液 pH 降至4以下，加入1～2 mL/L 双氧水（稀释3倍以上）剧烈搅拌，静置2 h左右。

b. 用5%氢氧化钠溶液将镀液的 pH 调整到6以上，静置2～4 h后，将上清液倒入或泵入另一容器内。

c. 在另一容器内用5%硫酸将镀液的 pH 调整到4.5左右，加入活性炭2～4 g/L，继续搅拌2 h左右，静置8～10 h后过滤。

d. 过滤后将 pH 调整到工艺范围内，并按配方量的1/3～1/2补充光亮剂，然后进行试镀。

(3) 水洗：电镀后要进行水洗，废水若有污染，则需要处理合格后排放。

(4) 钝化：钢丝电镀后较少采用钝化处理，钝化处理能增强镀锌层的防锈能力，避免出现白锈。钝化工艺有多种技术，可以做到彩色、蓝白色、银白色、黑色和金色等。钝化工艺应避免使用有害的六价铬。

9.1.1.3 热镀锌

对于准备做热镀锌的钢丝，经过脱脂、酸洗、漂洗后钢丝就要进入助镀和热镀过程。

(1) 助镀。

助镀可以清洁钢丝表面，防止入锌锅前氧化，分解进入锌液位置的氧化锌，改善钢丝被锌液浸润的效果。助镀一般采用氯化锌铵（$ZnCl_2 \cdot 3NH_4Cl$）溶液，表9.4为一种低碳钢丝的助镀参数。很多企业只使用氯化铵就达到了要求的效果，可避免增加废水中的重金属锌。

表9.4 低碳钢丝用混合助镀参数

序号	工艺参数项目	规定值	序号	工艺参数项目	规定值
1	氯化锌	120～140 g/L	4	pH	4～5
2	氯化铵	140～160 g/L	5	温度	60 ℃～80 ℃
3	非离子型表面活性剂	2～3 g/L			

要控制助镀液中的亚铁量，因为过多亚铁会增加锌的消耗。铁离子浓度过高时需要专门再生设备处理。助镀剂再生的方法是用双氧水或压缩空气将亚铁离子氧化成三价铁离子，再缓慢加入氨水，使三价铁离子形成氢氧化铁沉淀，搅拌后过滤可去除80%的亚铁离子。

助镀剂的浓度（氯化锌和氯化铵的含量）对助镀效果的影响十分显著。当含量低时，附在钢丝上面的盐膜过薄，不能有效地起到隔离作用和净化活化作用。如果含量过高，则盐膜过厚，不易干透，浸锌时会发生锌液飞溅，产生较多的锌灰和烟尘。所以应将其控制在一个适当的范围内，一般为260～300 g/L（两种盐的总和铵锌之比为1.2∶1.4）。在助镀液中加入少量非离子型表面活性剂可降低溶液表面张力，提高浸润效果，并有利于钢丝的干燥。

助镀液的 pH 控制在4～5范围内可以将酸洗后的钢丝进一步净化，从而弥补酸洗时的不足。当 pH 低于4时，钢丝在溶液中以至脱离溶液干燥之前在空气中会发生腐蚀而产生铁离子，因此将有更多的铁离子被带入锌锅中，这将导致更多锌渣的产生。当 pH 高于5时，钢丝净化的表面效果变差，甚至会有氢氧化锌析出，导致出现漏镀现象。因此应该严格控制助镀液的 pH，pH 高时用稀盐酸调低，pH 低时用氨水调高。

还有两种助镀液的配方：$ZnCl_2$ ∶ NH_4Cl＝1∶(3～4)及 $ZnCl_2$ ∶ NH_4Cl ∶ KCl＝58∶32∶10。

助镀后进入锌锅之前，钢丝要烘干，钢丝温度控制在 110 ℃～140 ℃。

(2) 热镀。

钢丝热镀锌是将经过酸洗、漂洗和助镀的钢丝穿过熔融的锌锅，在钢丝表面附上一层锌的过程。钢丝从锌锅出来后要经过抹拭和水冷，然后进入收线系统。锌锅底部通常会加约 100 mm 厚的铅，以避免锅底被锌侵蚀，还能避免锌渣沉底。不过使用铅会使纯锌层中含有少量的铅，接触食品的产品要避免用铅。

① 锌层结构：底层为很薄的硬质高含铁伽马层，然后是含铁逐渐减少的硬脆德尔塔层和 Zeta 层，外层是较软的纯锌层(eta 层)。硬合金相的存在决定了镀锌层较耐磨。

② 温度：锌液通常在 445 ℃～465 ℃，大直径钢丝宜用温度上限(470 ℃以下)，中高碳小直径钢丝取温度下限(≥440 ℃)。锌液温度偏低时，可以减少硅对热浸锌层的影响，减少锌灰和锌渣的形成，减轻对扭转次数的影响，并能改善锌锅的安全性和节约能源。锌液温度偏高时，锌渣和锌灰的产生会急剧，锌锅的使用寿命也会缩短。因此，要想使产品质量好的同时锌耗较低，就必须严格控制锌液的温度，一般按不超过±2 ℃控制。

③ 时间：按行业经验，中高碳钢丝在锌时间(s)是钢丝直径(mm)乘以 4～7，低碳钢丝则乘以 6～9。

④ 常用抹拭技术：

a. 油木炭抹拭：垂直出锌锅常用技术，镀锌速度最高达 20 m/min，具有投资低的优点。更换木炭时易造成锌瘤、锌疤。木炭粒度一般在 3.0～3.5 mm，水分低于 4%，灰分低于 3%。用 1∶3 的质量比混合木炭与凡士林或 30、40 号机油，100 ℃～150 ℃烘干后使用。覆盖厚度一般在 5～10 cm，定期清掉炭灰。

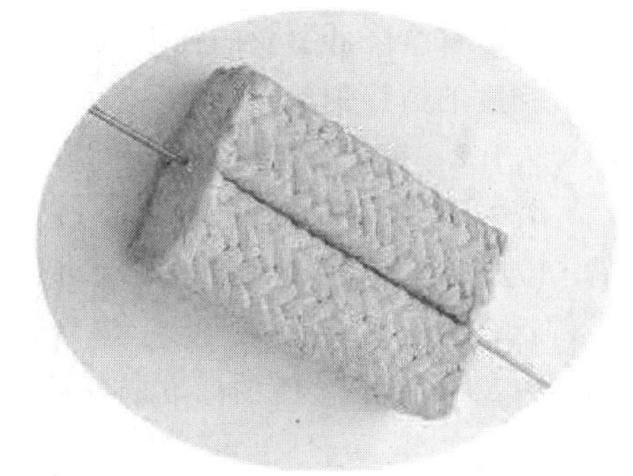

图 9.2 石棉夹

b. 石棉夹抹拭：35°斜出锌锅常用技术，见图 9.2。方法简单但维护量大。磨损造成缺损后，如未及时更换，会导致镀层不光洁，形成锌瘤、竹节等，锌耗增高。

c. 气体抹拭：20 世纪 70 年代在澳洲发明的技术，采用经过筛选的砾石及硫化氢气体。生产速度高(Dv 值在 60～150)，可靠性好，很适合进行厚镀锌。缺点是会产生有害的锌微粒尘，需要除尘控制，燃烧硫化氢会产生污染物二氧化硫，且装置复杂，调试操控难度高，生产成本高，镀层均匀性不够好。

d. 氮气抹拭：采用可逐根调压的氮气吹扫调整锌层厚度和改善均匀性。比气体抹拭更节省锌，但穿线麻烦，可能会出现偏心和竹节，操作维护较麻烦，易出断丝及镀层不合格的废品。Dv 值可超 90。

e. 电磁抹试：2000 年在新西兰发明的技术。此技术利用电磁场抹拭液态锌层，使镀层圆整光滑，同时要通氮气吹扫以避免锌层氧化。优点是镀层平滑均匀，能节约大约 25%的锌，可以快速安装于现有镀锌线上，比较安全，对操作技能要求低。镀层可以做到 60～

730 g/m²。抹拭锌铝合金镀层时，适合线径 1.57～8.00 mm，最高 Dv 值为 300。

抹拭之后要经过水冷过程，水冷不仅使锌层凝固，还能避免镀层中合金层继续生长。

锌层厚度取决于引出速度、锌温、抹拭方式和冷却速度。垂直出线时，速度越快，锌层越厚；锌温低则锌层厚糙，提高锌温能增加合金层厚度；抹拭可以减薄锌层。美国人用双锌锅方法做到了美标 C 级镀层，锌铝合金镀层也常采用双锅方式。只做薄镀层的热镀锌线会采用斜出线方式出锌锅，斜镀采用陶瓷块或石棉夹具抹拭。

(3) 镀锌缺陷。

图 9.3 为一种预应力钢丝镀锌缺陷“露钢”，这不是因为脱脂不干净或酸洗不干净，也不是锌温太低造成的(带锌瘤)，而是锌温度太高且未及时水冷造成的硬脆合金层过厚。

图 9.3 热镀锌钢丝露钢现象

热镀锌会降低钢丝的强度，提高伸长率，降低扭转及弯曲性能，所以先镀后拔可以做出更高强度的镀锌钢丝。

9.1.2 镀锌铝合金

锌-5%铝-混合稀土(Galfan)是最早使用的锌铝合金镀层，其寿命是镀锌的 2～3 倍，锌-10%铝-混合稀土镀层的寿命可达到镀锌的 3～8 倍。还有文献表明，在做电器零件的电镀锌铝合金配方中有氧化锌、氢氧化铝、氢氧化钠及多种添加剂等，盐雾试验可以达到 144 h。Galfan 合金锭的标准成分见表 9.5。

表 9.5 Galfan 合金成分(引自 ASTM B750) 单位：%(wt)

Al	RE	Fe	Si	Pb	Cd	Sn	Zn
4.2～7.2	0.03～0.1	≤0.075	≤0.015	≤0.005	≤0.005	≤0.002	余量

注：其他元素的质量分数(除去铅铜、镁、锆、钛)每种≤0.02%，总量≤0.04%。

镀锌铝合金的工艺流程和镀锌非常相似，国际上一般都采用双镀法，先镀锌再镀合金，锌铝合金结合在钢丝表面的锌铁合金层上。国内有企业声称可提供单镀技术。镀锌铝合金的镀前预处理要求更干净，而且采用不同的助镀技术。

因腐蚀问题，镀合金的锌锅及压辊不宜采用纯铁，推荐采用陶瓷锅，压辊宜用耐热钢。

9.1.3 镀铜

9.1.3.1 胎圈钢丝的镀铜工艺

胎圈钢丝的镀铜工艺流程见图 9.4。

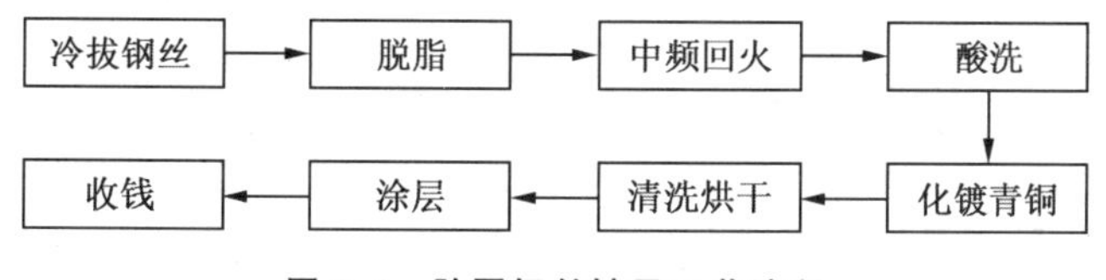

图 9.4 胎圈钢丝镀层工艺流程

脱脂技术以前用铅浴→水冷，现在用热水洗→碱洗→多级水洗→热水洗→干燥；脱脂过程是为电镀准备表面。

中频回火温度 450 ℃～500 ℃，起到释放残余应力的作用。

酸洗过程采用电解硫酸酸洗，然后多级水洗即可，酸洗后表面活性提高。

圆形胎圈钢丝都采用化学镀青铜，参考工艺参数见表 9.6。镀液的主要成分为硫酸铜及硫酸亚锡，提供镀层金属；第三种成分是硫酸，能防止硫酸铜及硫酸亚锡水解，同时为置换反应提供足够的动力，所以应保持在一定的范围(40～80 mL/L)，且在此范围内不会影响镀层含锡量；稳定剂和添加剂可使镀层结晶致密、光亮，对金属的极化有较大的影响。

表 9.6 化学镀青铜低锡工艺参数

工艺参数项目	配方 1	配方 2
硫酸铜 $CuSO_4 \cdot 5H_2O$/(g/L)	55～65	8～12
硫酸亚锡 $SnSO_4$/(g/L)	1～5	0.1～0.3
硫酸 H_2SO_4/(g/L)	40～80	—
稳定剂、添加剂	适量	适量
硫酸亚铁 $FeSO_4$/(g/L)	—	<18
温度/℃	30±2	30±2

根据顾客要求的镀青铜不同有低锡(1%～3%)和高锡(7%～11%)两类。镀层的铜锡比与镀液的铜锡比一致，所以控制好镀液铜锡比就能控制好镀层铜锡比。应监测跟踪镀液的 Cu^{2+}、Sn^{2+}、硫酸和镀液稳定剂，小量多次添加补充，镀液温度最好能保持±1 ℃，避免 Sn^{2+} 水解形成偏锡酸盐白色沉淀，导致镀液失效，影响钢丝镀层成分的稳定性。影响镀液稳定性的因素还有 pH、含氧量、铁流动性良好离子含量，稳定剂及镀液流动性良好对稳定镀液有帮助。

化学镀青铜之后也需要多级水洗，然后热水洗或碱洗＋水洗，烘干后就可以进入涂层槽，风冷后就可以收线。有的工艺将涂层分两次进行，之间有热水洗和烘干过程。

树脂涂层采用液态古马隆与苯并三氮唑的混合液，均匀、充分的涂层可防止钢丝生锈并提高钢丝与橡胶的黏合力。

9.1.3.2 钢帘线的镀层工艺

钢帘线上的镀层主要用于改善与橡胶的结合力。

钢帘线生产过程中，镀层的形成是在中丝热处理过程中连续完成的，先采用焦磷酸盐电镀铜，然后进行电镀锌，需控制好铜锌比例，然后热扩散处理获得黄铜镀层。扩散时采用感应加热或流态床加热，使钢丝温度升高到 500 ℃，铜锌互相扩散，获得塑性良好而适应拉拔的单相 α-黄铜，锌完全固溶在铜之中。如果出现 β-黄铜，就容易出现断丝、拉拔划痕、坏模，并降低与橡胶的结合力。

图 9.5 为钢帘线电镀黄铜生产线的工艺流程图。

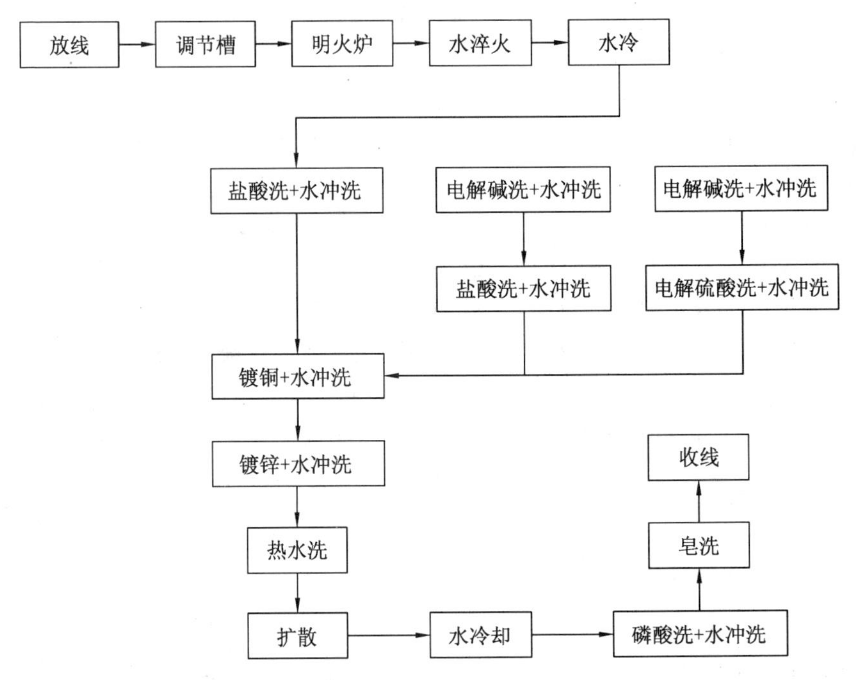

图 9.5 钢帘线电镀黄铜生产线的工艺流程图(江阴海瑞德技术)

表 9.7 为摘自《金属制品》发表文章的镀铜工艺参数,仅供参考。

表 9.7 钢帘线焦磷酸盐镀铜工艺参数

工艺参数项目	配方 1	配方 2	配方 3
焦磷酸铜 $Cu_2P_2O_7$/(g/L)	60～70	50～90	70～80
焦磷酸钾 $K_4P_2O_7$/(g/L)	350～400	230～380	260～320
柠檬酸铵 $(NH_4)_3C_5H_5O_7$/(g/L)	25～30	—	—
硝酸盐 xNO_3/(g/L)	—	5～10	—
氨 NH_3/(g/L)	—	1～3	～1
pH	8.0～9.0	8.0～8.8	8.6～9.0
温度/℃	～45	40～50	45～55
阴极电流密度/(A/dm^2)	5～7	5～10	5～12

9.1.3.3 焊丝的镀铜工艺

焊丝采用化学镀铜或电镀铜,目的是防锈、减少摩擦及减小焊丝与导电嘴的接触电阻。中国的焊丝传统工艺为化学镀铜,采用硫酸铜、硫酸及添加剂的配方,日本偏好电镀铜,欧洲以化学镀铜为主。

化学镀铜的前处理为热水预脱脂、电解脱脂、水洗、电解酸洗、水洗及活化中和,镀铜之后为水洗、钝化中和、水洗、热水洗、干燥及镀层润滑抛光。如表 9.8 所示为一种化学镀铜的工艺配方，温度宜控制在 30 ℃～65 ℃，时间在 30 s 以内。

表 9.8 焊丝化学镀铜工艺参数范例

成分	$CuSO_4 \cdot 5H_2O$（硫酸铜）	H_2SO_4（硫酸）	dw-035 稳定剂	Fe^{2+}
指标	50～80 g/L	80～120 g/L	1～3 mL/L	≤80 g/L

镀铜焊丝焊接时会产生有害健康的铜烟雾，所以无铜焊丝替代了部分镀铜焊丝，而且带来送线更加稳定、焊接强度更高和导电嘴磨损更慢的优点。

焊丝生产工艺介绍可参见 10.2.2 节。

9.2 铝 包 钢

9.2.1 铝包钢的特性

9.2.1.1 分类和结构特点

铝包钢主要用作电工材料，因此通常用导电率来分类，分为 14%、20.3%、23%、27%、30%、33%、35%和 40%等，常用的有 20.3%、40%和 14%。其导电率单位为 IACS，含义为国际退火铜标准，规定标准退火铜的导电率为 100%。铝包钢的常用线径范围在 2～5 mm。

电工用铝包钢用高碳钢生产；如果用低碳钢，则可以做成农业用及机场围网用的产品，农业应用包括种植业和畜牧业。

铝包钢线是广泛用于电力输送线路的材料，也有部分应用于其他领域。铝包钢是采用热挤压或粉末冶金方式生产的铝钢复合材料，铝覆盖在钢丝表面。钢的组织为拉拔变形后的索氏体组织，铝的组织为拉拔变形后的 α 相。常见铝包钢的截面为圆形，图 9.6 为一种代表截面图，特殊应用时也有做成异型截面的，如扇形。

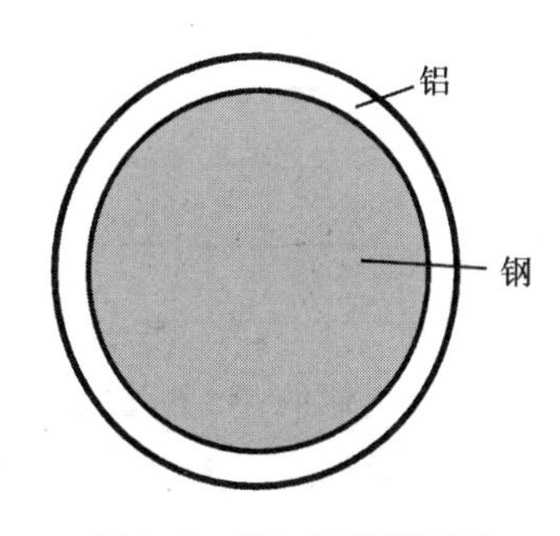

图 9.6 铝包钢的截面图

9.2.1.2 物理特性

铝包钢的物理特性包括电工性能、常用物理常数、包覆层热性能及力学性能。

不同导电率的铝层厚度及直流电阻特性见表 9.9，物理常数见表 9.10，产品力学性能在表 9.13～9.16 中做了介绍。14%导电率超高强铝包钢的拉力/单重比超过了镀锌钢丝，这个特点使其在应用于大跨越线路时具有优势。如果除去铝层，其中钢丝的强度最高可以达到2 000 MPa以上，包铝过程不会有热镀锌过程那种明显的强度损失。

表 9.9 铝层厚度和直流电阻

GB/T 17937—2009	IEC 61232-1993	ASTM B415	铝面积率（理论值）	平均铝厚度与公称直径的比例	铝厚度与公称直径的最小比例	最大直流电阻/（nΩ·m）
LB14	—	—	13%	6.7	5	123.15
LB20	20SA	20.3%	25%	13.4	8（d<1.80 mm） 10（d≥1.80 mm）	84.80

续表

GB/T 17937—2009	IEC 61232-1993	ASTM B415	铝面积率（理论值）	平均铝厚度与公称直径的比例	铝厚度与公称直径的最小比例	最大直流电阻/（nΩ·m）
LB23	—	—	30%	16.3	11	74.96
LB27	27SA	27%	37%	20.5	14	63.86
LB30	30SA	30%	43%	24.5	15	57.47
LB35	—	—	52%	30.7	20	49.26
LB40	40SA	40%	62%	38.4	25	43.10

表 9.10　物理常数（参考值）

导电率/%IACS	20 ℃密度/（g/cm³）	弹性模量/GPa	线膨胀系数/K^{-1}	电阻温度系数/K^{-1}	比热容/[J/（kg·℃）]
14	7.14	170	0.000 012 0	0.003 4	490
20.3	6.59	162	0.000 013 0	0.003 6	512
23	6.27	149	0.000 012 9	0.003 6	523
27	5.91	140	0.000 013 4	0.003 6	539
30	5.61	132	0.000 013 8	0.003 8	554
35	5.15	122	0.000 014 5	0.004 0	581
40	4.64	109	0.000 015 5	0.004 0	617

铝包钢的一个特性使其特别适合应用于高温运行的架空导线，因为锌在 210 ℃左右出现脆性，锌层会出现剥落的问题，失去防护钢芯的功能，而铝就没有这个问题。因此对于需要在 200 ℃以上较高温度运行的导线，钢芯不能采用镀锌钢绞线，最佳的材料是高强度铝包钢，欧盟标准 BS EN 50540：2010 及美国标准 ASTM B502 中都推荐采用铝包钢。

还有一个物理特性会影响到铝包钢的应用。由于熔化钢需要消耗的能量比熔化铝高很多，这使得铝包钢在雷击下表现得比铝合金线好很多，因此在 OPGW 中取代了铝合金线。

9.2.1.3　耐腐蚀特性

铝包钢主要应用于露天环境，其耐腐蚀性取决于铝层的特性。人类对铝包钢表层所用纯铝早已有许多研究。铝是一种活泼金属，极易和空气中的氧气发生化学反应生成氧化铝。氧化铝在铝表面结成一层灰色致密的极薄（约 0.1 μm 厚）的薄膜，这层薄膜十分坚固，它能使金属和外界完全隔开，从而保护内部的铝不再受空气中氧气的侵蚀。铝具有较好的耐腐蚀性，明显优于黄铜，适合海洋气候地区、工业污染区和盐碱地区等恶劣环境，只是不耐碱腐蚀，尤其是氢氧化钠，在氨水或硅酸钠溶液中比较耐腐蚀。铝在浓度低于 30%的硫酸中腐蚀速度较低，因此较适合在酸雨环境中使用；而镀锌层在 70%湿度以上的环境就不耐腐蚀，在干湿交替的空气中反应还会加速。锌表面的氧化膜既溶于酸也溶于碱，在酸中的腐蚀速度明显高于铝，对碱的敏感性略低于铝。

铝包钢应用于输电线路时，电化学腐蚀是常见腐蚀形式，如潮湿环境下水-氧-铝腐蚀系统、水-氯离子-氧-铝腐蚀系统、铝锌不同金属形成的电池效应腐蚀系统。由于钝化氧化铝膜的存在，其在潮湿内陆环境的腐蚀速度大于干燥环境，在有氯离子的海洋环境中腐蚀速度大于内陆潮湿环境，如果有了铝-锌金属构成的电池效应，腐蚀速度还会加快。在恶劣条件下，如沿海、盐碱滩、工业区及火山等盐雾地区的架空钢芯铝绞线中这种腐蚀将加剧，使线路的使用寿命缩短。铝包钢产品由于只有铝-铝接触，消除了电池效应，这将大大减缓线路的腐蚀速度，延长使用寿命。

日立公司进行过钢和铝在相同液体（3%NaCl溶液）中的腐蚀速度试验。当钢线浸泡在电解液中时，开始电离并在液体中腐蚀，铝也同样在电解液中离子化并腐蚀。单独浸泡的镀锌钢线重量损失为约0.2 mg/d，大约是铝的20倍。但是当钢和铝靠在一起浸泡时，腐蚀速度发生了极大的变化。在此情况下，铝是阴极，钢是阳极，电流方向与铝的相同，与铁的相反。因此，铝的重量迅速减少。另一方面，钢不腐蚀，即使在重腐蚀的3%盐水中重量也不发生变化。在日本海附近严重腐蚀环境进行了5年暴露试验，结果镀锌层的保护作用不能长时间保持，5年后严重丧失；相反，铝包钢线5年后仍保持其初始强度，铝层没有被破坏。美国Alumoweld公司进行过32年的海边铝包钢腐蚀试验，未露钢。新余的铝包钢线在冶金部钢铁研究总院进行的腐蚀试验结果如表9.11所示，方法按GB 10125—1988，采用了pH=7和5（硫酸调节）两种环境，并在一家电力公司随机取了某国产镀锌线做对照。镀锌钢丝的表现远低于预期，铝的腐蚀速度远低于锌层。最新的结果是，铝厚度为半径10%的优良产品经历了6 000 h的标准盐雾试验而无腐蚀，其中有拉痕缺陷的产品在1 000 h标准盐雾试验以后出现轻度锈迹。

表9.11　盐雾试验对照

pH	试验时间/h	样品	平均腐蚀率/[g/(h·m²)]	结果	样品数量
7	317	铝包钢线	0.006 2	200 h出现白锈，无红锈；结束后清除少许腐蚀产物，铝层完好	9
		镀锌钢线	0.551 8	2 h出现白锈，无红锈；结束后清除腐蚀产物，几乎无锌层，基体已腐蚀	9
5	207	铝包钢线	0.015 0	150 h出现白锈，无红锈；结束后清除少许腐蚀产物，铝层完好	6
		镀锌钢线	0.555 3	2 h出现白锈，无红锈；结束后清除腐蚀产物，表面尚有10%的锌层	6

表9.12列出了北京有色金属研究总院对1050A-O铝（纯铝）进行大气腐蚀试验得出的数据，可以看出，在重污染潮湿地区的腐蚀速度最快，其次是沿海地区，内陆干燥区域的平均腐蚀速度最慢。因为铝较耐腐蚀且铝包钢上铝层比镀锌钢丝厚得多，铝包钢在一般工业区、重腐蚀区及沿海地区都有出色的表现，在海岸工业区也能使用，如果涂油脂则更佳。钢芯铝绞线不适用于上述特殊区域，即使在钢芯上涂满防腐油脂效果也不及铝包钢芯铝绞线，钢芯铝绞线不适用于沿海和重污染区。

表 9.12 1050A-O 铝的环境腐蚀速度

试验点	江津	青岛	万宁	广州	琼海	武汉	北京
10 年平均腐蚀速度/(μm/a)	0.40	0.21	0.11	0.09	0.07	0.04	0.03
环境特点	二氧化硫潮湿	二氧化硫海洋气候	湿热海洋	湿热	湿热	内陆	内陆干燥
平均湿度	82%	67%	85%	78%	86%	72%	53%
主要污染参数/(mg/m^2)	SO_2 0.330 HCl 0.020	SO_2 0.254 HCl 0.060	SO_2 0.089 HCl 0.030	SO_2 0.075 HCl 0.009	SO_2 0.042 HCl 0.014	SO_2 0.053 HCl 0.030	SO_2 0.097 HCl 0.010

9.2.2 包覆前的材料准备过程

9.2.2.1 钢芯准备过程

钢芯为包覆铝包钢所用的钢丝，多数产品采用高碳钢制成，农业应用产品多用低碳钢。

9.2.2.2 铝杆准备过程

用于包覆过程的铝杆被称为包覆杆，通常采用纯度为 99.7%、强度不超过 100 MPa 的软铝杆。

9.2.3 挤压包覆技术

9.2.3.1 历史

1956 年，日立公司基于材料冷压焊技术发展出铝钢复合线产品，而美国的 Alumoweld 公司一直使用铝粉热压焊技术。我国在 20 世纪 70 年代发展了自己的一些制造技术，自 90 年代开始引进英国的一些设备后，中国才开始逐渐大规模生产符合国际 IEC 标准的铝包钢线，中国现在已成为全球规模最大的铝包钢生产和应用国家。国内普遍使用的 CONFORM 技术是 1972 年由英国原子能组织发明的，后授权给英国 BWE 公司。BWE 公司于 1984 年开发出连续挤压法生产铝包钢线技术，1985 年第一套装置投入使用，逐渐成为全球最常用的铝包钢生产设备。2000 年后出现了国产包覆设备，加速了此行业的发展。

9.2.3.2 机器

包覆机为整个包覆生产线的核心，一般采用双槽挤压轮(350 型或更大)，用于将两根 9.5 mm 直径的清洁无油铝杆挤入加热的模具钢制作的模腔中，被液压系统压住的模腔中安装有包覆模，清洁预热过的钢丝从中穿过后就形成了铝钢复合的线材。包覆机的前处理设备有钢丝线和铝杆线。钢丝线一般包括工字轮放线机、表面清洁系统、中频炉，包覆机后端则有冷却水槽、牵引机和收线机。铝杆线主要由清洁系统和简单的牵引系统构成。生产线的辅助系统包括氮气发生系统、软水系统、普通冷却水系统、压缩空气系统等。

9.2.3.3 包覆原理

图 9.7 为铝包钢挤压包覆原理图，是以模腔工作原理来描述铝钢结合过程的。

H13 模具钢制成的挤压模腔温度保持在 450 ℃～500 ℃之间的一个温度，模腔在进线路径上有一个导向模，在出线路径上有一个定径模(或称挤压模)，两个模具的尖头在模腔内对着，保持一个被称为“鼻沟”的间隙，模腔下端有挤压轮推送的热铝入口。

挤压轮的持续推送使模腔中的铝保持了一定的压力，热铝流向鼻沟位置的钢丝，在钢丝周围形成一个均匀的挤压状态。由于钢丝前进带来的摩擦力，铝被拽进定径模，包裹住钢丝，铝钢之间通过摩擦焊的方式结合，离开模腔 1 m 左右通过水冷槽冷却下来，获得的中间产品被称为铝包钢“母线”。

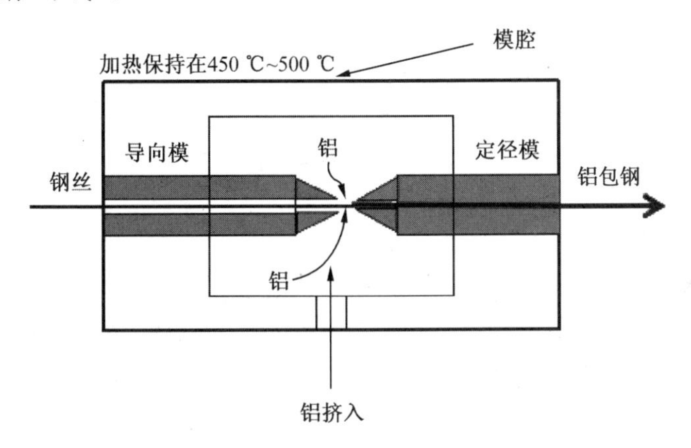

图 9.7　铝包钢挤压包覆原理图

9.2.3.4　包覆工艺参数对过程的影响

(1) 模腔温度。

当进入模腔时的铝温度一定时，模腔温度会很大程度上决定模腔中铝的温度，这个温度影响着铝的流动性和铝钢的结合过程，流动性通过对压力的影响也影响到铝钢的结合过程。

适当提高温度和压力，缩短铝和钢丝的接触时间，可以提高生产率及降低扩散层中脆性相的长大。如果模腔温度过高，就会在界面上形成一系列金属间化合物，如 $FeAl_3$、$FeAl_7$、Fe_2Al_5、$FeAl_2$、FeAl 等，使界面变脆，从而降低复合强度；如果模腔温度偏低，也会有结合力不足的问题。

(2) 模腔中的铝压力。

模腔中的铝压力决定了铝对钢芯的单位面积压力，是决定结合力的关键因素，其影响因素包括喂铝流量、模腔与挤压轮之间的设定间隙及压住模腔的钳紧缸压力。

喂铝流量取决于挤压轮的转速及铝杆的单位长度重量两个变量。转速越快，喂铝越多，铝压力就越大，应调整到结合力良好的转速并保持稳定。因轧制质量控制造成铝杆直径公差有一定的变动，单位长度的铝重量也会变化，所有为确保良好的包覆，铝杆直径公差应尽量控制在较小的范围。如果铝杆擦伤严重，相当于局部重量不足，损伤点可导致铝压力的突然降低，导致结合力不良。如果模腔中铝压力过大，尤其在模腔温度偏高时，容易在产品出口溢出过多的铝，形成铝渣环，如果没有掉落就无法正常拉拔。

模腔与挤压轮之间的设定间隙决定了多少比例的铝会泄漏而成为废铝。泄漏率过低，模腔容易直接摩擦挤压轮，造成部件损伤；泄漏量过高，则会造成浪费。这个间隙大约在 0.70～1.20 mm 范围内。

压住模腔的钳紧缸压力的主要作用是平衡挤压轮挤铝产生的压力，使模腔位置保持稳定。喂铝流量越大，钳紧缸压力就越大，调机时应确定一个标准值。

(3) 钢丝的温度。

如果包覆机前的中频炉出现故障停机，冷钢丝进入模腔后钢丝周围的铝温度就会不足，而潮湿是最严重的问题，将无法形成铝钢结合。中频炉加热温度偏低时能否形成良好的铝钢结合还与模腔中其他条件是否正常有关，能使用的温度是一个较宽的范围，300 ℃～360 ℃是一个常用范围，但也有人成功地用 150 ℃～250 ℃范围的钢芯温度实现良好的包覆，产品达到标准要求，所以可以认为中频预热的主要作用是干燥。

(4) 钢丝的清洁度。

表面清洁度是铝钢结合的必要工艺条件。如果有水、锈迹或油迹，则会在该处隔离铝钢材料，显著降低铝钢结合力。如果有铅，则铅会在模腔中熔解，大部分从导向模中流出，造成职业健康危害，少部分残留在钢丝上，也会损害铝钢的结合力，这种缺陷应该在钢丝热处理过程严格控制。

(5) 钢丝的粗糙度。

传统上都偏好清洁光滑的钢丝，但适当粗糙的表面提供了更高的钢芯对铝的摩擦携带能力，粗糙清洁的表面能获得更好的结合力。当然对于较小直径的钢芯，如 3 mm 以下，就应把握适度的粗糙度，以使产品适应后续工序的高压应力拉拔模式，避免断裂。这种“小钢芯”如果表面很光滑，因接触铝的表面积(鼻沟长度 $L\times3.14\times$钢芯直径 d)较小，不能产生足够的摩擦力，铝钢结合质量降低，易出现脱铝现象。

(6) 铝的清洁度。

铝的清洁度对结合力的影响与钢丝清洁度的影响类似。表面杂质会卷入模腔中流动的铝中，阻止铝钢的良好结合。如果铝中有硬颗粒，甚至会造成后续拉拔过程中的断丝。

(7) 鼻沟长度。

鼻沟长度可以在模具装配过程中设定。鼻沟长度决定了多长的钢芯在模腔中接触热铝，即决定了铝对钢芯的包裹力。考虑到包覆的“摩擦焊”原理，摩擦力取决于包裹力×摩擦系数，鼻沟长度是决定铝钢结合效果的关键参数之一。这个摩擦力同时也会决定包覆机之后产品牵引需要多大的力量。鼻沟调整到一定长度后，张力足以超过模腔中热钢芯的极限拉断力，造成断丝和生产中断。

通常鼻沟长度接近于钢芯直径，但不小于 4.50 mm。

(8) 导向模的装配公差。

导向模的装配公差是指导向模外径与安装孔之间的尺寸差。设计和制作时应将这个公差控制在较小范围内，减少导向模在安装孔中的自由度，这样可使孔中心保持相对稳定，有利于控制铝层厚度的均匀性。

(9) 导向模内径与钢丝的公差配合。

导向模内径与钢丝之间应有一个较小的间隙，因为间隙过大会造成如下问题：

① 包覆 40%导电率时，小直径钢芯较难携带大量的铝进入定径模，入口间隙成为泄压点，严重时可看到铝的泄出，结合力较差。

② 上述泄压造成铝在入口吐出，堆积氧化后刮伤钢丝，形成氧化铁与氧化铝的混合硬渣，这种硬渣粒进入包覆母线的铝层中，拉拔过程中一定会断裂或形成一个绞合时断裂的缺陷。

③ 间隙过大还会使钢芯的中心不稳定，降低控制铝层厚度的均匀性。

(10) 导向模的入口锥角。

导向模有一个类似拉丝模的入口锥角。钢芯清洁时这个锥角的角度影响可以忽略，如果钢芯不清洁，小角度处就会堆积杂质并因钢芯的携带作用产生前进动力，部分被压进模腔中，可降低结合力，引起脱铝问题，拉拔时易断丝。

(11) 导向模损坏情况。

导向模如果使用时间较长，轻则出现磨损槽，重则出现硬质合金碎裂情况。磨损槽会成为模腔铝压力的泄压通道,不利于保证铝钢之间的结合力。如果硬质合金崩裂,碎粒可进入母线铝层中,拉拔时会划伤钢芯,造成断丝或留下缺陷。

(12) 定径模的装配公差。

定径模的装配公差是指定径模外径与安装孔之间的尺寸差。这个公差对铝层厚度的均匀性影响没有导向模装配公差那么大,但仍不应忽视。

(13) 定径模内径与母线公差的配合。

定径模内径与母线设计直径是接近的,因冷却后会收缩,通常比产品目标直径大0.05 mm。

(14) 挤压轮工况。

喂送铝杆的挤压轮虽然不在模腔系统中,但会通过对铝的影响而影响包覆过程。挤压轮对包覆过程的影响前面已经提到转速及挤压轮与模腔的间隙,还有轮槽破损及轮槽温度这两个影响因素。

挤压轮工作到100 t以上铝量时,轮槽可能出现碎裂,碎粒会带入模腔,留在母线铝层中,造成拉拔断裂或绞线时的断裂。

挤压轮挤铝摩擦热量一部分随铝进入模腔,一部分通过冷却散去。冷机启动后,轮子的温度逐渐升高,在主轴方向会出现热膨胀,导致刮刀相对挤压轮槽及挤压轮槽相对模腔堵头位置发生变化,如果这种相对位置的变化超出了预期,可能导致钢部件之间的刮擦损伤。

9.2.4 拉拔和绞合技术

由于钢的强度可达到铝强度的十倍以上,采用普通的拉丝技术无法实现铝钢的同步变形,容易造成铝的脱离。解决的办法是采用流体动力润滑技术(见图4.6),在拉丝模的前面增加了一个增压管,拔丝粉靠运动钢丝的黏带不断被“泵入”拉丝模中。拉丝模内的压力与拔丝粉的黏度成正比,还与增压管的长度及拉拔速度成正比,与增压管中的间隙成反比。此类技术的专利最早出现在1944年的英国,美国通用电气于20世纪50年代用此技术拉拔难变形金属。这种方法使得模具内变形的金属应力状态改变,获得了较高的径向应力,使得铝能够与钢同步变形。压力过大容易造成颈缩断丝,压力过小会因铝层后退而断丝。

拔丝粉的特性对拉丝质量的影响是很重要的,其软化点、黏度、粒度分布和极压性都是关键参数,其工作效果还受到拉丝机冷却系统效率的影响。

铝包钢的拉拔设备与钢丝拉拔设备非常相似,差异主要在模盒系统,普遍采用工字轮放线和收线,控制系统根据活套或感应辊的动作反馈信号调整各道速度,实现不同道次间的协调,避免断丝。活套式拉丝机因为缓冲能力强,比调谐辊式拉丝机更不容易断丝。铝包钢拉丝机一般采用8个卷筒,也有更少或更多的情况,与各自的工艺设计不同有关,卷筒直径常用700 mm。

绞合技术和镀锌钢绞线非常相似,不过需要在整个路径上保护好产品,防止刮伤,必须采用预变性技术严格控制成型质量。可采用的绞线机有管绞和笼绞,以较高压力接触的过线嘴应采用耐磨尼龙或类似的材料制成,以防止产品损伤。

9.2.5 铝包钢的力学性能

铝包钢在全球使用最频繁的标准为ASTM B415或B502标准,以及中国国家标准GB/T 17937—2009和IEC 61232-1993标准,中国国家标准的导电率级别最多,市场上有比标准更高强度的产品。

表 9.13～表 9.16 列出了常见铝包钢标准的主要技术参数。

表 9.13 电工用铝包钢线(IEC 61232-1993 和 GB/T 17937—2009)

IEC 61232-1993	GB/T 17937—2009	公称直径/mm		最小抗拉强度/MPa	1%伸长应力最小值/MPa	最小扭转次数(100 d)	伸长率(标距250 mm)
		大于	至				
—	LB14	2.25	3.00	1 590	1 410	20	断时伸长率不小于1.5%，或断后伸长率不小于1.0%
		3.00	3.50	1 550	1 380		
		3.50	4.75	1 520	1 340		
		4.75	5.50	1 500	1 270		
20SA-A	LB20A	1.24	3.25	1 340	1 200		
		3.25	3.45	1 310	1 180		
		3.45	3.65	1 270	1 140		
		3.65	3.95	1 250	1 100		
		3.95	4.10	1 210	1 100		
		4.10	4.40	1 180	1 070		
		4.40	4.60	1 140	1 030		
		4.60	4.75	1 100	1 000		
		4.75	5.50	1 070	1 000		
20SA-B	LB20B	1.24	5.50	1 320	1 100		
—	LB23	2.50	5.00	1 220	980		
27SA	LB27	2.50	5.00	1 080	800		
30SA	LB30	2.50	5.00	880	650		
—	LB35	2.50	5.00	810	590		
40SA	LB40	2.50	5.00	680	500		

表 9.14 EN 50540：2010 钢芯软铝导线用特高强铝包钢线

代码	公称直径/mm		容差/mm	1%伸长应力/MPa	绞合前强度/MPa	断时伸长率(标距 250 mm)	扭转次数(100 d)
	大于	至	—	大于或等于	大于或等于	大于或等于	大于或等于
20EHSA	1.28	2.28	±0.04	1 390	1 620	1.5%	20
20EHSA	2.29	3.04	±0.05	1 360	1 580		
20EHSA	3.05	3.55	±0.05	1 330	1 545		
20EHSA	3.56	4.82	±0.06	1 300	1 515		
14EHSA	1.75	2.25	±0.04	1 550	1 825	1.5%	20
14EHSA	2.26	3.00	±0.05	1 500	1 790		
14EHSA	3.01	3.50	±0.05	1 470	1 760		
14EHSA	3.51	4.75	±0.06	1 430	1 725		

表 9.15　ASTM B415-2016 架空铝导线用铝包钢芯线

公称直径/mm	美国线规号 AWG	四种导电率的抗拉强度/MPa				最小伸长率（标距 250 mm）	扭转次数（100d）
		20.3%	27%	30%	40%		
5.19	4	1 070	862	703	552	1.5% 断时 1.0% 断后	≥20
4.78	5	1 100	889	731	579		
4.62	—	1 140	917	758	607		
4.39	—	1 170	945	786	634		
4.11	6	1 210	972	786	662		
3.93	7	1 240	1 000	814	662		
3.67	—	1 280	1 034	841	676		
3.48	—	1 310	1 062	869	676		
3.26	8	1 340	1 076	883	686		
2.91	9	1 340	1 076	883	686		
2.59	10	1 340	1 076	883	686		
2.30	11	1 340	1 076	883	686		
2.05	12	1 340	1 076	883	686		

表 9.16　ASTM B502-2017 架空铝导线用铝包钢芯线（20.3%导电率）

铝包钢类别码	公称直径/mm	最小 1%伸长应力/MPa	最小抗拉强度/MPa	最小断时伸长率（标距 250 mm）	最小扭转次数（100d）	用途
AW2	1.956～3.274	1 206	1 344	1.5%	20	ACSR/AW2 ACSR/TW/AW2 ACSS/AW2 ACSR/TW/AW2
	3.275～3.477	1 172	1 310			
	3.478～3.665	1 137	1 275			
	3.666～3.934	1 103	1 241			
	3.935～4.115	1 103	1 206			
	4.116～4.392	1 068	1 172			
	4.393～4.620	1 034	1 137			
	4.621～4.775	1 000	1 103			
AW3	1.956～2.283	1 310	1 450	1.5%	20	ACSS/AW3 ACSS/TW/AW3
	2.284～3.045	1 280	1 410			
	3.046～3.553	1 240	1 380			
	3.554～4.775	1 170	1 340			

9.3 有机涂层

9.3.1 有机涂层在钢丝上的应用

有机涂层给钢丝带来了耐腐蚀性改善及彩色化等优点，在一些应用中还能起到减缓磨损的作用。

钢丝的有机涂层技术有各种挤塑和树脂粉末涂层，采用的材料有聚乙烯(PE，高密度或低密度)、聚氯乙烯(PVC)、环氧树脂、聚氨酯(TPU)、尼龙(PA)、聚酯(PET)。这类产品如：

(1) PVC 粉末涂塑钢丝。用于编网、石笼(格宾网)和家禽养殖笼等。

(2) 无黏结预应力钢绞线。涂防腐油脂后挤压一个高密度聚乙烯护套管，用于楼板建设及岩土锚固工程。

(3) 涂环氧树脂钢绞线。桥梁预应力结构用。

(4) 包尼龙钢丝。用于内衣、笔记本螺旋线、纺织器材钢丝棕等。

(5) 包塑钢丝绳。延长钢丝绳寿命；护套采用 PVC、PE、PA 或其他材料挤压。

(6) 包聚酯钢丝。环保无污染，符合欧美环保标准，耐高温 120 ℃以上，耐低温 −100 ℃，防腐蚀，附着力牢固，不易破损。可用于制作草原网、石笼、勾花网、内衣、衣架、灯笼用支架、台历丝、园艺、建筑捆绑、圣诞礼物、奶瓶刷、孔明灯、回形针，可弯出各种造型。

(7) 挤压包塑钢丝。低碳镀锌丝或镀锌铝合金丝包 PVC 或 PE，可编织石笼等产品；彩色包塑可用于动物养殖、农林防护、水产养殖、公园动物园围栏、体育场等。

(8) 包聚氨酯钢丝。需要涂层耐磨、耐油、耐低温、耐腐蚀的应用。

欧盟标准中有一系列相关产品的标准：

BS EN 10245-1:2011《钢丝和钢丝产品 钢丝有机涂层 第 1 部分：一般规则》。

BS EN 10245-2:2011《钢丝和钢丝制品 钢丝有机涂层 第 2 部分：包 PVC 钢丝》。

BS EN 10245-3:2011《钢丝和钢丝制品 钢线有机涂层 第 3 部分：包 PE 钢丝》。

BS EN 10245-4:2011《钢丝和钢丝产品 钢丝有机涂层 第 4 部分：包聚酯钢丝》。

9.3.2 涂层技术

采购聚乙烯、聚氯乙烯、尼龙、聚氨酯或聚酯时，应选择适合挤压的型号，因为有些型号只适合注塑，挤塑机的型号也应与材料相适应。户外应用时，PE 及 PVC 材料都可通过添加抗紫外线、抗老化的助剂改善耐候性。

表 9.17 提供了各种涂层材料在钢丝上的适用工艺对照，具体工艺参数应参照材料供应商的建议或相关手册。涂层加工之前的预处理取决于结合力要求，普通编网丝直接挤压包覆即可，要求结合力高的应清洁表面，预热也是有帮助的，环氧树脂只能用粉末热熔或静电涂覆。

表 9.17 钢丝有机涂层加工方法与材料类型的对应矩阵

材料及适用工艺	直接挤压	预热钢丝后挤压	热熔或静电	预热后热熔或静电
聚乙烯(PE)	适用	适用		
聚氯乙烯(PVC)	适用	适用	适用	适用

续表

材料及适用工艺	直接挤压	预热钢丝后挤压	热熔或静电	预热后热熔或静电
聚酯(PET)	适用	适用	适用	适用
热塑型聚氨酯(TPU)	适用	适用		
尼龙(PA)	适用	适用		
环氧树脂			适用	适用

（1）聚乙烯：一般采用高密度聚乙烯材料，用挤压法做涂层。

（2）聚氯乙烯：表 9.18 是欧盟钢丝标准提供的 PVC 的四种涂层加工方法，有挤压、热熔法或静电喷涂法。

表 9.18　包 PVC 方法的分类(引自 BS EN 10245-2:2001)

分类代码	涂层加工方法
1a	直接挤压到钢丝上，塑料不粘连钢丝
1b	采用钢丝余热或用有机胶的方法让 PVC 与钢丝粘连
2a	采用热熔或静电喷涂法将 PVC 粉末涂在钢丝上
2b	钢丝经过清洗、预热后，采用热熔或静电喷涂法将 PVC 粉末涂在钢丝上

图 9.8 为按照表 9.18 中 1b 方法生产制绳钢丝的工艺流程图。用这种钢丝做的绳适合于海洋环境应用，也可以用于编网。

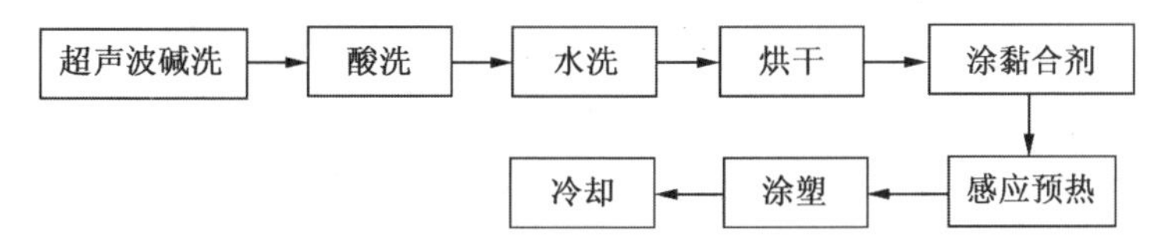

图 9.8　涂塑制绳钢丝的涂塑工艺流程图

（3）尼龙：采用 PA9 或 PA612，挤压前包装破损的尼龙材料应烘干后使用。采购螺杆挤压机前应就螺杆长径比、压缩比咨询尼龙厂家的建议。加热温度的设定也要严格按照材料牌号对应的参数设定和控制好，太高会烧焦，太低会堵模。

（4）聚氨酯：比较成熟的技术是应用在电线电缆上的热塑性聚氨酯弹性体，材料具有耐低温、耐磨、耐油、耐撕裂、耐化学腐蚀、耐射线辐照等优异性能，也可以应用于钢丝，做耐磨筛网用钢丝。

（5）聚酯：潮湿环境中稳定性不如聚氨酯；采用挤压方法包裹钢丝，如果表面形状复杂，则宜采用粉末静电涂覆技术。

（6）环氧树脂：采用静电粉末涂覆。

环氧涂层方式分为单丝涂覆和填充两种类型，单丝涂层的绞线内有空隙，钢丝之间不粘连，填充式的间隙完全被环氧树脂充满(图 9.9)。

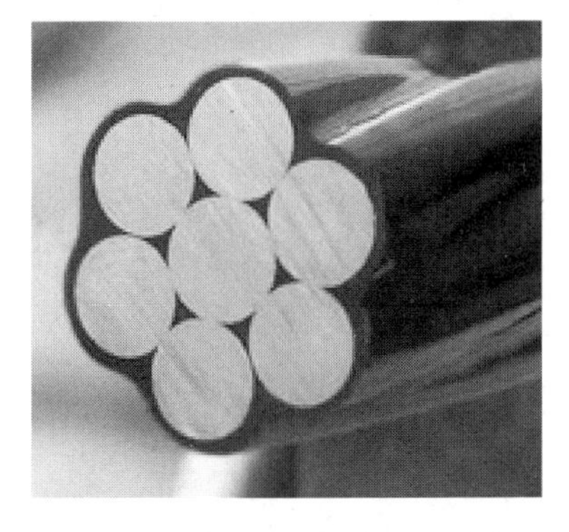

图 9.9　填充式环氧涂层钢绞线

环氧涂层钢绞线的生产工艺流程见图 10.14，主要技术介绍如下：

① 表面准备：采用热稀磷酸去除残余皂粉及磷化膜，然后水洗，进入中频预热，加热到约 230 ℃后进入静电喷涂系统。

② 粉末喷涂：喷枪喷出的粉末带负电荷，接地的钢绞线为正极，粉末被钢绞线所吸附，因钢绞线是热的，树脂粉末会熔化，自然流平。喷粉仓应保持干燥，静电电压、喷枪分布及喷粉气压都应特别设计和调整。

③ 固化：钢绞线进入一个固化保温炉，完成固化后水冷就完成了涂粉过程。

④ 散开钢绞线的技术：散开钢绞线依靠一对外圈装轴承的七孔分线轮，分线轮依靠螺旋状钢丝的力量带动，确保钢丝不变形。第一个分线轮打开钢绞线，第二个分线轮让钢丝回位。填充型喷涂时第二个分线轮在喷涂仓内，钢丝闭合时粉末还未固化，钢丝间隙完全被环氧树脂所充满；单丝涂覆时第二个分线轮在固化之后。

第十章
常见产品的生产工艺

在设计一个新的工厂、车间、生产线之前，或者利用已有条件开发生产未做过的产品之前，都需要先做生产工艺设计，也就是确定制造过程走什么工艺路线、选择什么装备、过程中的方法、关键参数及工装等。

本章仅包括几种常见产品的工艺简介，应注意所引用的标准是否更新。

10.1　设计钢丝生产工艺

10.1.1　确定目标

在设计钢丝生产工艺之前，首先要依据如下信息确定产品的质量目标：

（1）客户明确的质量要求，包括产品标准的要求。

（2）根据对产品运输、储存和应用的认知获得的潜在要求。

10.1.2　确定可以利用的材料及工艺手段

钢丝品质很大程度上依赖于盘条的品质，常用拉丝盘条标准见表10.1（标准年份仅代表编写时的最新版），沙钢等企业的标准也值得采用。

表10.1　常用拉丝盘条标准

盘条标准	常用钢号或牌号标准
GB/T 4354—2008《优质碳素钢热轧盘条》	GB/T 699—2015，低中高碳
GB/T 24242.2—2009《制丝用非合金钢盘条 第2部分：一般用途盘条》	C4D～C92D
GB/T 24242.4—2014《制丝用非合金钢盘条 第4部分：特殊用途盘条》	C3D2～C98D2
GB/T 24238—2017《预应力钢丝及钢绞线用热轧盘条》	YL72B～YL87B
GB/T 27691—2017《钢帘线用盘条》	见盘条标准
GB/T 24587—2009《预应力混凝土钢棒用热轧盘条》	如30MnSi等
GB/T 33954—2017《淬火-回火弹簧钢丝用热轧盘条》	见盘条标准
GB/T 33967—2017《免铅浴淬火钢丝用热轧盘条》	C62-E～C82-E
JIS G3502-2004《琴钢丝盘条》	SWRS
JIS G3506-2017《高碳钢盘条》	SWRH
SAE J403-2009《碳钢化学成分》	低碳有1002～1020等
JIS G3507-2-2010《冷镦钢盘条》	SWCH
Q/BQB 517—2009《冷镦钢盘条》	SWRCH

续表

盘条标准	常用钢号或牌号标准
GB/T 28906—2012《冷镦钢热轧盘条》	ML
GB/T 24242.3—2009《制丝用非合金钢盘条 第3部分:沸腾钢和沸腾钢替代品低碳钢盘条》	C2D1～C4D1
GB/T 701—2008《低碳钢热轧圆盘条》	Q195/215/235/275
JIS G3505-2004《低碳钢盘条》	SWRM6～SWRM22
Q/BQB 513—2009《低碳钢盘条》	SWRM6～SWRM20
GB/T 4241—2017《焊接用不锈钢盘条》	较多牌号,见盘条标准
GB/T 3429—2015《焊接用钢盘条》	较多牌号,见盘条标准
Q/BQB 511—2009《焊接用钢盘条》	较多牌号,见盘条标准
GB/T 4356—2016《不锈钢盘条》	较多牌号,见盘条标准

工艺设计者应掌握所有可用的工艺设施的能力,包括配套工装的适用性和工序间的匹配性。表10.2提供了常见工艺手段的主要用途、优点及缺点,大部分钢丝产品都可以通过这些技术的组合来生产。

表10.3列出了常用的收放线技术。其中,水平悬挂放线和上抽放线都要注意采取适当的防乱丝技术,否则生产速度会受到很大的限制。连续线上的收放线应尽量采用不停机技术。

表10.2 常用工艺技术、主要用途及优缺点

工艺技术		主要用途/功能	同类技术中的相对优点	缺点
表面技术	弯曲除鳞	去除大部分氧化皮	成本低,无废水,高速	不能去除锈蚀
	钢刷除鳞	去除弯曲后残留皮	成本较低,无废水	锈蚀除不净
	砂带除鳞	去除氧化皮	无废水,比钢刷清洁度高	成品有残纹、微残锈
	抛丸除鳞	去除氧化皮	可处理干净锈蚀盘条	粉尘,维修费高
	硼化	提供拉拔润滑条件	方便拉丝在线完成	有害健康
	浸泡酸洗	去除氧化皮	洁净,适用于锈蚀盘条	夹缝锈迹
	在线酸洗	去除热处理氧化皮	效率高,表面均匀	—
	电解酸洗	机械除鳞后的洗净	速度快,废物减少	废物排放
	磷化	提供拉拔润滑条件	成本较低,耐拉拔	产生含锌危废
	皂化	改善润滑	改善磷化钢丝的润滑	—
	涂石灰	适合较低压缩拉拔或磷化后处理	成本低,环保	涂灰量大时可导致粉尘问题
	涂皮膜剂	拉拔不锈钢等材料用	可水洗去除,不吸潮	—
	铅浴脱脂	去除润滑剂	稳定可靠	铅危害
	超声脱脂	去除润滑剂、油脂	比铅安全健康	废水
	电解脱脂	去除润滑剂、油脂	比铅安全健康	废水,要防打火
	浸洗	漂洗,用于去除残余化学品(如酸洗后)	水耗及废水比浸洗少	—

续表

工艺技术		主要用途/功能	同类技术中的相对优点	缺点
变形技术	干式模拉	圆钢丝,包括镀层钢丝	尺寸精度高,硬化较好,换规格较快,可高速	粉尘
	湿式模拉	圆钢丝,包括镀层钢丝	占地小,投资低,表面比干拉更干净	钢丝与塔轮间有摩擦,有废液
	冷轧	异型钢丝	发热比模拉少	切换规格慢,尺寸精度低
	辊模	大规模生产冷轧焊网丝及圆钢丝	能耗低,速度快,清洁,做异型线比模拉更容易	切换规格慢,不适合大直径硬线
	预变形	钢绞线和钢丝绳	无可比技术	—
	绞合	钢绞线和钢丝绳	无可比技术	—
热处理	等温淬火	需要索氏体的碳钢	拉拔硬化快,韧性好	铅危害
	球化退火	轴承钢、工具钢等	硬度低,易拉拔或轧制	拉拔硬化率低
	再结晶退火	半成品软化	降低硬度恢复塑性	—
	低温退火	合金钢丝,如轴承钢丝	释放应力恢复塑性	—
	固溶处理	奥氏体不锈钢,沉淀硬化不锈钢丝	改善塑性利于拉拔,提高耐蚀性	—
	时效	沉淀硬化不锈钢	能提高强度	—
	淬火回火	弹簧钢丝及 PC 钢棒等	强化效率较高,快速完成	非感应加热产品应力腐蚀敏感性偏高
	稳定化处理	预应力钢丝、钢绞线	提高屈强比和伸长率,改善松弛率和伸直性	—
	真空热处理	工具钢丝、轴承钢丝的退火,清洁线退火	保护表面,去除附着物	真空度高时金属蒸发沉积低温部位

表 10.3　常用收放线技术

工艺类型	放线	收线
干式拉拔	① 水平悬挂放线,$d \geqslant 5.5$ mm; ② 转盘放线,张力宜可调; ③ 上抽式放线,适合大盘重,$d \leqslant 6.5$; ④ 工字轮放线,可高速,可主动	① 卷筒收线,弹簧线、重量低; ② 工字轮收线,大盘重、快; ③ 下落式收线,拉拔或不拉拔的钢丝卷、盘重范围宽
湿拉	① 水平悬挂放线,$d \geqslant 5.5$ mm; ② 转盘放线,张力宜可调,小线限重; ③ 上抽式放线,适合大盘重,$d \leqslant 6.5$; ④ 工字轮放线,可高速,可主动	① 卷筒收线,弹簧线、重量低; ② 工字轮收线,大盘重、快; ③ 下落式收线,大盘重
热处理	① 转盘放线,张力宜可调,小线限重; ② 上抽式放线,适合大盘重,$d \leqslant 5.5$; ③ 工字轮放线,可高速,可主动	① 卷筒收线,弹簧线、重量低; ② 工字轮收线,大盘重、快; ③ 下落式收线,大盘重
热镀电镀	同热处理	同热处理

10.1.3 比较和选择工艺路线

在确定客户要求并了解已有的工艺手段的基础上，要根据客户要求及标准要求进行材料选择。有的客户指定选材，变更材料之前还要与客户沟通，得到认可。

设计工艺路线的基本方法见图 10.1，以有效实现质量目标和生产效率为设计目标。

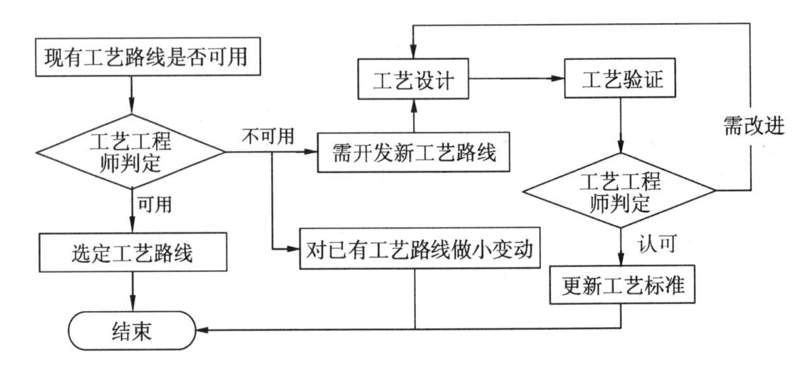

图 10.1 工艺选择和设计工作思路

本章后面提供了一些常见产品的基本工艺路线，每个步骤中可用技术方法可能不止一种，路线也存在创新的机会。如果有多种可用工艺路线，建议综合考虑生产效率、质量、成本去选择最优方案。

10.2 低碳钢丝

10.2.1 普通低碳钢丝

这类钢丝的常见标准如下：

(1) YB/T 5294—2009《一般用途低碳钢丝》，产品用于绑扎、制钉、编织、建筑等，还包含了低碳镀锌钢丝。

(2) YB/T 5032—2006《重要用途低碳钢丝》，产品用于机器重要部件和零件。

(3) YB/T 5303—2010《优质碳素结构钢丝》，产品用于机器零件及标准件，包含低碳及中碳钢，分为软态和硬态两大类，形状分为圆形、方形和六角形，表面状态分为冷拉及银亮两类。

(4) JIS G3532-2011《低碳钢丝》，产品用于制钉、钢筋混凝土、编网等。

低碳钢丝的典型生产工艺见图 10.2。需要软态交货就要进行退火处理，如果退火后希望干净不发黑，则可以采用真空退火或有保护气氛的退火。采用机械除鳞是成本比较低的技术，如果要求表面光滑，用酸洗技术更容易做到。

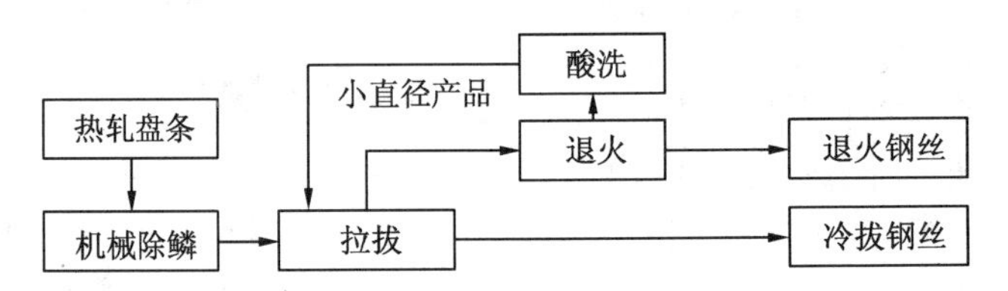

图 10.2 低碳钢丝的典型生产工艺流程

低碳钢丝塑性优良，总拉拔压缩率可以达到 98%以上。每道次的压缩率通常在 15%～

35%之间，只要机器能力没有问题，拉拔粗线进第一个模压缩率可达35%～40%。硬化程度越高的材料越不宜用高压缩率。低碳钢细线拉拔速度最高纪录达到了每秒 40 m。中碳钢丝工艺与低碳钢丝类似。

10.2.2　焊丝

焊丝所用材料以低碳钢为主，还有部分低合金钢及不锈钢等材料的焊丝。中国焊丝工业的规模达年产数百万吨级，焊丝是造船、钢结构生产及自动焊接线上的必备材料。

焊条是手工焊接材料，采用机械除鳞技术后再高速拉拔、调直和切断，连续完成，钢丝直径允许偏差±0.02 mm，校直在高速旋转（一般转速在 6 000 r/min 以上）的校直筒中完成。

表 10.4 列举了常见焊丝产品标准。焊丝的重要特性在于两个方面：一是适合不同焊接对象的成分设计，二是直线送出的喂丝能力。出于对环保和职业健康的考虑，已开发应用不镀铜焊丝，但推广还有难度。

表 10.4　常见焊丝标准

中国标准	美国标准	日本标准	欧洲标准	备注
① GB/T 14957—1994《熔化焊用钢丝》； ② GB/T 8110—2008《气保焊用碳钢、低合金钢焊丝》； ③ YB/T 5092—2016《焊接用不锈钢丝》	① AWS A5.18-2017《碳钢用气保焊焊丝和填充丝》； ② AWS A5.28-2015《低合金钢用气保焊焊丝和填充丝》； ③ AWS A5.9-2017《不锈钢焊丝和填充丝》	① JIS Z3312-2009《碳钢及高强钢 MAG 焊接用实芯焊丝》； ② JIS Z3325-2000《低温钢 MAG 焊接用实芯焊丝》； ③ JIS Z3316-2017《低碳钢和低合金钢用 TIG 焊丝及焊棒》； ④ JIS Z3317-2019《钼及铬钼钢 MAG 焊接用实芯焊丝》； ⑤ JIS Z3321-2013《焊接用不锈钢焊丝和填充丝》	① EN 440：1995《碳钢气保焊焊丝和填充丝》； ② EN 1668：1997《碳钢及细晶粒钢 TIG 焊焊丝和填充丝》； ③ EN 12070：2001《耐热钢气保焊焊丝》； ④ EN 12072：2000《不锈钢和耐热钢气保焊焊丝和填充丝》	① GB/T 8110—2008 等效采用了 AWS A5.18-2017 和 AWS A5.28-2015 ② GB/T 14957—1994 其中部分焊丝用于气体保护焊

传统的焊丝生产工艺流程见图 10.3，要经过四套设备才能完成生产。其中与普通钢丝工艺差别较大的是镀铜过程，焊丝的镀铜采用化学镀铜或电镀铜。镀铜工艺参见第九章的 9.1.3 节。化学镀铜通过铁离子和铜离子的交换完成；电镀铜则和电镀锌相似，将钢丝作阴极，紫铜板作阳极，以硫酸铜溶液为电镀液通过电化学反应完成电镀过程。

中国焊丝装备知名生产企业杭州星冠在 2019 年推出采用如图 10.4 所示的高效率工艺流程设备，只需两套设备就能完成生产过程，更加环保、节能，且可节省车间场地并大幅度降低人工成本，自动复绕线实现了自动上盘、下盘。这个新工艺相对老工艺的改进归纳如表 10.5 所示。

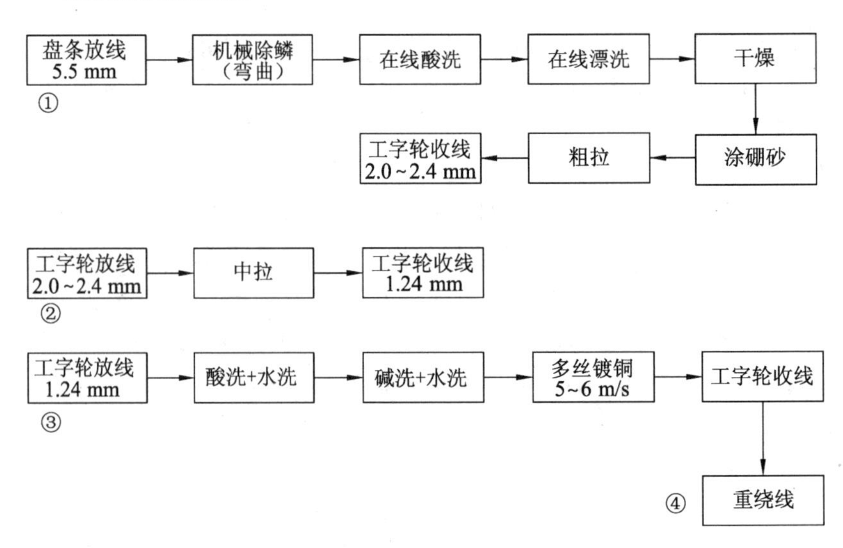

图 10.3 有四个独立过程的传统焊丝生产工艺流程

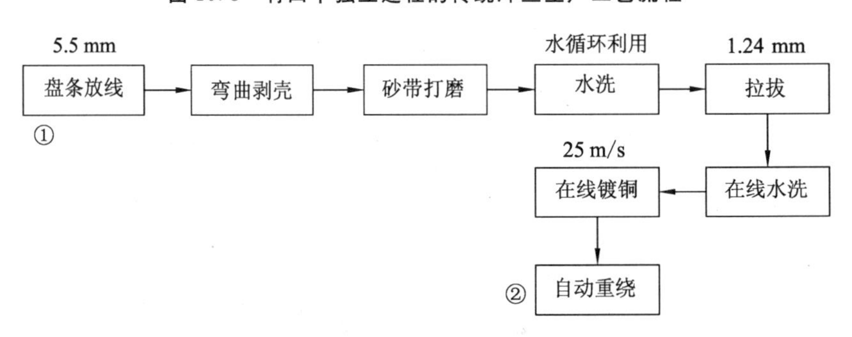

图 10.4 2019 年出现的焊丝生产工艺流程

表 10.5 焊丝工艺进步的成效

比较项目	图 10.3 所示工艺	图 10.4 所示工艺	改进幅度
万吨年产能设施占地/m^2	1 400	560	60%
万吨年产能用人/(人/班)	8	2	75%
电耗/(kW·h/t)(不含重绕)	250～260	210～220	15%
水耗/(t/t)	1.5～1.8	0.2～0.3	85%
废酸	有	无	100%
酸罐设施	有	无	100%
酸洗废水	有	无	100%

10.2.3 冷镦钢丝

10.2.3.1 产品技术要求

冷镦钢丝广泛用于制造螺栓、螺母、螺钉等各类紧固件、连接件、扣件等；另一重要用途是制造冷挤压零部件和各种冷镦成形的零配件，该用途是随着汽车工业发展起来的，并逐步扩大到高铁、石油、风电、海上装备、电器、照相机、纺织器材、冷冻机、预应力工程所需锚具等领域。

冷镦钢丝的加工及应用决定了其主要特性需求：

(1) 冷镦这种大变形量加工决定了这种钢丝需要非常好的塑性，通常采用具有粒状珠光体的球化退火组织，同时要求表面涂层提供出色的润滑，保护产品表面。

(2) 高强度及耐热紧固件需要合金材料。

(3) 耐腐蚀产生了不锈冷镦钢的需求。

(4) 对延迟断裂的关注产生了低延迟断裂冷镦材料。

(5) 大批量高速制造的冷镦产品要保持非常均一的形态和尺寸，所以冷镦钢丝需要轻拉一道，使材料保持较好的线性。

常用冷镦钢丝标准见表 10.6，这种钢丝可以分为热处理型、非热处理型及非调质型三类。

表 10.6 冷镦钢丝参考技术标准

标准编码	标准名称	采用国际标准情况
GB/T 4232—2009	冷顶锻用不锈钢丝	MOD JIS G4315:2000
GB/T 5953.1—2009	冷镦钢丝 第 1 部分：热处理型冷镦钢丝	MOD JIS G3508-2:2005 及 JIS G3509-2:2005
GB/T 5953.2—2009	冷镦钢丝 第 2 部分：非热处理型冷镦钢丝	IDT JIS G3507-2:2005
GB/T 5953.3—2012	冷镦钢丝 第 3 部分：非调质型冷镦钢丝	—
EN 10263-1:2018	冷镦和冷挤压盘条、钢棒和钢丝 第 1 部分：一般交货技术条件	—
EN 10263-2:2018	冷镦和冷挤压盘条、钢棒和钢丝 第 2 部分：冷作后不用于热处理钢的交货技术条件	—
EN 10263-3:2018	冷镦和冷挤压盘条、钢棒和钢丝 第 3 部分：渗碳渗氮钢的交货技术条件	—
EN 10263-4:2018	冷镦和冷挤压盘条、钢棒和钢丝 第 4 部分：调质钢的交货技术条件	—
EN 10263-5:2018	冷镦和冷挤压盘条、钢棒和钢丝 第 5 部分：不锈钢的交货技术条件	—

从表 10.6 可以看出，中国冷镦钢丝的标准主要是跟随日本标准发展的，作者认为背后的主要原因是中国汽车工业外资品牌占据优势地位，日资企业及紧随日本标准的台资冷镦钢丝企业跟随海外汽车产业布局中国大陆，这个过程改变了中国市场中的冷镦材料技术，也影响了中国冷镦钢的标准化体系。出口业务使得中国钢丝企业会采用一些国外特有的牌号，如 10B22M、10B25LHC 和 MNB123H，服务的提升使得可订购免退火、正火、退火+磷化等几种线材。

国外发达国家冷镦钢产业已基本形成规模，重视针对市场中的潜在需求进行品种开发。例如，日本大同为降低标准件材料成本和加工成本，推出了多种不锈钢螺栓和螺钉用钢；高周波钢业开发了一系列不锈冷镦钢新产品，利用设备优势推出了 SUS 系列产品，大大提高了钢的冷镦性能；日本精线为适应建筑行业要求，开发了具有良好耐蚀和冷镦性能、通过淬回火硬化的马氏体冷镦钢。

进口冷镦线材具有良好的强塑性、优良的拉拔性能，断丝率较低，晶粒大小仅为1～2 μm，为国产中碳钢丝的1/10左右。进口钢丝可能在热处理时并没有完全奥氏体化，而仅仅加热到奥氏体和铁素体的双相区进行保温后再冷却至室温，奥氏体化温度低，保温时间短，从而热处理后的组织细小，渗碳体尺寸较小，厚度较薄，分布均匀，呈现出进口钢丝特殊的“双相组织”。

10.2.3.2 冷镦钢盘条

冷镦钢通常为低中碳优质碳素结构钢和合金结构钢，两个重要的盘条标准分别为GB/T 6478—2015《冷镦和冷挤压用钢》和Q/BQB 517—2018《冷镦钢盘条》(宝钢企业标准)。

冷镦钢盘条的重要质量特性如下：

(1) 化学成分。氧、硫、磷等元素对钢中夹杂物的形态、数量、大小有决定性影响，所以要求控制其含量；对合金钢而言，硅、铝、锰等元素以控制在中下限为宜，避免造成冷顶锻裂纹。

(2) 表面质量。标准件厂统计表明，80%的冷镦开裂是由钢丝表面缺陷造成的，如折叠、划伤、密集的发纹、局部微裂纹、结疤。因此对盘条表面质量要求很严，尺寸公差±0.20 mm，不圆度＜0.30 mm，表面裂纹、划伤最深＜0.07 mm。

(3) 脱碳。表面脱碳造成螺栓表面强度降低，疲劳寿命大幅度下降。平均脱碳层深度要求见表10.7。

表10.7 冷镦钢盘条的脱碳层要求 单位：mm

直径	全脱碳层深度	总脱碳层深度
≤15	≤0.02	≤0.12
15～25	≤0.03	≤0.15
25～32	≤0.04	≤0.20

(4) 非金属夹杂物。钢中非金属夹杂物含量高、尺寸大是造成标准件冷镦开裂的一个重要原因，尤其是非金属夹杂中B类和D类脆性夹杂，距钢丝表面越近，危害性越大，所以要求距表层2 mm之内B类夹杂物应不大于15 μm。

(5) 金相组织。冷镦钢的金相组织为铁素体＋粒状珠光体，珠光体的晶粒尺寸和分布也是影响冷镦性能的因素，理想的组织是珠光体晶粒大小相近并均匀地分布在铁素体基体上。冷镦性能从好到坏的显微组织排列次序为粒状珠光体、索氏体、细片状珠光体、片状珠光体。

(6) 低倍组织。冷镦钢丝对钢的低倍组织要求比较严，低倍检查不应有缩孔、分层、白点、裂纹、气孔等缺陷，对中心疏松、方框偏析、中心增碳等缺陷，不同钢种都有明确的级别规定。

(7) 晶粒度。冷镦钢丝内部组织不同于其他钢丝，晶粒度不是越细越好。晶粒度太细，抗拉强度、屈服强度升高，变形抗力增大，对冷镦成形很不利。除10.9级以上螺栓需晶粒细以保证成品强度外，其他冷镦钢丝的晶粒度应控制在5～7级。

(8) 冷镦性能。冷镦性能好是指钢丝有较低的变形抗力，能经受很大程度的变形而不产生裂纹。一般认为以断面收缩率和屈强比作为衡量冷镦性能的指标比较可靠。合金钢的断面收缩率应不小于50%。冷镦钢丝的屈强比小，冷镦性能相对较好，合金钢的屈强比应不大于0.70。从冷镦性能角度考虑，钢丝的冷加工强化系数越低越好，即不易产生加工硬化。

10.2.3.3　冷镦钢丝主要生产工艺流程

冷镦钢丝的典型生产工艺流程见图10.5，退火工艺在8.2节中做了一些介绍。

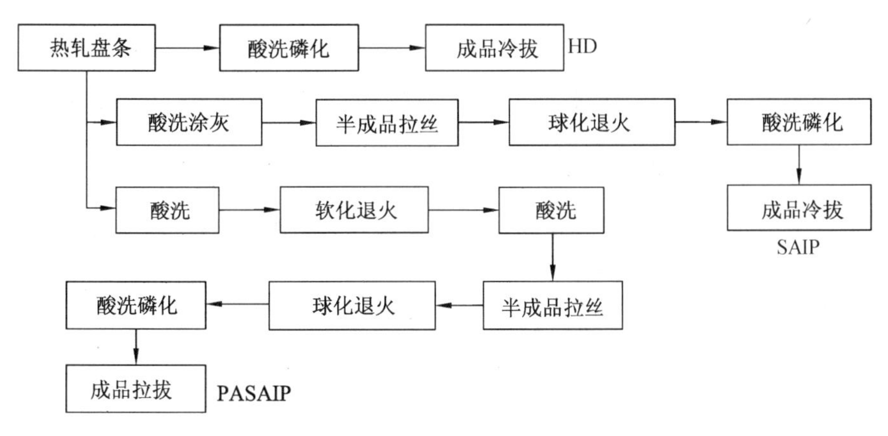

图10.5　冷镦钢丝的典型生产工艺流程

成品拉拔后用字母表示了三种产品类型。第一种最简单，可以称之为生拉或硬抽，产品的适用性取决于盘条组织质量；第二种多一道拉拔，不仅可以做出更细的产品，还使球化质量得到提高；第三种即在拉拔半成品之前进行了一次软化退火，后续工序和第二种相同，品质更高。

成品拉拔之前的酸洗磷化是后续冷镦工艺所需，磷化层在冷镦变形加工过程中能保护金属表面。为避免酸洗磷化工序产生的危废和满足规避表面磷的要求，有商家开发出了替代磷化的环保涂层。

目前此类产品生产较为先进的工厂如宝钢的南京宝日，其拥有先进的酸洗线、进口退火炉及德国KOCH的拉丝机。邢钢、马钢及河南济源钢厂也投资了冷镦钢丝生产线。

10.3　镀锌钢丝

10.3.1　产品技术要求

镀锌钢丝的常用标准如下，前7个属于低碳镀锌钢丝标准，后面几个属于高碳镀锌钢丝标准：

(1) YB/T 5294—2009《一般用途低碳钢丝》。

(2) GB/T 3082—2008《铠装电缆用热镀锌或热镀锌-5%铝-混合稀土合金镀层低碳钢丝》。

(3) GB/T 21530—2008《棉花打包用镀锌钢丝》。

(4) YB/T 4296—2012《纸浆板打包用镀锌钢丝》。

(5) JIS G3547-2015《镀锌低碳钢丝》。

(6) GB/T 24215—2009《桥梁主缆缠绕用低碳热镀锌圆钢丝》。

(7) GB/T 20492—2019《锌-5%铝-混合稀土合金镀层钢丝、钢绞线》。

(8) YB/T 5004—2012《镀锌钢绞线》。

(9) GB/T 3428—2012《架空绞线专用钢线》。

(10) JIS G3537-2011《镀锌钢绞线》。

(11) ASTM B498M-2019《架空输电线用钢丝》。

(12) GB/T 17101—2019《桥梁缆索用热镀锌钢丝》。

10.3.2 原材料

镀锌钢丝的原材料即冷拔钢丝，低碳钢丝的制造工艺见10.2节，高碳钢丝的制造工艺见10.4节。多数镀锌钢丝可以采用不酸洗工艺制造。

10.3.3 制造工艺

低碳镀锌钢丝的典型工艺流程见图10.6。镀锌分为电镀和热镀。热镀前要控制水冷后的钢丝温度，减少与锌液的温差，这样钢丝进入锌锅时没有对热锌形成冷冲击，钢丝周围锌的温度更加稳定。热镀更容易得到较厚的锌层。镀锌技术相关内容请参见9.1节及相关专著。

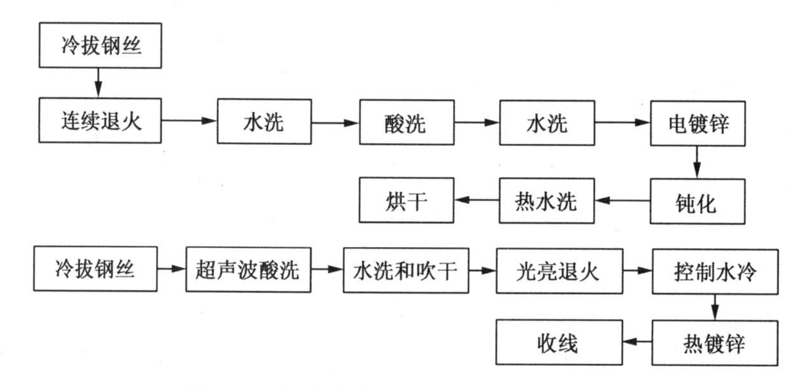

图10.6 低碳镀锌钢丝的两种生产工艺流程

图10.7为高碳镀锌钢丝的典型生产工艺流程。脱脂过去采用铅浴，后来换成超声波碱洗等技术。如果是预应力钢丝，还需要一个稳定化处理过程(参考10.8节)。

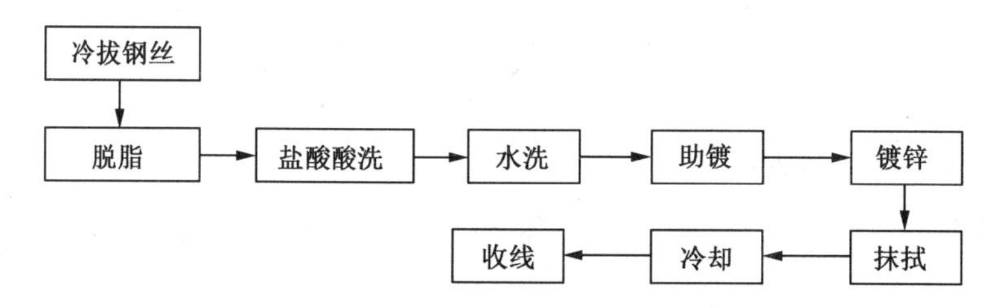

图10.7 高碳镀锌钢丝的典型生产工艺流程

如果是制造锌铝合金镀层的钢丝，一般在锌锅之后增加一个锌铝合金槽，也有厂商声称其设备可以一次完成锌铝合金镀。

10.4 高碳钢丝

10.4.1 产品技术要求

高碳钢丝有大量产品品种，如弹簧钢丝、胎圈钢丝、钢帘线用钢丝、切割钢丝、架空绞线用镀锌钢丝、制绳钢丝、针布钢丝、筛网钢丝、预应力钢丝及钢绞线等。预应力钢丝及钢绞线、胎圈钢丝、钢帘线工艺、制绳钢丝将在后续章节中介绍。

多数类型产品有许多种技术标准，生产企业会根据产品标准及工艺特点执行内控技术标准，有些特性是为了满足最终应用方式的要求，有些特性是为了适应客户再加工工艺的要求。

10.4.2 原材料

表 10.1 中前 10 个盘条标准是高碳钢丝需要用到的盘条标准，具体选择什么牌号取决于成品性能要求及加工条件，要求最高的是切割钢丝、钢帘线用钢丝及弹簧钢丝中的琴钢丝，可以用钢厂推荐的与标准牌号同类品质的牌号。

10.4.3 制造工艺

图 10.8 为常见高碳钢丝的工艺流程图，该图组合了多种路线。

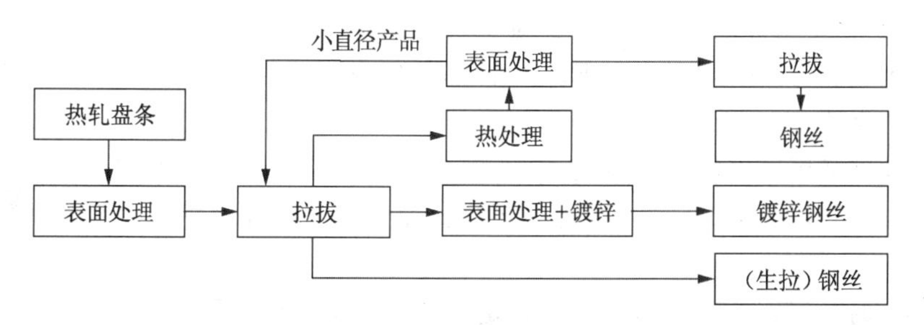

图 10.8　高碳钢丝的典型生产工艺流程

图 10.8 所示的制造工艺可生产弹簧钢丝、制绳钢丝等多数高碳钢丝，有热处理和不热处理的，有镀锌和不镀锌的，走什么流程取决于拉拔变形量和产品特性的需要。

图 10.8 中有关技术说明如下：

(1) 盘条的表面处理：表面处理是为了准备好拉拔的条件。最低成本的技术是弯曲剥壳＋钢刷清理或砂带除锈＋硼砂或替代涂层。如果钢厂未控制好盘条氧化皮或锈蚀较重，采用钢刷处理时无法制得质量较高的产品或半成品。砂带技术要评估打磨纹路对最终应用的影响。在钢刷处理和涂层之间增加一个电解酸洗是钢帘线行业广泛使用的粗拉线上表面处理技术，做光缆加强用磷化钢丝时可增加一个在线的磷化处理。多数钢丝采用酸洗磷化作为标准的盘条表面处理工艺，磷化后可以涂石灰或硼砂等涂层，磷化的一些替代技术目前还不适合用乳化液润滑的湿拉。环保的压力使一些酸洗线被机械除鳞所替代。表面准备技术还可以参考表 7.1 及第五章内容。

成本最低的高碳钢丝采用机械除鳞后涂硼砂或皮膜剂拉拔的工艺，适合做钢丝绳的半成品、床垫钢丝、预应力钢丝及钢绞线、静载弹簧用钢丝、筛网钢丝、部分镀锌钢丝、铝包钢用钢芯等。无酸洗工艺拉拔床垫钢丝在国外拉拔速度达到了 24～30 m/s(较高的上抽放线架)。不酸洗工艺生产预应力钢绞线很早就已开展，神户美国工厂在 20 世纪 90 年代初就已采用，巴西米塔尔工厂2000年之后采用，国内企业春鹏较早已使用。盘条特性决定了采用这种工艺的产品特性，如强度的均匀性不如采用索氏体化热处理的工艺，深度拉拔之后的塑性也不如采用索氏体化热处理的工艺，最大压缩率低于94%，很多产品低于87%，但只要有合适的技术和管理，前面所述的产品就可以做得比较好。采用索氏体化热处理对于动载弹簧用钢丝、成品钢丝绳用钢丝、橡胶骨架材料等重要产品都是必需的。

(2) 拉拔：拉拔是为了获得所需尺寸，如果是拉拔成品，提高强度也是目的之一。拉拔技术分为干拉和湿拉，以模拉(眼模)为主。其中，干拉还可以用辊模技术做出一些大批量生产的产品或半成品；湿拉有专门的润滑液，也可用肥皂粉配制的润滑液，还可用专门的拉拔润滑油。拉拔的放线和收线方式要考虑前后工序的匹配，选择效率最高、成本较低的方式。相关技术请参考第四至第七章相关内容。

(3) 热处理：高碳钢热处理是为了消除加工硬化并获得适合进一步深度拉拔的细珠光体组织(索氏体)，最常用的方法是使用传统技术铅浴淬火。世界各国在铅浴替代技术上做了许多努力，但目前比较成功的应用还仅限于钢帘线用钢丝中拉后的热处理，直径比较小，同批直径差异也小。如果拉拔强度适合，采用盘条热处理和酸洗磷化工艺，可以更低成本拉拔钢丝，免去热处理前的拉拔过程和一次表面处理。对于有剧烈大变形的应用，球化退火组织最适合作为成品尺寸的热处理，还可以增加一道轻度拉拔。该技术受到环保部门的严格限制甚至禁止，但是离开这一技术，许多高碳钢丝制品都无法获得较好的性能，如起重钢丝绳寿命会缩短、强度更加不均匀，汽车摩托车上的碳钢弹簧寿命也会缩短。第八章对热处理技术做了专题介绍。

筛网钢丝多采用廉价的生拉钢丝，热处理后拉拔钢丝做的筛网更加耐用。生产这种产品的关键是要控制好成品的塑性，以适应客户的加工工艺。筛网钢丝也可用不锈钢丝或聚氨酯材料制作。

需要冷轧的高碳钢丝索氏体化热处理是非常有益的，球化组织则可以获得更强的变形能力，适应某些局部冲压大变形工艺。如果是索氏体化热处理之后拉拔再球化处理，获得的组织将更优。

(4) 热处理后的表面处理：热处理后表面处理的目的有多种，常见的是为了再拉拔，这类表面处理通常也以酸洗磷化为主，可以在热处理线上在线布置这些工艺，磷化后通常采用皂化工艺，硬脂酸盐和磷化层会发生化学反应，利于拉拔润滑。钢帘线用钢丝在中拉规格需要在热处理线上完成镀铜、镀锌和扩散处理过程。有的产品在热处理线上进行镀锌，需要进行酸洗、水洗等表面准备，然后进行电镀或热镀。5.5 mm高碳钢盘条一般可以拉拔到1.40 mm，质量优良的盘条配合以较好的拉丝条件可以拉拔到0.90 mm。需要拉到更细直径，或无法通过牌号变化降低强度到规定值时，需要增加一次中间热处理(碳钢一般采用韧化处理或称派登脱处理，具体技术通常为铅浴淬火)。

架空绞线用镀锌钢丝采用图10.7中的镀锌钢丝工艺，原材料以60～70号钢为主，高强度产品要采用更高碳含量、更高品质甚至提高硅含量的牌号，并采用盘条热处理等，可用先拉后镀工艺。桥缆用镀锌钢丝5 mm抗拉强度可以做到2 000 MPa以上，7 mm可以做到1 960 MPa级。

10.8节介绍的预应力钢材中的钢丝及钢绞线、10.9节中的胎圈钢丝和钢帘线、10.10节中的钢丝绳都属于高碳钢产品。

10.5 不锈钢丝

10.5.1 产品技术要求

不锈钢是指一些在空气、水、酸性溶液及其他腐蚀介质中具有较高化学稳定性，在高温下具有抗氧化性的钢。不锈钢的耐腐蚀性能和抗氧化性与其化学成分密切相关。不锈钢中常见的合金元素有铬、镍、碳、锰、钼、铜、硫、硒、稀土元素等。不锈钢丝是采用不锈钢生产的冷拔钢丝。

10.5.1.1 不锈钢的分类及用途

不锈钢根据金相组织类型可分为奥氏体不锈钢、铁素体不锈钢、马氏体不锈钢、奥氏体-铁素体双相不锈钢、沉淀硬化不锈钢等，分别介绍如下：

(1) 奥氏体不锈钢：奥氏体不锈钢在常温下为奥氏体组织，具有面心立方晶格结构。奥氏体不锈钢是以18-8型铬镍钢为基础发展起来的。奥氏体不锈钢具有较好的耐蚀性、焊接性、塑性、韧性及加工性能，产品一般具有弱磁性或无磁性。但是奥氏体不锈钢的热膨胀系数较大，不能通过热处理进行强化，只能通过冷加工进行强化。奥氏体不锈钢丝主要用来制造紧固件、焊丝、弹簧、钢丝绳、丝网、轴、销，以及用于制作化工、石油、食品用设备的零部件等。部分奥氏体不锈钢具有较高的耐蚀和耐热性，可以用于制作热处理炉的传送带等。

(2) 铁素体不锈钢：铁素体不锈钢在常温下以具有体心立方晶格结构的铁素体组织为主，一般不含镍且不能通过热处理进行强化。铁素体不锈钢具有较好的耐腐蚀性能，具有导热系数大、膨胀系数小、抗氧化性能好和抗应力腐蚀性能优异等特点。但铁素体不锈钢的工艺性能较差，脆性倾向较大。铁素体不锈钢主要用于制作家用弹簧弹片、电器部件、波纹管、食品用具、清洗球及作为建筑装饰材料等。

(3) 马氏体不锈钢：马氏体不锈钢可以通过热处理进行硬化处理，淬火冷却后得到马氏体组织。马氏体不锈钢的耐蚀性、韧性及焊接性较奥氏体不锈钢和铁素体不锈钢差。但是马氏体不锈钢具有良好的淬透性，可以通过不同的热处理工艺改变其强度和韧性，在常温下有较高的强度、较好的耐蚀性及耐磨性，且耐高温性能优良，主要用于制作刀具、工具、精密轴、滚动体、弹簧、轴、销、螺栓及手术器材等。马氏体不锈钢在冷加工、热加工和热处理中产生的应力易导致钢的开裂，所以要注意热加工的工艺控制，以及冷加工后及时进行消除应力的处理，以避免产品的开裂。

(4) 奥氏体-铁素体双相不锈钢：奥氏体-铁素体双相不锈钢其显微组织为奥氏体和铁素体双相结构，这种钢兼具奥氏体不锈钢和铁素体不锈钢的特点。其主要优点是屈服强度高，抗点蚀、晶间腐蚀、缝隙腐蚀、应力腐蚀能力较强，焊接时产生热裂纹倾向小；缺点是热加工性能稍差，易产生σ相脆性。奥氏体-铁素体双相不锈钢可用于制作弹簧、钢丝绳、焊丝、轴、预应力钢绞线等。

(5) 沉淀硬化不锈钢：沉淀硬化不锈钢是在不锈钢化学成分的基础上添加不同类型、数量的强化元素，在时效热处理过程中产生沉淀相，既提高不锈钢的强度又保持足够的韧性的一类高强度不锈钢。按其组织形态可分为三类：沉淀硬化半奥氏体型、沉淀硬化奥氏体型和沉淀硬化马氏体型。沉淀硬化不锈钢可用来制作弹簧、天线、紧固件、仪表零件及作为超高强度的材料应用在核工业、航空和航天工业中。

10.5.1.2 不锈钢丝交货状态及常用产品标准

不锈钢丝按交货状态分为冷拉、轻拉和软态三种，按表面又可分为雾面、亮面和超亮等。

国内常用的不锈钢丝产品标准如下：

GB/T 4240—2009《不锈钢丝》。

GB/T 24588—2019《弹簧用不锈钢丝》。

JIS G4309-2013《不锈钢丝》。

JIS G4314-2013《弹簧用不锈钢丝》。

ASTM A580M-2018《不锈钢丝》。

ASTM A313-2018《不锈钢弹簧丝》。

YB/T 5092—2016《焊接用不锈钢丝》。

不锈钢丝可以做成许多不同用途的钢丝绳，在美国甚至有双相不锈钢丝做的预应力钢绞线，已经得到应用并在制定 ASTM 标准。

10.5.2 原材料

见 2.4.1 节。

10.5.3 制造工艺

过去的不锈钢丝工艺需要将盘条先做酸洗处理，采用碱洗爆皮或抛丸后，在掺入食盐及硝酸钠的硫酸中酸洗，也可采用氢氟酸和硝酸混合酸或硫酸、硝酸及磷酸的混合酸，有的酸洗工艺会产生有害的 NO_2 气体。现在不锈钢盘条厂一般提供的都是经过固溶处理和酸洗的盘条，钢丝厂买来盘条上好涂层就可以直接拉拔。图 10.9 列举了不锈钢丝的典型生产工艺流程。

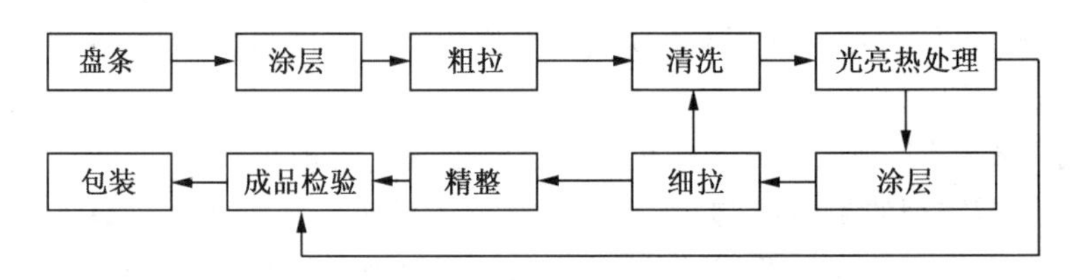

图 10.9 不锈钢丝的典型生产工艺流程

(1) 预涂层技术：因不锈钢丝表面光滑，拉丝时很难将拉丝粉带入模具中，所以不锈钢丝在拉拔前一般需要进行涂层处理。涂覆预涂层的目的是增加钢丝的表面粗糙度，在钢丝表面形成一层粗糙、多孔、能吸附和携带润滑剂的载体，拉丝时借助这层润滑载体将拉丝粉带入模具中。

质量较好的涂层有以下特点：使用维护方便，不易吸湿和返潮，不着色，黏附好而不易脱落引起粉尘，易去除和清洗，长时间存放对线材无不良影响，对环境和健康的危害小。可以根据使用的要求向专业公司采购专用的皮膜剂。目前的新型涂层多以粉末状晶体供货，按一定比例直接溶于热水中即可使用。

不锈钢丝涂层可以采用离线浸泡处理或在线处理的方式进行作业，而且必须干燥后才能顺利拉拔。离线涂覆后一旦发现涂层返潮或脱落，应重新进行烘干或重新涂覆。直线拉丝机常配在线皮膜剂涂覆系统，如某种在线皮膜剂的涂覆温度为 90 ℃，干燥温度为 80 ℃。

(2) 润滑剂：不锈钢丝拉拔时可以根据实际需要采用干式润滑剂、湿式润滑剂(油性及水溶性)、膏剂或脂类润滑剂。干拉(粉抽)产品常称为雾面线，湿拉(油抽)产品称为亮面线。

雾面线适合做弹簧钢丝，保持全长均匀稳定的残留涂层非常重要，不均匀会导致卷簧过程的不稳定。亮面线因表面残留物少而适合做镀镍弹簧钢丝。有企业在干拉设备上采用辊模生产不锈钢丝，和普通模具拉拔相比，具有省电、模具及润滑剂消耗低、每道次压缩量大、速度快、线材硬化程度低（拉拔细线可减少退火次数）等优点。

（3）模具：拉拔大尺寸直径的钢丝（直径 0.5 mm 以上）一般采用硬质合金模，但也可以根据实际需要在最后几个模具使用聚晶金刚石模或全部采用聚晶金刚石模；直径小于 0.50 mm 的不锈钢丝生产时多采用聚晶金刚石模或天然金刚石模配以专用的油性润滑剂或水性润滑剂进行拉拔，采用粉抽技术的直线拉丝机也有 250 mm 卷筒的，可以做到很小的线径；直径小于 0.20 mm 的不锈钢丝生产时采用天然金刚石模配以专用润滑剂进行湿式拉拔。

实例 1：5.5 mm 的 304 不锈钢拉拔成 2.6 mm 半成品的一种配模：

5.50→4.50→3.70→3.20→3.00→2.80→2.60

实例 2：不锈钢弹簧钢丝配模：

1Cr18Ni9/GJB 3320—1998：1.20→1.02→0.90→0.82→0.75→0.69→0.63→0.58→0.54→0.50

（4）拉拔：前面（1）～（3）是不锈钢丝拉拔的重要技术。奥氏体不锈钢的拉拔极限和碳钢类似，盘条低于退火线，盘条最大总压缩量与盘条质量有关，一般不超过 86%。放线一般采用线卷上抽放线，采用活套直线拉丝机或水箱式拉丝机；收线技术主要有卷筒上挤、工字轮及倒立式无拉拔收线三类。

拉拔后强度的预测采用以下经验公式：

$$\sigma_b = \sigma_0 + k \times R \qquad (10\text{-}1)$$

其中，σ_b 为拉拔后的成品抗拉强度（MPa），σ_0 为拉拔前的材料抗拉强度，R 为拉拔总压缩率（如以 80 代表 80% 的压缩率），系数 k 见第三章中的表 3.2，钛含量升高会明显降低硬化系数。

实例 1 的模链中，5.5 mm 拉拔到 2.6 mm 的总减面率（压缩率）为 77.65，假设盘条强度为 750 MPa，304 不锈钢的 k 为 13.7 MPa，那么预测拉拔后的抗拉强度为：

$$\sigma_b = 750\ \text{MPa} + 13.7\ \text{MPa} \times 77.65 = 1\,814\ \text{MPa}$$

半成品不需要预测强度，上述举例只是为了说明如何预测拉拔强度。2.60 mm 的奥氏体不锈钢丝退火后可以拉拔 1.00 mm 左右的成品线。

奥氏体不锈钢丝拉拔过程中会逐渐产生一些马氏体，所以拉拔性能会逐渐下降，塑性下降。采用米兰工学院 R. Gerosa 在 2013 年的一个讲稿中介绍的奥氏体不锈钢丝的天使公式，可以计算 30% 真实应变（拉拔）后形成 50% 的阿尔法马氏体的拉拔温度：

$$M_{d30}[^\circ\text{C}] = 413 - 462(\text{C}+\text{N}) - 9.2\text{Si} - 13.7\text{Cr} - 9.5\text{Cr} - 18.5\text{Mo} \qquad (10\text{-}2)$$

（5）清洗：清洗工序常用于热处理线上及客户需要清洁产品时。将钢丝表面清洗干净可以避免光亮热处理过程中产生色泽不均的问题。清洗方法取决于涂层和润滑技术，能水洗干净的最简单，复杂的清洗工艺包括电解酸洗、中和碱洗、水洗及干燥过程。只要配方合适，电解酸洗可以实现抛光、发毛或镀镍过程。

（6）热处理：不锈钢丝的热处理在 8.5 节中有介绍，以下是主要工艺的简略介绍。

奥氏体不锈钢丝的热处理通常称为光亮退火，是一种固溶处理。固溶处理可消除冷加工过程中的加工硬化，利于后续继续进行冷加工，并使碳化物溶解于奥氏体中，重新得到均匀一致的组织和成分,获得单一的奥氏体组织,恢复不锈钢丝固有的耐蚀性能。

马氏体不锈钢丝采用再结晶退火,可消除加工硬化,消除内应力,防止裂纹,利于继续加工。

铁素体不锈钢丝采用退火处理来消除由于冷加工所产生的应力与应变,改善延伸率及耐蚀性能;对于高铬铁素体钢丝,为防止晶体粗大,也常采用低温退火工艺。

(7) 精整工序:指重绕过程,是为了提供多种包装形式,如成捆包装、不带芯轴或带芯轴密排层绕包装、线轴(工字轮)包装、带线架包装、容器包装等。容器包装又分成两类:带芯轴的硬纸(纤维)桶包装,以及硬纸(纤维)桶、铁桶或木箱包装。上涂层、细拉、精整过程可以在一条拉丝线上连续实现,这时选择的涂层(皮膜剂)应适合在线完成。

(8) 不锈钢弹簧钢丝的交付形式和重量:不锈钢丝的包装以线卷为主,用非金属带绑扎,编织布包装,细直径用到塑料工字轮。

表 10.8 和表 10.9 列出了欧洲及日本某不锈钢弹簧钢丝企业的交付标准。

表 10.8 欧洲某企业的不锈钢弹簧钢丝的交付标准

参数	线卷		纸芯 Z2	K760 钢工字轮	D460 钢工字轮
直径/mm	0.80～1.50	1.50～6.00	1.60～6.00	0.80～2.50	0.20～0.75
质量/kg	25～50	100～200	500～1 000	150～250	20～40
内径/mm	300～500	500～700	380	—	—

表 10.9 日本某企业的不锈钢弹簧钢丝的交付标准

交付形式	线径/mm	线卷质量/kg	内径/外径或工字轮尺寸
线卷	0.51～0.80	约 20～70	300/400 均值
	0.81～1.10	约 50～80	400 均值
	1.11～1.50	约 80～150	400/600 均值
	1.51～3.50	约 100～250	600/750 均值
	3.51	约 200	600/750 均值
线架	2.50～5.60	约 800	—
脱卸卷－Z2 脱卸卷－Z3	1.50～2.40 2.00～7.00	约 450 约 450～900	355 500
金属工字轮	0.40 0.41～2.00 1.50～3.00	约 125 约 125～250 ≤500	695×314×279×400×33 695×314×279×400×33 770×445×400×400×33
塑料工字轮	0.25～0.35 0.36～1.10	约 20 约 40	460×105×91×319×305 460×105×91×319×305
木工字轮	0.50～3.00	约 250	750×290×242×495×32

注:工字轮尺寸标注规则:法兰直径×外宽×内宽×筒体直径×轴孔。

10.5.4 国内不锈钢丝的生产

国内不锈钢丝的生产经过多年的发展,从盘条质量水平、生产设备、模具、工艺、润滑剂等各方面来讲，均已经取得了较大的进步，但与国外的先进技术相比仍有一定的差距。

目前国内的盘条质量水平已经基本可以满足正常的需要，但是盘条的质量稳定性与国外先进水平相比仍有一定差距，而且针对一些特殊的应用，国内的盘条质量还在努力缩小差距。

从设备上来讲，目前单抽机（单拉机）基本已经采用倒立式代替卧式，连抽机（连拉机）采用直进式或活套式代替过杆式（滑轮式），小线径建议用活套式拉丝机。生产弹簧钢丝时，有多种收线方式可以用，包括传统的成品卷筒上挤式、工字轮收线及不带拉拔的倒立式收线机，第一种相对比较落后。涂覆皮膜剂的装置紧挨着连拉机的前端安装，温度控制按照供应商的建议。

钢丝生产用辅助材料如模具、涂层及润滑剂的质量虽然近些年进步较大，但仍是国内一个需要加强的环节。以涂层和润滑剂为例，国产涂层剂的附着力、表面粗糙度等尚好，但易返潮，而且涂层中氯离子含量也偏高，热处理前去除不干净，易造成钢丝表面点蚀。润滑剂虽然可以满足基本的需要，但是品种有限，当需要一些特殊要求的润滑剂时，国产润滑剂往往无法满足。而且随着世界各地对环保的重视，世界各地采用绿色环保润滑剂的要求越来越强烈，国内润滑剂厂家也在努力实现这个目标。

中国的不锈钢丝工业早期在大连钢厂等地，目前主要分布在长三角和珠三角地区。

有兴趣更深入学习不锈钢丝技术的人员建议阅读行业前辈徐效谦与阴绍芬主编的《特殊钢钢丝》及其他专业书籍。

10.6　轴承钢丝

10.6.1　产品技术要求

轴承钢丝用来生产轴承中的滚珠或滚柱，需要采用优质的材料以确保轴承寿命，需要按球化组织提供以适应客户加工过程，细粒状珠光体组织可保证低的硬化系数和优良的镦球性能。

常用轴承钢丝的国家标准为 GB/T 18579—2001《高碳铬轴承钢丝》（预计 2020 年更新）。

10.6.2　原材料

最常见的牌号是 GCr15，原材料标准见 GB/T 18254—2016《高碳铬轴承钢》。

10.6.3　制造工艺

轴承钢丝的典型生产工艺流程见图 10.10。

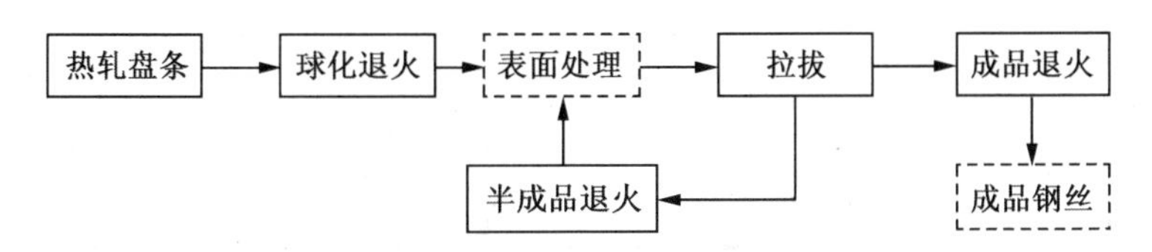

图 10.10　轴承钢丝的典型生产工艺流程

表面处理采用抛丸或酸洗磷化，拉拔一般采用倒立式拉丝机，大盘重收卷。

球化退火常用带保护气氛的强对流炉，一般采用 780 ℃～800 ℃退火 3～4 h，以 20 ℃～

30 ℃/h 速度缓冷到 650 ℃以下出炉，采用机械除鳞时 650 ℃出炉，采用酸洗工艺时宜采用 600 ℃水淬。如果没有气体保护炉，应采用装通式退火。退火后的线材强度大约在 650～700 MPa，断面收缩率一般不小于 60%。

半成品退火为再结晶退火，目的是消除加工硬化，恢复再加工所需的材料塑性。一般采用 700 ℃～720 ℃退火 2～3 h 后空冷。这种退火后抗拉强度要低于 700 MPa，断面收缩率不小于 60%。

成品退火为低温再结晶退火，目的是调整抗拉强度或硬度以达到标准要求。成品退火的温度一般在 600 ℃～700 ℃，规格大时采用偏高的温度，退火设备的要求和球化退火相同。

兴澄特钢轴承钢丝工厂拥有先进的德国 KOCH 设备，也生产非常好的轴承钢盘条。

10.7 油淬火钢丝

10.7.1 产品技术要求

油淬火钢丝是制造汽车气门弹簧和悬挂弹簧的理想材料，也适合制造模具弹簧。

油淬火钢丝是经过淬火回火处理的弹簧钢丝，具有回火屈氏体组织，钢丝强韧性好、疲劳极限高、热稳定性好，具有展放后钢丝挺直的特点。不同疲劳性能要求的应用对表面缺陷深度及脱碳的要求有差异。对于 10 mm 以上线径，合金钢油淬火技术比传统的碳钢铅淬火+拉拔技术更容易获得较高的强度，7～10 mm 的高强度碳钢钢丝需要结合合金化及大功率拉拔的技术实现。

这类钢丝的常见标准如下：

(1) GB/T 18983—2017《淬火-回火弹簧钢丝》。

(2) JIS G3560-1994《机械弹簧用油回火钢丝》。

(3) JIS G7306-2000《机械弹簧用钢丝 第 3 部分：油淬火和回火钢丝》。

(4) EN 10270-2：2012《机械弹簧用钢丝 第 2 部分：油淬火和回火弹簧钢丝》。

(5) ASTM A229/A229M-2018《机械弹簧用油淬火和回火钢丝的标准规范》。

(6) ASTM A230/A230M-2019《阀门用油回火优质碳素钢弹簧丝》。

表 10.10 为 GB/T 18983—2017 标准按照弹簧工作载荷特点对油淬火回火钢丝的分类。

表 10.10 淬火-回火弹簧钢丝的分类、代号及直径范围

分类		静态	中疲劳	高疲劳
抗拉强度	低强度	FDC	TDC	VDC
	中强度	FDCrV、FDSiMn	TDSiMn	VDCrV
	高强度	FDCrSi	TDSiCr-A	VDSiCr
	超高强度	—	TDSiCr-B、TDSiCr-C	VDSiCrV
直径范围/mm		0.50～18.00	0.50～18.00	0.50～10.00

注：① 静态级钢丝适用于一般用途弹簧，以 FD 表示。
② 中疲劳级钢丝用于离合器弹簧、悬架弹簧等，以 TD 表示。
③ 高疲劳级钢丝适用于剧烈运动的场合，如用于阀门弹簧，以 VD 表示。
④ TDSiCr-B 和 TDSiCr-C 的直径范围为 8.0～18.0 mm。

10.7.2　原材料

油淬火钢丝采用的材料有碳钢，也有合金钢。

产品标准中的牌号及其成分要求见表10.11，盘条标准的牌号及成分见表10.12，两者对化学成分的要求并不一致，这是因为GB/T 18983—2017《淬火-回火弹簧钢丝》的发布晚于盘条标准GB/T 19530—2004。表10.11中第一类钢代号尾部都是C，代表碳钢，铬钒、硅锰及铬硅类牌号则用元素符号直接显示。

用于制作中疲劳级（TD级）、高疲劳级（VD级）淬火-回火弹簧钢丝用盘条，其铜含量应控制在0.12%以下，对氮氧含量也有限制。

表10.11　淬火-回火弹簧钢丝的成分标准（引自GB/T 18983—2017）　　单位：%

代号	C	Si	Mn	P≤	S≤	Cr	V	Ni≤	Cu≤
FDC TDC VDC	0.60～0.75	0.17～0.37	0.90～1.20	0.030	0.030	≤0.25	—	0.35	0.25
FDCrV TDCrV VDCrV	0.47～0.54	0.17～0.37	0.50～0.80	0.025	0.020	0.80～1.10	0.10～0.20	0.35	0.25
FDSiMn TDSiMn	0.56～0.64	1.50～2.00	0.70～1.00	0.025	0.020	—	—	0.35	0.25
FDSiCr TDSiCr VDSiCr	0.51～0.59	1.20～1.60	0.50～0.80	0.025	0.020	0.50～0.80	—	0.35	0.25
VDSiCrV	0.62～0.70	1.20～1.60	0.50～0.80	0.025	0.020	0.50～0.80	0.10～0.20	0.35	0.12

表10.12　弹簧钢丝用热轧盘条的常见牌号（GB/T 19530—2004，YB/T 5365—2006）

牌号	化学成分（质量分数）/%								
	C	Si	Mn	P≤	S≤	Cr	V	Ni≤	Cu≤
65Mn	0.62～0.70	0.17～0.37	0.90～1.20	0.025	0.025	≤0.25	—	0.25	0.25
70Mn	0.67～0.75	0.17～0.37	0.90～1.20	0.025	0.025	≤0.25	—	0.25	0.25
55SiCr	0.51～0.59	1.20～1.60	0.50～0.80	0.020	0.015	0.50～0.80	—	0.25	0.25
60Si2Cr	0.56～0.64	1.40～1.80	0.40～0.70	0.020	0.015	0.70～1.00	—	0.25	0.25
60Si2CrV	0.56～0.64	1.40～1.80	0.40～0.70	0.020	0.015	0.90～1.20	0.10～0.20	0.25	0.25
60Si2Mn	0.56～0.64	1.60～2.00	0.70～1.00	0.020	0.015	≤0.35	—	0.25	0.25
50CrV	0.46～0.54	0.17～0.37	0.50～0.80	0.020	0.015	0.80～1.10	0.10～0.20	0.25	0.25
67CrV	0.62～0.72	0.15～0.30	0.50～0.90	0.020	0.015	0.40～0.60	0.15～0.25	0.25	0.25
55CrMn	0.52～0.59	0.17～0.37	0.70～1.00	0.020	0.015	0.70～1.00	—	0.25	0.25
55SiCrV	0.51～0.59	1.20～1.60	0.50～0.80	0.020	0.015	0.50～0.80	0.10～0.20	0.25	0.25

10.7.3 制造工艺

悬架簧用淬火-回火钢丝的典型生产工艺流程见图 10.11(虚线框中是根据弹簧应用决定的可选过程),如果要求很高还可增加剥皮工艺,线径 2～18 mm 的产能可达 500～2 000 kg/h。图 10.12 为气门簧用淬火-回火钢丝的典型生产工艺流程。

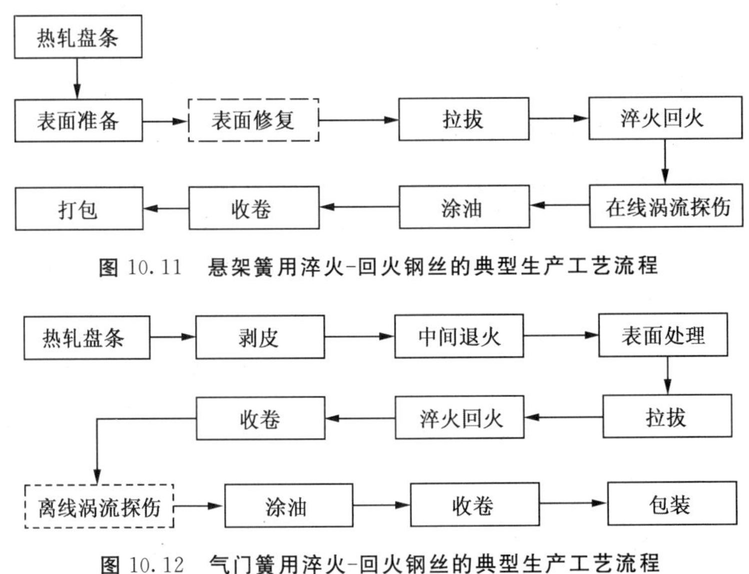

图 10.11 悬架簧用淬火-回火钢丝的典型生产工艺流程

图 10.12 气门簧用淬火-回火钢丝的典型生产工艺流程

有关工艺技术说明如下：

(1) 表面处理:一般采用酸洗磷化,高品质悬架簧用钢丝也有用抛丸工艺的。磷化可以用其他涂层替代,有反应型和非反应型涂层,后者可以避免产生危废。

(2) 淬火回火:是为了获得均匀的回火屈氏体。悬架簧用钢丝采用单根感应加热快速升温后淬火,通常采用快速光亮淬火油,也有只用自来水的。通过控制水温,以控制钢丝淬火冷却速率,减小淬火内应力。回火也采用感应加热快速升温技术。为确保生产效率,中小直径的钢丝较多采用多丝管式加热炉,采用气体保护,然后快速进入淬火油,完成淬火过程。给南通宝通供应生产线的杭州通士科已开发出多丝感应加热淬火回火系统。

(3) 剥皮:据统计,汽车的气门弹簧因非金属显微类夹杂物引起断裂的占 40%,钢丝表面缺陷引起断裂的占 30%。采用剥皮技术可以减少钢丝表面缺陷,提高疲劳寿命,对要求很高的悬架簧同样也可采用此技术。主流剥皮技术有模具扒皮和无心车床式刀具扒皮。

(4) 涡流探伤:一般采用通过式探伤和旋转式探伤。通过式探伤仪检测点状及横向缺陷,旋转式探伤仪检测纵向缺陷,两种探伤仪可以一起使用。专家建议探伤精度要达到 0.04 mm,深度小于 1 mm,生产中需要高端探伤仪装置、较高的操作技能和合适的环境。

(5) 中间退火:消除剥皮产生的表面硬化和异常组织。可采用铅淬火工艺或感应加热再结晶退火工艺实现。

中国最有代表性的油淬火钢丝生产企业为宝钢集团南通线材制品有限公司。

10.8 预应力钢材

10.8.1 预应力钢丝和钢绞线

(1) 产品技术要求。

预应力钢丝、钢绞线是用于给结构施加所需应力的,需长期保持张力,所以抗拉强度是其最重要的特性,其次是应力松弛等,特定环境应用还需要提供耐腐蚀的涂层。主要的产品标准如下:

GB/T 5223—2014《预应力混凝土用钢丝》。

GB/T 5224—2014《预应力混凝土用钢绞线》。

不需要经过稳定化的预应力钢丝用于生产 PCCP 管道等产品。

该类产品市场需求规格较少,因此生产模式特别重视追求高速和大盘重,以降低生产成本。将拉丝机与钢丝稳定化处理线串成一条连续线的做法可以提高预应力钢丝生产效率。

(2) 原材料。

生产预应力钢丝、钢绞线的原材料主要为高碳钢盘条,以牌号 SWRH82B 为主。大直径盘条通常会添加少量铬以改善淬透性,也可以加钒,用于高强度镀锌产品时甚至需要增加硅含量。常用的盘条标准为钢厂的企标。

(3) 制造工艺。

半成品钢丝的制造工艺和一般的磷化钢丝一样,酸洗磷化后拉拔到工字轮收线即完成。因为环保的压力,2015 年之后采用不酸洗工艺生产钢丝的企业在增多,采用弯曲+钢刷或抛丸机除去氧化皮,采用拉丝在线磷化技术或抛丸后浸泡磷化技术进行拉拔准备,有的用皮膜剂替代磷化。非酸洗技术应用水平可以用拉拔速度去评价,国外有企业采用脱磷效果优良的 12.5 mm SWRH82B 盘条不酸洗磷化拉拔 5.05 mm 左右钢丝达到了 7 m/s 的速度,国内水平差些的在 4 m/s 左右,好的达到了 5 m/s 以上。

稳定化处理工艺见图 10.13,还有采用厚镀锌钢丝的此类产品。经过稳定化处理的材料可以获得不松散、屈服点提高、延伸率提高及应力松弛率下降的效果。

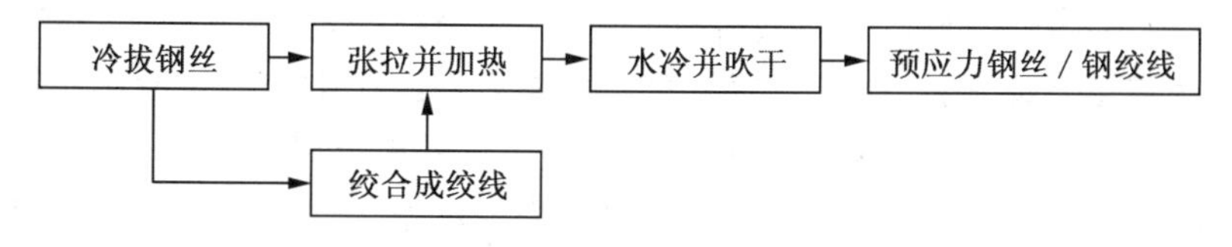

图 10.13 预应力钢丝、钢绞线的典型工艺流程

稳定化处理是以拉断力的 40%～45%张拉,同时加热到 360 ℃～400 ℃,短时间的热张拉过程会产生约 1%的永久伸长,释放大量拉拔及绞合过程中产生的残余应力,位错移动到一个新的状态,张拉后立即水冷,这样在常温下张拉时位错稳定性得以提高。

常见的七丝钢绞线采用弓绞机(skip strander)捻制,最高转速可以达到 800 r/min,最大线速度受限于这个转速及中频炉的加热能力。对于很小直径的钢绞线,如 6.85 mm 的七丝钢绞线,可以采用双捻机,最高速度可比弓绞机高一倍。

按照图 10.12 工艺路线还可以增加在线涂水溶性防锈油,应用于特定工法的桥索。

如果要做被称为“无黏结预应力钢绞线”的产品,需要采用钢绞线卷离线加工,开卷后用气动装置涂专用防锈油脂，接着进入挤塑机，被挤压上一个高密度聚乙烯的护套，水冷后收卷即可得到所需产品。这类产品适用于建筑楼板、岩土工程等。这个工艺也可以用镀锌预应力钢绞线、涂环氧树脂的预应力钢绞线加工，应用于桥梁拉索或体外索等。如果用延迟凝固的树脂替代防锈油脂，则可以生产一种“缓黏结预应力钢绞线”，固化要求控制在完成张拉施工后开始。

中国大陆首家生产低松弛预应力钢绞线的企业为江西新华金属制品有限责任公司。天津银龙是规模最大的高铁用预应力钢丝生产企业，因为有较多轨道板厂，银龙自用量较多。

10.8.2 环氧涂层预应力钢绞线

(1) 产品技术要求。

环氧涂层预应力钢绞线是由美国佛罗里达线缆公司在20世纪80年代发明的非常耐久的预应力钢材，作者于1992年曾参观过这家工厂，专利及技术转让给了住友电工，该企业几年之后关闭。

这类产品常用的形式有两种：整体填充式涂覆环氧涂层预应力钢绞线和单丝涂覆环氧涂层预应力钢绞线。虽然ASTM A882/A882M标准中有涂覆式环氧涂层预应力钢绞线(中心钢丝无涂层)的描述，但因有从端部腐蚀进去的风险，目前已几乎没人使用。

表面状态有光滑及裹砂两类。裹砂产品主要用于先张预应力工程及岩土锚固工程，砂可以提高预应力钢材与混凝土直接的握裹力，能更有效地传递应力给结构。

相关的主要产品标准有：

GB/T 25823—2016《单丝涂覆环氧涂层预应力钢绞线》。

GB/T 21073—2007《环氧涂层七丝预应力钢绞线》(ISO 14655:1999 MOD)。

ASTM A882/A882M-2020《环氧涂层填充型七丝预应力钢绞线标准规范》。

填充式涂覆环氧涂层预应力钢绞线和单丝涂覆环氧涂层预应力钢绞线在制作过程中都需要将钢绞线打开后涂覆环氧粉末，不同之处是：填充式涂覆是在涂层固化(熔融状态)前将钢绞线合拢，涂层固化后整根钢绞线与环氧涂层融合为一体；单丝涂覆是在每根钢丝表面的涂层固化后合拢，涂层固化后每根钢丝形成单独涂层。单丝涂覆在通过针孔检测方面的表现还需要提高。单丝涂覆在海外市场基本不被认可。

生产环氧涂层预应力钢绞线需要解决的主要问题是针孔，水汽甚至氯离子会通过针孔渗入，使钢基体产生点蚀，因此填充式环氧涂层预应力钢绞线生产线需要做在线针孔检测，并允许修补。涂层越薄，出现针孔的概率越高。填充式的涂层厚度都在380 μm以上；而单丝的涂层就很薄，大量的针孔无法全部修复，因此为确保耐久性，应用单丝涂覆环氧涂层预应力钢绞线还需要配以一个防护体系，如涂防锈油脂并挤压一个1 mm或更厚的高密度聚乙烯护套，或应用于一个有其他防护层的索系统中。所以，填充式环氧涂层预应力钢绞线比单丝涂覆产品在针孔控制及耐久性方面要强很多。填充式环氧涂层预应力钢绞线能满足3 000 h标准盐雾试验不腐蚀，这相当于100年的预期寿命。

(2) 原材料。

原材料为10.8.1节所介绍的预应力钢绞线。

(3) 制造工艺。

环氧涂层预应力钢绞线的生产工艺流程见图10.14。

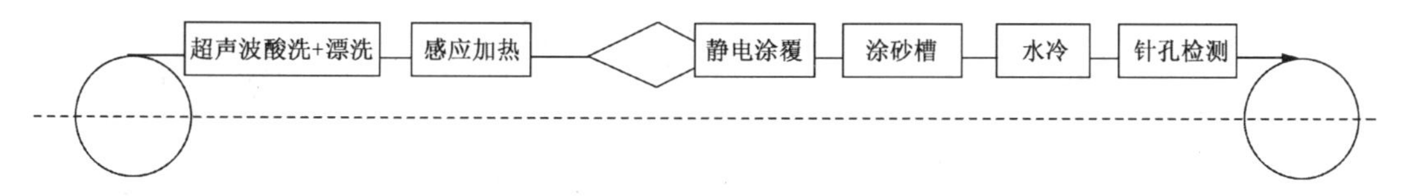

图 10.14　环氧涂层预应力钢绞线的一种生产工艺流程

工艺技术说明：

① 钢绞线应采用钠基皂粉拉拔生产，残留粉少，残余磷化膜应较薄，不能有锈。

② 超声波酸洗采用磷酸溶液，漂洗为清水漂洗。

③ 感应加热采用中频加热技术，确保钢绞线以适当的温度进入。

④ 钢绞线打开装置设计较为简单巧妙，由于钢绞线上钢丝的自然螺旋状态有规律、螺旋角度及捻距均匀，轻巧的装置两头装有轴承，可实现钢丝无永久变形的打开和合拢过程。

⑤ 静电涂覆包括静电吸附粉末后的熔凝流平、保温固化过程。

⑥ 关键工艺参数有喷枪气压、静电电压、感应加热温度、磷酸酸度及运行速度；涂层均匀性除了与喷枪配置和喷涂工艺参数有关外，粉末的综合性能也是重要因素。

10.8.3　预应力钢棒

(1) 产品技术要求。

预应力钢棒是用于做混凝土管桩的材料，表面有用来增加与混凝土握裹力的螺旋槽。

产品标准如 GB/T 5223—2017《预应力混凝土用钢棒》。

预应力钢棒属于一种调质钢材，没有感应加热技术之前做的产品存在应力腐蚀敏感性问题，感应加热因为速度快而使晶粒没时间长大，因此大大改善了这一不足。

(2) 原材料。

原材料主要采用 30MnSi 等牌号，请参考钢厂钢棒用盘条标准。

(3) 制造工艺。

这种产品的制造用一条生产线一次完成，投入热轧盘条，进行弯曲剥壳后就拉拔成带螺旋肋的形状，然后进入感应炉加热奥氏体化，接着进行水淬火，再感应加热回火，得到回火索氏体组织的钢棒。表面螺旋槽的形成依靠一种专用异型模，拉拔时拉拔力及模具螺旋孔型使得模具转动起来，在钢丝表面刻下连续的三道凹槽。

以中国主要钢棒线制造企业保定三正电气设备有限公司为中国最大钢棒企业常熟龙腾特钢做的生产线为例，其连续线配置是：

① 拉拔段：放线→弯曲剥壳→旋转模拉拔→矫直→清洗→1 号牵引。

② 淬火段：中频预热(600 kW/8 kHz)→超音频升温(200 kW/30 kHz)→超音频升温(200 kW/35 kHz)→主动保温段→水淬火。

③ 回火段：中频回火(300 kW/8 kHz)→主动保温段→水冷→2 号牵引机。

④ 收线段：引线槽→液压换向剪切机→双工位收线机。

钢棒淬火应力应适当控制，淬火后温度低于 80 ℃即可，以避免过大的淬火应力，造成延迟断裂。回火后的水冷要低到 35 ℃以下。PC 钢棒的淬火温度一般在 860 ℃～950 ℃，回火温度一般在 380 ℃～460 ℃。如果塑性富余大，可以降低一些温度以减少电耗。

钢棒抗拉强度及屈服强度的经验预测公式如下：

$$\sigma_b=(0.96\sim1.04)\times(1\,190+1\,085C+7Si-11Mn+0.9T_q-2T_t) \quad (10\text{-}3)$$

$$\sigma_p=(0.96\sim1.04)\times(1\,250+1\,030C+11Si+13Mn+1.07T_q-2.66T_t) \quad (10\text{-}4)$$

式中，各元素成分表示去掉%符号的数值，如0.30%C就用0.30；T_q为淬火温度，T_t为回火温度。

年产能120万吨的常熟龙腾特钢据称是中国最大的PC钢棒制造企业，使用钢棒最多的企业为中国最大的管桩企业江苏建华。

10.9 胎圈钢丝和钢帘线

10.9.1 产品技术要求

胎圈钢丝(bead wire)和钢帘线(steel cord for tire reinforcement)都属于带镀层的高碳钢制品，用于橡胶制品的加强，主要用于橡胶轮胎。这类产品因汽车轻量化的趋势不断提高强度，同时要保持好与橡胶的良好黏接力。

相关产品的中国标准如下：

GB/T 14450—2016《胎圈用钢丝》。

GB/T 11181—2016《子午线轮胎用钢帘线》。

GB/T 30830—2014《工程子午线轮胎用钢帘线》。

10.9.2 原材料

胎圈钢丝和钢帘线的原材料都是优质高碳钢。其中，钢帘线因为线径更细，对品质要求更高。胎圈钢丝用盘条可以采用GB/T 24242.4—2014标准或钢厂专用标准，钢帘线用盘条常采用钢厂的企标。

10.9.3 制造工艺

图10.15为胎圈钢丝的生产工艺流程，1.2 mm线径以下的要经过索氏体化热处理，镀锡青铜工艺详见图9.4。化镀过程中采用的矫直、回火加热技术可释放较多拉拔残余应力，提高材料弹性极限。

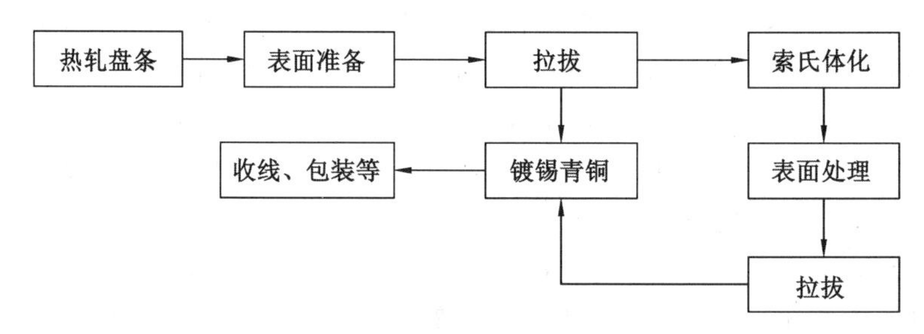

图10.15 胎圈钢丝的生产工艺流程

图10.16为钢帘线的生产工艺流程。在线表面处理常用机械除鳞+电解酸洗+硼砂，粗拉和中拉都采用高速直线拉丝机，中间热处理较多用水浴淬火替代铅浴淬火。在热处理线上进行的镀层工艺(图9.5)为先镀锌后镀铜，镀后有一个用感应加热技术的扩散热处理，使镀锌和镀铜层转化为α相黄铜，热扩散过程中铜锌会损失一点，湿拉过程中也会有损失，所以成品镀层铜含量和扩散后含量是不同的。湿拉作为最终拉拔，设备一般用25道次水箱，线径一般在0.15～0.38 mm范围，最后工序采用双捻机捻制，钢帘线是多股结构产品。

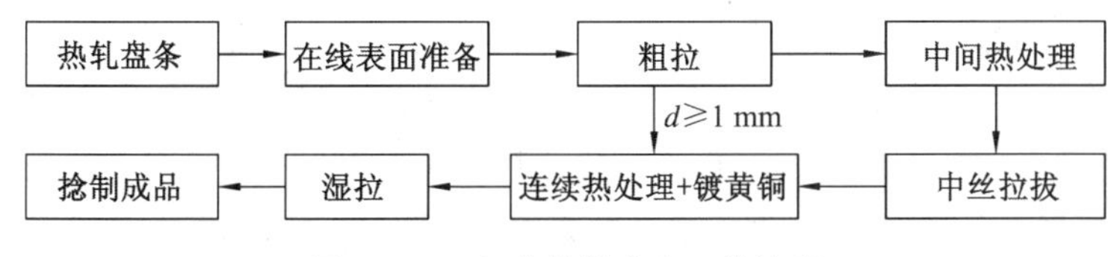

图 10.16　钢帘线的生产工艺流程

钢帘线行业全球最知名企业是贝卡尔特(Bekaert)。贝卡尔特将高效率的钢帘线生产技术带入中国,并促进了中国钢丝技术的进步。

切割钢丝的工艺和钢帘线很类似,下面是一个切割钢丝的工艺流程:

ϕ5.5 mm 的盘条→表面处理(涂硼砂)→粗拉到 ϕ3.0 mm→铅淬火处理→表面处理(磷化)→中拉到 ϕ1.45 mm→铅淬火处理→电解酸洗→冷水冲洗→碱性镀铜→热水冲洗→酸性镀铜→冷水冲洗→酸性镀锌→热水冲洗→热扩散→磷化→热水冲洗→湿式拉拔到 ϕ0.12 mm→工字轮收线(恒张力)→真空封装。

切割钢丝用水箱式拉丝机的道次压缩率一般控制在 14.5%、13.8%、12.5%左右,成品道次压缩率一般控制在 6%左右,成品模应采用钻石模。

现在切割线较多需要镀钻石微粒。

10.10　钢　丝　绳

10.10.1　产品技术要求

钢丝绳是主要用来提升或者牵引的,因此其主要特性是抗拉强度和耐久性(防锈及耐疲劳特性),特定应用还需要不旋转的特性,结构设计上要考虑扭矩的平衡。

部分常用标准如下:

GB/T 20118—2017《钢丝绳通用技术条件》。

GB/T 8706—2017《钢丝绳术语》。

GB/T 12756—2018《高压胶管用钢丝绳》。

GB/T 36131—2018《机动车掣动总成用涂塑钢丝绳》。

GB/T 20067—2017《粗直径钢丝绳》。

GB/T 34197—2017《电铲用钢丝绳》。

GB/T 34198—2017《起重机用钢丝绳》。

GB/T 33955—2017《矿井提升用钢丝绳》。

GB/T 33364—2016《海洋工程用钢丝绳》。

GB/T 9944—2015《不锈钢丝绳》。

10.10.2　原材料

钢丝绳用盘条可采用如下标准或钢厂标准:

GB/T 4354—2008《优质碳素钢热轧盘条》。

GB/T 24242.2—2009《制丝用非合金钢盘条 第 2 部分:一般用途盘条》。

GB/T 24242.4—2014《制丝用非合金钢盘条 第 4 部分:重要用途盘条》。

对于强度很高及疲劳性能要求高的钢丝绳,推荐采用 GB/T 24242.4—2014 或类似质量的盘条。

按照日本标准，琴钢丝级盘条适合做钢丝绳，而硬线盘条(JIS G3502-2004)不适合。

制绳钢丝的拉拔工艺和一般高碳磷化工艺没有显著差别，钢丝的拉拔要求比弹簧钢丝更低，温度在一定可接受水平情况下可以用更高的速度拉拔，钢丝圈型控制没有弹簧钢丝那么严格。新的机器设计趋于用自动换盘以提高效率，降低人工成本。

10.10.3 制造工艺

图 10.17 为钢丝绳的生产工艺流程，普通钢丝绳热处理之后的表面处理为酸洗磷化，如果是镀锌钢丝绳，表面处理为酸洗、磷化或镀锌。

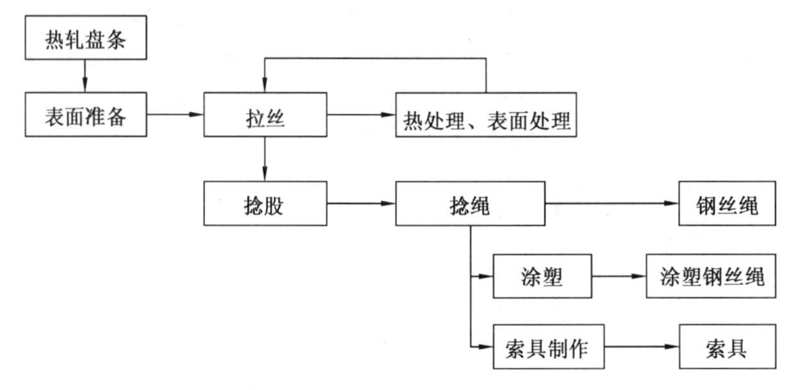

图 10.17 钢丝绳的生产工艺流程

疲劳性能要求不高的钢丝绳可以采用水浴淬火热处理技术，要求高的建议用铅浴淬火。

开坯拉丝时盘条的表面准备可以用不酸洗工艺，如用抛丸机、砂带机等，用硼砂或皮膜剂处理后拉拔。最后一次热处理线应配置在线酸洗磷化，可以采用电解磷化技术。

制绳钢丝采用干拉和湿拉的都有，高性能钢丝绳推荐采用干拉技术。拉丝速度比弹簧钢丝拉拔更高，如不是出售制绳钢丝，应采用工字轮收线，采用自动换盘技术利于降低成本。

捻股一般采用管绞机(tubular strander)，或称捻股机；捻绳采用框篮式绞线机(planetary strander)，或称成绳机。

电梯钢丝绳有一个预张拉过程，可降低松弛，避免过多变形。

深海系泊钢绳需要挤压一个厚壁的塑料护套。

中国最知名的钢丝绳企业是贵州钢绳(集团)有限责任公司；国外为德国和英国的企业，如被贝卡尔特收购的布顿。

钢丝绳制造技术内容较丰富，详细技术请参考相关专著。

第十一章　异型钢丝及扁钢丝

最常见的钢丝横截面呈圆形，采用圆孔模具拉拔钢丝是最经济便利的钢丝生产方法。但是有些应用需要材料具有圆形之外的截面形状，除了少部分可以用模拉的方法生产外，更多的需要采用轧辊轧制，包括被动或主动轧制，以及它们与模拉的组合方式生产。

11.1　概　　述

11.1.1　异型钢丝和扁钢丝

常见的异型钢丝(shaped wire)截面类型有三角形、方形、矩形、梯形、椭圆形、卵形、半圆形等，还有如图11.1所示密封钢丝绳、桥梁缆索缠绕密封用S形钢丝及矩形钢丝制作的模具弹簧。

密封钢丝绳

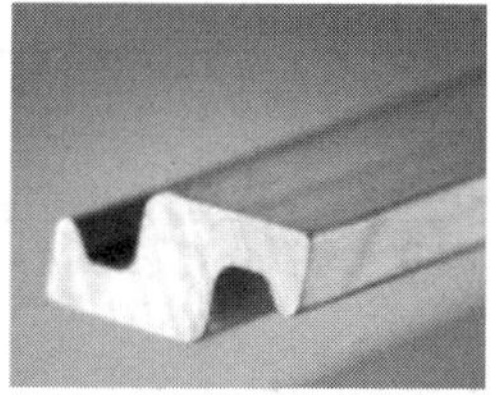

S形钢丝

模具弹簧

图11.1　异型钢丝应用范例

异型钢丝的其他应用有：轿车气门簧用卵形钢丝、汽车座椅调角器及玻璃升降器涡卷簧用扁钢丝、汽车座椅调整轴、汽车发动机销、汽车雨刮器用扁钢丝、三角形及椭圆针布钢丝、六角螺母用钢丝、垫圈用方钢丝、活塞环用矩形钢丝、压机缠绕用低松弛扁钢丝、各种滑轨和导轨、显示屏支架线、建筑用冷轧钢筋、带刻痕或螺旋肋的预应力钢丝，以及其他应用在航空、医疗、首饰、装订、软管、鱼钩、销等方面的异型钢丝。

(1) 异型钢丝的分类方法：

按照材质可以分为碳钢、不锈钢、合金钢等。

按照交货状态可以分为退火异型钢丝、油淬火异型钢丝及冷拔(轧)异型钢丝。

按照断面形状可以分为双轴对称类(如椭圆钢丝、方钢丝、矩形钢丝、六角钢丝)、单轴对称类(如半圆形、梯形)、不对称类(如三角形、Z形)。

两侧为自然形态的扁丝(flat wire)通常不归入异型钢丝类别。

(2) 异型钢丝和扁钢丝的常用标准：

YB/T 5183—2006《汽车件、内燃机及软轴用异型钢丝》。

YB/T 5184—1993《软轴用扁钢丝》。

YB/T 5185—1993《内燃机用扁钢丝》。

YB/T 5186—2006《六角钢丝》。

YB/T 5319—2010《弹簧垫圈用梯形钢丝》。

YB/T 056—1994《弹性针布钢丝》。

表 11.1～表 11.3 为住友电工的异型钢丝产品的资料。表 11.3 中 w 为异型钢丝的宽度，t 为高度。

表 11.1 住友电工异型钢丝的标准规格

	异型琴钢丝	异型高碳丝	异型油淬火丝	异型退火丝	异型不锈钢丝
材质	SWRS80A SWRS82A	SWRH57A～ SWRH82A	SWOSC-V SWOCV-V SWO-V SWO-A SWOSM SWO-B	各种	SUS304 SUS316
标准硬度	HRC40～50	HRC35～45	HRC38～50	HRC20～30	HRC35～45
抗拉强度	与面积相当的圆线 JIS 标准同				
R 值	除扁钢丝外，圆角半径标准值为 0.2～0.4 mm				

表 11.2 尺寸的标准公差 单位：mm

尺寸	厚度公差	宽度公差	尺寸	厚度公差	宽度公差
0.5～0.9	±0.02	±0.04	3.3～5.5	±0.05	±0.07
1.0～2.0	±0.03	±0.05	5.6～10.0	±0.05	±0.10
2.1～3.2	±0.04	±0.06	>10	—	±0.15

表 11.3 住友电工异型钢丝的标准截面计算公式

分类	形状	断面积
扁钢丝		$wt-0.215t$
矩形钢丝		wt
梯形钢丝		$(t_1+t_2)w/2$
椭圆钢丝		$0.785wt$
菱形钢丝		$wt/2$

(3) 活塞环用异型钢丝标准(摘自 FUHR 网站)：

规格范围：宽度 3.0～8.0 mm，厚度 1.0～5.0 mm。

尺寸精度：宽度：±0.005 mm，厚度：±0.005 mm。

(4) 铃木加菲腾一种扁钢丝 CARBAFLEX92(材料为 0.92%碳钢)：

宽度(1.00～10.00 mm)公差：

1.00～5.00 mm 时为±0.05 mm；5.00～8.00 mm 时为±0.07 mm；8.00～10.00 mm 时为±0.10 mm。

厚度(0.30～2.30 mm)公差：

0.30～0.80 mm 时为±0.013 mm；0.80～1.00 mm 时为±0.019 mm；1.00～1.60 mm时为±0.025 mm；1.60～2.30 mm 时为±0.050 mm。

边角：自然边角，可修边。

最小抗拉强度 1 300 N/mm^2，最高强度与尺寸有关，在 1 500～2 100 N/mm^2 范围。

每米弯曲度不超过 4 mm。

无全脱碳，部分脱碳不超过等面积圆直径的 1.2%且不连续。

光亮或附有氧化层，最大缺陷深度不超过厚度的 1%。

工字轮交货，最重 500 kg。

11.1.2　异型钢丝和扁钢丝的常用加工方法

最经典的异型钢丝生产工艺是模拉法、轧制法和辊拉法。模拉法只能做少数截面类型，辊拉法和轧制法可以做各种截面类型。冷轧和辊模拉拔技术可以组合新的工艺路线，也分别都可以和模拉组合，先模拉再冷轧或用辊模拉拔。以下介绍几种常见工艺的特点：

(1) 模拉法：采用普通拉丝机及异型拉丝模拉拔异型钢丝的技术，单次变形量一般在15%～22%。可用于拉制方钢丝、椭圆钢丝、正多边形和长宽比较小的矩形钢丝。模拉可以作为辊拉和冷轧的前期加工方式，还可以作为最后一道。图 11.2 为异型钢丝用拉丝模。

图 11.2　异型钢丝用拉丝模

(2) 轧制法：又称为主动轧制法。轧制法源自钢材的冷轧技术，采用电机驱动的轧辊实现钢丝的塑性变形，不需要牵引动力，二辊或四辊工作。该技术主要用于加工宽厚比小于 4 的产品，特别是扁钢丝和梯形钢丝。

(3) 辊拉法：又称为被动轧制法。辊拉法采用轧辊和牵引卷筒实现塑性加工，轧辊被动工作，每个机架轧辊数量有 2、3、4、6 个，组合出不同的变形需要。单次变形量可达 30%左右。该技术最早应用于钢筋焊网厂，用于将热轧钢筋加工成强度更高、表面带肋的冷轧钢筋。辊模拉拔技术可以加工低碳、高碳、不锈钢，当然也可以加工铜材及钛材等，不同厂家的水平差异体现在是否适合高碳材料及尺寸精度水平。

(4) 轧制-模拉复合法：道次的变形率大，可生产宽厚比较大、形状复杂、仅靠一种方法难以生产的低强度异型弹簧钢丝。但若用此方法生产具有高精度(±0.01 mm)、高抗拉强度(≥2 000 MPa)和通条尺寸稳定的高强度异型弹簧钢丝，由于钢丝的抗拉强度较高，原有残余应力高，成品平整度较难控制。

(5) 轧制-辊拉复合法：通过优化各道次的生产工艺，选择最佳的投料尺寸，可以生产强度≥2 000 MPa 的异型弹簧钢丝。主要工艺控制点：拉拔圆丝成品的力学性能、轧制过程中的宽展、辊拉过程中的圆角和道次变形率、成品异型弹簧钢丝的尺寸精度。

表 11.4 比较了以上各种技术：

表 11.4 异型钢丝成型技术比较

工艺	优点	缺点
模拉	投资低，产品形状精确，尺寸公差小，通条性好	制模难度大，尖角欠充满，表面易划伤，周期长，复杂截面无法生产
轧制	主要用于加工宽厚比小于 4 的产品，特别是扁钢丝和梯形钢丝	成品的镰刀弯较难控制
辊拉	钢丝道次变形率大，尖角充满，形状精确，可生产复杂断面和较难变形的合金、不锈钢等	尺寸波动大，难控制；高精度设备价格昂贵
轧制-模拉	道次变形率大，可生产宽厚比较大、中低强度异型弹簧钢丝	成品平整度难以控制，模具寿命短
轧制-辊拉	道次变形率大，可生产宽厚比较大、形状复杂的产品，还可做高强度异型弹簧钢丝	—

11.2 异型钢丝和扁钢丝的生产工艺

11.2.1 模拉工艺

模拉技术利用拉丝机和异型合金模实现异型钢丝生产，润滑技术不变。该技术的优点是产品形状精确，尺寸公差小；缺点是制模难度大，尖角欠充满，圆角不规则，表面易划伤，生产周期长，复杂界面难以生产。目前模拉用于拉制方钢丝、椭圆钢丝、正多边形和长宽比较小的矩形钢丝。

这种技术不能够实现复杂形状的均匀变形，因为局部变形剧烈会导致因塑性损失大而钢丝开裂的现象。高塑性材料相对比硬材料适应更剧烈的变形，如拉拔长宽比大的扁铜线、铝线可行，拉拔钢丝就几乎不可能。

河北巨力发表的文章声称可以做密封钢丝绳用钢丝，同时提到控制不好时凹腰区域容易拉拔出裂纹。其生产工艺流程为：盘条—索氏体化热处理—酸洗磷化—直进式拉丝机拉拔，模具孔型设计如图 11.3 所示。拉拔方钢丝和六角钢丝没那么难，如某企业采用 2.8 mm圆钢丝用模具一次拉成 2.2 mm×2.2 mm 方钢丝，用于制作某高铁线路部件。

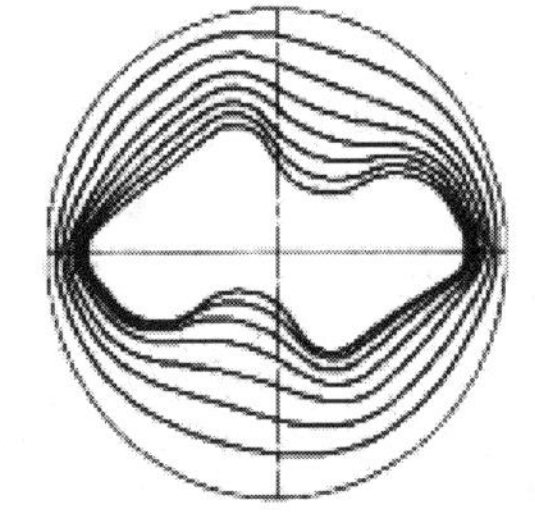

图 11.3 Z 形钢丝拉模孔型

美国某模具公司提供方形、矩形、三角形、椭圆形、半圆形、六角形、扁钢丝及高铁接触线八种类型的异型拉丝模，材质有硬质合金模、工具钢及聚晶钻石，其尺寸限制见表 11.5，并申明不确保适应所有应用情况。

表 11.5 美国某公司异型模具参数

尺寸项目	碳化钨及工具钢	聚晶钻石
最小高度及宽度/mm	0.5	1.0
最小角半径/mm	0.1	0.25
最小偏差/mm	0.012 5	0.012 5

11.2.2　轧制工艺

与机器设计有关，轧制有主动和被动两类，然后又按轧辊数量分为二辊、四辊和六辊，六辊较少见。靠变换辊模组合方式可以生产许多类型的异型钢丝。图 11.4 为四辊组合，生产扁钢丝、Z 形钢丝、高铁接触线及 T 形钢丝；图 11.5 为六辊组合。

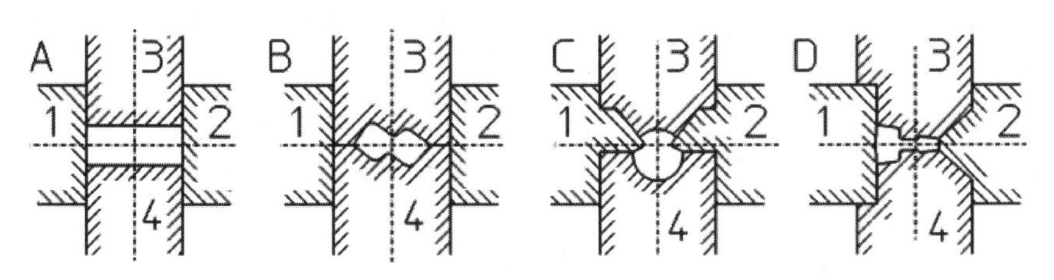

图 11.4　4 种四辊组合的辊模孔型

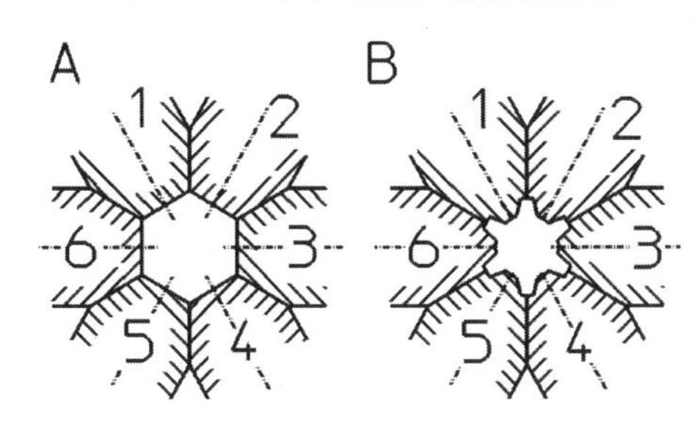

图 11.5　2 种六辊组合的辊模孔型

轧制技术的优点：

(1) 可实现复杂异型断面钢丝生产。

(2) 可提高钢丝变形的部分压缩率和总压缩率，在同样的条件下，辊拉比模拉的部分压缩率和总压缩率可分别提高 10%左右。

(3) 摩擦低，变形阻力低，可减少变形能耗与热处理能耗。

(4) 可以实现无扭转连轧。

四辊轧机如果主轴在同一平面上，俗称土耳其头(Turk head)。

被动轧制(辊拉)技术还可用于圆形截面的钢丝。采用 2+2 辊模的实验，在相同材料和变形量情况下与固定模具拉拔比较的结果是：高碳钢抗拉强度相似，屈服强度更高，延伸率及扭转值略好；低碳钢抗拉强度及屈服强度明显提高，面缩率提高，延伸率无显著差异。从组织来看，辊模拉拔的变形更均匀。

一些轧制经验：主动轧的材料变形主要是宽展变形，因此不适用于非双轴对称的异型钢丝。主动平轧机适用于有平角线的双轴对称产品及 $w/t>1.5$ 的粗轧。椭圆线虽是双轴对称，但应采用被动轧机。双轴对称异型钢丝不推荐用非平面的主动轧辊，因为各点的线速度不一样，轧辊容易磨损。

如果需要较大的变形量，轧制之前的材料应有良好的塑性。对于非复杂形状采用铅淬火即可，可消除圆丝的加工硬化；需要复杂形状时采用球化退火更好。如果异型钢丝后续需要进行剧烈变形加工，也应进行球化退火。

$$\text{主动轧机最小可轧厚度 } t_{\min}=\frac{\text{辊径}}{500} \tag{11-1}$$

11.2.2.1　轧制工艺中圆钢丝半成品直径的估算

不管是生产简单断面的扁钢丝、方丝、矩形丝，还是生产其他复杂断面异型钢丝，都没有精确地确定圆钢丝直径的方法，因为同一种尺寸的产品，采用不同的生产方法(拉、轧或拉轧结合)，对圆钢丝直径要求不一样，而且同一种尺寸产品，采用同一种生产方法，不同的生产材料或设备对圆钢丝直径大小要求也不一样(因为影响材料宽展的因素很多)。尽管如此，生产实践中仍有以下规律可循：

(1) 摩擦系数越小，宽展越小，即光滑的辊面或钢丝和有效的润滑不利于钢丝宽展。

(2) 轧辊辊径越大，宽展越大，反之亦然。这是因为辊径越大，变形区加大，纵向阻力增大，金属更容易向宽度方向流动。

(3) 道次压下量越大，宽展越大，原因如上所述。

(4) 钢丝强度越高，宽展越明显。

(5) 同样的材料湿拉比干拉宽展大一些。

(6) 反向张力越大，宽展越小。

(7) 冷却越差，宽展越大。

(8) 钢丝冷轧宽厚比 $\delta \leqslant 5$ 时，压下量是宽展量的 1.05～1.10 倍，轧制后周长是圆丝周长的 1.15～1.30 倍。

(9) 钢丝辊拉时，异型钢丝断面周长是圆钢丝周长的 1.05～1.20 倍。

宽展的近似计算公式如下：

$$dn\pi = 2 \times (b+h) \tag{11-2}$$

式中，d 为圆钢丝直径；b 为异型钢丝宽度；h 为异型钢丝厚度；n 为系数，为 1.05～1.25。

因 $2/(n\pi)$ 近似等于 0.50，有时为方便计算，该公式可简化为：

$$d = \frac{b+h}{2} \tag{11-3}$$

应当指出，该公式只是近似公式，为确保产品尺寸、力学性能合格，生产之前一定要进行小样模拟试验。郑研院武怀强提出的经验公式为：

$$bh = k\frac{d^2}{4}\pi \tag{11-4}$$

其中，$k = 0.85 \sim 1.10$。

11.2.2.2　轧制(辊拉)工艺钢丝道次变形率及总变形率的确定

为简便起见，钢丝轧制的道次变形率可用压下量近似掌握，一般道次压下量如下：

硬态钢丝：

$$\Delta h = \left(\frac{1}{5} \sim \frac{1}{3}\right)d \tag{11-5}$$

软态钢丝：

$$\Delta h = \left(\frac{1}{3} \sim \frac{1}{2}\right)d \tag{11-6}$$

式中，d 为圆钢丝直径。

第一道由圆钢丝轧扁时，压下量可选择大些，总轧制量以钢丝不因冷作硬化造成轧制开裂为准，一般为不大于钢丝直径 d 的 2/3。

拉拔时，道次变形程度常以钢丝部分压缩率来衡量计算。

压缩率公式：

$$r = \frac{A_0 - A_1}{A_0} = 1 - \frac{A_1}{A_0} \tag{11-7}$$

式中，A_0 为钢丝变形前断面积，A_1 为钢丝变形后断面积，r 为道次断面压缩率。

钢丝总压缩率：辊拉以不超过 90%，模拉以不超过 80% 为宜。表 11.6 提供了不同材料的道次压缩率建议值。

表 11.6 模拉与辊拉的压缩率建议值比较

轧制材料	道次压缩率建议值	
	模拉 r 值	辊拉 r 值
软态钢丝	一般选择 20%～28%	一般选择 25%～35%
硬态钢丝	一般选择 15%～25%	一般选择 20%～30%
不锈钢丝、难变形合金钢	一般选择 15%～25%即可	

11.2.2.3 异型钢丝轧制工艺实例

(1) 工艺实例 1：密封钢丝绳用 Z 形钢丝的生产。

盘条→索氏体化热处理→酸洗磷化→圆模定径→多道次辊模拉拔或主动轧制。

以 1 570 MPa 级别 Z6 钢丝为例，采用 10 mm 的 SWRH57B，先按如下路线拉拔圆钢丝：10.0→9.40→8.60→7.85→7.20。然后通过 3 道辊模轧成所需截面，GCr15 轧辊直径 150 mm，辊缝 0.3 mm，牵引卷筒采用 700 的单拉机。同样形状的一种低碳铠装线采用的工艺是先圆模拉拔，然后二辊轧机压扁，最后用土耳其头多次轧制成型。

(2) 工艺实例 2：悬索桥主缆缠绕密封用钢丝。

该产品用于缠绕在悬索大桥的主缆上，最早用圆形镀锌钢丝，后改为 S 形钢丝，互相扣压密封并增加了外防护涂层，能有效阻挡雨水和海雾凝结水的侵入，减缓酸性介质对悬索桥主缆的腐蚀，延长悬索桥主缆的使用寿命，被业内普遍认同。从近年国内外悬索桥建设情况看，S 形钢丝已经成为新建悬索桥主缆缠绕防护的发展方向之一。图 11.6 为润扬长江大桥悬索主索首次引进的日本新日铁公司研制的 S 形镀锌钢丝。相关质量参数见表 11.7。

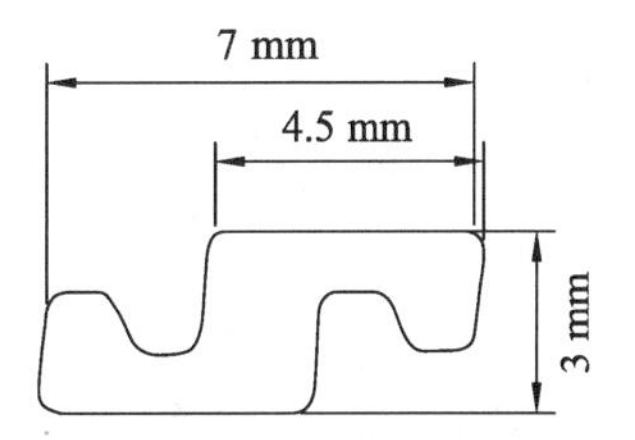

图 11.6 S 形钢丝截面及轧制方式
(厦门梓兰特线供图)

表 11.7 S 形钢丝质量特性

项目	技术参数
线材	JIS G3505(软钢线材)标准规定的 SWRM6K
抗拉强度	≥550 MPa
延伸率	≥1.5%(标距 150 mm)
扭转次数	≥6 次(标距 200 mm)
锌层质量	280 g/m^2
锌附着性	试验后用手指轻擦不产生剥落、龟裂、起皮

续表

项目	技术参数
公称截面积	13.32 mm^2
公称周长	21.81 mm
单位质量	7.83 t/m^3
尺寸公差	宽度±0.15 mm 以下，厚度±0.08 mm 以下

某企业生产上述S形钢丝的工艺如下：

模拉具有较高的尺寸精度，但模拉投入较大，因此S形钢丝的成型采用轧制与模拉相结合的工艺生产。其主要生产工艺过程为：盘条→半成品圆丝拉拔→多道次轧制→热镀锌→模拉→收线。最后一次模拉是为了获得高尺寸精度。

S形钢丝是带有沟槽的异型钢丝，钢丝热镀锌时轴向旋转会严重影响钢丝尺寸和形状的变化，因而必须有合适的导向装置，并要防止已成型的钢丝被刮伤。尤其是沟槽中助镀剂要充分干燥，否则液体进入锌槽，汽化后锌液四溅，造成安全隐患。

(3) 工艺实例3：长城特钢于1997年10月在《金属制品》杂志上发表的工艺。

产品：弹簧垫圈用梯形钢丝、汽车附件用矩形钢丝及编网用三角钢丝，截面图见图11.7，尺寸性能要求见表11.8(牌号未公开，型号TD后面的数字表示梯形底部名义宽度 b)。

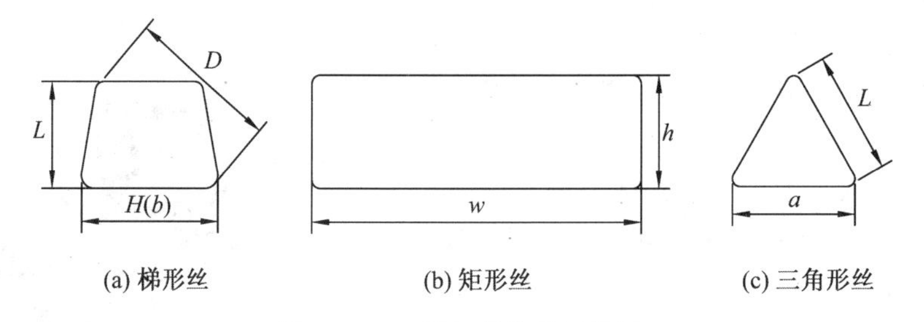

图11.7 三种钢丝的截面特征

表11.8 三种钢丝的尺寸及抗拉强度要求

类别	型号规格	钢丝尺寸及允许偏差/mm			抗拉强度/MPa
		H	L	D	
梯形	TD5	5.04−0.12	5.2−0.12	6.88−7.00	600～800
	TD6	6.05−0.12	6.12−0.12	8.30−8.44	
矩形	1.5×3.0	尺寸见型号标示，公差 w+0/−0.10　h+0/−0.14			≤785
三角形	5.8×4.8	尺寸见型号标示，公差 a+0.20/−0　L+0.20/−0			

工艺流程：盘条表面处理→模拉→球化退火→表面准备→模拉→辊拉→退火。

辊模：四辊，轧辊材质Cr12或GCr15，硬度不低于HRC60。

工艺路线：见表11.9。

表 11.9 三种钢丝的工艺路线

类别	规格	工艺路线/mm
梯形	TD5	φ8.0→φ7.2→φ6.3→球化退火→辊拉至 TD5
	TD6	φ8.0→φ7.8→辊拉至 TD6
矩形	1.5×3.0	φ8.0→φ7.2→球化退火→φ6.0→球化退火→φ3.0→球化退火→φ2.7→1.7×2.9→1.5×3.0
三角形	5.8×4.8	φ6.5→φ5.5→6.2×4.5→5.8×4.8

退火工艺:球化退火,680 ℃保温一段时间后炉冷到一定温度,然后出炉空冷。

(4) 工艺实例 4:某厂扁钢丝生产线设计。

国内某厂扁钢丝生产线的原理见图 11.8。多组辊模(被动轧制)浸没在润滑油中,油同时起到润滑和冷却作用,有油冷却系统,采用双牵引轮。线卷水平展放,然后有一个矫直器稳定进入轧机钢丝的张力和方向,双牵引轮与卷丝机之间的矫直器起到稳定路线和隔离张力波动的作用,也能少量修正平整度。

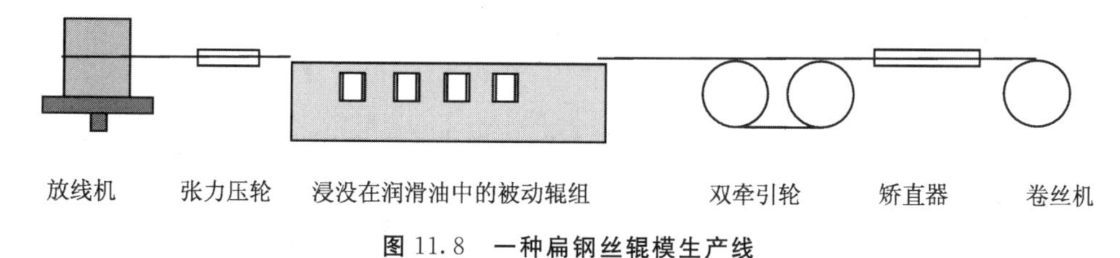

图 11.8 一种扁钢丝辊模生产线

(5) 工艺实例 5:图 11.9～图 11.11 为国外设备厂商资料中的生产线原理简图。

图 11.9 扁钢丝轧制线

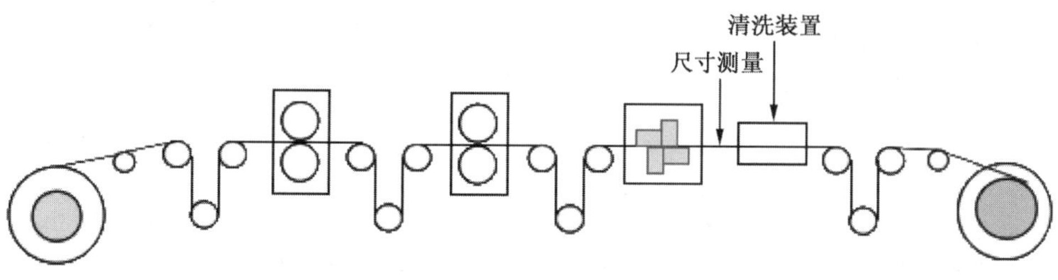

图 11.10 一种压扁及异型轧制线原理图

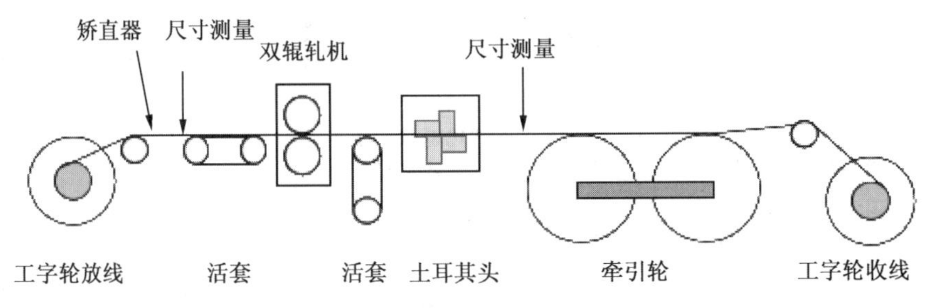

图 11.11 一种滤材轧制线原理图(进线 2～8 mm 304,出线 3×2～7.5×3.5 mm)

11.2.2.4 常见轧制缺陷的产生原因

(1) 轧制开裂:中心碳偏析或其他偏析问题;珠光体粗大;拉拔润滑失效造成表层偏硬,甚至出现拉拔马氏体、裂纹;盘条缺陷,如折叠、划伤、麻坑。

(2) 毛刺或飞边:压下量不当造成圆角处产生毛刺或飞边,或是模拉时圆角控制不当。

(3) 波浪或侧弯:轧辊两侧压下量有差异,上压辊跳动,上下辊有速度差,润滑剂缝补不均,进料不正,辊型控制不当,钢丝出轧辊时方向不稳定、振动,还有材料软硬不均等。

(4) 宽度不合格:张力小导致偏宽,张力大导致偏窄。

(5) 表面不良:轧辊磨损。

11.2.2.5 轧扁轧制力的估算

美国专家 Rogers N. Wright 借用钢带轧制公式提供了平面应变轧制时轧制力的简化计算公式:

$$F_r = L_r w \sigma_a \left(1 + \frac{\mu L_r}{t_0 + t_1}\right) \tag{11-8}$$

式中,F_r 为轧制力,L_r 为轧辊与工件纵向的接触长度,w 是工件的宽度,σ_a 为流变应力,μ 为平均摩擦系数,t_0 和 t_1 分别为轧制前和轧制后的厚度。

L_r 的计算公式如下:

$$L_r = [R_r(t_0 - t_1)]^{1/2} \tag{11-9}$$

式中,R_r 为轧辊的半径。

两个轧辊的总扭矩计算公式如下:

$$T_r = F_r L_r \tag{11-10}$$

其中力的单位为 N,轧辊半径单位为 m,力矩单位取 N·m。

轧制功率计算公式如下:

$$P_r = T_r \omega \tag{11-11}$$

其中,ω 为轧辊转速(r/s)。

Rogers N. Wright 发表在 *Wire & Cable International* 上的另外一个轧制功率公式如下:

$$P_r = \sigma \pi R \omega (A_0 + A_1) \ln \frac{A_0}{A_1} \tag{11-12}$$

这个公式忽略了摩擦力及冗余功耗,其中 σ 是钢丝强度,R 为轧辊半径,ω 为轧辊转速,A_0 是轧制前的截面面积,A_1 是轧制后的截面面积。

11.3 冷轧设备

11.3.1 轧机

以下通过知名企业德国公司FUHR的轧机分类了解主要轧机的类型：

(1) 双辊轧机(平辊)：适合扁钢丝的低成本生产；设计可为被动轧制或双辊独立电机驱动，被动轧制需要牵引卷筒将钢丝拉动通过轧辊，手动调整轧辊或用步进电机进行快速精密定位，换轧辊时是带轴承的；轧辊直径范围为84～360 mm，轧制力为55～900 kN，最大轧辊宽度有55 mm、90 mm、160 mm和200 mm。

(2) 初级异型轧机：适合异型钢丝的低成本生产；四辊无驱动或任意数量带独立电机驱动，轧辊可手动调节或点动，轧辊轴承有轴向间隙，利用快换轴换辊；轧辊直径范围为100～400 mm，轧制力为20～650 kN，最大轧制宽度有25 mm、30 mm、40 mm、55 mm、64 mm和90 mm。

(3) 异型轧机：适合复杂异型钢丝的精密生产；四辊无驱动或任意数量带独立电机驱动，轧辊可手动调节或由四轴步进电机控制且5 min自动标定，轧辊轴承有轴向间隙；轧辊带轴承；轧辊直径范围为108～360 mm，轧制力为40～500 kN，最大轧制宽度有25 mm、32 mm、50 mm和60 mm。

(4) 万能异型轧机：适合最高精度的多种异型钢丝的生产，通过轧辊在径向及轴向调整改变产品尺寸，不需要换辊；四辊无驱动或任意数量带独立电机驱动，轧辊可两向调整，机械咬合，手动调节或由八轴步进电机控制且15 min自动标定，轧辊轴承无轴向间隙；轧辊带驱动齿轮；轧辊直径范围为108～360 mm，轧制力为40～500 kN，最大轧制宽度有25 mm、32 mm、50 mm和60 mm。

所有型号都可以加轧制力检测以保护机器，镀锌防锈，并按低维护量设计。四辊轧机在中国也被称为刀片式轧机。平辊轧机也可设计成上下再增加一个大辊，轧辊尺寸可以缩小，机架刚性更好，轧制精度提高，可以轧制更薄的产品。

表11.10和表11.11为意大利某公司异型钢丝轧制线的标准型号参数。

表11.10 轧机扁钢丝轧制能力参考数据

钢丝		扁钢丝		轧制速度/(m/min)
入料线径/mm	截面积/mm^2	宽度/mm	厚度/mm	
4.0	12.6	6.0	1.0	600
8.0	50.2	12	2.0	400
14	113	20	3.0	200
20	314	30	4.0	150

表11.11 轧机异型钢丝轧制能力参考数据

钢丝		轧制速度/(m/min)
入料线径/mm	截面积/mm^2	
4.0	12.6	300
8.0	50.2	300
14	113	200
20	314	150
32	805	90

图 11.12 是德国 FUHR 公司提供的轧机照片。

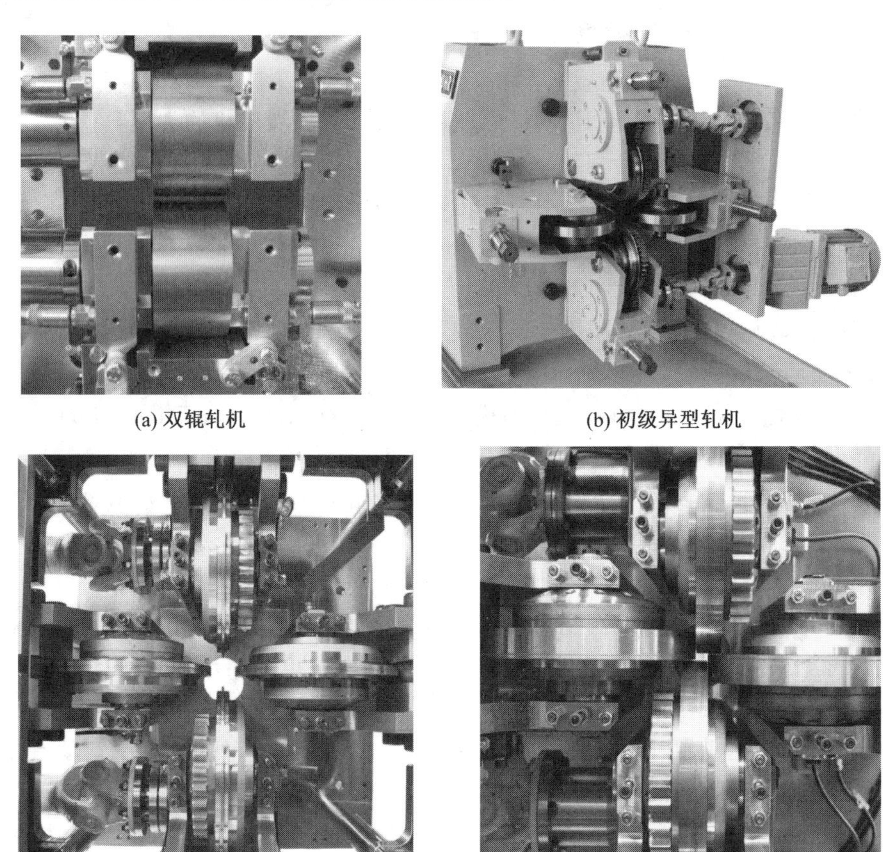

(a) 双辊轧机　(b) 初级异型轧机

(c) 异型轧机　(d) 万能异型轧机

图 11.12　德国 FUHR 公司的钢丝轧机分类

图 11.13 是厦门梓兰特线(厦门)科技有限公司提供的二连精密异型钢丝轧机图,该设备用于生产各种复杂断面异型钢丝,如方形、矩形、三角形、扇形、齿轮形等不规则异型钢丝,适用于高碳钢、不锈钢、高速钢及钛等金属线材。其设备主要型号规格见表 11.12。

图 11.13　国产二连精密异型钢丝轧机

表 11.12　厦门梓兰特线的异型钢丝轧机规格表

型号	ZL-300	ZL-400	ZL-600	ZL-800
入料线径/mm	0.2～1.0	0.6～1.2	0.8～2.8	2.5～6.0
宽度范围/mm	0.2～1.0	0.5～1.2	1.0～2.5	2.0～4.0
厚度范围/mm	0.2～1.0	0.5～1.2	1.0～2.5	2.0～4.0
均匀性/(mm/m)	0.003	0.005	0.006	0.008
公差/mm	±0.01	±0.01	±0.01	±0.01
最大速度/(m/min)	300	200	150	100
功率/kW	18.5	26.5	30.2	52.2

11.3.2　配套子系统

11.3.2.1　放线(payoff)

放线方式分为如下四类：

(1) 工字轮放线：主动或被动，悬臂或顶轴式(sleeve)；如果是脱卸卷，就需要配可扩张芯筒。

(2) 动态水平放线：常用于直径超过 12 mm 的材料，是唯一能展放 20 mm 以上规格的放线设备，配有电机及简单的矫直器；与冷镦钢厂用的放线机一致。

(3) 立式动态旋转放线：最大线径为 20 mm，速度不超过 100 m/min 时不需要电机驱动，从线卷或线架中放出。

(4) 静态放线：如工字轮或脱卸卷眼朝天，用一个被动旋转臂展放，最大线径 2 mm；上抽式放线，最大线径 12 mm，靠重力散开拉直，从托盘或线架上的线卷放出，可同时放相邻两卷以提前焊接好；水平静态悬挂放线，通常用于最大直径 12 mm 的盘条，为防止乱线可以用带旋转臂的水平放线架。

放线设备之后常安装一个活套轮组，目的是稳定放线张力，以避免出现镰刀弯等问题。

11.3.2.2　矫直器(straightener)

轧制前的钢丝都是卷绕状态的，需要直线进入轧机。矫直器还能使钢丝保持方向的稳定，并产生一定的有益张力。放线和第一道轧制之前一般需要两组互相垂直的 5 辊或 7 辊矫直器。轧制不对称线材时，仅靠张力和导辊很难控制材料的直线性，这时成品收线之前需要 9、11 甚至 13 辊的矫直器，轮槽设计要与钢丝截面形状匹配。用矫直器调整成品直线度有点难，别的办法无效时才采用。

11.3.2.3　清洁系统(cleaning system)

钢丝表面的残留润滑脂对轧制尺寸的稳定性不利，摩擦力越小越容易实现无滑动的大变形。清洁的钢丝有利于提高轧制成品的表面质量，延长轧辊寿命，还能延长乳化液的寿命。清洁方法如盘条酸洗、去除冷拔钢丝上的拔丝粉(水洗、蒸汽洗、刷洗或超声波清洗)。成品也需要适当的清洁，如擦拭、汽吹或超声波清洗。

11.3.2.4　初轧系统(basic rolling system)

为调整进线直径以满足工艺实际需要及减少坯料库存，可增加一个进线初轧功能，包括一个单牵引卷筒和被动机架(通常用两对辊完成圆→椭圆→圆的减径过程)。

11.3.2.5 导辊系统(guiding roller system)

在轧辊的出入口，导辊系统的作用是让钢丝能填充满异型轧辊的空隙。例如，轧制梯形线时如果没有入口导辊，会导致角部半径不一样，而通过导辊喂丝可以获得一致的四角圆弧半径。出口导辊使异型钢丝以不弯折离开轧辊，没有出口导辊就会出现产品弯曲的问题。起到阻尼作用的导辊系统可以减少因振动带来的尺寸变化。

11.3.2.6 同步装置(synchronizing system)

多道轧制时，从放线、每道轧制到收线，每处线的速度都不同，单位时间的金属流量必须相等。机器速度设定总是最后一道工序，如最后一个轧辊或牵引卷筒。其他速度是通过一个活套(dancer)或张力控制单元来控制的。活套由一个可以少量积线的滑轮组构成，其中一个滑轮可动。滑轮组由一个砝码、弹簧或气缸来控制可调张力，速度不同步时可动滑轮就会移动，触发信号控制电机调速。另一种技术是用带压力传感器的不可摆动轮子来测力调速。最后一种技术是力矩控制，通过控制力矩来控制张力，从而实现速度的同步。

11.3.2.7 在线测量和自动尺寸控制

尽管操作工可以在 40 m/min 的速度下进行手动测量，但安全规则限制达到 15 m/min 以上的速度时就不允许进行手动测量。可用的测量装置有接触式和非接触式两种类型，如非接触式的激光量具，但表面脏污会影响测量准确度。由于扭动会影响激光测量效果，扁钢丝可以用接触式装置测量厚度，用激光系统测量宽度。

11.3.2.8 牵引装置(pulling device)

牵引装置有如下三类：

第一类是履带牵引(caterpillar pull-offs)，用两根钢帘线加强皮带夹住牵引，主要用在电缆生产中，钢丝生产中使用较少。

第二类是单轮牵引(single drum capstans)，冷轧线上主要用于圆线模拉及摩擦驱动轧机，一般绕 3～8 圈，牵引轮带锥度，轮径大的一侧带法兰，进线靠近法兰的底部，推动其他钢丝圈朝直径小的方向滑动，进入轮直径逐渐变小的区域的同时钢丝张力逐渐降低，因此如果角度太大就容易打滑，如果太小又容易缠丝。单轮牵引轴可以是水平的，如果用水冷就是立式的；单轮易产生钢丝与牵引轮、钢丝与钢丝之间的擦伤。

第三类是双轮牵引(double drum capstans)，一般为水平轴，牵引轮呈圆柱形，也可以有一个很小的角度。一个小一点的牵引轮稍微倾斜，让钢丝在大牵引轮表面能一圈圈错开一些，不需要靠挤压推动，避免擦伤表面。对于用异型被动辊模进行精整定型的过程，应配以双牵引装置。双轮牵引还有一个作用就是阻止收线过程导致的振动传递到冷轧过程，避免影响尺寸精度。双轮牵引装置是双轴的，由电机驱动，表面喷碳化钨，需要水冷。

11.3.2.9 收线(take-up)

收线方式应满足客户的需要或后续加工的需要，收线可粗分为静态和动态两类，静态的钢丝不动，动态的钢丝要转动。

冷轧过程很少用到静态收线，唯一的例外是可以用于小线径的象鼻子。

动态收线又分为层绕和松卷两类，层绕最便于放线。

异型钢丝的常用动态收线设备分为三种：可开合式工字轮收线机(oscillation-spoolers)、动态水平收卷机(dynamic horizontal coilers)、动态立式收卷机(dynamic vertical coilers)。第一种有悬臂轴或顶轴式，芯筒是可扩张的(撑住钢丝卷内圈)；最好的排线设计是工字轮移动，进线位置始终保持直线不变。第二种主要用于截面积超过 100 mm² 的异型材，而且是唯一能收 400 mm² 以上产品的收线机，用塑料弯曲装置完成卷线；第三种与第二种类似，但设计比第二种更简单，用于截面积在 200 mm² 以下的产品，实际生产中很少用到这种设计。

11.3.2.10 矫直和切断设备(straightening & cutting)

冷轧钢丝有成卷交付和直条定尺交付两类，生产直条定尺钢丝就需要矫直和切断设备。切断的方法有刀、锯、激光及射流切割。由于动作无法连贯不断，因而对生产线的速度有限制，在线切断常用于低速大尺寸产品。

11.3.2.11 润滑及冷却系统(lubrication & cooling)

轧制钢丝过程中，润滑液承受着轧辊之间的压力，隔离金属，承受其环境温度，带走变形热量，同时起到减少磨损(润滑)和冷却的作用。润滑液的质量会影响钢丝表面质量。冷却不稳定会造成产品温度变化，导致冷轧变形阻力变化，轧制过程中的宽展量也发生变化，产品尺寸不稳定。另外，高温收卷因冷却后的收缩会损坏工字轮和产品。

润滑液有润滑油及乳化液两类，润滑油因其黏度高而有利于提高产品表面质量，但乳化液的冷却能力是润滑油的两倍。润滑方式是将润滑液喷到钢丝与轧辊的接触区域，为了冷却，可以在活套段浸泡钢丝，甚至连机架都浸泡在润滑液中。

多条冷轧线可以共用一个中心油箱，配好过滤装置、热交换器和油泵等。对于高精度轧制，还需要加热系统使待机期间的润滑液保持一定的温度。由于沉淀太慢，过滤是必要的，在主回路或独立回路都可以。过滤可以延长润滑液的寿命，提高机器清洁度及钢丝表面质量。

11.3.2.12 电控(control system)

采用交流变频电机和 PLC 控制为主，触屏操作，有的长生产线将操作面板设计在一个可移动支架上，连轧机架之间的速度协调通过活套感应信号来调节。冷轧质量至少一半以上是可以通过软件控制的。

11.4 旋锻技术

旋锻设备(rotary swaging)是另外一种异型加工设备，主要用于对称性极强且加工量大的异型线材。工作原理是 2 块、4 块、6 块等偶数模具在模具外转动件的周期顶压下实现高速锻打，使材料连续变形，锻打频率可达 20 000～30 000 次/min。图 11.14 所示为这种技术的原理及实物图，目前有钢丝绳厂用此类设备生产锻打钢丝绳。

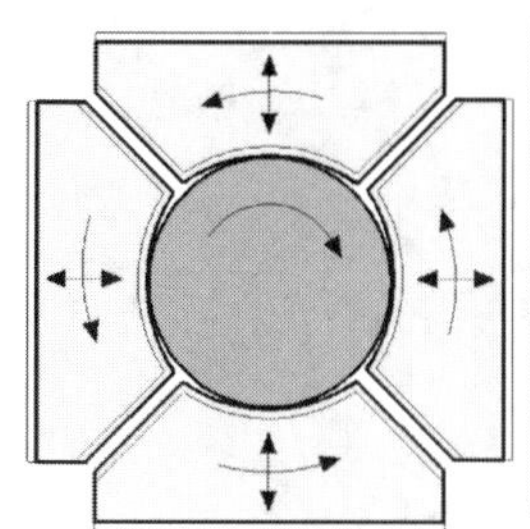

图 11.14 旋锻原理及机器实物图

11.5 热轧技术

对于难变形金属及宽厚比大于5的产品，冷轧技术无法满足需求，或者需要增加中间热处理，这时可以利用金属达到一定温度后塑性显著增加的特点采用热轧实现。

热轧所用的加热温度与材料有关，如碳钢要加热到760 ℃以上，高温获得的高塑性使得一次就可以进行大变形量轧制，而且总变形量很大。采用的加热技术是快速加热，如电接触加热、感应加热等，以避免脱碳。电接触加热比感应加热形成更多氧化皮，影响导电，需要采取措施加以控制。轧辊应有内部水冷系统，表面可以用擦拭水冷等方式，不应导致钢丝出现淬火硬化过程。

热轧的主要优点是生产效率高，相对冷轧需要中间退火的材料来说，可以降低能耗，对于难变形特殊金属来说节能效益更加明显，而且生产效率得到很大的提高。

一种双金属锯材的硬质材料部分，过去需要多次软化处理，用热轧后实现了一次成型。

一种汽车座椅调角器用3.8 mm×16 mm弹簧扁钢丝，宽厚比达4.2，采用传统冷轧技术需要4～5道，而且中间还需要一次退火软化处理。郑州金属制品研究院自制的一条电接触加热热轧线，电源为40 V、1 000 A，最大入轧能力12 mm，最薄产品为1 mm，最宽18 mm，实现了一次成型，单线年产能力达到了1 000 t。

这方面可以借鉴钢厂成熟的热轧技术，钢丝热轧多用于难变形的材料。

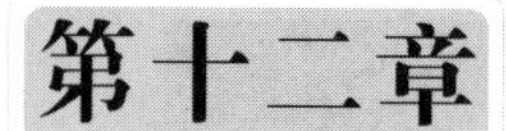

第十二章 钢丝拉拔的常见问题和对策

本章介绍拉丝过程中的常见问题及其对策，包括断裂、后续工艺不适应、表面缺陷、性能不合格，以及模具快速磨损。掌握这些知识可以帮助读者更快速地解决问题。

12.1 断丝问题

拉拔过程中的断丝对生产过程会产生很大的影响，如造成材料的报废、机器停机时间增加、产量下降、成本升高等，是最被拉丝行业重视的问题之一。断丝的可能原因包括原材料缺陷、机器缺陷、模具缺陷、拉拔过程中的损伤等方面。

12.1.1 盘条原因导致的断丝及对策

表 12.1 归纳了引起断丝的常见盘条缺陷及钢丝企业的对策，这些缺陷同样会造成冷轧的断裂，断裂原因涉及盘条生产的炼钢、连铸、轧钢、运输和吊装全过程。

表 12.1 引起断丝的常见盘条缺陷及钢丝企业的对策

引起断丝的盘条缺陷	建议对策
盘条运输、吊装过程产生的擦伤，严重情况下可能出现摩擦马氏体(形变马氏体)，导致盘条展开放出时发生脆断，见图 12.1	调查整个运输、装卸过程，找出伤线风险并采取防护措施。少量局部伤可以切除后使用，分布广则应报废
锰、铬偏析引起中心区出现马氏体粒，颗粒较大时拉拔容易断丝，见图 12.2	要求钢厂采取措施
不变形夹杂物尺寸相对线径较粗大，细线尤其敏感，见图 12.3	选择与拉拔条件匹配的材料
盘条表面裂纹、氧化皮轧入等，见图 12.4	进厂金相检验，投诉，更换供应商
碳偏析导致低拉拔性能的网状渗碳体出现，拉拔性能下降，面缩率降低，见图 12.5	避免用大角度模具。进厂检验要评级筛出不合格材料，要求钢厂采取措施减轻碳偏析，不能解决就更换供应商
轧钢线异常导致大量马氏体，严重时吊装就会脆断	作业时一旦发生平口脆断，停机排查断口附近表面是否擦伤或有裂纹，没有则检查组织，停用同批材料
轧后风冷强度太低形成粗大珠光体组织，这种组织不适合深度拉拔和单次大变形量拉拔	督促钢厂改善。增加道次和(或)降低总压缩率，调整压缩率无效则应改用索氏体化热处理后再拉拔的工艺
未到热轧后的时效期，塑性低	根据厂家建议或检测确定时效期，到期才用

盘条擦伤会在局部形成脆性组织形变马氏体，易导致断裂，见图 12.1。

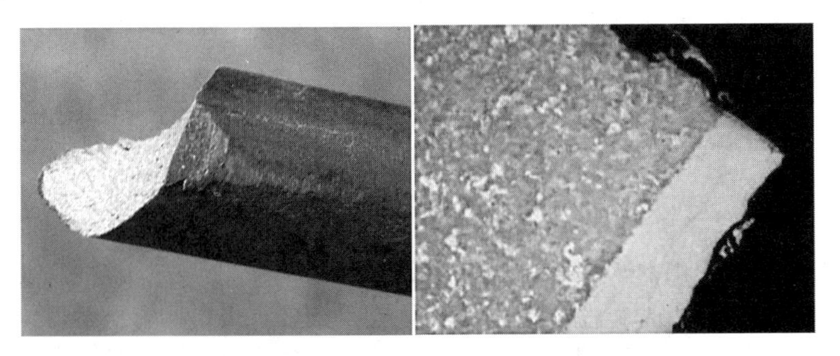

图 12.1　盘条擦伤导致的放线过程断裂及形变马氏体

中心马氏体粒和不变形夹杂物都属于难变形颗粒缺陷，拉拔时颗粒与周围钢基体无法同步变形，因此会撕开界面产生裂纹，最终断裂，见图 12.2 和图 12.3。拉拔的钢丝直径越小，断丝风险越高，因为硬颗粒尺寸与钢丝直径比较大，小颗粒会成为相对的大缺陷。

图 12.2　盘条心部马氏体颗粒拉拔后开裂现象

图 12.4 所示的氧化皮轧入问题通常与盘条轧制线上高压水除鳞工作做得不够好有关。

冷轧钢丝过程的断裂多与碳、锰偏析造成的组织缺陷有关，或者因为表面缺陷，或因为珠光体组织粗大不适应大变形量加工。

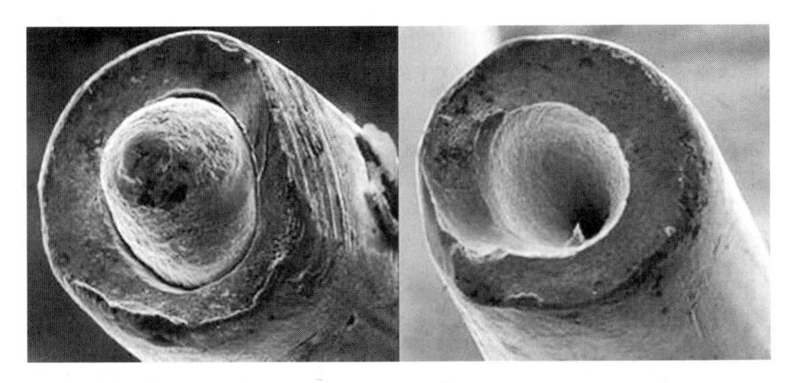

图 12.3　因难变形高铝夹杂物引起的钢帘线拉拔断裂

图 12.4　因氧化皮轧入而引起拉拔断裂或表面缺陷

图 12.5 显示的问题是高碳钢盘条厂早期比较频繁遇到的问题，中心碳偏高导致过共析组织的产生，钢厂的主要对策是低过热度浇铸、电磁搅拌技术应用及轻压下技术的采用。这种网状渗碳体组织中塑性优异的索氏体团被脆性的渗碳体包裹，导致整根材料中心脆、周围软，在整个横截面上拉拔变形的同步性会下降很多，硬脆的中心区变形速度会滞后于周围，导致人字裂纹的产生，断裂形貌被称为锥形、尖锥形、笔尖形或 CB (central bursting)。

图 12.5　尖锥形拉拔断裂及产生原因(网状渗碳体组织)

粗片状珠光体也可能是导致拉拔及钢丝应用断丝的原因之一，在 3.4.4 节中介绍了厚的渗碳体片在拉拔扭转过程中更容易破裂，所以深度拉拔一般都要采用铅淬火热处理或等效的替代技术处理。为了区分拉拔性能不同的片状珠光体，将片间距 80～150 nm 的称为索氏体。

如果轧钢后风冷强度不够，盘条的索氏体化率不足，冷床上盘条搭接处如果没有错动的对策，搭接处就会产生拉拔性能较差的粗片状珠光体。如果盘条直径较大，冷却强度不足时会造成心部组织粗大，变形能力与靠近表面的组织差异加大，变形量较大或变形角度不佳时会出现尖锥状断丝。这类裂纹还可能残留在钢丝之中，直到客户再加工时出现断丝。

12.1.2　工艺因素导致的断丝及对策

非盘条原因引起的断丝及钢丝企业的对策见表 12.2，前三类都是塑性良好的颈缩断。

表 12.2　非盘条原因引起的断丝及钢丝企业的对策

引起断丝的非盘条原因	建议对策
连续拉拔设备不同拉拔道次间的速度不协调，断头有明显的颈缩	根据速度控制方式重新调整机器，干拉机应确认调谐辊工作正常，湿拉机应校准机械系数
模具错误或磨损过多，机器无法调整适应	检测各道线径，确认是否在允许范围
湿拉塔轮磨损，配模与塔轮直径不匹配	修复塔轮或按实际直径配模
拉拔润滑失效，在钢丝表面生成摩擦马氏体	排除磷化脱落问题、皂粉进水问题；磷化膜脱落除了酸洗磷化的过程控制原因之外，还可能因表面挂铅造成
拉拔路径刮擦，在钢丝表面生成摩擦马氏体	全路径检查所有导轮、导辊和入模口，排除模具磨损问题
盘条时效期不到，拉拔发生脆断	根据断面收缩率上升规律确定盘条的时效期，时效期到之前尽量避免使用
焊接引起的断丝	切平对正，参数正确，操作培训，保养好焊机

表 12.2 中第 4 和第 5 类拉拔过程中一般先出现横裂纹，如继续拉拔，会导致阶梯状脆断或裂纹变形后扩展一些再脆断。

时效期不到的脆性：高碳钢热轧后的两周内有断面收缩率逐渐上升的现象，大约 3 周左右达到比较稳定的水平，高碳钢铅淬火热处理后 1～3 天内也有类似的现象，尤其是含碳量达到 0.80%以上的钢丝。由于热应力及氮原子的作用，时效期不到，钢丝或盘条的塑性偏低，拉拔断丝率相对会更高一些，应完成时效后再拉拔。

12.1.3 断丝分析实例

实践中会遇到一些有许多可能原因导致的断丝，以下给出三个摩擦断丝案例供学习：

(1) 表面白亮有横裂纹的断丝：横切裂纹处如图 12.6 所示，表层白色区域部分为摩擦马氏体，是因为润滑失效或路径上剧烈刮擦而产生的。因薄层马氏体为脆性组织，变形能力很差，拉拔会导致其裂开，裂纹在拉拔过程深入发展就会导致钢丝的断裂。

图 12.6 摩擦马氏体拉拔后的开裂现象

(2) 钢帘线和切割线生产过程中的 BTC 断裂：如图 12.7 所示，这种横裂型断裂又称横向脆性裂纹(brittle traverse crack，简称 BTC)，一般在断面附近可以找到横裂纹，而且这些横向的裂纹一般分布在纵向的带状区域中，伴有拉拔沟槽或发白现象。

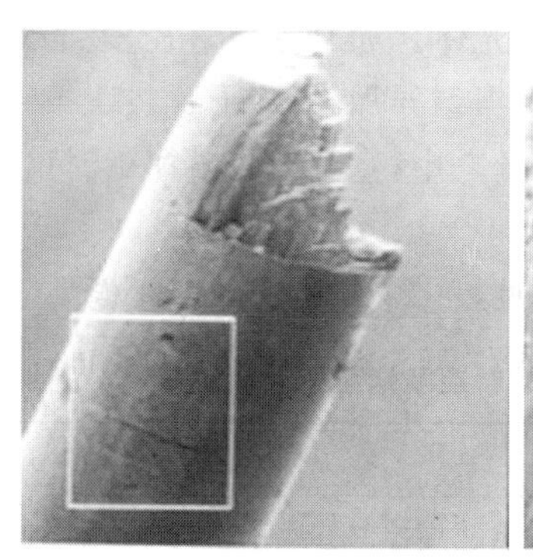
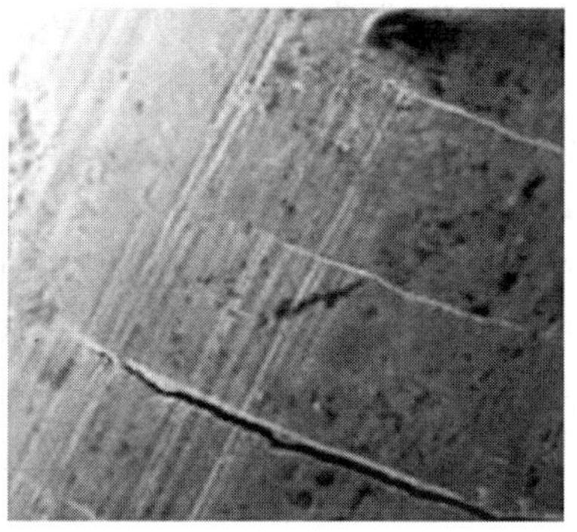

图 12.7 横裂型断口

以下是切割线行业对形成 BTC 的原因的归纳：

① 低的钢丝延展性：因为有贝氏体组织，或有不适合深度拉拔的大晶粒，或镀层过度扩散，或热处理后立即拉拔时效不足。

② 润滑不足，造成摩擦过大。

③ 爆模现象：入口角大，定径带长，模子爆裂或者模芯脱落。

④ 湿拉过程中的过度热时效：最后的压缩率太高，速度过快，润滑液温度过高，湿拉钢丝放置时间太久，模子入口处的质量不好。

(3) 人字裂纹断丝：也是摩擦断丝，摩擦断丝的纵截面见图 12.8。断开后一头似钢笔尖，另一头有 V 字形凹槽。图片显示裂纹附近的变形量比深处更剧烈，没有摩擦马氏体，裂缝两侧没有氧化脱碳特征，而且有形变流线被切断的特征，说明裂纹是被撕开形成的。

以下是对这种裂纹形成原因的分析，仅供参考：

① 当盘条出现耳子或圆度不好时，直径较大的部位变形量大于其他部位，加工硬化程度不同，拉拔时变形不同步，从其界面处形成微裂纹。

② 进模具钢丝偏斜压紧一侧，压紧处带不进润滑剂，造成局部润滑不良，剧烈摩擦使局部变形剧烈。表面有小缺陷及冷却不良时更容易出现这种裂纹。

如果在裂纹附近出现马氏体(图 12.6)，说明摩擦非常剧烈，如果裂纹中有脱碳就是盘条缺陷造成的。

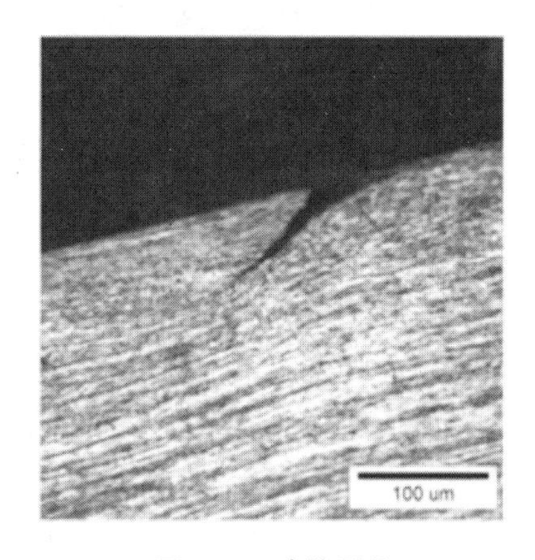

图 12.8　摩擦裂纹

12.2　产品表面缺陷

拉拔钢丝的表面缺陷通常由盘条缺陷或拉拔过程中的问题造成，也有因为前期工序不当引起的拉拔表面缺陷。产品表面缺陷通常可通过目视检查发现，也会在力学试验中暴露一些。

12.2.1　盘条缺陷

拉拔不能修复盘条上的凹坑和裂纹等缺陷，只会改变形态。图 12.9 是盘条轧钢缺陷折叠残留在钢丝上的表现。

点状凹坑及横向裂纹都会发展成 V 字形缺陷，严重时产生撕裂型断裂现象。

盘条表面如有氧化皮轧入，拉拔时不能与周围同步变形，可导致出现裂纹。

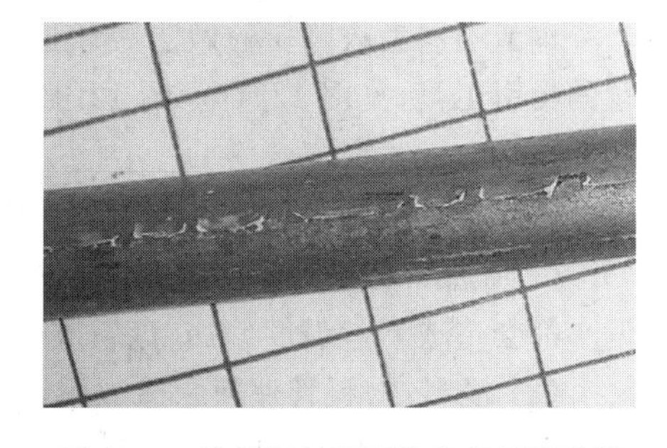

图 12.9　冷拔钢丝表面的盘条折叠残留

如果盘条有明显的耳子，耳子部分进入第一道模具时，耳子可能发生与模具的剧烈摩擦，造成涂层损坏，严重时可导致局部表面发白，甚至出现裂纹。

如果盘条沾有油污或沥青，会因为遮盖阻碍酸洗化学反应，导致拉拔过程出现缺陷。

解决盘条问题的主要对策就是仔细选择供应商，认真策划和实施盘条检验，妥善管理好运输、装卸和储存过程，防止损坏和严重腐蚀。

12.2.2　拉拔缺陷

(1) 发白或裂纹：表 12.2 中提到的摩擦马氏体不一定会造成拉拔断裂，可能只在钢丝表面上残留亮带、横裂纹之类的缺陷，在后续加工或客户应用过程中再表现为断裂。防止措施主要有控制好酸洗质量、避免热处理挂铅、确保拉拔润滑及防止拉拔路径的损伤等。

(2) 拉毛(拉痕)：这是钢丝拉拔过程中的典型表面缺陷，如图 12.10 所示。拉毛表现为钢丝表面有沿

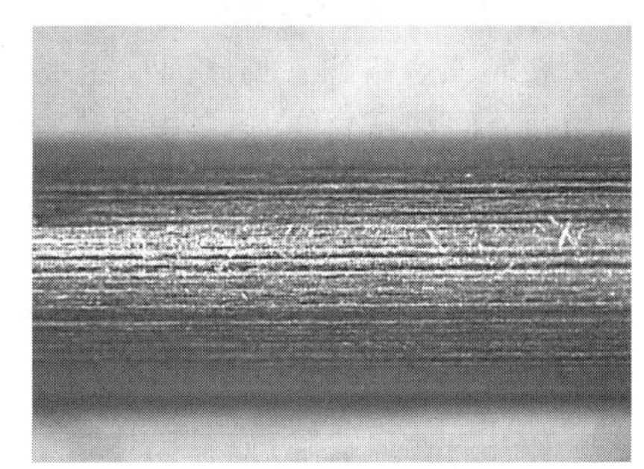

图 12.10　钢丝拉毛现象

纵向分布的丝状微细凹槽。产生拉毛现象的原因有模具爆裂、润滑皂粉不适应或缺少、皂粉受潮导致流动性及润滑特性下降、磷化层脱落、模具磨损过多、钢丝偏斜进入拉丝模导致某侧进粉量不足、湿拉皂液不适用或管理不善等。对策就是确定具体原因，采取措施，日常管控好所有因素。

(3) 竹节：拉拔摩擦过大，使拉拔力接近屈服应点，轻者出现一节节的亮环，严重时可以看到周期性出现的屈服颈缩，如竹节状，甚至断丝。出现这种问题应排查钢丝的酸洗磷化质量问题，以及润滑剂是否受潮等。在润滑充足的情况下使用粉夹(图 6.23)可因润滑压力过大导致拉拔力超过屈服限，使钢丝出现竹节。如果只是无颈缩的表面竹节纹，可参考图 7.8 来做分析。有一种类似竹节但节距较长的缺陷是卷筒上钢丝圈互相叠压造成的伤痕，这种缺陷的产生原因重点在于钢丝上推阻力来源，如卷筒磨损、角度太小、上部钢丝太多等。另一种是局部个别节状发白，通常是拉丝机停车时倒车现象回入模具那段的拉白，需要在定径带做一个小的安全角来避免。

(4) 花斑：主要出现在钢丝接触卷筒的内圈，呈周期性斑纹。这是钢丝爬升困难，与卷筒剧烈摩擦的结果。先排除卷筒表面粗糙和冷启动时卷筒太冷的问题，然后确定是否因卷筒锥角太小，钢丝爬升并冷却过程中收缩过紧造成，必要时可放大一点角度。

12.3 性能不合格

本节中参考故障树的做法展开强度、扭转、伸长率的常见不合格原因，作为解决这类问题的指引工具，见图 12.11～图 12.13，具体分析时应考虑人、机、料、法、环等各种因素。

12.3.1 强度不合格

强度不合格的常见原因见图 12.11。

(1) 盘条:盘条的强度、直径和成分决定了直接拉拔成品的强度。盘条强度偏低、直径偏小都会造成钢丝强度偏低，盘条成分及组织影响拉拔的硬化系数。

(2) 混料:物料管理问题造成用错料，可造成强度不合格。

(3) 热处理工艺:可参考图 8.11。图 12.11 中的开坯量指热处理前的拉拔总压缩率；颜色浅指进炉钢丝颜色偏白时因吸热速度慢使线温偏低，甚至碳溶解不足，因此强度偏低。

(4) 拉拔工艺:总压缩率太高，则钢丝强度偏高；反之偏低。部分压缩率有较小的影响。

(5) 拉拔条件:拉拔温度偏高时钢丝强度偏高，但不能长期保持，尤其客户再加工时有回火工艺时高温造成的强度上升很容易被消除掉。

12.3.2 扭转不合格

扭转不合格的常见原因见图 12.12。

(1) 原材料问题:如果盘条有较严重的组织缺陷，直接拉拔后会产生内部微裂纹，无法通过扭转试验，而且有些缺陷无法通过热处理消除；如果盘条耳子凸起严重，突出部位在拉拔过程因局部变形量太大可能导致裂纹出现。

(2) 损伤缺陷:如果材料受到严重损伤，可导致表层出现裂纹或摩擦马氏体，扭转时会开裂。

(3) 热处理缺陷:如贝氏体含量过多、高强度大线径淬火初期的脆性等。

(4) 拉拔工艺缺陷:总压缩率超过材料的拉拔极限，拉拔温度太高。

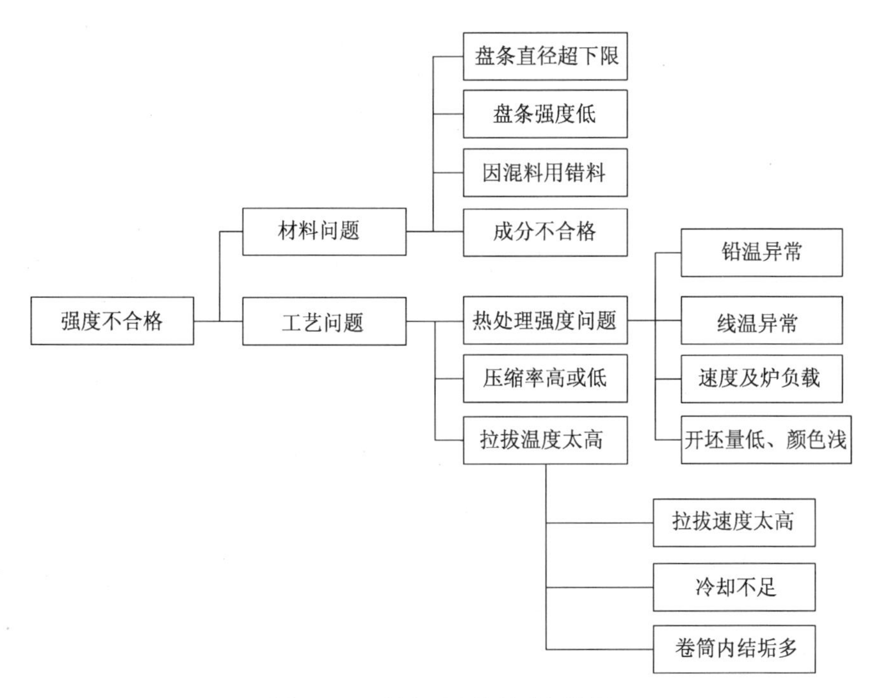

图 12.11　强度不合格的常见原因

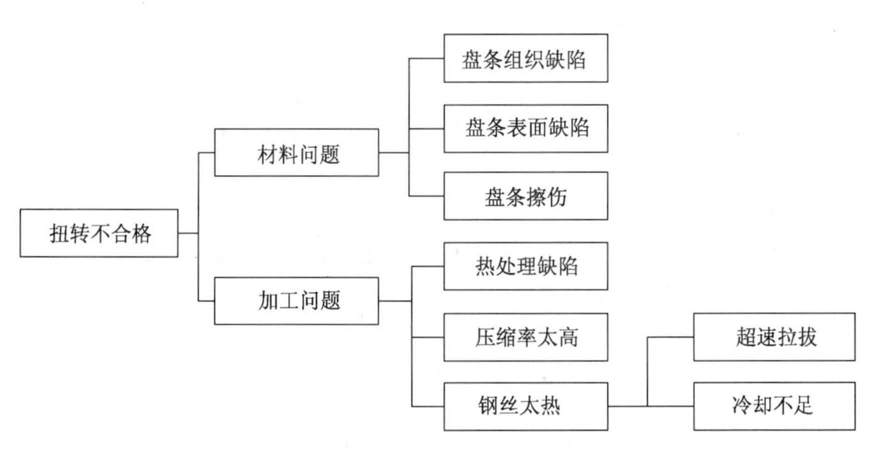

图 12.12　扭转不合格的常见原因

12.3.3　延伸率(伸长率)不合格

延伸率不合格的常见原因见图 12.13。延伸率是塑性指标,所以材料问题、表面损坏及淬火异常组织导致的延伸率不合格很容易理解。

拉拔温度太高会引起应变时效,塑性会下降,要通过采用适当速度,避免违规超速及使用过大的道次压缩率。

稳定化参数异常指预应力钢材的稳定化处理工艺参数异常,如感应加热温度偏低;挂铅致酸洗不佳会导致拉拔裂纹的出现,有裂纹自然塑性会受损失;时效现象指索氏体化热处理高碳钢丝初期塑性差(通常测面缩率),数天内会自然恢复正常,尤其粗线径及含碳 0.80%及以上的比较常见。爆模会擦伤钢丝,因此影响产品塑性。

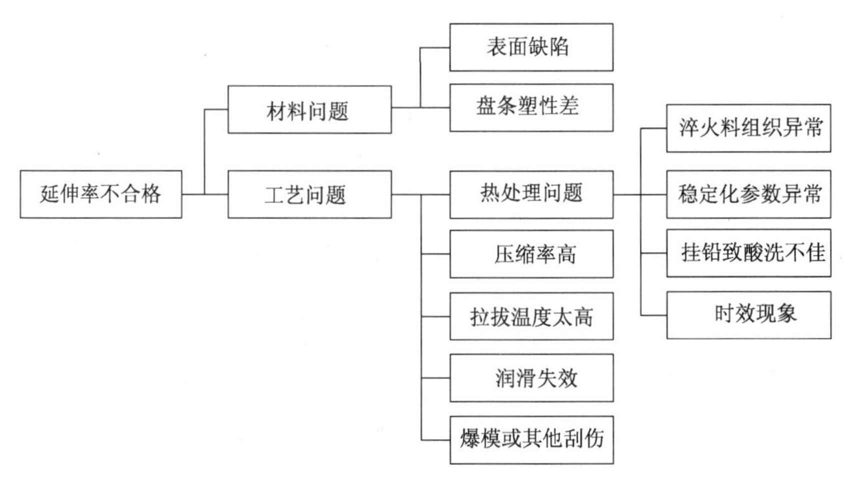

图 12.13　延伸率不合格的常见原因

12.3.4　疲劳失效

部分钢丝产品对疲劳性能有要求，如做桥梁拉索的预应力钢丝或钢绞线、动载弹簧用钢丝、矿井及码头用钢丝绳、钢帘线等。

疲劳失效的常见因素如下：

(1) 产品冶金缺陷：粗大夹杂物（尤其是不变形夹杂物），盘条表面缺陷（如折叠），裂纹，轧入异物，偏析型异常组织（如网状渗碳体、马氏体），完全脱碳层，粗大珠光体等。

(2) 加工及保管缺陷：加工不当导致的裂纹或马氏体，机械损伤（钢丝生产、搬运、储存和使用过程中的相互直接挤压、摩擦），热损伤（产生局部灼伤或硬斑），高残余拉应力，保管导致的腐蚀等。

(3) 产品结构、防护及应用方式的设计：多股结构产品的结构设计和公差控制影响接触应力的分布和水平，而这些应力会与钢丝绳工作负荷叠加在一起加速疲劳，钢丝表面涂层及钢丝绳涂油都可以减缓钢丝之间的摩擦应力；钢丝绳用的滑轮直径太小，造成弯曲应力高；不同的桥索设计应力都会改变疲劳性能表现。

调查钢丝客户的疲劳失效是一项较复杂的技术工作，既要分析调查上述问题，也要调查运输、储存过程中是否有损伤，以及客户的设计和加工问题等。

12.4　钢丝的形态缺陷

钢丝的形态缺陷指一眼就能看出的形态异常，而不是表面细节缺陷，如八字线、元宝线、圈型数据不好、弹簧钢丝的交叉线、波浪线、工字轮收线偏一边或中间鼓起。

12.4.1　八字线和元宝线(鸡窝线)

如图 12.14 所示，这是比较严重的问题，这些问题让钢丝无法理清或顺利地抽出来。

八字线和元宝线都是由模盒定位不当造成的，即钢丝进入模具前的位置、出模位置及卷筒圆周切点未在一条直线上，这就是“三点一线”的要求未做到，而且是在平行模盒及垂直模盒方向同时存在偏差。

图 12.14　八字线(左)和元宝线(右)

12.4.2　圈型不好

圈型用钢丝水平自由悬挂状态下的圈径和圈与圈之间的圈距来描述，要求较低时用摆放在地面是否服帖来判定。

圈型参数对于弹簧钢丝是很重要的指标。圈型参数不好，卷弹簧的合格率就会受到显著影响。对于捻制钢丝绳及非预应力绞线用钢丝，圈型不好会增大成型控制的难度。

圈型不好主要按如下方法去调整模盒：

(1) 圈径控制：弹簧钢丝需要稳定的圈径；制绞线或钢丝绳等产品时圈径稍大有利，因为残余应力更低，利于后续工序的成型控制。模盒水平面上朝外偏一点，钢丝圈径就会变小；如果模盒朝内摆一些，圈径就会增大。

(2) 圈距控制：对于弹簧线来说，圈距应该较小且较稳定，而且钢丝自由圈的螺旋方向(左旋或右旋)必须保持稳定，否则对卷簧合格率有影响。钢丝圈距太大时，打开钢丝捆扎线时容易弹出钢丝，造成乱丝甚至伤人，所以必须避免。钢丝圈距靠模盒在垂直面上的调整而改变，并需要保持卷筒上第一圈钢丝的位置稳定，因为出模钢丝的轴线如果相对模具中轴线变动，会导致钢丝残余应力分布不断变化，解决办法是加滚动压辊等。

12.4.3　弹簧钢丝的交叉线

交叉线是指钢丝圈之间不平行的状态，是圈型不好的一种特殊状态，对冷拉碳钢弹簧钢丝是很不好的状态，对其他应用则不是重要问题。通常这种问题的产生是因为钢丝在卷筒上窜动和相互叠压，这种情况多半是由卷筒角度太小、底部有磨损凹槽或滑动面粗糙度过大造成的。

12.4.4　波浪线

波浪线有时肉眼能看出来，有时候用手能感触到那种不平顺的波浪线型。

波浪线由模盒不稳定、出模钢丝振动厉害及卷筒上夹丝等造成。出模口加一个重量适中的转动压辊可消除振动，夹丝主要寻找卷筒问题。

12.4.5　工字轮排线问题

排线问题如堆积在中间或偏一边，主要由限位器位置设定不当造成，容易解决。还有张力过低造成的卷绕蓬松及张力过大造成的钢丝陷入下层钢丝现象。

12.5 模具的快速磨损

拉拔速度的不断提高让重视效率的钢丝企业对模具磨损速度非常重视。

图 12.15 展示了模具磨损速度过快的原因,提供了分析问题的方向性指导。

其中,润滑剂问题可能与压力模堵塞、选型不当、干粉受潮、被污染等因素有关,需要参考相关专业知识进行调查分析,采取综合取证和验证的方法确定原因后解决问题。

如果这些问题都没有或极少,对于高速、大批量的生产模式,可以从采用新的涂层、润滑剂、更好的拉丝机及耐用模具方面去考虑,采用压力润滑、超细晶粒硬质合金、镀层模具、钻石模(特定产品)都是可以采取的措施。

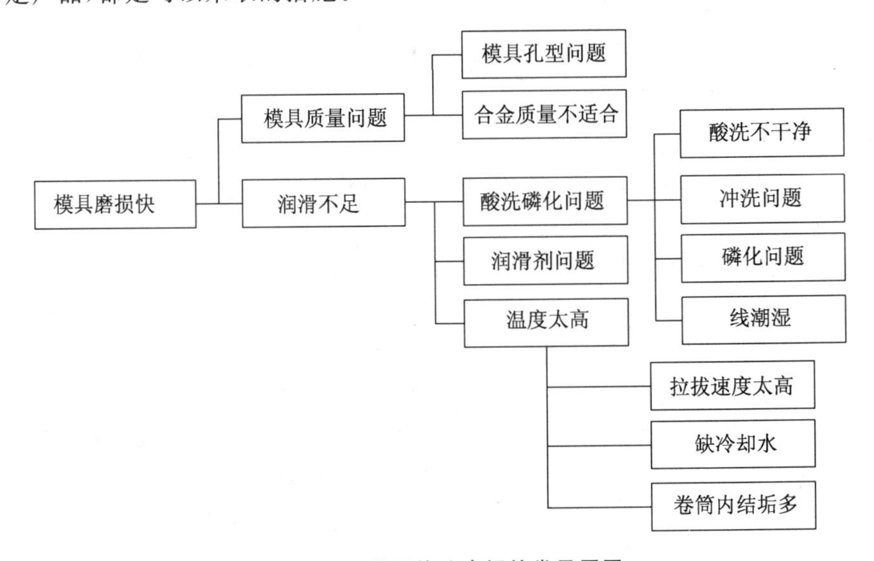

图 12.15 模具快速磨损的常见原因

第十三章

钢丝的质量指标及生产过程控制

本章介绍了钢丝生产的质量控制(QC)中常用的钢丝质量指标以及生产过程的控制方法两方面的内容,有兴趣学习检测技术的请参考相关专业书籍。质量控制这里指采用系统性检测的方法控制产品质量,检测只取得是否符合的证据,并不改变质量本身,所以只可以防止不合格产品流入下一工序或客户。深入理解质量指标对于解读数据意义和建立内控指标来说是有帮助的。生产过程控制是为了稳定生产过程,预防质量问题的发生。本章介绍了一些过程控制的基础知识及汽车行业质量管理五大工具,引导学习者理解重要的相关概念。

13.1　理解性能指标

在钢丝试验室有许多检测指标,该检测什么,要达到什么指标都容易从产品标准中获知,检测方法也有相关的标准,原材料在标准中也有,但标准不会解释指标的意义,本节以不同于标准定义的方式去解释指标的意义。理解指标的意义,能更准确地洞察质量,能帮助我们更恰当地制定内部标准。

13.1.1　拉伸试验指标

(1) 抗拉强度 R_m:抗拉强度是钢丝轴向单位截面积能承受的最大力量,超过就会发生断裂,单位通常用 MPa(兆帕),英制单位为 psi 或 ksi。

意义:抗拉强度是一种和材料破坏相关的指标,对于所有需要受拉应力的钢丝都是重要的指标,如应用在桥梁和其他结构上的预应力钢丝及钢绞线、广泛应用的钢丝绳和镀锌钢丝、电力用镀锌钢绞线等。对于利用钢丝弹性的应用,最重要的钢丝特性是与抗拉强度有一定比例关系的弹性极限。对需要一定硬度的应用应检测产品硬度。

钢丝抗拉强度的特点:碳钢通过拉拔来获得钢丝强度。软质铁素体与硬质渗碳体相间的珠光体组织在不断拉拔后,硬相越来越趋向于与钢丝轴线同向,位错密度增大,晶粒也被拉长,因此在轴线方向表现出较高的强度,但垂直钢丝轴线的横向抗拉强度就没那么高。图 13.1 显示了含碳 0.72%的材料在冷拔过程中强度及塑性与真实应变的关系,拉拔压缩率越大,真实应变越大,钢丝的抗拉强度就越高。不锈钢及合金钢在拉拔过程中也有强度升高现象,但有些钢丝是通过热处理获得客户所需的抗拉强度特性的,如铅淬火钢丝、油淬火钢丝、球化退火钢丝、沉淀强化钢丝、固溶处理钢丝等。油淬火钢丝和沉淀强化钢丝都可以达到较高的强度;其他几种都是为了适应客户的再加工,而不是追求高强度。

时效:采用冷拔工艺生产的钢丝,其抗拉强度不仅与化学成分、组织状态及拉拔变形量有关,还受拉拔热时效的影响。因单道次变形量高或冷却不足产生的过热会使钢丝强度上升,扭转性能恶化,如果受到反复弯曲和(或)300 ℃～400 ℃之间的加热,又会表现出强度小幅度下降和延伸率的明显提高。

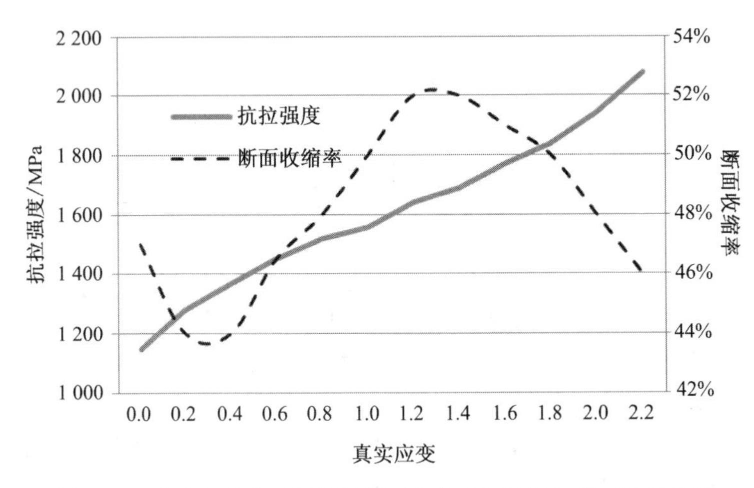

图 13.1　高碳钢丝抗拉强度及断面收缩率与拉拔真实应变的关系

(2) 屈服强度 R_p/R_t:屈服强度是金属材料抵抗微量塑性变形的应力。

意义:屈服强度是材料断裂前的一种失效应力参数。所谓屈服,就是产生了一定量的永久变形,屈服时虽然没有达到断裂状态,也应视为一种失效状态。对于应用时需要保持张力的架空绞线、结构索、预应力钢丝、预应力钢绞线都有屈服强度的指标要求,因为这类材料一旦屈服就意味着失效。预应力材料的屈强比过低指示残余应力释放不足。钢芯铝绞线用钢丝的屈服强度会影响钢芯铝绞线整股拉伸试验时的表现,因为铝线的延伸率通常在 1%～2%,铝线会在钢绞线伸长 1%以后很快断裂,钢绞线 1%伸长应力偏低意味着导线拉力的不足。

钢丝屈服强度的特点:残余应力及热时效对屈服强度的影响比抗拉强度更明显。因钢丝表层残余应力通常是拉应力,钢丝受张力时,实际应力是外力与内部残余应力的叠加,因此表现为较低的屈服强度,如果残余应力能释放掉很多就可以提高屈服强度。在 3.4.3 节中介绍过,钢丝拉拔温度在 150 ℃～300 ℃之间保持适当时间就会导致屈服强度上升,但扭转次数会下降,扭转断口由平齐转变为撕裂状,这种有害现象主要靠控制钢丝拉拔温度来预防。

冷拔钢丝的屈服强度也随拉拔变形量的增大而升高。高碳钢丝的屈服强度大约为抗拉强度的 76%～86%,经过适当的消除残余应力处理可以达到抗拉强度的 90%左右。半成品钢丝极少采用屈服强度作为内控性能指标。

(3) 延伸率(伸长率)A:延伸率是描述材料受张力后轴向伸长变形能力的指标。钢丝及其制品的延伸率常采用断后伸长率,部分电力应用产品采用断时伸长率(等同于 GB/T 228.1—2010 中的断裂总延伸率)。断后伸长率只包含塑性伸长率,断时伸长率还包含拉伸到断裂瞬间的弹性伸长率。

意义:对于长期受张力应用的钢丝及其制品,采用断时伸长率更加有意义,因为这反映了材料在失效瞬间的变形程度,能在破坏前给人们提供可目视的指示。对于应用于重要结构的预应力产品,断时伸长率中塑性变形部分的价值很低,因为发生塑性变形即意味着结构已经失效,所以采用 500～600 mm 的伸长率标距,使塑性变形对伸长率的贡献率较低。

钢丝延伸率的特点:钢丝在拉拔过程中,伸长率是随变形量的增加逐渐下降的,图 13.2 显示了含碳 0.72%的材料在拉拔过程中的相关指标变化。如果需要改善拉拔后的伸长率,可以通过提高拉拔前伸长率、控制拉拔速度、优化模具内变形角度、调整润滑及冷却条件来改善，还可以在拉拔后通过弯曲变形和(或)300 ℃～400 ℃的加热，使伸长率得到明显提高，但抗拉强度和屈服强度也会有少量损失。

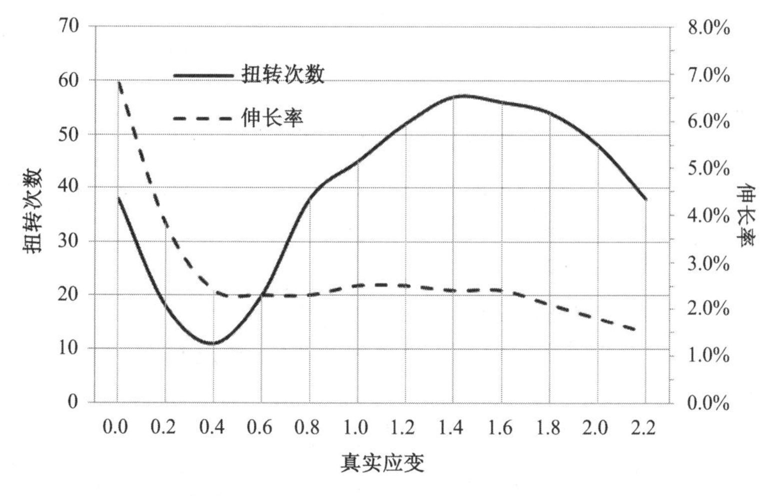

图 13.2 高碳钢丝扭转次数及伸长率与拉拔真实应变的关系

(4) 断面收缩率 Z：断面收缩率是拉伸断裂后试样横截面积的最大缩减量与原始截面积之比的百分率。

意义：这个指标是同轴拉伸试验的一个指标，是均匀伸长过程结束后局部颈缩塑性变形程度，是材料的塑性指标。

盘条断面收缩率的特点：高碳钢热轧盘条的断面收缩率会在轧后有两周以上的缓慢上升，尤其是含碳 0.80%以上的盘条很明显，在轧钢后大约三周左右的时间变得比较稳定。在铅淬火热处理后有类似盘条时效的现象，面缩率几天之内上升到一个比较稳定的水平。

钢丝断面收缩率的特点：如图 13.1 所示，高碳钢拉拔过程中断面收缩率会随变形量增加而缓慢增加，真实应变超过 1.3 以后又开始下降。热处理钢丝经常采用断面收缩率作为内控质量指标，最低值通常在 25%～35%之间选择，也可以定性地规定为“拉伸断裂断口应显现明显的颈缩”，即只要能看到一个明显的脖子即可。图 13.3 是一个颈缩比较好的例子。含碳 0.80%以上、直径 8 mm 及以上热处理钢丝会在铅淬火后先表现出较低的面缩率，然后较快地回升到稳定水平。低碳钢的颈缩一般比高碳钢及合金钢要更明显。

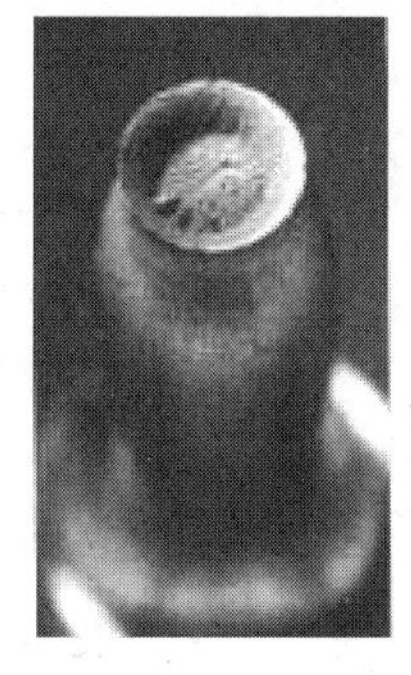
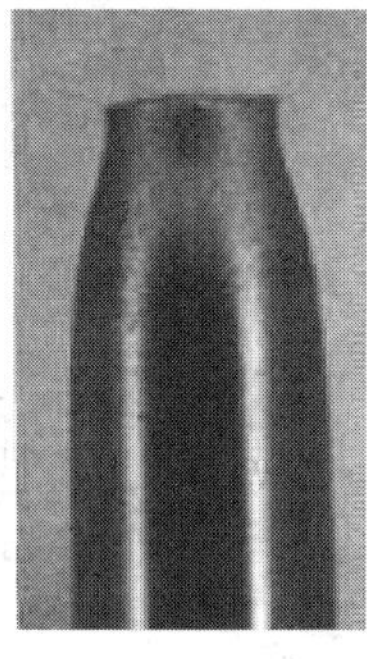

图 13.3 拉伸试验中的颈缩断口

(5) 断口特征：钢丝及其制品的拉伸试验不仅要注重获得的各项指标，还要关注断口形貌和断裂位置。

意义：正常的断口都能肉眼辨识出一个颈缩现象，常见的异常断口有三类：第一类是没有颈缩的平断口，第二类是尖锥形断口，第三类是带 V 形口的劈裂或撕裂(torn surface fracture)。异常断口能指示出材料或工艺问题。

第一类断口要观察断裂面特征，如果裂纹源靠近表面，要检查邻近的试样表面是否有擦伤、热损伤等，如果断面的颜色是均匀对称的，应检查金相组织，排查组织问题。

第二类断口的产生原因多与材料心部的异常有关，或许能找到网状渗碳体、马氏体颗粒、粗大的珠光体、大颗粒夹杂物等。如果材料正常，就要检查模具的工作锥角是否与压缩率匹配，请参考 7.3.1 节的有关内容。

第三类断口的产生原因一般有原材料缺陷、加工损伤或恶劣的拉拔润滑条件。

13.1.2 扭转试验指标

钢丝扭转试验是在规定长度上进行的单向匀速扭转变形检测。

意义：扭转试验能暴露表面缺陷、因润滑失效导致的不均匀硬化及热时效导致的韧性下降，异常表现为圈数低或异常断口。如果拉拔变形量超过了材料品质和工艺条件容许的程度，也会出现扭转次数少和扭裂问题，参考图 3.10。

扭转试验有两个指标显示材料品质，分别介绍如下：

(1) 扭转次数：钢丝扭转次数通常是在规定标距、规定转速和规定张力下单向扭转到断裂的圈数。扭转次数与夹住钢丝的钳口之间距离成正比。如果标距不能做到完全符合标准要求，就要修正，将所得圈数乘以实际标距再除以规定标距。

(2) 扭转断裂特征：扭转断口分类见表 13.1。如果扭转断样呈波浪状变形，钢丝表面一定有一条纵向缺陷，如摩擦硬化带或裂纹。

表 13.1 单向扭转试验断裂类型评估表(引自 GB/T 239.1—2012)

断裂类型	编号	外观形貌	断口特征描述	断裂面
正常扭裂断口	1a 1b		平滑断裂面：断裂面垂直于钢丝轴线(或稍斜)，断裂面上无裂纹； 脆性断裂面：断裂面与线材轴线约成 45°，断裂面上无裂纹	或
局部裂纹断裂或不规则断裂(存在材料缺陷)	2a		平滑断裂面：断裂面垂直于钢丝轴线并有局部裂纹； 阶梯式断裂面：部分断裂面平滑并有局部裂纹	或
	2b		不规则断裂面：断裂面上无裂纹	
螺旋裂纹断裂(外表有较长裂纹) 经过较少的扭转次数(3～5 次)后即明显产生肉眼可见裂纹	3a 3b 3c		平滑断裂面：断裂面垂直线材轴线，断裂面上有局部或贯穿整个截面的裂纹； 阶梯式断裂面：部分断裂面平滑，并有局部或贯穿整个截面的裂纹； 脆性断裂面：断裂面与线材轴线约成 45°，并有局部或贯穿整个截面的裂纹； 不规则断裂面：断裂面上有局部或贯穿整个截面的裂纹	或

13.1.3　缠绕试验指标

缠绕试验是将金属线材围绕一根指定直径的金属棒紧密缠绕的试验。

意义：缠绕时表层外沿会受到较大张力，局部会产生较大的连续伸长变形，如果有微裂纹、镀层或包覆层不牢固，这时就会裂开。

方法和应用：缠绕试验方法见 GB/T 2976—2004，缠绕规定圈数后检查钢丝表面。图 13.4 为镀锌钢丝经过缠绕试验后的样品。缠绕试验常用于检验金属镀层，在螺旋密绕在一根芯棒后，检查镀层是否剥落或裂开，用于评估镀层质量。缠绕试验条件的主要参数是缠绕芯棒的直径，通常为线径的 1～4 倍，具体见相关的产品标准（如果是 1 倍，则可以缠绕到产品自身上，也称为自缠绕试验）。

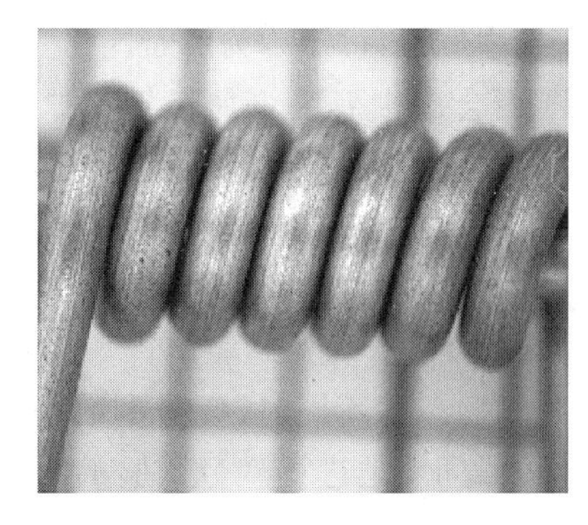

图 13.4　完成缠绕试验的镀锌钢丝样品

13.1.4　弯曲试验指标

钢丝的弯曲试验有两类：

一类是 GB/T 238—2013 标准规定的反复弯曲试验方法，是按照规定半径的夹块进行左右反复弯曲的试验，直到发生断裂，根据断裂时的弯曲次数是否满足产品标准要求确定是否合格。这种试验通过剧烈的反复变形考验材料的塑性和韧性，但主要考验两个较窄的相对面，可以暴露一些材料缺陷、拉拔裂纹等问题。

另一类是没有检测标准的模拟钢丝客户加工变形程度的弯曲试验，用来验证钢丝是否适应客户加工变形的方法。

13.1.5　应力松弛试验指标

钢丝制品的应力松弛通常只出现在预应力产品上。应力松弛是将材料张拉到规定力值后保持伸长量不变（恒定标距），测试材料预先施加的应力损失比例（松弛率）。

意义：预应力钢材的主要用途是给结构施加持久的压应力，张拉预应力钢材后应力会缓慢损失，而且下降速度逐渐减慢。如果不知道这个特性或者超过了预期，意味着结构的应力状态会偏离设计值，承载能力会偏离要求。

方法：应力松弛试验方法见 GB/T 21839—2008 标准。标准环境温度是 20 ℃±2 ℃，初始应力有规定最大应力值的 60%、70%和 80%三种，标准试验时间是 1 000 h。常规检验可以用 120 h 试验替代，利用松弛率对数值与时间对数值的线性关系去推算 1 000 h 结果。

13.1.6　疲劳试验指标

意义：拉伸、扭转、弯曲等试验都是考验材料在短时间内的受力表现，松弛是长时静载试验，而疲劳则是材料受到长期不断变化（动载或循环应力）应力时的表现，疲劳失效的结果就是疲劳断裂。疲劳失效是材料在周期变动的受力条件下，产生裂纹萌生、扩展到突然断裂的过程。

疲劳试验是模拟产品所受动载特点的标准试验，主要试验指标是出现疲劳破坏时的应力循环次数，同时断口特征也是重要的试验结果之一。

疲劳实例：例如，钢丝绳的典型动载是受张力的同时随钢丝绳运动，每个部位在滑轮中经受变动的弯曲应力，弯曲的部位还同时存在钢丝之间的挤压摩擦应力。同样，预应力钢材在桥梁结构中经受复杂的疲劳动载，钢帘线在运动的汽车轮胎中经受复杂的疲劳动载。

图 13.5 为典型的拉伸疲劳断口。疲劳源在扩展区发散纹的起点位置，是发生疲劳破坏的源点。扩展区是疲劳过程中随时间逐步开裂的区域，是持续较长时间的区域，有时能看到类似水波纹的扩散特点。最后一个区域(图中麻点区域)称为瞬断区，是很快完成的断裂过程，断裂面会比扩展区更加粗糙。扩展区发展到一定面积后，材料已经无法承受所受应力，发生类似拉伸过程的最后断裂。单向弯曲疲劳经常也会呈现类似图 13.5 的断口，双向反复弯曲疲劳则可能出现两个裂纹源点和两个扩展区。

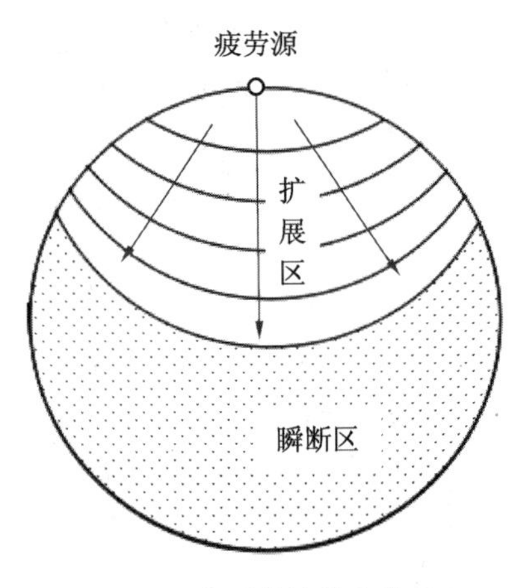

图 13.5　典型的拉伸疲劳断口

试验条件不同时，疲劳次数是不可比较的。研究表明，分段间歇地进行疲劳试验的次数要比连续进行的更长，这意味着实际应用如果不是持续的周期动载，经常停歇，那么产品的疲劳寿命要比在试验室连续进行的结果更好。

13.1.7　尺寸指标

钢丝产品的尺寸有以下几类：

(1) 产品尺寸：如圆钢丝的直径和不圆度、刻痕钢丝的刻痕尺寸、异型钢丝的截面尺寸。产品尺寸通常影响产品的应用匹配性，影响某些应用的产品刚性需求。刻痕尺寸影响钢丝与混凝土之间的力量传递效率。

(2) 产品外形尺寸：指交付状态下产品单件的形状尺寸，如钢丝卷的内径、外径及高度等。产品外形尺寸影响运输方式、储存空间占用等。

(3) 自由形态尺寸：指产品在不受外力约束条件下的形态尺寸，如弹簧钢丝的自由圈径和圈距(矢量)、焊丝的松弛直径和翘距、预应力钢绞线的伸直性指标等。这方面的特性会影响产品的应用，甚至客户产品的合格率。

(4) 多丝结构产品的结构尺寸：如钢丝绳的直径、捻距、捻角等。这类参数取决于产品设计，与产品特性相关。

13.2　常用检验方法标准

表 13.2 列出了钢丝及其制品的常用检验方法标准，注意版本可能会更新。

表 13.2　常用检验方法的标准号及名称

标准号	标准方法名称
GB/T 228.1—2010	金属材料 拉伸试验 第 1 部分：室温试验方法
GB/T 8358—2014	钢丝绳破断拉伸试验方法
GB/T 21839—2008	预应力混凝土用钢材试验方法
GB/T 2976—2004	金属材料 线材 缠绕试验方法
GB/T 238—2013	金属材料 线材 反复弯曲试验方法

续表

标准号	标准方法名称
GB/T 239.1—2012	金属材料 线材 第1部分:单向扭转试验方法
GB/T 2973—2004	镀锌钢丝锌层质量试验方法
YB/T 169—2014	高碳钢盘条索氏体含量检测方法
YB/T 4411—2014	高碳钢盘条中心马氏体评定方法
YB/T 4413—2014	高碳钢盘条中心偏析金相评定方法
GB/T 224—2008	钢的脱碳层深度测定法
YB/T 5357—2009	钢丝镀层 锌或锌-5%铝合金
GB/T 10125—2012	人造气氛腐蚀试验 盐雾试验
GB/T 12347—2008	钢丝绳弯曲疲劳试验方法
GB/T 2103—2008	钢丝验收、包装、标志及质量证明书的一般规定
GB/T 12347—2008	钢丝绳弯曲疲劳试验方法

13.3 统计过程控制

对于有大量数据的过程,观察数据统计特征比关注个别数据更加重要。

统计过程控制(statistic process control,简称SPC)是运用统计数学方法,监视产品及过程检测数据,及时发现异常以采取措施,控制过程及产品符合规定要求的方法。虽然从质量管理方法来讲SPC是由质量控制(QC)到全面质量管理(TQM)的一个中间阶段,但SPC方法仍是有效的过程控制技术。

13.3.1 概念和目的

制造过程的参数并不是静态的,总是存在一定的随机波动,而且这种波动通常大致上符合一定的统计规律,如果波动超出了一定范围过程就不能实现预期的目的,所以可以通过对波动参数的监控来控制生产过程。SPC同样也可用于产品特殊特性的监控,帮助发现异常,以及时采取行动。

SPC是一种借助数理统计方法的过程控制工具。它对生产过程进行分析评价,根据反馈信息及时发现系统性因素出现的征兆,并采取措施消除其影响,使过程维持在仅受随机性因素影响的受控状态,以达到控制质量的目的。

实施SPC可以帮助企业在质量控制上真正做到"事前"预防和控制。SPC的作用包括:

(1) 对过程做出可靠性评估。

(2) 确定过程的统计控制界限,判断过程是否失控及过程是否有能力。

(3) 为过程提供一个早期报警系统,及时监控过程的情况以防止废品的产生。

(4) 减少对常规检验的依赖性,定时的观察以及系统的测量方法替代了大量的检测和验证工作。

有了以上的预防和控制,最终可能实现如下目的:

(1) 降低成本。

(2) 降低不良率,减少返工和浪费。

(3) 提高劳动生产率。

(4) 赢得客户信任。

(5) 更好地理解和实施质量体系。

13.3.2 SPC 工具

统计过程控制离不开特定工具。SPC 中运用的核心工具为控制图,相关方法请参见国家标准 GB/T 4091—2001,一些常用工具介绍见表 13.3。不存在最好的方法,只有最适合的方法,了解其特点才能妥善运用。建议工厂内技术人员、生产一线管理人员都应至少学习和掌握表 13.3 介绍的 SPC 工具,并运用到实践中去解决问题。有兴趣深入学习的可以参考相关的专业书籍和培训资料。

表 13.3 常用质量管理工具的作用

工具名称	作用
检查表(check sheets)	收集整理数据,掌握实情
排列图/柏拉图(pareto charts)	抓重点,找出下手点
鱼骨图/因果图(cause effect diagrams)	找原因,从人、机、料、法、环各方面寻找问题点的产生原因
分层法(stratification)	分析数据,数据分类整理找原因
直方图(histograms)	分布可视化,视觉上可判断波动状况
控制图(control charts)	异常可视化,监视过程或产品的异常
散布图(scatter diagrams)	看数据相关性,从数据相关性判断问题原因

运用表 13.3 中的方法时的一些注意事项:

(1) 作鱼骨图时,要深入分解原因,直到可以采取措施。

(2) 讨论时要充分发挥技术民主,集思广益。别人发言时不准打断,不开展争论,各种意见都要记录下来。

(3) 运用分层法时,需要收集所有可能相关的数据。用 Excel 整理数据时要完全展开相关属性,不用合并数据,不做单元格合并,运用好透视分析功能找出不同数据之间的关系。

(4) 使用直方图时,要了解不同图形特征的可能原因,如双峰型可能表示有混料或工艺变更等。

(5) 关于生产过程监控的有效工具控制图请参考表 13.4。

表 13.4 控制图的分类

计量型数据的控制图	计数型数据的控制图
Xbar-R 图(均值-极差图)	p 图(不合格品率图)
Xbar-S 图(均值-标准差图)	np 图(不合格品数图)
X-MR 图(单值-移动极差图)	c 图(不合格数图)
X-R 控制图(中位数图)	u 图(单位产品不合格数图)

控制图的选择方法请参考图 13.6。

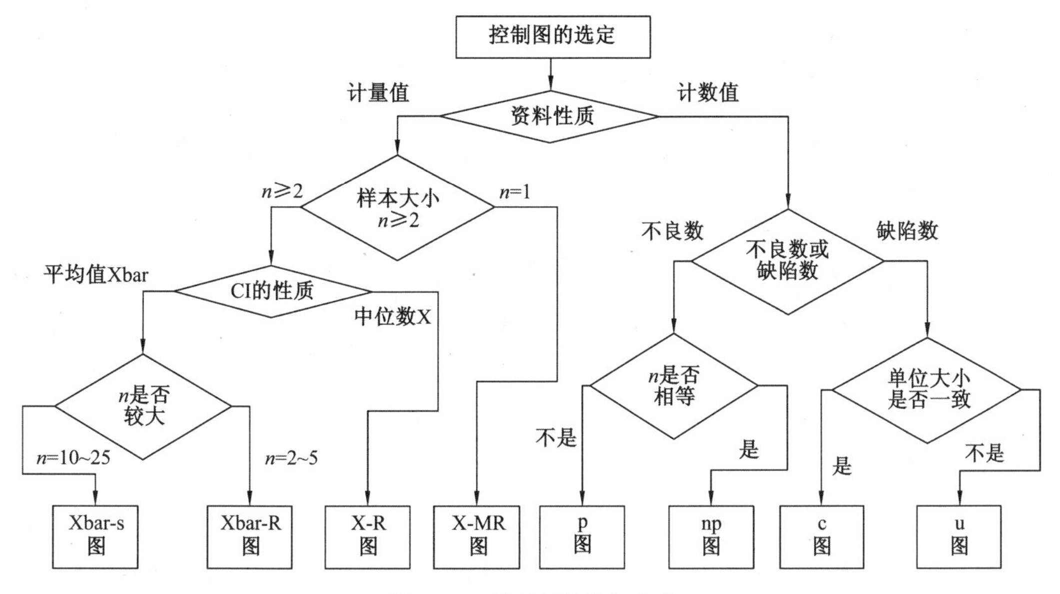

图 13.6　控制图的选择方法

在控制图中，对极差和移动极差的控制观察，一般只要点未超出控制界限，就认为属于正常情况。异常的控制状态有如下一些情况：

① 如果点落到控制界限之外，应判断生产过程发生了异常变化。

② 如果点虽未跳出控制界限，但其排列有下列情况，也判断生产过程有异常变化：

a. 点在中心线的一侧连续出现 7 次以上。

b. 连续 7 个以上的点上升或下降。

c. 点在中心线一侧多次出现，如连续 11 个点中，至少有 10 个点（可以不连续）在中心线的同一侧。

d. 连续 3 个点中至少有 2 点（可不连续）在上方或下方 2σ 横线以外出现（很接近控制界限）。

e. 连续 14 个点交替上升或下降。

13.3.3　SPC 的十大误区和常见失败原因

13.3.3.1　SPC 的十大误区

误区之一：没能找到正确的控制点。

不知道哪些点要用控制图进行控制，花费大量的时间与人力在不必要的点上进行控制。而 SPC 只应用于重点的尺寸（特性的）。那么重点尺寸、性能如何选定呢？通常应用 FMEA 的方法，开发重要控制点。严重度为 8 或以上的点都是考虑的对象（如果客户有指明，按客户要求即可）。

误区之二：没有适宜的测量工具。

计量值控制图，需要用测量工具取得控制特性的数值。控制图对测量系统有很高的要求。通常，我们要求重复性与再现性不大于 10%。而在进行测量系统分析之前，要事先确认测量仪器的分辨力，要求测量仪器具有能够分辨出过程变差的十分之一到五分之一的精度，方可用于生产过程的分析与控制，否则控制图不能识别过程的异常。而很多工厂忽略了这一点，导致作出的控制图没办法有效应用，甚至造成误导。

误区之三:没有分析生产过程,直接进行控制。

控制图的应用分为两个步骤:分析与控制。在进行生产过程控制之前,一定要进行分析。分析的目的是确定生产过程是否稳定且可预测,并且看过程能力是否符合要求,从而了解过程是否存在特殊原因、普通原因的变差是否过大等至关重要的生产过程信息。生产过程只有在稳定并且生产过程能力可以接受的情况下方才进入控制状态。

误区之四:分析与控制脱节。

在完成生产过程分析后,如果认为生产过程是稳定且能力可接受的,那么就进入控制状态。控制生产过程时,事先将控制线画在控制图中,然后依抽样的结果在控制图上进行描点。那么,控制时控制图的控制线是怎么来的呢?控制图中的控制线是分析得来的,也就是说,过程分析成功后,控制线要沿用下去,用于控制。很多工厂没能沿用分析得来的控制线,控制图不能表明过程是稳定与受控的。

误区之五:控制图没有记录重大事项。

控制图所反映的是"过程"的变化。生产过程输入的要项为 5M1E(人、机、料、法、环、测),5M1E 的任何变化都可能对生产出来的产品造成影响。也就是说,如果产品的变差过大,就是由 5M1E 其中的一项或多项变动所引起的。如果这些变动会引起产品平均值或产品变差较大的变化,那么,这些变化就会在 Xbar 图或 R 图上反映出来,也就可以从控制图上了解生产过程的变动。发现有变异就是改善的契机,而改善的第一步就是分析原因。那么,5M1E 中的哪些方面发生了变化呢?查找控制图中记录的重大事项就明了了。所以在使用控制图的时候,5M1E 的任何变化都要记录在控制图中相应的时段上。

误区之六:不能正确理解 Xbar 图与 R 图的含义。

当我们把 Xbar-R 控制图画出来之后,到底可以从图上得到哪些有用的信息呢?这要从 Xbar 及 R 图所代表的意义来进行探讨。首先,这两个图到底先看哪个图?R 图反映的是每个子组组内的变差,它反映了在收集数据的这个时间段生产过程所发生的变差,所以它代表了组内固有的变差;Xbar 图反映的是每个子组的平均值的变化趋势,所以其反映的是组间的变差。组内变差可以接受时,表明分组是合理的;组间变差没有特殊原因时,表明在一段时间内,对过程的管理是有效且可接受的。所以一般先看 R 图的趋势,再看 Xbar 图。

误区之七:控制线与规格线混为一谈。

当产品设计出来后,规格线就已经定下来了;当产品生产出来后,控制图的控制线也定出来了。规格线是由产品设计者决定的,而控制线是由过程的设计者根据过程的变差决定的。控制图上点的变动只能用来判断过程是否稳定受控,与产品规格没有任何联系,它只决定于生产过程的变差。当 σ 小时,控制线就变得比较窄;反之就变得比较宽。但如果没有特殊原因存在,控制图中的点跑出控制界线的机会只有千分之三。有些公司在画控制图时往往画蛇添足,在控制图上再加上上下规格线,并以此来判定产品是否合格,这是很没有道理也完全没有必要的。

误区之八:不能正确理解控制图上点变动所代表的意思。

通常以七点连线来判定生产过程的异常,也常用超过三分之二的点在 C 区等法则来判断生产过程是否出现异常。如果是作业员,只要了解判定准则就好了;但作为品管工程师,如果不理解其中的原因,就没有办法对这些情况做出应变处理。那么这样判定的理由是什么呢?其实,这些判定法则都是根据概率原理做出推论的。比如,如果一个产品特性值呈正

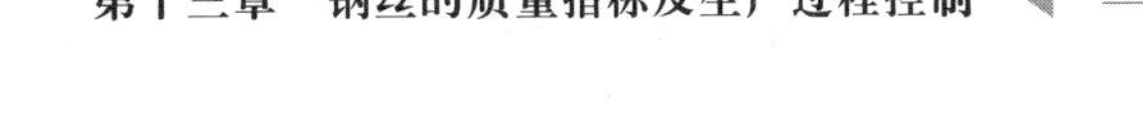

态分布，那么点落在C区的概率约为4.5%，现在有三分之二的点出现在4.5%的概率区域内，那就与正态分布的原理不一致了，不一致也就是我们所说的异常。

误区之九：没有将控制图用于改善。

大部分公司的控制图都是应客户的要求而建立的，所以最多也只是用于侦测与预防过程特殊原因变异的发生，很少有用于过程改善的。其实，当控制图的点显示有特殊原因出现时，正是过程改善的契机。如果这个时候我们从异常点切入，能回溯到造成异常发生的5M1E的变化，问题的症结也就找到了。用控制图进行改善时，往往与分组法、层别法相结合使用，会取得很好的效果。

误区之十：认为控制图是品管人员的事情。

SPC成功的必要条件是全员培训。每位人员都要了解变差、普通原因、特殊原因的观念，与变差有关的人员都要能看懂控制图，技术人员一定要了解过度调整的概念等。如果缺乏必要的培训，关注控制图最终只会被认为是品管人员的事，而其实我们知道过程的变差及产品的平均值并不由品管人员决定，变差与平均值更多的是由生产过程设计人员及调机的技术人员所决定的。如果不了解变差这些观念，大部分人员都会认为产品只要符合规格就行了，显然这并不是SPC的意图。所以只有品管人员关注控制图是远远不够的，我们需要全员对控制图的关注。

13.3.3.2 SPC失败的通常原因

(1) 分工不合理，没有专门人员负责此事，或负责人员身兼多职，对此事意识不强，时间一长便逐步放弃。

(2) 对此重视不够，多半只是为了应付客户或应付报表。

(3) 导入时未让工程和生产人员一起参与，得不到相关人员配合，达不到效果。

(4) 抽样计划未制订好，导致抽样出来的数据不能反映真实状况。

(5) 相关人员不会分析，作出的图形只是一种摆设。

(6) 相关人员对SPC误解，得不到配合。

13.3.4 制程指数 C_{pk} 和 P_{pk}

这两个统计指数都用于评价生产制程（过程）所需，C_{pk} 为最小制程能力指数，而 P_{pk} 为制程性能指数，表13.5比较了这两个指标，表13.6指导如何根据制程指数判断行动方案。

表13.5 C_{pk} 与 P_{pk} 的比较

比较项目	C_{pk}	P_{pk}
样本数据要求	要求数据不少于25组，每组不少于5个数据	连续或间断采集50～100个数据样本计算
计算公式	$C_p=(\mathrm{Usl}-\mathrm{Lsl})/(6s)$ $C_{pk}=\min\{(\mathrm{Usl}-u)/(3s),(u-\mathrm{Lsl})/(3s)\}$	$P_p=(\mathrm{Usl}-\mathrm{Lsl})/(6s)$ $P_{pk}=\min\{(\mathrm{Usl}-u)/(3s),(u-\mathrm{Lsl})/(3s)\}$
一般接受标准	≥1.33	≥1.67
用途	用来量产后预测制程的未来波动	评价刚投产（试产）制程的能力，指数能指示制程过去的波动程度

注：u 为样本均值，s 为样本标准差，Usl为上规格线，Lsl为下规格线。

表 13.6 制程能力指数的状态分级及行动方案

C_{pk}或 P_{pk}值的范围	状态	行动方案
≥2	特优	可考虑降低成本
≥1.67 但<2	优	应当保持
≥1.33 但<1.67	良	能力良好,状态稳定
≥1.00 但<1.33	一般	状态一般
≥0.67 但<1.00	差	制程不良较多,应提升
<0.67	不可接受	能力太差,需重新整改制程

13.4 IATF 16949 五大工具

IATF 16949 是一种质量管理体系标准,是汽车行业生产件与相关服务件组织实施的管理体系标准。

许多钢丝产品都应用在汽车产业链中,如轮胎钢帘线、胎圈钢丝、汽车弹簧用钢丝、汽车紧固件用冷墩钢丝等。进入汽车产业链就可能部分或全部被要求采用 IATF 16949 标准,这套方法对于不在汽车产业链中的钢丝企业也是有借鉴意义的。

IATF 16949 管理体系的精髓是五大工具,见表 13.7。以下对五大工具做了简单的展开介绍,需要深入学习的读者建议寻找相关培训资料,尤其是汽车行业培训材料。

表 13.7 五大工具的主要作用

工具名称	缩写符号	主要作用
先期产品质量策划	APQP	管理产品设计、试产及量产过程
失效模式及后果分析	FMEA	用风险控制方法识别和控制质量风险
测量系统分析	MSA	用数学方法评价测量系统的适用性
生产件批准程序	PPAP	管理量产前提交客户认可的过程
统计过程控制	SPC	过程可视化,监控异常和波动,以便及时采取措施

13.4.1 APQP

APQP 强调在产品量产之前,通过产品质量先期策划或项目管理等方法,对产品设计和制造过程设计进行管理,用来确定和制定让产品达到顾客满意所需的步骤。产品质量策划的目标是保证产品质量和提高产品可靠性,一般可分为以下五个阶段:

第一阶段:计划和确定项目(立项阶段)。

第二阶段:产品设计开发验证(设计及样车试制)。

第三阶段:过程设计开发验证(试生产阶段)。

第四阶段:产品和过程的确认(量产阶段)。

第五阶段:反馈、评定及纠正措施(量产阶段后)。

13.4.2　FMEA

FMEA 体现了风险控制的思想，要求在产品及过程的设计阶段对构成产品的子系统、零件及过程中的各个工序逐一进行分析，找出所有潜在的失效模式，并分析其可能的后果，从而预先采用必要的措施，以系统化方式提高产品的质量和可靠性。

FMEA 从失效模式的严重度(S)、频度(O)、探测度(D)三个方面分析评分，得出行动优先性高、中、低，根据优先性及资源条件采取降低风险的预防措施。FMEA 能够消除或减少潜在失效发生的机会。设计过程采用 DFMEA，制造过程采用 PFMEA。钢丝行业一般只采用 PFMEA。

FMEA 结果应用于制订相应的过程控制计划，控制计划是系统性控制过程质量风险的行动计划。编制控制计划还应考虑工艺流程图、哪些特性是特殊特性(可能影响产品的安全性或法规符合性、配合、功能、性能或其后续过程的产品特性或制造过程参数)、类似工艺的经验等。控制计划按照工艺流程展开各种特性，识别特殊特性，列出每个特性的标准、测量方法、测量频率、控制方法(如制度、检查表、记录表等)及偏离计划时的行动措施等。

PFMEA 本质上是一个工艺过程的风险管理工具，用来识别工艺过程每一个细节过程的失控风险并采取对策，判断如何防止问题的发生，也考虑如何避免问题后果流入下一个过程。推荐所有工艺工程师都掌握 PFMEA 的运用。

FMEA 在工艺控制上运用的逻辑如图 13.7 所示。

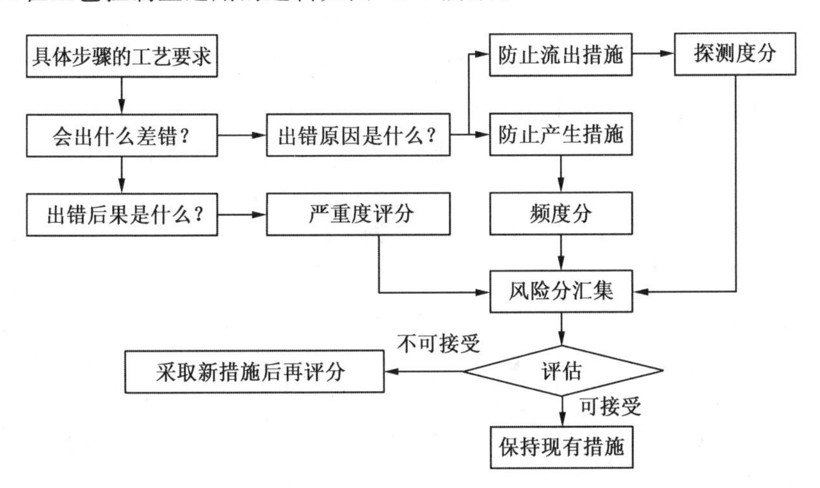

图 13.7　FMEA 在工艺控制上运用的逻辑

降低过程风险的行动方法：

(1) 降低失控后果的严重度：有可能通过重新设计工艺来实现。

(2) 让产品问题更易被探测到：采用新方法或新设备。

(3) 降低问题发生的概率：如防错设计，针对特性的工艺改进，改进原材料，改进针对起因的探测(及时发现导致产品问题的过程问题)。

换一种角度降低风险的措施是：针对起因采取预防措施，针对起因加强监测，针对失效加强监测及通过 QC 工作防止不合格品的流出。

如果需要改进工艺，应进行试验设计，验证工艺变更的适用性。

如果有人的因素，可采取的措施包括通过培训改进技能及设计不易犯错的工作方法。

13.4.3 MSA

MSA 是使用数理统计和图表的方法对测量系统的分辨率和误差进行分析，以评估测量系统的分辨率和误差对于被测量的参数来说是否合适，并确定测量系统误差的主要组成的方法。

测量系统的误差对稳定条件下运行的测量系统，通过多次测量数据的统计特性的偏倚和方差来表征。一般来说，测量系统的分辨率应为获得测量参数的过程变差的十分之一，测量系统的相关指标有重复性、再现性、线性、偏倚和稳定性等。

13.4.4 PPAP

PPAP 是指在产品批量生产前，提供样品及必要的资料给客户承认和批准，来确定是否已经正确理解了顾客的设计要求和规范。

需要进行 PPAP 的包括新产品、样件纠正、设计变更、规范变更及材料变更等情况；提供的文件可以包括样件、设计记录、过程流程图、控制计划、FMEA、尺寸结果、材料/性能试验、质量指数、保证书 PSW、外观批准报告 AAR 等 19 个项目，只有 PPAP 认可后才可向客户批量供货。

PPAP 中提交文件分为五个等级，汽车行业中等级 3 为默认提交等级，提交的文件包括保证书、产品样品及完整的支持数据等。

13.4.5 SPC

SPC 体现了预防和减少变差的思想，是指应用统计分析技术对生产过程进行实时监控，科学地区分出生产过程中产品质量的随机波动与异常波动，对生产过程的异常趋势提出预警，以便生产管理人员及时采取措施，消除异常，恢复过程的稳定，从而达到提高和控制质量的目的。SPC 使用的工具是将关键参数受控状态可视化的控制图，控制图是通过对生产过程中主要特性值进行测定，按时间序列描点，评估监测特性在控制图中的位置及趋势，从而判定过程是否异常的质量工具。13.3 节对 SPC 做了较详细的介绍。

13.4.6 IATF 16949 五大工具的关系

APQP 是在向整车厂提供新产品时零部件公司必须要做的一项工作，目的是在产品未进行生产之前解决所有的问题。这是一个复杂的过程，需要反复几个来回才能得到最后策划的结果。

FMEA 则是在 APQP 的二、三阶段进行的失效模式分析，包括产品和过程。其中最重要的是这时产品并未生产出来，而是一种潜在的可能性分析。很多企业总是不习惯这一点，总是把它当成已经在生产的产品去分析。

SPC、MSA 都是在过程策划的过程中形成的，一般来说，具有特殊特性的过程应该用 SPC，当然也不是绝对的。

控制计划是 APQP 策划的结果，在这个结果中必然要用到测量工具，而这些测量工具是否能满足对过程测量的需要，需要用 MSA 来进行分析。简单地说，控制计划中所涉及的测量器具都应该做 MSA，然后在最初的控制计划中，也就是试生产的控制计划中，策划的测量工具或所选用的 SPC 未必能有好的效果，因此可能要进行调整和改进，最后形成正式生产的控制计划，而正式生产控制计划中的 SPC 和 MSA 应该是能满足批量生产需要的。

APQP 是质量计划，但其实也是项目开发的计划。既然是计划，它的时间起点是项目正式启动的那一时间点，到 PPAP 结束，正常量产后进行总结，认为没有其他问题，可以关闭开发项目。执行人是整个 APQP 小组。

PPAP 是生产件批准程序，只是整个 APQP 计划中的一个环节，通常居于 APQP 计划的后半阶段，一般来讲是 APQP 计划的核心。若 PPAP 没有获得客户的批准，那么 APQP 计划基本无法实行。因此我们谈论 APQP，总是把 APQP/PPAP 联系在一起，由此可见 PPAP 的重要性。PPAP 的主要执行人是开发、生产、质量工程师。

图 13.8 显示了在一个产品项目中五大工具分别用于什么阶段，CP 指控制计划。

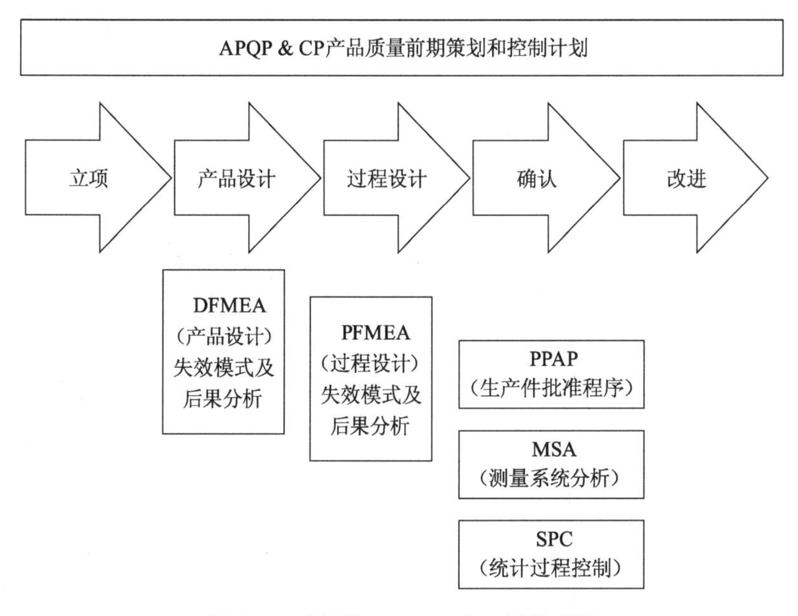

图 13.8　IATF 16949 五大工具关系图

第十四章 钢丝生产中的安全、职业健康及环保技术

控制生产钢丝过程中的安全及职业健康风险，离不开专门的安全及职业健康技术，管理整个安全健康系统的风险离不开防范风险的安全技术。为简化用语，本章用到的“安全风险”也包含“职业健康”方面可能存在的风险。

14.1 钢丝生产中的安全及职业健康技术

本节着重介绍钢丝行业特有的化学品安全、拉拔安全、铅淬火安全等，其他方面的安全知识可以参考通用安全知识，如登高作业、临时用电、有限空间作业、动火、暂时移动或关闭消防设施、特种设备等。最后介绍一种风险评估技术——范-基尼法。

14.1.1 化学品安全

钢丝生产中最常用的化学品是酸洗磷化材料和拉丝润滑剂，其次是表面镀层工艺用到的材料，以及化验室、维修及修模等辅助过程用到的化学品，安全风险贯穿于运输、储存、使用，到化学废物的收集、储存和处置全过程。钢丝行业可能出现的化学品安全事故如盐酸大量泄漏或液氨制氢气系统中氨的泄漏引起呼吸道严重不适、硫酸烧伤皮肤、天然气泄漏引发窒息或火灾、剧毒品丢失等。

以下几种化学品术语的定义对于化学品安全管理是非常重要的：

危险化学品：具有毒害、腐蚀、爆炸、燃烧、助燃等性质，对人体、设施、环境具有危害的剧毒化学品和其他化学品。以列入国家安监局公布的《危险化学品名录》为准，如酸、碱、瓶装氮气和氧气、煤气、天然气、汽油、丙酮、煤油、松节油、油漆(含二级易燃溶剂)等。

易制毒化学品：所有列入国务院2005年《易制毒化学品管理条例》附表的化学品。易制毒化学品分为三类，较容易出现的有丙酮、高锰酸钾、硫酸和盐酸。

剧毒化学品：指少数侵入机体，短时间内即能致人、畜死亡或严重中毒的物质[《剧毒品目录》(2012)给出的定义]。

化学品安全管理：应登记全部进入厂区的化学品，准确识别其化学名称，找到相应的安全数据表(MSDS)，网上找不到应要求供应商提供。应避免使用网上没有MSDS且供应商也无力提供MSDS或详细成分的化学品，因为其中蕴藏着不可预知的安全风险。MSDS提供了风险提示、防范方法等全面指导，是管理相关安全及职业健康风险的重要参考资料。

表14.1介绍了常见危险化学品的安全储存技术。

表 14.1　常见危险化学品的安全储存技术简介

常见危险化学品	储存容器要求	相关要求
盐酸	玻璃钢、聚丙烯、聚乙烯容器	安装呼吸阀防倒吸，用水吸收气体
浓硫酸	钢储罐	顶部装呼吸阀和阻火器
磷酸	塑料桶	室内存放
氢氧化钠	聚乙烯、钢、玻璃容器	室内防潮存放
硝酸锌	塑料、钢、玻璃容器	防火，防潮，避光，避易燃可燃物及还原剂
瓶装气体	专用钢瓶	防火，乙炔和氧气的储存相距宜在 10 m 以上
化验药品	玻璃容器或原厂包装	剧毒品入柜，双锁双人管理

化验室要用到许多化学品，应识别出剧毒化学品和易制毒化学品，严格执行法定管理要求，采用上锁储存和双锁双人管理，会发生反应的化学品应隔离储存。化学品安全技术还可以借鉴公开出版的安全标准或指引，并需要满足法律法规的要求，下面列出了一些常见的相关法规强制性标准，应注意法规的更新：《危险化学品安全管理条例》（国务院令第 591 号）（2013）、《危险化学品名录》（2012）、《易制毒化学品管理条例》（2005）、《剧毒品目录》（2012）、《安全标志及其使用导则》（GB 2894—2008）、《化学品分类和危险性公示 通则》（GB 13690—2009）。

化学品管理离不开应急管理，要根据相关知识（含 MSDS）预测保存和使用化学品的安全意外风险，做好应急安排，并以演练方式验证措施的有效性，不断改善应急管理。表 14.2 为一些应急技术建议。

表 14.2　常见危险化学品的应急措施

常见危险化学品	泄漏应急措施	安全装置或工具	防泄漏设施
盐酸	中和、冲洗	呼吸器、洗眼器及喷淋器	防腐围堰
硫酸	中和、冲洗	洗眼器及喷淋器	防腐围堰
磷酸	中和、冲洗	洗眼器及喷淋器	防腐围堰
氢氧化钠	中和、冲洗	洗眼器	不需要
硝酸锌	沙土灭火、冲洗	灭火器	不需要
瓶装气体	若是有害气体，应立即通风	灭火器	不需要
化验药品	冲洗	灭火器	不需要

14.1.2　拉丝过程中的主要安全风险及措施

钢丝拉拔过程中的主要安全风险是机械性伤害。钢丝这种硬质弹性材料头部容易弹伤、刺伤或划伤人，也可能挤压到操作工的手指，伤害风险较高的部位是手指和眼睛，主要与机器的安全防范不够完善或冒险动作有关。在 20 世纪七八十年代，使用没有安全防护的单拉机生产钢丝，穿头时没有引线钳，操作工要用手扶住链条的同时点动机器，这时稍不留神就会挤压到手指，严重时会造成断指事故。

表 14.3 列出了拉丝过程中的安全风险及防范或控制措施。

表 14.3　拉丝过程中的安全风险及防范或控制措施

拉丝过程中的安全风险	安全风险防范或控制措施
吊装物料落位时挤压手指	安全的动作标准、培训和习惯养成
被钢丝划伤、刺伤	做好 5S,穿戴好防护手套和工作服,佩戴安全眼镜
焊接及打磨时飞溅火花伤及眼部	佩戴安全眼镜
穿头时挤伤手指	安全手套,安全的动作标准、培训和习惯养成
手指被热钢丝烫伤	联锁防护罩,安全的动作标准、培训和习惯养成
拉拔断丝造成的伤害	联锁防护罩,佩戴安全眼镜
钢丝弹伤	培训工人顺钢丝力量操作,不用蛮力

除了机械性伤害外,干式拉拔过程中的拔丝粉扬尘有轻度危害,应注意避免使用添加过多硼砂、重金属盐等有害成分的润滑剂。钢丝企业应按照化学品管理的要求管理润滑剂,其中欧盟的相关化学品管理要求可供借鉴。

随着工业经济的不断发展,从国家资源保护及国民健康安全方面考虑,对化学品使用和监管有越来越透明和严格的要求。国家安全监管总局会同国务院工业和信息化、公安、环境保护、卫生、质量监督检验检疫、交通运输、铁路、民用航空、农业主管部门参考联合国《全球化学品统一分类和标签制度》(GHS)的实施条例,制定了《危险化学品目录(2015 版)》,于 2015 年 5 月 1 日起实施。其明确了企业落实危险化学品安全管理主体责任,也为相关部门实施监督管理提供了重要依据。

2007 年 6 月 1 日实施的欧盟 REACH 法规《化学品注册、评估、许可和限制》本着保护人类健康和环境安全,保持和提高欧盟化学工业的竞争力,以及研发无毒无害化合物的创新能力,防止市场分裂,增加化学品使用透明度,促进非动物实验,追求社会可持续发展等,并推行"社会不应该引入潜在危害不确定的新材料、产品或技术"的理念,对不确定的潜在危害物质也进行了限制。

欧盟 2010 年 6 月的第三批高关注物质清单 SVHC Ⅲ 提及无水四硼酸钠、七水合四硼酸钠(硼砂)等 8 种物质为致癌、致畸及致生殖毒性的高风险物质。这个提案对金属制品行业提出了更高的要求和限制。大多数金属拉丝制品企业通常使用的硼砂涂层及拉丝润滑剂都含有大量的硼砂添加物。此规定明确指出硼砂含量高于 6.5%的化学品为危险化学品,需在产品包装上标识出危险标签;而硼砂含量低于 6.5%的化学品暂不列为危险化学品标识范畴,但未来的趋势会越来越严,直至把硼砂含量降低为零。

14.1.3　铅淬火热处理过程中的安全风险及措施

热处理过程中的主要安全风险是铅带来的职业健康危害,其次是与高温、燃气、化学品及机械相关的安全风险,应逐一识别并采取安全风险控制措施。表 14.4 是针对主要风险的建议。

表 14.4 热处理过程中的安全风险及防范或控制措施

热处理过程中的安全风险	安全风险防范或控制措施
烫伤	掏铅作业：操作标准和培训； 热钢丝和高温部件：挂烫伤警示和(或)安装安全隔离
吸入铅尘，尿铅或血铅超标	采用专用覆盖剂覆盖铅液，能加钢板盖的地方都加盖； 规范铅灰清扫和铅渣清理储存，避免扬尘超标； 戴防尘口罩进行涉铅作业，清理铅锅穿防尘服； 喝水、饮食、吸烟前洗干净手，下班沐浴更衣
操作表面处理线中的化学品	采取适合相应化学品的安全防护，包括佩戴安全眼镜； 确保附近有可用的洗眼器； 作业程序标准化，开展培训
加热炉点火发生放炮现象	严格执行操作程序，先开烟阀和炉门，再点火
钢丝挤压手指	作业程序标准化，开展培训，隔离风险措施

14.1.4 热镀锌过程中的主要安全风险及措施

热镀锌过程中的主要安全风险是与高温、化学品和机械有关的问题，应逐一识别并采取安全风险控制措施，表 14.5 是针对主要问题的建议。重点要控制锌液操作的安全风险，如要避免烫伤，防止飞溅、沾水和身体的接触。高风险作业如捞渣、清空锌锅和调节抹拭气刀等。主要安全技术有隔离、个人防护、设备维护好及作业标准化。

表 14.5 热镀锌过程中的安全风险及防范或控制措施

热镀锌过程中的安全风险	安全风险防范或控制措施
钢丝挤压手指	落实手指不靠近转动部件的作业标准，隔离措施
热部件或液体导致的烫伤	安全隔离，警示，个人防护，作业程序标准化及培训
酸液导致的腐蚀	挂警示和(或)安装安全隔离，操作标准化，开展培训

14.1.5 范-基尼法风险评估

范-基尼法是一种西方的安全风险评估方法，用来评估各种潜在事故的风险，然后根据风险分数进行分级，分别采取不同应对措施。

运用范-基尼法的最佳方式是以最少两人工作组的方式，一定要包括受风险影响的人员，这能让评分更加稳定，结果更被接受。另外，多人参与还可避开评估人心目中的盲点，而且可以避免因一个人原因打分太高或太低。

在获得风险分数之前首先要根据表 14.6 确定三个系数。可能性是当一个人接触被评估风险 R 时事故发生的机会。接触度是人员接触所评估风险 R 的频率。后果是事故损失。三个系数相乘就得到安全风险分数。

表 14.6　范-基尼法的评分规则

系数名称	判别标准	分数
可能性系数 P	非常可能（机会 1/10～1/2 ）	10
	很可能(机会 1/100～1/20)	6
	不寻常，但可能出现（机会 1/1 000～1/200）	3
	不太可能（机会 1/5 000～1/2 000）	1
	可能，但可能性不大（机会 1/10 000）	0.5
	几乎不可能（机会 1/20 000）	0.2
	根本不可能（机会 1/100 000）	0.1
接触度系数 E	持续	10
	频繁(每天数次)	6
	偶尔(每周数次)	3
	不寻常(每月数次)	2
	少见(每年几次)	1
	非常少见(一年一次或更少)	0.5
后果系数 C	大灾难(较多死亡，损失>250 万元)	100
	灾难(少量死亡，损失>250 万元)	40
	很严重(死亡，损失 125～250 万元)	15
	严重(高比例丧失能力或严重不可逆转受伤，如失去胳膊、腿)	10
	重伤(中等比例丧失能力或中等不可逆伤害，损失 2 500～125 000 元)	7
	较严重(低比例丧失能力或小的不可恢复受伤，如失去手指、脚趾)	5
	重要(暂时不能工作，损失 250～2 500 元)	3
	值得关注(小伤或急救处理事故，损失低于 250 元)	1

有了系数 P、E、C 就可以相乘计算风险分数 R，然后按照表 14.7 的建议确定优先等级和应采取的措施。

表 14.7　根据风险分数确定优先等级和行动措施的建议

风险分数($R=P\times E\times C$)	风险水平	优先等级
>400	极高风险：考虑终止该作业； 停止工作，立即采取临时控制措施； 采取长期措施，将风险降低到可接受的水平	1
200～400	高风险：需要立即纠正； 严重风险未得到有效控制，立即找出并实施临时措施； 采取长期控制措施，将风险降低到可接受的水平	2
70～200	中等风险：需要纠正措施； 风险控制不佳； 应消除风险或改进风险控制制度，满足优良风险管理要求	3

续表

风险分数($R=P\times E\times C$)	风险水平	优先等级
20～70	低风险：要引起注意； 风险控制在可接受水平，但可能在未来升高，要特别重视分数不高但潜在后果严重的风险； 将现有控制手段与现行规范及预防层次中的位置进行比较； 对有严重后果的风险考虑新的或额外的措施； 至少采取指导书、警告标识、培训等措施	4
≤20	微风险：可能可以接受，风险不重要； 不要求采取控制措施	5

14.1.6　用于评估接触物料安全风险的危险指数法

范-基尼法主要评估人在特定区域发生事件的安全风险，不适用于危险化学品安全风险评估，而危险指数法 (risk-indicator method)就是一种专门评估接触物料安全风险的方法。危险指数的计算方法如下：

$$RI=\text{被危害人数分}\ WP\times\text{有害因子个数分}\ F\times\text{可能性分数}\ P \tag{14-1}$$

WP 为可能接触到危险化学品危害人数分，超过 1 000 人取 8 分，101～1 000 人取 7 分，11～100 人取 6 分，6～10 人取 5 分，2～5 人取 4 分，1 人取 3 分，有人定时来取 2 分，偶尔有人取 1 分。

F 为可能导致严重伤害或死亡的有害因子个数分，评分标准见表 14.8，其中化学品分级请参照 2008 年欧盟有关毒性分级标准。

P 为 0～10 的可能性分数，评分方法和表 14.6 中的 P 一致。

计算出危险指数之后，按照表 14.9 中严重程度的描述来确定行动类型。

表 14.8　有害因子个数分评定标准

分数	F 评定标准
10	不止一种一级化学品和(或)放射源和(或)爆燃气体
9	不止一种一级化学品和(或)一种生物致病组件和(或)一种爆燃材料(液体)
8	一种一级化学品和(或)一种生物致病组件和(或)一种爆燃材料(固体)
7	不止一种二级化学品和(或)一种爆燃材料(气体)
6	一种二级化学品和(或)一种生物致病组件和(或)一种爆燃材料(液体)
5	两种三、四级化学品和(或)一种生物致病组件和(或)一种爆燃材料(固体)
4	超过 5 个物理因素和(或)一种低危害化学品(3 级)
3	2～5 个物理因素和(或)一种无毒化学品(4 级)
2	两个物理因素
1	一个物理因素

表 14.9　危险指数的分级

RI	严重程度	RI	严重程度
>480	需要立即终止的极高风险	20～80	需要关注的风险
240～480	高风险，需要立即改进	0～20	可接受的低风险
80～240	需要改进的重要风险		

14.2 钢丝生产中的环保技术

钢丝生产过程中的主要污染物产生于酸洗磷化、热处理及表面镀层过程，其次是维修、清洗及换油、拉丝润滑液排放等过程，废物类型有废气、固废（如废酸、磷化渣、废油、铅渣）及废水等。相关法律要求钢丝企业妥善处置和达标排放。本节介绍有关处理废物、减少废物的一些技术。

14.2.1 废水的处理

钢丝行业最常见的废水是酸洗废水，还有如含铜和锌的电镀废水、脱脂废水、高 COD 的废拉丝润滑液等。后面介绍的处理方法为一些典型的工艺，现实中要注意多种废水混合或有不同污染物构成的情况，不应简单照搬。如果想利用处理后的废水，需要采用超滤＋渗透技术，产出的水可以满足许多工业应用的需要。

(1) 酸洗废水：主要指标是 pH、COD、悬浮物和锌，如洗铅淬火钢丝可能还会出现微量的铅。

这类废水的处理工艺基本上是分类型预处理后再混合一起处理，或者混合均匀后一起处理。第一道工序是用碱（石灰乳或氢氧化钠）中和。除铅、锌利用混凝沉淀法，其原理是在含铅、锌废水中加入混凝剂（石灰、铁盐、铝盐），在 pH＝8～10 的弱碱性条件下形成氢氧化物絮凝体（有沉淀效果最佳的碱性范围），铅、锌离子因絮凝作用而沉淀析出。酸洗废水处理后 COD 和悬浮物达标难度较低，沉淀池中的污泥浆可用压滤处理，产生的泥饼按危废处置，送有资质单位处置或综合利用。

(2) 钢帘线厂的电镀废水：电镀废水可能包含脱脂废水、酸洗废水和含重金属电镀废水。除重金属除前面提到的中和沉淀法外，还有膜技术和电渗析技术等。

(3) 脱脂废水：主要污染指标为 COD，pH 一般偏碱性。

如采用蒸汽脱脂，脱脂废水的浓度会很高，如果不能混入其他类型的大量废水中处理，可用蒸发工艺处理高浓度脱脂废水，或者加絮凝剂曝气沉淀压滤，上清液经过气浮曝气处理后回用于脱脂过程。

建议拉拔钢丝时利用机械擦拭减少皂粉带入脱脂水，这样能减少污水量。脱脂一般采用加了烧碱、碳酸钠及磷酸三钠的热碱液，脱脂要求低时可以只用热水。只要浓度不是很高，这类废水采用中和曝气、加絮凝剂、沉淀、压滤工艺一般可以达标排放，处理后的水也可以回用于脱脂清洗过程。

(4) 废拉丝润滑液：主要污染指标为润滑材料带来的高 COD。

处理方法有破乳＋生化、蒸发处理、膜技术浓缩处理、压滤等，会产生固体废物。破乳去油可采用硫酸铝，然后用生化法去除剩余有机物以降低 COD。钢丝表层磷化膜中的锌及钢帘线表层镀层中的铜都会带入乳化液中，去除重金属可采用硫酸亚铁还原法。硫酸亚铁中的二价铁离子（Fe^{2+}）具有还原性，在 pH＝2～3 时，能将水中的 Cu^{2+} 还原成 Cu^{+}，而 Cu^{+} 无法形成稳定的络合物，在 pH 调节至碱性后与铁离子、锌离子等共沉淀。

蒸发处理可采用 MVR 蒸发器或真空蒸发器，启动时要通蒸汽进行初始蒸发，蒸发室内蒸出的低压低温的二次蒸汽经 MVR 热泵压缩成具有较高压力、较高温度的蒸汽并送回加热室与浓缩液进行换热，被压缩后的较高温度及较高压力的二次蒸汽被浓缩液冷凝变成冷凝水排出，同时浓缩液被压缩后的二次蒸汽加热而继续蒸发。这样仅使用了少量的机械能即可将全部的二次蒸汽变成可回用的蒸汽源，从而使蒸发过程持续进行，而无须依赖于外部蒸汽。MVR 蒸发器在蒸发过程中不再需要蒸汽，仅需消耗少量电能，每蒸发 1 t 水仅需消耗 20～70 度电，且不需冷却水及真空泵。

有专业的公司提供采用膜技术的处理废润滑液系统，产生的废物有达标排放的废水和浓缩乳化液。

上述最后两种方法都会产生浓缩液，浓缩液的处理方法通常有焚烧、固化处理和送危废处理公司处理三种。前两种都要投资专门的设备，第三种方法就可以免去废水处理过程中的除重金属过程。

(5) 铅淬火热处理线的钢丝冷却水：会混入铅尘。

这类水由于没有酸碱物质，一般自然沉淀可以去掉绝大部分铅，废水可以循环利用，可以采用过滤技术。

14.2.2　酸雾的控制

酸洗过程中酸雾控制的目标是避免无组织排放，避免对环境及职业健康的危害，但是挥发性较低的磷酸除外，因为磷酸的酸雾浓度低到靠近都闻不到酸味，所以很容易控制好。控制酸雾的技术有抽吸和封闭，悬挂浸泡酸洗的酸雾控制技术有侧吸、吹吸及负压隧道＋抽风系统，连续线上采用水封无烟酸洗可以获得很好的效果。

比隧道式更早的酸洗是敞开浸泡式，抽风有如图 14.1 和图 14.2 所示的两类。宽度不超过 1.2 m 的酸槽可以采用两侧抽风的方式，更宽时就要采用一侧吹、一侧抽的方式。

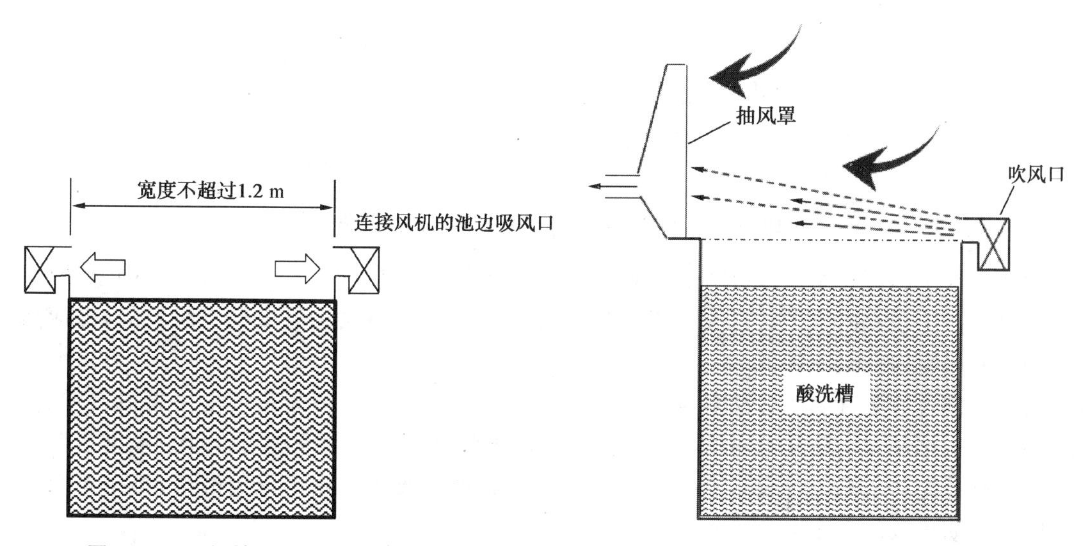

图 14.1　两侧抽风的酸洗酸雾控制系统　　图 14.2　吹吸抽风的酸洗酸雾控制系统

图 14.3 和图 14.4 为美国专家 J. Neil Stone 在第 72 届 WAI 年会上发表的参考图。图 14.3 提供了抽风量与酸洗池表面宽长比之间的关系，宽度指风流动的方向。图 14.4 提供了吹风量与抽风量之比与槽宽度的关系，大约为 5%～10%。

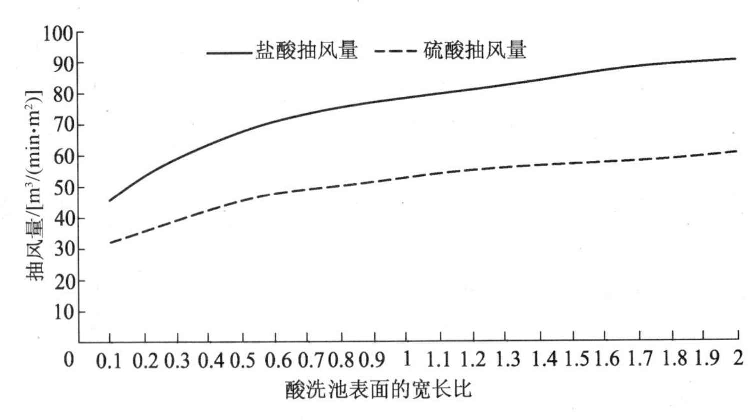

图 14.3 硫酸及盐酸抽风量与池面宽长比的关系

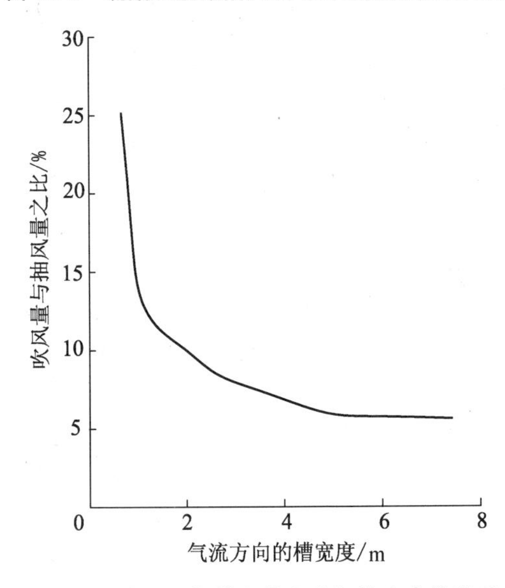

图 14.4 吹风量与抽风量之比与槽宽度的关系

隧道酸洗的负压是靠酸雾塔的抽吸形成的，确保绝大多数酸雾都进入酸雾塔喷淋处理，负压只需一个很小的水平。过度抽吸会导致酸液面上空气中氯化氢浓度不断下降，加速酸液中的氯化氢向空气中扩散。

抽取的含酸废气要经过酸雾洗涤塔处理后才能达标排放。抽吸系统采用聚氯乙烯、聚丙烯或玻璃钢制作。酸雾喷淋有净水喷淋和烧碱液喷淋两类。第一类可设计成喷淋水与酸洗线持续补充新水的漂洗水连通，可减少废水，这种洗涤废水可用来配制酸液；第二类会产生需要定期排放的废水。

西可林控制系统（上海）有限公司设计的酸洗隧道线采用了潜水车式的进出设计，去掉了隧道两端的门，降低了抽风量，酸雾密闭达到了目前最好的效果，已在多家国内外知名钢厂及钢丝企业应用。

14.2.3 废盐酸的处理

废盐酸的常见处置方法有石灰中和法、喷雾焙烧法、闪蒸法、膜分离法和流化床法五类，其优缺点的比较见表 14.10。因废盐酸含氯化亚铁较多，还可利用废盐酸生产一种水处理剂甚至药品原料，但这个方法不适用于热处理钢丝酸洗产生的含铅废酸。

表 14.10　不同废盐酸处理方法的优缺点比较

废盐酸处理方法	优点	缺点
石灰中和法	除铅、锌效果较好，投资不高	石灰消耗大，泥饼多，作业环境差
喷雾焙烧法	氯回收率≥99.5%，再生酸质量好	设备投入非常高
闪蒸法	回收氯化亚铁，废物排放很少	处理成本高，回收酸浓度低（约 10%）
膜分离法	能耗低、流程短，回收率达 70%～90%	维护成本高，投资较大
流化床法	氯回收率≥99.6%，再生酸质量好，无二次粉尘污染，适合钢丝行业	国内应用经验少

（1）石灰中和法。

石灰中和的工艺和处理酸洗废水的工艺相似，工艺流程见图 14.5，压滤出的废水要送到废水处理系统中处理，即曝气中和、加入絮凝剂沉淀或过滤后可达标排放。这种方法会产生大量的泥饼，其化学反应方程式如下：

$$2HCl + Ca(OH)_2 \longrightarrow CaCl_2 + 2H_2O$$

$$FeCl_2 + Ca(OH)_2 \longrightarrow CaCl_2 + Fe(OH)_2 \downarrow$$

$$2FeCl_3 + 3Ca(OH)_2 \longrightarrow 3CaCl_2 + 2Fe(OH)_3 \downarrow$$

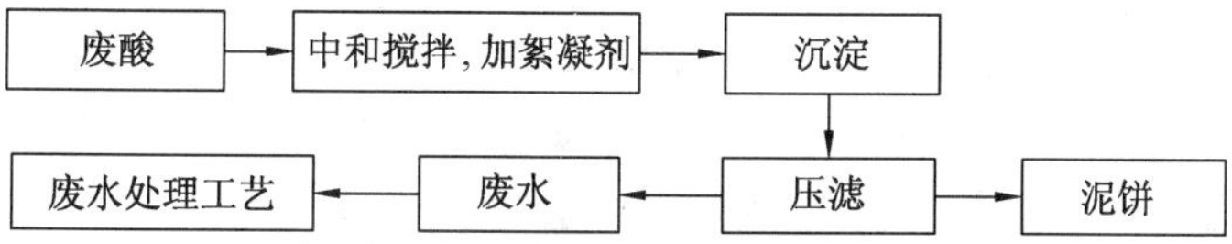

废酸 → 中和搅拌，加絮凝剂 → 沉淀 → 压滤 → 泥饼
压滤 → 废水 → 废水处理工艺

图 14.5　石灰中和法废酸处理工艺流程

如废酸量较少且环评许可，则可用储罐收集，以较低的流量掺入待处理的废水中处理。

（2）喷雾焙烧法。

喷雾焙烧法是指将废酸喷射到焙烧塔中，利用天然气燃烧将废酸中的氯化亚铁、氯化铁及水分烧成氧化铁和氯化氢，氧化铁是可以利用的资源，氯化氢用水吸收变成浓度 18%左右的盐酸。喷雾焙烧法通常为废酸量大的钢厂采用，每小时处理能力最低 2 m^3，投资达千万级。

焙烧反应方程式如下：

$$4FeCl_2 + 4H_2O + O_2 \longrightarrow 2Fe_2O_3 + 8HCl$$

$$2FeCl_3 + 3H_2O \longrightarrow Fe_2O_3 + 6HCl$$

喷雾焙烧法工艺流程见图 14.6，其中的脱硅过程是为了满足氧化铁品质要求。

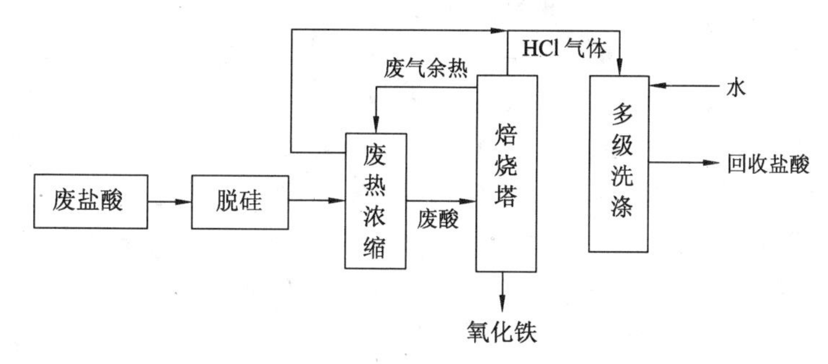

图 14.6　喷雾焙烧法废酸处理工艺流程

(3) 闪蒸法。

闪蒸法是采用一些化工工艺分离酸、水及氯化亚铁的方法，工艺流程见图 14.7。

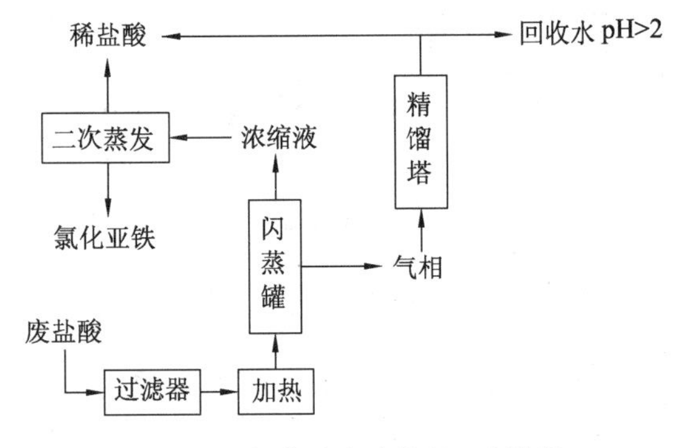

图 14.7 闪蒸法废酸处理工艺流程

废盐酸过滤后输送到闪蒸罐中，通过蒸汽加热后汽化，产生的气相(酸雾)进入精馏塔处理，浓缩液进行二次蒸发。气相在精馏塔中进一步分离和浓缩，得到弱酸性的回收水及回收稀盐酸，可回用于酸洗系统。闪蒸罐内的氯化亚铁浓液被排到结晶蒸发器中，进行二次蒸发，结晶后成品排出，蒸发中盐酸得到回收。此外，精馏塔中的气相盐酸被送到酸冷却器冷却后流入回收酸罐，供酸洗生产使用。

该方法处理 1 t 废酸大约需要消耗 1.2 t 的蒸汽，还有循环冷却水及电力消耗，回收酸的浓度大约为 10%。

(4) 膜分离法。

离子交换法、扩散渗析法、电渗析法都属于膜分离法，都能实现酸和盐的分离。

钢帘线行业有企业用扩散渗析法处理废盐酸，原理和海水淡化类似。有企业声称可回收 80%的酸及 90%的金属离子。有人尝试用酸性废水吸收渗透过来的盐酸，实现再利用回收酸的同时还能减少废水，这个方法也可以处理其他类型的废酸。

扩散渗析装置是由一定数量的膜组成的一系列结构单元，其中每个单元由一张阴离子均相膜隔开成渗析室和扩散室。采用逆流操作，在阴离子均相膜的两侧分别通入废酸液及接受液(自来水或酸洗废水)时，废酸液侧的酸及其盐的浓度远高于水的一侧。根据扩散渗析原理，由于浓度梯度的存在，废酸及其盐类有向扩散室渗透的趋势，但膜对阴离子具有选择透过性，故在浓度差的作用下，废酸侧的阴离子被吸引而顺利地透过膜孔道进入水的一侧。同时根据电中性要求，也会夹带阳离子，由于 H^+ 的水化半径比较小，电荷较少，而金属盐水化半径较大，电荷较多，因此 H^+ 会优先通过膜，这样废液中的酸就被分离出来。

(5)流化床法。

马克斯环保设备(上海)有限公司推荐一种模块化技术，工艺路径类似喷雾焙烧法，不过燃烧采用了不同的流化床技术，不用高压泵送设备，因此系统更可靠，设计处理能力可在 0.3～1.5 m^3/h 之间选择。设备可以为 3 个 40 英尺和 1 个 20 英尺的集装箱，或占地 14 m×4.5 m，高度 13 m，不需建厂房，适合钢丝企业。

14.2.4 其他常见危险废物的管理

废硫酸的处理方法有自然冷却结晶法、蒸喷结晶法、真空蒸发和冷冻结晶法以及离子交换电解处理法。第一种方法投资及成本最低，先压滤除去杂质及未溶解的氧化铁皮，然后自然冷却，除掉自然结晶的硫酸亚铁后加新酸回用，或者加铁屑、氧化皮继续消耗残余的硫酸，结晶沉淀后离心脱水，然后干燥磨细即得到硫酸亚铁。如果结晶过程中采用冷冻技术，可以降低亚铁溶解度，除去更多的硫酸亚铁。某公司采用冷冻结晶技术处理废硫酸，压滤后冷冻到−10 ℃，可以将 300 g/L 的硫酸亚铁降低到 70～80 g/L，再掺入新酸回用。这种处理方法的成本大约在每立方米 120 元左右。如果废酸较少且环评允许，也可以采用缓慢掺入废水中的方法进入废水处理系统处理。

磷化渣的主要危害是重金属锌和大量的磷酸根。国外有人尝试以 1∶7 比例掺入水泥中做人行道砖；国内有专业公司成功用焙烧方法处理，并回收了废气中的锌；大连理工大学开展过将锌系磷化渣制成磷化液和复合防锈颜料的研究。为减少磷化渣的量，可以采用压滤或离心脱水技术进行减量处理。

企业如果自己没有经济有效的处理条件，危险废物都应该委托有资质的单位处置。判断是否为危险废物可查询政府环保部门网站上的《国家危险废物名录》。

危险废物应有专库储存，并有符合 GB 15562.2—1995 标准的标示，应有防雨条件，地面处理应能适应储存的废物，防止渗入土壤造成污染，要有便于收集泄漏废液的设计，要符合国家标准 GB 18597—2001《危险废物贮存污染控制标准》的要求。

14.2.5 清洁生产技术

传统的环保概念是注重排放结果，而清洁生产是指将综合预防的环境保护策略持续应用于生产过程和产品中，以期减少对人类和环境的风险。

从本质上来说，清洁生产就是对生产过程与产品采取整体预防的环境策略，减少或消除它们对人类及环境的可能危害，同时充分满足人类需要，使社会经济效益最大化。清洁生产也被称为“废物减量化”“无废工艺”“污染预防”等。

从上述概念来说，清洁生产要求工艺技术人员在产品设计、包装设计，以及工艺的设计、改进和控制上有减少环境影响的考虑和行动，而不是出现污染后再考虑如何治理。

清洁生产除了自身的规划、改善和控制之外，还离不开供应商及客户的支持。应谨慎选择所有与污染相关的外购产品，这对于清洁生产是很重要的，工艺不改变时不同的输入会带来不同的结果。对于钢丝行业来说，钢厂的热轧盘条不用热处理就可以满足一些产品的要求，个别钢厂开发了组织质量非常类似铅浴淬火的盘条。有些拉拔用润滑剂（拔丝粉）添加了对环境或健康有害的化学物质，有的企业却能执行欧盟标准。

表 14.11 列举了一些常见的清洁生产技术，都是关于如何避免或减少污染物的。这些技术是否适合一个工厂，要了解清楚应用环境和条件，不应不计成本、不考虑可实施性而简单推行。

表 14.11 钢丝行业的常见清洁生产目标和相关技术措施

清洁生产目标	技术措施
① 避免或减少热处理	不热处理能做好的产品不用热处理工艺； 钢厂改进盘条组织质量，采购轧钢厂在线热处理的盘条； 做细线时大压缩量开坯拉拔，减少热处理次数
② 避免或减少酸洗	开坯拉拔可用机械除鳞＋在线涂层技术； 采用砂带机技术开发拉拔部分成品，如焊条丝； 用抛丸机替代部分酸洗，如生产油淬火钢丝、预定力钢绞线等； 铝包钢行业采用砂带机代替包覆前的酸洗
③ 避免或减少锌离子水污染	采用磷化替代涂层，康达特有此类产品，目前湿拉不适用； 磷化后加浸洗，浸洗水用于补充磷化液蒸发损失及配液； 电解磷化的应用

续表

清洁生产目标	技术措施
④ 节水	机器冷却水循环利用,注意要加除垢剂以减少机器维护工作量; 蒸汽加热产生的冷凝水回收利用; 酸洗过程采用多级溢流式漂洗,部分浓漂洗水用于配酸等; 超滤+渗透技术处理废水站出水,当中水利用
⑤ 铅尘减量	采用覆盖剂完全覆盖铅液,选型合适、管理得好可以达标
⑥ 节电	合理布局工厂,减少不必要的运输和吊装; 设计工厂时尽量利用自然的照明和通风; 交流变频电机的应用; 重视风机水泵电机的节能,这方面浪费容易被忽视; 采用高效节能的齿轮减速机; 节能照明,如采用 LED 灯; 单一规格拉拔批量大时采用辊模技术
⑦ 节省燃气消耗	加热炉采用先进保温技术; 废热回收利用,如用于预热空气、干燥钢丝或产生蒸汽
⑧ 减少包装物使用的环境影响	减少实木的使用,尽量采用替代材料; 优先采用节约资源、可循环利用的包装物; 避免过度包装
⑨ 提高产品的耐久性	设计、制造应使产品的寿命与客户的期望一致,做超预期设计时应确保能给客户带来价值,避免浪费的发生

从上面列举的情况来看,清洁生产不仅能改善环境,还可以推动工艺流程的创新及新材料的使用,可以降低成本,提高企业竞争力。

附录一

参考书目

[1] 徐效谦，阴绍芬. 特殊钢钢丝[M]. 北京：冶金工业出版社，2005.

[2] Wright R N. Wire Technology Process Engineering and Metallurgy[M]. Amsterdam：Elsevier，2011.

[3] 崔忠圻. 金属学与热处理[M]. 北京：机械工业出版社，1989.

[4] 何吉林. 钢丝生产[M]. 北京：兵器工业出版社，2005.

[5] ROI Therm-process GmbH. Pocket manual for thermoprocess technology[M]. Essen：Vulkan-Verlag，1999.

[6] 苗立贤，杜安，李世杰. 钢材热镀锌技术问答[M]. 北京：化学工业出版社，2013.

[7] 朱立，孙本良. 钢材酸洗技术[M]. 北京：化学工业出版社，2007.

附录二

钢丝知识导图

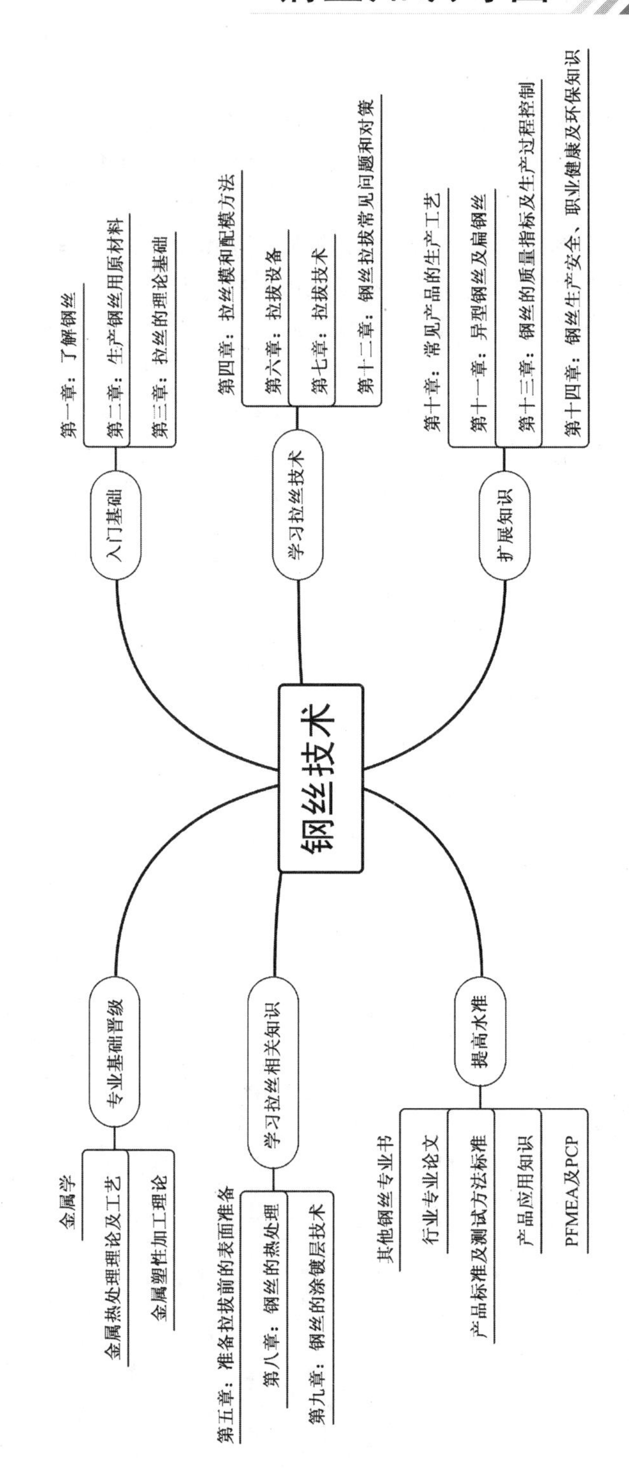
钢丝技术
入门基础
第一章：了解钢丝
第二章：生产钢丝用原材料
第三章：拉丝的理论基础
学习拉丝技术
第四章：拉丝模和配模方法
第六章：拉拔设备
第七章：拉拔技术
第十二章：钢丝拉拔常见问题和对策
扩展知识
第十章：常见产品的生产工艺
第十一章：异型钢丝及扁钢丝
第十三章：钢丝的质量指标及生产过程控制
第十四章：钢丝生产安全、职业健康及环保知识
专业基础晋级
金属学
金属热处理理论及工艺
金属塑性加工理论
学习拉丝相关知识
第五章：准备拉拔前的表面准备
第八章：钢丝的热处理
第九章：钢丝的涂镀层技术
提高水准
其他钢丝专业书
行业专业论文
产品标准及测试方法标准
产品应用知识
PFMEA及PCP

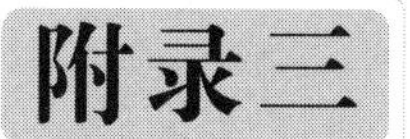

附录三 常用钢丝行业技术术语中英文对照

中文	英文
钢丝及盘条术语	
钢丝（更多产品术语见 1.1.2 节）	steel wire
碳钢	carbon steel
高碳钢	high carbon steel
冷镦钢	cold heading steel
轴承钢	bearing steel
不锈钢	stainless steel
双相不锈钢	duplex stainless steel
沉淀强化不锈钢	precipitation hardening stainless steel
盘条	wire rod
脱碳	decarbonization
偏析	segregation
裂纹	flaw
氧化皮压入	rolled in scale
夹杂物	inclusion
缩孔	pipe
折叠	overlap
耳子	overfilled or fin
过烧	burnt
划伤	scratch
生锈	rust
横裂	traversal crack
氧化皮	scale
理论基础术语	
拉丝	wire drawing
位错	dislocation
加工硬化	work hardening

续表

中文	英文
扩散	diffusion
铁碳相图	iron-carbon diagram
显微组织	microstructure
铁素体	ferrite
奥氏体	austenite
渗碳体	cementite
珠光体	pearlite
索氏体	sorbite
贝氏体	bainite
网状渗碳体	cementite network
马氏体	martensite
共析钢	eutectoid steel
过共析钢	hyper-eutectoid steel
亚共析钢	hypo-eutectoid steel
减面率（压缩率）	reduction of area
应变时效	strain aging，strain hardening
模具术语	
拉丝模	die，wire drawing die
辊模	roll die
碳化钨	tungsten carbide（TC）
模芯	nib
钢套	steel case
入口区	bell radius
润滑区	entrance angle
压缩区	approach angle orreduction angle
定径区	bearing
出口区	back relief
研磨	grinding
抛光	polishing
压力模	pressure die
增压管（图 4.6）	pressure nozzle
钨钢模	tungsten carbide dies

续表

中文	英文
聚晶模	polycrystalline diamond dies
单晶模	single crystal natural diamond dies
喷涂纳米钻石的拉丝模	CVD (chemical vapor deposition) dies
表面准备术语	
酸洗	pickling
无溢流漂洗	drag-out rinse without overflow, rinse
溢流式漂洗	overflow rinse
串流式漂洗	cascade rinse
多级漂洗	multi-stage rinse
磷化	phosphating
电解磷化	electrolytic phosphating, e-phos
涂硼砂	boraxing
涂石灰	liming
干燥	drying
镀锌	galvanizing
机械除鳞	mechanical descaling
抛丸	shot blasting
反复弯曲	reverse bending
砂带打磨	sand-belt grinding
水玻璃涂层	sodium silicate coating
黄化（石灰涂层）	yellow rust (liming)
载盐	mixed slat coating
拉拔设备术语	
放线	payoff
收线	takeup
倒立式收线机（不管是否带拉拔）	down coiler
工字轮收线机	spooler
象鼻子收线机（带拉拔）	drawing coiler
象鼻子收线机（不带拉拔）	static coiler
模盒	die box, soap box
直进式拉丝机	sensor arm drawing machine
活套式拉丝机	dancer arm drawing machine

续表

中文	英文
湿拉机/水箱拉丝机	wet drawing machine
倒立式拉丝机	inverted wire drawing machine
乱线	tangling
转盘（转台）	turn table
工字轮	spool，drum
线架	wire carrier，spider
对焊机	butt welder
矫直器	straightener
轧尖机	pointing machine
引线钳	pulling dog
粉夹（图 6.23）	lubricant applicator，soap applicator
拉拔过程控制术语	
润滑剂（统称）	lubricant
拔丝粉	soap，lubricant
模链	die chain
拉拔力	pull
流体润滑	dynamic lubrication
润滑站	lubricant station
钢丝的热处理术语	
派登脱（韧化）	patenting
铅淬火	lead patenting（LP）
盐浴淬火	melten salt patenting
直接淬火（盘条热轧在线淬火）	direct patenting（DP）
水淬火	aqua quenching
马弗炉	muffle pipe furnace
明火炉	open fire furnace
流化床炉	fluid bed furnace
铅锅	lead pan，lead bath
均热（奥氏体化后让碳充分溶解的过程）	soaking
淬火	quenching
回火	tempering
淬火时效	quenching aging

续表

中文	英文
球化退火	spheroidizing annealing
再结晶退火	recrystallization annealing
固溶处理（常用于不锈钢）	solution treatment
正火	normalization
消除应力处理	stress-relieving
感应加热	induction heating
扩散退火	diffusion annealing
钢丝的涂层技术术语	
热镀锌	hot dip galvanizing
电镀锌	electrogalvanizing，electric galvanizing
锌铝合金镀	Galfan coating，Benzinal（贝卡尔特商标）
镀铜	copper plating
脱脂	degreasing
助镀	fluxing
钝化	passivation
油木炭抹试	charcoal wiping
石棉夹抹试	pad wiping
气体抹试（通常用硫化氢）	gas gravel wiping
氮气抹试	nitrogen wiping
电磁抹试	electro magnetic wiping
铝包钢线	aluminum clad steel wire
包铝	aluminum cladding
有机涂层	organic coating
工艺流程术语	
拉丝	wire drawing
干拉	dry drawing
湿拉	wet drawing
冷轧	cold rolling，profile rolling
矫直	straightening
绞合	stranding
预变形	preforming
稳定化	stabilizing

续表

中文	英文
扒皮	shaving
涡流探伤	eddy current detecting
常见问题和对策术语	
形变马氏体/摩擦马氏体	friction martensite
尖锥形断裂/笔尖断裂	central bursting，chevron break (CB)
横向脆性裂纹	brittle traverse crack (BTC)
疲劳断裂	fatigue fracture
拉毛（图 12.10）	drawing groove
竹节	bamboo mark
圈型	cast
圈距（悬挂钢丝自由圈之间的距离）	pitch
乱丝	kink
质量控制和过程控制术语	
抗拉强度	tensile strength
屈服强度	proof strength
最大力	maximum force
伸长率（延伸率）	elongation
面缩率	constriction
反复弯曲	reverse bending
扭转	torsion
缠绕	wrapping
疲劳	fatigue
松弛	relaxation
统计过程控制	statistic process control (SPC)
过程控制计划	process control plan (PCP)
失效模式分析	FMEA
异型钢丝术语	
异型钢丝	shaped wire，profile wire
扁钢丝	flat wire
压扁	flatenning
平辊轧机，双辊轧机	two-high rolling machine
初级异型轧机	basic rolling machine

续表

中文	英文
异型轧机	profile rolling machine
万能异型轧机	universal profile rolling machine
安全与环保术语	
危险废物	hazard waste
磷化渣	phosphating sludge
铅渣	lead dreg
酸雾	acid fume
废酸	waste acid
酸雾塔	scrubber
废水站	waste water treatment station
危险源	hazard
风险	risk